Carl Schurz

Lebenserinnerungen

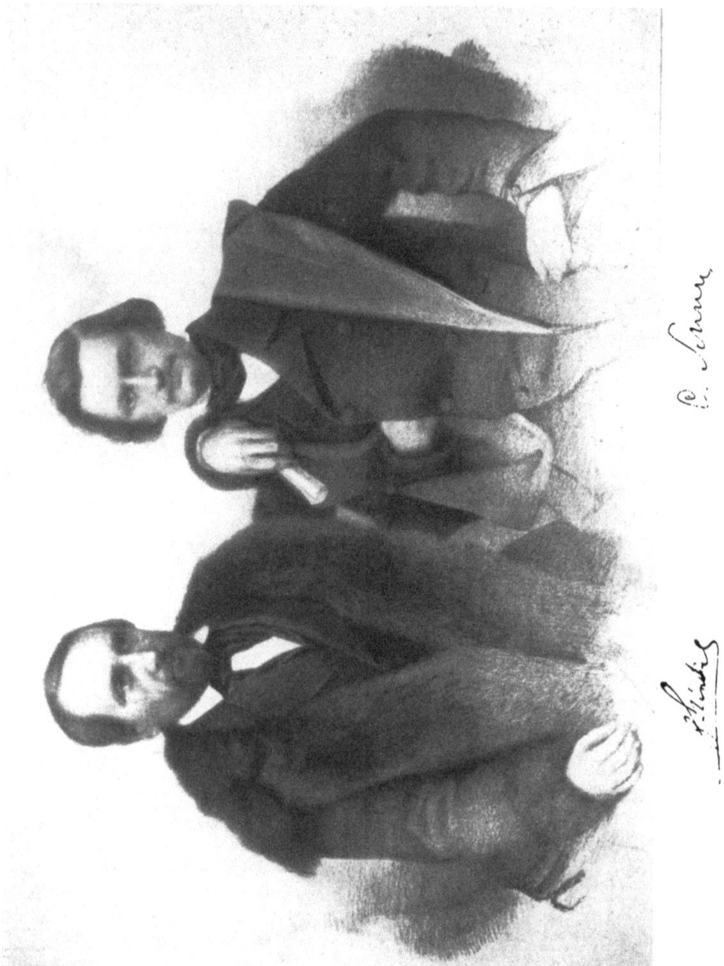

Lebenserinnerungen

von

Carl Schurz

Band I

Bis zum Jahre 1852

Berlin und Leipzig 1930

Verlag von Walter de Gruyter & Co.

vormals G. J. Göschen'sche Verlagshandlung — J. Guttentag, Verlagsbuchhandlung — Georg Reimer — Karl J. Trübner — Veit & Comp.

Druck von Walter de Gruyter & Co., Berlin W 10

Vorwort.

Es war auf den dringenden Wunsch meiner Kinder, daß ich vor mehreren Jahren diese Erinnerungen niederzuschreiben begann. Sie hatten im häuslichen Kreise, teils von mir selbst, teils von Verwandten und alten Freunden über die Umgebungen und Zustände, in denen ich aufgewachsen war, sowie über die merkwürdigen Ereignisse meiner Jugendzeit zuweilen reden hören, und so baten sie mich, das, was sie gehört hatten, schriftlich in eine zusammenhängende Erzählung zu bringen, die sie dann als bleibendes Familiengut aufbewahren könnten. Diesem Wunsche entsprach ich denn, ohne zuerst an eine Veröffentlichung des Geschriebenen zu denken.

Der Umstand, daß diese Aufzeichnungen ursprünglich nur für wenige Personen bestimmt waren, die an dem Erzähler und seinen Erlebnissen besonderen Anteil nahmen, mag die Breite und Ausführlichkeit der Beschreibungen und Geschichten erklären, die des Lesers Geduld dann und wann auf harte Proben stellen mögen. Zur Milderung seines Urteils stelle er sich einen alten Mann vor, der, indem er einem intimen Kreise seinen Lebenslauf berichtet, beständig mit Fragen über dieses und jenes, worüber die Zuhörer mehr wissen wollen, unterbrochen wird und sich so zu unwillkürlicher Weitschweifigkeit gezwungen findet.

Übrigens will ich gern gestehen, daß, während ich schrieb, auch die Lust des Erzählens, die Freude des schriftstellerischen Schaffens über mich kam und mich zur Darstellung unbedeutender Dinge verführt haben mag, die, wie ich hoffe, der freundliche Leser verzeihen wird.

Es ist kaum nötig zu bemerken, daß ich in der Beschreibung meiner Jugendzeit mich vielfach auf die Treue meines Gedächtnisses angewiesen sah. Ich weiß sehr wohl, daß uns das Gedächtnis zuweilen schlimme Streiche spielt, indem es uns glauben macht, tatsächlich Dinge selbst gesehen oder gehört zu haben, von denen wir nur haben reden hören, oder mit denen nur unsere Einbildungskraft lebhaft beschäftigt gewesen ist. Ich habe mich daher ernstlich bemüht, meinen eigenen Erinnerungen nicht zu viel zu trauen, sondern sie, wenn immer möglich, mit den Erinnerungen von Verwandten und Freunden zu vergleichen, sowie alte Briefe und zeitgenössische Publikationen über die darzustellenden Tatsachen zu Rate zu ziehen. Es mag freilich sein, daß trotz alledem sich Irrtümer in meine Erzählungen eingeschlichen haben; aber ich wage zu hoffen, daß solcher Irrtümer nur wenige, und diese wenigen nicht von Bedeutung sind.

Bolton Landing, Lake George, N. Y.
im September 1905.

Carl Schurz.

Inhalt.

Erstes Kapitel.

Ich bin in einer Burg geboren. Dies bedeutet jedoch keineswegs, daß ich von einem adligen Geschlecht abgestammt sei. Mein Vater war zur Zeit meiner Geburt Schulmeister in Liblar, einem Dorfe von ungefähr 800 Einwohnern, auf der linken Rheinseite, drei Stunden Wegs von Köln gelegen. Sein Geburtsort war Duisdorf bei Bonn. In frühster Kindheit hatte er seine Eltern verloren und war der Sorge seines Großvaters anheimgefallen, der dem Bauernstande angehörte und auf einem kleinen Ackergütchen Getreide, Kartoffeln und ein wenig Wein zog. So wuchs mein Vater als ein eigentliches Bauernkind auf.

Im Jahre seiner Geburt, 1797, befand sich das linke Rheinufer im Besitz der französischen Republik. Seine Jugendjahre fielen daher in die von den Rheinländern so genannte „französische Zeit", und von seinen Erinnerungen aus jener bewegten Periode wußte er später manches zu erzählen: wie er den Kaiser Napoleon gesehen, als dieser, vor dem Zuge nach Rußland, in der Gegend von Bonn ein Truppenkorps Revue passieren ließ; wie dann im Spätherbst 1813 die französische Armee nach der Schlacht bei Leipzig, geschlagen und zerfetzt, wieder am Rhein angekommen sei; wie er selbst auf dem Marktplatz in Bonn den General Sebastiani, der im Gasthof „Zum Stern" sein Quartier hatte, aus dem Hause stürzen, sich auf sein Pferd werfen und mit seinem Stabe umhergaloppieren gesehen, während die Trompeter Alarm bliesen und die Trommler den Generalmarsch schlugen; denn es war die Nachricht gekommen, daß eine Abteilung Kosaken zwischen

Bonn und Koblenz den Rhein überschritten hätte; wie dann die in Bonn liegenden Truppen eilig in Reih und Glied traten und in der Richtung von Frankreich abmarschierten; wie kranke und versprengte Franzosen in Menge hinter den Marschkolonnen zurückblieben und sich mühsam dahinschleppten; wie eines Abends mehrere Trupps Kosaken, schmutzige Kerle mit langen Bärten und kleinen zottigen Pferden über das Land zu schwärmen begannen, die französischen Nachzügler aufjagten und viele davon niedermachten; wie sie sich auch in die Häuser drängten und alles stahlen, was ihnen gefiel; und wie dann, als die ersten Kosakenschwärme durchgezogen waren, die Bauern alles Bewegliche, das die Kosaken übrig gelassen hatten, zusammenrafften und in den nahen Wäldern versteckten, um es vor den nachkommenden Russen zu retten.

Dann passierten Heeresteile der gegen Napoleon verbündeten Mächte durch die Gegend auf ihrem Marsche nach Frankreich zu dem Feldzuge von 1814, der mit der Einnahme von Paris und Napoleons Verbannung nach der Insel Elba endigte. Es folgte eine kurze Periode scheinbaren Friedens. Aber als Napoleon im Jahre 1815 plötzlich von Elba zurückkehrte und sich der Regierung Frankreichs wieder bemächtigte, hoben die Preußen auf dem linken Rheinufer frische Truppen aus. Alle waffenfähigen jungen Leute mußten mit, und so trat mein Vater, damals 18 Jahre alt, in ein Infanterieregiment ein, mit welchem er sofort nach dem Kriegsschauplatz in Belgien abmarschierte. Auf dem Wege wurden die Rekruten in den Handgriffen und den einfachsten und notwendigsten Evolutionen geübt, um sie sofort möglichst gefechtsfähig zu machen. Meines Vaters Regiment passierte über das Feld von Waterloo ein paar Tage nach der Schlacht und wurde dann bei der Belagerung einer kleinen französischen Festung verwandt, die sich bald ohne Blutvergießen ergab. Später wurde er zur Artillerie versetzt und stieg zur Würde eines Bombardiers empor, was seinem jugendlichen Ehrgeiz nicht wenig schmeichelte. Er hat jedoch immer bedauert, daß er niemals in einem Gefechte gewesen, und daß er, wenn andere von ihren

Taten und Gefahren erzählten, den durchaus unblutigen Charakter seiner Kriegsdienste zugestehen mußte.

Nachdem er aus dem aktiven Dienst entlassen worden, ging er als Schüler in das Schullehrerseminar zu Brühl und anfangs der zwanziger Jahre wurde er in Liblar angestellt. Im Seminar hatte er etwas Musikunterricht erhalten und die Flöte spielen lernen. So war er befähigt, seine Schulkinder einfache Lieder singen zu lehren und gar einen kleinen Gesangverein zu gründen, an welchem die jungen Männer und die erwachsenen Mädchen des Dorfes und der unmittelbaren Umgegend teilnahmen. In diesem Gesangverein machte er die Bekanntschaft von Marianne Jüssen, die er im Jahre 1827 heiratete. Sie war die Tochter eines Pächters, Heribert Jüssen, der einen Teil einer dicht bei Liblar gelegenen Burg, „die Gracht" genannt, bewohnte. Mehrere Jahre nach ihrer Verheiratung lebten mein Vater und meine Mutter bei meinen Großeltern; und so ereignete es sich, daß ich als ihr erstgeborener Sohn am 2. März 1829 in einer Burg das Licht der Welt erblickte.

Die Burg war der Stammsitz des Grafen von Wolf-Metternich. Aber sie war nicht sehr alt — wenn ich mich recht erinnere, zwischen 1650 und 1700 erbaut —, ein großer Komplex von Gebäuden unter einem Dach, an drei Seiten einen geräumigen Hof umgebend; hohe Türme mit spitzen Dachkappen und großen eisernen Wetterfahnen an den Ecken; ein ausgemauerter, breiter, stets gefüllter Wassergraben rings umher; darüber eine Zugbrücke in einen engen gewölbten Torweg führend; in der Mauer über dem schweren, mit breitköpfigen Nägeln beschlagenen Tor das Wappenschild der gräflichen Familie mit einer Inschrift, die ich entzifferte, sobald ich lesen konnte, und die mir durch all die wechselnden Schicksale meines Lebens ziemlich wörtlich im Gedächtnis geblieben ist:

„Vorhin war ich in Hessenland
Von Guttenberg ein Wolf genannt.
Jetzt bin ich durch Gottes Macht
Graf Wolf Metternich zur Gracht."

Das große Gebäude enthielt die Wohnung des Pächters, sowie die Ställe, Scheunen, Kornspeicher und die Bureaus der gräflichen Rentmeisterei. An der vierten offenen Seite des Quadrats führte eine zweite Brücke über den Graben nach einem kleineren, aber weit eleganteren Gebäude auf etwas erhöhtem Grunde, welches der Graf mit seiner Familie im Sommer bewohnte. Dieses hatte ebenfalls seinen Turm, sowie niedrigere, eine Kapelle und Wohn- und Wirtschaftsräume enthaltende Flügel und war auch auf allen Seiten von Wasser umgeben. Man nannte dies „das Haus". Eine andere Zugbrücke verband „das Haus" mit einem etwa 60 Morgen großen Garten, „der englische Garten" genannt, welcher etwa zur Hälfte im Versailler Stil mit geraden Kieswegen und gelegentlichen Labyrinthen angelegt, mit hohen beschnittenen Hecken, griechischen Götter- und Nymphenbildern, Springbrunnen und Teichen verziert und von Pfauen und Perlhühnern bevölkert war. Eine große Orangerie, deren Bäume in Kübeln im Sommer reihenweise paradierten, bildete einen besonderen Schmuck. Die andere Hälfte bestand aus schattigen Baum- und Gebüschanlagen mit hier und da einem Sommerhäuschen oder Pavillon. Alles dies zusammengenommen hieß im Volksmunde „die Burg", und mein Großvater war im Dorfe und weithin in der Umgegend als „der Burghalfen" bekannt. („Halfen" wurden ursprünglich diejenigen Pächter genannt, die mit ihren Gutsherren den Ertrag der Ernten zu gleichen Hälften teilten. Diese Einrichtung hatte jedoch in diesem, wie in den meisten Fällen am Rhein, der Zahlung eines Pachtzinses in Geld Platz gemacht. Aber der Name „Halfen" blieb.)

Mein Großvater, der Burghalfen, hatte zur Zeit meiner ersten Erinnerung ungefähr sein sechzigstes Jahr erreicht. Er war ein Mann von gewaltigen Proportionen, über sechs Fuß groß, von mächtiger Breite in Brust und Schultern; die Züge des Gesichts massiv in Übereinstimmung mit der ganzen Statur; ein voll und entschieden geformter Mund über starkem, eckigem Kinn, die Nase groß und gerade, darüber buschige Brauen, ein dunkelglänzendes Augenpaar beschattend; die Stirn breit und der große

Kopf bedeckt mit krausem, braunem Haar. Seine Muskelstärke war erstaunlich. Bei einer Kirmeß, als er mehrere andere Halfen zu Gast hatte, wurde eine Kraftprobe vorgeschlagen, und mein Großvater ging die Wette ein, daß er den großen Amboß, der jenseits des Burggrabens in der Schmiede stand, in seinen Armen über die Brücke, durch das Tor, ins Haus und alle Treppen hinauf bis zum höchsten Söller und wieder zurück in die Schmiede tragen werde; und ich sehe ihn noch einherschreitend mit dem gewichtigen Eisenblock in seinen mächtigen Armen, treppauf und treppab, als trüge er ein kleines Kind. Wunderbare Geschichten wurden von ihm erzählt, wie er einmal einen wütigen Stier, der aus dem Stall in den Burghof gebrochen war und alle Knechte ins Haus getrieben hatte, und dem er allein entgegentrat, mit einem Hammer auf einen Schlag zu Boden gefällt, und wie er bei verschiedenen Gelegenheiten schwer beladene Wagen, die in den tiefen Geleisen schlechter Landwege feststeckten, allein mit untergestemmten Schultern herausgehoben habe, und dergleichen mehr. Es ist nicht unmöglich, daß diese Geschichten von den Taten des Burghalfen, wie sie von Mund zu Mund gingen, ein wenig über die Grenzen des streng tatsächlichen hinaus legendenhaft an Großartigkeit zunahmen. Aber sie wurden mit allen erdenklichen Versicherungen der Wahrhaftigkeit erzählt, und gewiß ist, daß mein Großvater in seiner Umgebung bei weitem der stärkste Mann war.

Eine sorgfältige Erziehung hatte er nicht genossen. Das Lesen und Schreiben verstand er, aber zu seinen Lieblingsbeschäftigungen gehörte es nicht. Mit Büchern machte er sich wenig zu tun; dahingegen war er ein Mann von großer Autorität unter dem Volke. Vom Dorfe und aus der Umgegend kamen die Leute zum Burghalfen, um sich bei ihm Rat zu holen, oder ihm ihre Streitigkeiten vorzulegen. Und wenn der Burghalfen von irgend einem schlimmen Zwist zwischen Mann und Frau, oder zwischen Nachbarn erfuhr, so nahm er seinen Haselstock zur Hand und begab sich auf den Kriegsschauplatz. Da hörte er die Klagen und Verteidigungen der Parteien, und sobald er zum

Schluß gekommen war, auf welcher Seite die Schuld lag, so fällte er sein Urteil und fügte auch wohl auf der Stelle die Strafe hinzu, die nicht selten in einer tüchtigen Tracht Prügel bestand. Gegen seinen Spruch und die unmittelbare Exekution, gegen diese patriarchalische Justiz, wagte niemand zu protestieren. Und wenn die Erntezeit kam und der Burghalfen brauchte Arbeiter im Felde, so durfte er nur durch das Dorf gehen und Jung und Alt strömte zu seinem Dienste heran, bis das Getreide in der Scheune war. Aber die Hilfeleistung war gegenseitig. Wer immer sich in Bedrängnis befand, der konnte sich vertrauensvoll an ihn wenden, und dann war ihm kein Opfer zu groß und keine Mühe zu schwer.

„Leben und Lebenlassen" war sein Grundsatz und seine Gewohnheit. Er liebte das Vergnügen, vielleicht etwas mehr, als für ihn und die Seinigen gut sein mochte. Besonderes Behagen fand er an den lustigen Gelagen mit Wein und Kartenspiel, welche damals die beliebteste Festunterhaltung der wohlhabenderen Bauern des Rheinlandes bildete. Jede Pfarre hatte ihre jährliche „Kirmeß", welche dem Essen, Trinken, Spielen und Tanzen geweiht war. Die Feier dauerte regelmäßig drei Tage, wurde aber nicht selten auch über den vierten Tag hinausgesponnen. Zur Kirmeß besuchten die Verwandten und intimeren Freunde einander mit Familie, so daß es für denjenigen, der viele Geschwister, Vettern, Schwäger und liebe Kumpane hatte, den Sommer hindurch der Gelage nicht wenige gab. An jedem Kirmeßtisch nun, seinem eigenen sowohl als denen seiner Freunde, war der Burghalfen die Hauptfigur. Nur wenige Halfen gab es, die er nicht unter den Tisch trinken konnte, und er war ein furchtbarer Kämpe, kam es zum Streit. Das geschah wohl nicht oft, denn er war durchaus nicht zankfüchtig. Aber ich habe doch erzählen hören, wie beim Kirmeßtanz oder sonstiger festlicher Gelegenheit der Burghalfen, wenn er selbst oder einer seiner Freunde beleidigt wurde, mit wuchtigem Fußstoß einen Stuhl zertrümmerte, die Stuhlbeine ergriff und mit dieser Waffe, wie Samson mit dem Eselskinnbacken, die Philister unwiderstehlich vor sich hertrieb.

Ferner gab es in den größeren Gemeinden ein jährliches „Vogelschießen".

Wenn nun in der Umgegend bei solchen Gelegenheiten der Burghalfen fehlte, so galt das Fest nicht für vollständig. Aber er fehlte nicht oft. Gewöhnlich war er mit seiner großen Kugelbüchse, „der Ferkelstecher" genannt, zur Stelle. Dieser Ferkelstecher — warum so genannt, weiß ich nicht mehr — war eine merkwürdige Waffe. Sie schoß eine gute Handvoll Pulver und eine Kugel, die volle acht Lot wog, und war so schwer, daß nur die stärksten Männer sie wagerecht ohne Stütze an der Schulter zu halten vermochten. Selbst wenn mein Großvater sie abfeuerte, so stand immer einer der kräftigsten seiner Knechte mit ausgestreckten Händen hinter ihm, um das Gewehr in seinem scharfen Rückstoß aufzufangen. Die Zahl der hölzernen Vögel, die der Burghalfen mit seinem furchtbaren Ferkelstecher herunterbrachte, war sehr groß, und jedesmal folgte ein Gelage, das den gewonnenen Einsatz aufzehrte und gewöhnlich noch ein gutes Stück darüber. Nicht selten kam dann der siegreiche Burghalfen mit schwerem Kopf nach Hause.

Aber ein tüchtiger Ackerbauer war er auch — verständig, energisch und unermüdlich. In aller Frühe mit den Knechten auf dem Felde, unterwies und regierte er nicht nur, sondern, wenn es galt, ging er ihnen in der schwersten Arbeit mit gutem Beispiel voraus. Sein Bild steht noch vor mir, wie er dem Brauch gemäß in eigener Person den ersten Erntewagen in die Scheune brachte, die Peitsche in der Hand auf einem der drei oder vier geschmückten Pferde sitzend, die eins nach dem andern, tandemartig, vor den Wagen gespannt waren. Oft habe ich auch sagen hören, daß sein Rat über landwirtschaftliche Dinge von seinen Berufsgenossen häufig gesucht und hoch geschätzt wurde. Natürlich war er ein König in seinem Hause, aber ein König, dem man nicht nur gehorchte, sondern den man auch lieb hatte, und dessen Fehler man ansah wie eine Art von Naturnotwendigkeit, an der sich eben nichts ändern ließ.

Neben ihm stand meine Großmutter in merkwürdigem Konkraft. Sie war eine kleine, schmächtige Frau mit einem mageren Gesicht, das einmal hübsch gewesen war; von zarter Gesundheit, fromm, sanft, häuslich, immer tätig und voll von Sorgen. Der Haushalt, dem sie vorstand, war in der Tat groß genug, um ihr wenig Ruhe zu lassen. Bei Tagesanbruch im Sommer und bei Lampenlicht im Winter war sie auf den Füßen, um zu sehen, daß das zahlreiche Gesinde, männliches und weibliches, an die Arbeit kam und sein Frühstück hatte. Da waren wohl nahezu zwei Dutzend Knechte und Mägde, die gelegentlich beschäftigten Tagelöhner nicht gerechnet. Das Gesinde, gewöhnlich „das Volk" genannt, versammelte sich zu den Mahlzeiten in einer zu ebener Erde gelegenen Halle, deren gewölbte Decke auf dicken steinernen Säulen ruhte. An der einen Seite befand sich der Herd mit großem Rauchfang. Mächtige Kessel hingen an eisernen Ketten und Haken über dem offenen Feuer. Dies war die allgemeine Küche des Hauses. Auf der andern Seite der Halle stand ein langer Tisch, an welchem, auf hölzernen Bänken sitzend, „das Volk" seine Mahlzeiten nahm. Ehe sie sich niedersetzten, sagten die Knechte und Mägde, mit dem Rücken gegen den Tisch gewandt, ihre Gebete her. Dann brachte der Meisterknecht das Heft seines Messers mit lautem Schlag auf den Tisch und das war das Zeichen zum sitzen. Ihre Suppe oder ihren Mehlbrei aßen die Leute mit hölzernen Löffeln aus großen hölzernen Schüsseln. Fleisch und Gemüse wurden vorgelegt auf langen, schmalen, weiß gescheuerten Brettern, die den Tisch entlang lagen. Teller gab es nicht. Eiserne Gabeln lieferte das Haus; zum schneiden gebrauchten die Leute ihre Taschenmesser. Der Meisterknecht schnitt das Schwarzbrot vor, welches dann in großen Stücken herumgereicht wurde. Weißes Brot gab es nur an Festtagen. Während der Mahlzeit wurde kein Wort gesprochen. Sobald der Meisterknecht Messer und Gabel niederlegte, war die Mahlzeit zu Ende. Es verstand sich von selbst, daß er den Leuten Zeit ließ, sich zu sättigen. Nach diesem Signal standen alle auf, wendeten sich wieder mit dem Rücken gegen den Tisch, sprachen noch ein Gebet und gingen dann auseinander, jedes an seine Arbeit.

Während das Volk seine Mahlzeit nahm, war meine Großmutter mit einer Küchenmagd am Herde beschäftigt, um für den Tisch der Familie zu sorgen. An der Seite des Herdes führte eine kleine Treppe von fünf oder sechs Stufen von der Volkshalle hinauf in ein kleineres, aber immerhin noch recht geräumiges Gemach, welches ebenfalls eine gewölbte Decke hatte. Ein langer Tisch stand in der Mitte, von Stühlen umgeben, deren mehrere mit Leder gepolstert und mit blanken kupfernen Nägeln geschmückt waren. Nach dem Hofe zu öffnete sich ein breites Fenster, mit starken Eisenstäben vergittert, die, nach außen gebogen, den Umblick über den ganzen Hof zuließen. Dies war das Wohngemach der Familie und diente auch als Eßzimmer mit Ausnahme der Festtage, wenn es viele Gäste gab. Dann wurde in einem größeren Saal an der anderen Seite der Volkshalle getafelt. Das Familienzimmer wurde gewöhnlich die „Stube" genannt. Es war meiner Großmutter Hauptquartier. In die Wand nach der Volkshalle war ein kleines Fenster gebrochen, durch das die Hausfrau alles beobachten konnte, was dort vorging, und auch zuweilen ihre Stimme erschallen ließ, anordnend oder verweisend. Wenn der Abend kam, im Spätherbst oder Winter, so versammelte sie die Mägde in der Stube mit ihren Spinnrädern. Dann wurde der Flachs gesponnen, der den ganzen Haushalt mit Leinwand versah. Und während die Spinnräder schnurrten, durften die Mägde ihre Lieder singen, wozu meine Großmutter ermunternd den Ton angab. Unterdessen kamen aus ihren Ställen und von ihren Werkplätzen die Knechte und versammelten sich auf den Bänken am großen Herde, um Geschichten zu erzählen und das zu üben, was sie für Witz hielten. In den Sommerabenden saßen sie auf dem Hofe umher oder standen gelehnt an das Geländer der Brücke, ausruhend oder schwatzend oder singend. Nach altem Gebrauch hatte an zwei oder drei Abenden im Jahr das Volk, männlich und weiblich, Erlaubnis, in der großen Halle zusammen zu spielen — blinde Kuh und andere Spiele; und da gab es denn des Hüpfens und Springens und Übereinanderfallens und Schreiens und Lachens kein Ende, bis zur bestimmten Stunde der Meisterknecht wie das Schicksal dazwischentrat und alle zu Bett schickte.

In dieser Umgebung war es, daß ich meines Daseins bewußt wurde und meine ersten Kinderjahre verlebte. Es ist merkwürdig, wie weit einzelne Erinnerungen in die Zeit der anfänglichen Entwicklung des Bewußtseins zurückreichen. So ist mir ein Bild gegenwärtig, das mich mir selbst im Alter von zwei, höchstens drei Jahren vorführt. An dem von Kastanienbäumen eingefaßten Wege, der von der Burg nach dem Dorfe führte, war ein kleiner von Mauern umschlossener Behälter, in dem der Graf einige Wildschweine hielt; darunter zwei oder drei große Eber mit mächtigen weißen Hauzähnen. Ich sehe mich selbst als kleines Kind im Unterröckchen, mit einem weißen Häubchen auf dem Kopf, auf der Mauer sitzend und mit Vergnügen, aber auch mit Furcht, auf die schwarzen Ungetüme hinunterblickend; neben mir eine Frau, die ihren Arm um mich geschlungen hält, so daß ich nicht hinunterfallen kann; und wie ich da sitze, kommt ein alter Mann mit glänzenden Knöpfen auf dem Rock, spricht mit mir und gibt mir Zuckerbrot. Meine Mutter, der ich im späteren Leben von dieser Erinnerung sprach, sagte mir, der Mann sei gewiß der alte Bernhard gewesen, der Leibdiener des Grafen, der silberne Knöpfe auf seinem Livreerock hatte, und der es liebte, sich mit mir zu tun zu machen und mir Süßigkeiten vom „Hause" zu bringen. Nach dem Todesjahre des alten Bernhard gerechnet, könne ich damals höchstens in meinem dritten Jahre gewesen sein.

Ein anderes Bild steht mir ebenso lebendig vor Augen. Ein Abend im Familienzimmer, der „Stube"; eine Lampe mit einem grünen Schirm auf dem Tisch; ich sitze auf meines Großvaters Knie und er gibt mir Milch aus einem Glase zu trinken; ich verlange mehr; mein Großvater läßt einen großen mit Milch gefüllten Zuber bringen und auf den Tisch stellen; dann zieht er mir mit seinen eigenen großen Händen die Kleider aus und setzt mich nackt in den Zuber, in welchem mir die Milch beinahe bis an den Mund hinaufreicht; nun sagt er mir, ich möge trinken so viel ich wolle, er sieht zu, wie ich den Mund öffne, um die Milch hineinfließen zu lassen und lacht aus vollem Halse, und wie ich nun, nachdem ich genug getrunken, anfange, in der Milch mit den Händen zu platschen und ihn über und über bespritze, läßt er sich auf einen Stuhl fallen und lacht immer unbändiger.

Noch andere Bilder sehe ich: Die Schafherde mit den Lämmern kommt abends heim und drängt sich blökend in ungestümer Eile durch den Torweg in den Hof; ich sehe zu, auf dem Arm meiner Mutter sitzend; der alte Schäfer tritt heran, um mir die kleine blanke Wurfschaufel am Ende seines langen Stabes zu zeigen, nach der ich meine Hände ausgestreckt hatte; aber das finster faltige Gesicht des alten Mannes mißfällt mir, und ich schmiege mich an die mütterliche Schulter.

Mit besonderem Behagen gedenke ich noch des großen Kuhstalles, welcher wie eine Kirche gebaut war, mit einem hohen spitzbogig gewölbten Mittelschiff und zwei niedrigeren Seitenschiffen, in denen die Kühe standen. Meine Mutter, die an der Milchwirtschaft viel Vergnügen fand, nahm mich zuweilen mit in den Stall, wenn sie hinging, um zu sehen, daß den Tieren ihr Recht geschah. Wie warm war es da an den Winterabenden! Ich saß dann wohl auf einem Haufen Heu oder Stroh im matten Licht der Laternen, die von den hohen Bogen des Mittelschiffes herabhingen; und so lauschte ich dem dumpfen, leisen Geräusch, das, von den wiederkäuenden Kühen herkommend, den weiten Raum mit einer eigentümlichen Wohligkeit erfüllte, und dem Geschwatz und Singen der Mägde, die geschäftig hin- und hergingen und die Kühe bei ihrem Namen riefen.

Meine Mutter erzählte mir später, daß ich damals eine sehr aufregende Liebesaffäre gehabt habe. Der Graf hatte eine Tochter, die zu jener Zeit etwa 18 oder 19 Jahre alt und sehr schön war. Die junge Gräfin Marie pflegte, wenn sie mir auf ihren Spaziergängen begegnete, die roten Pausbacken zu streicheln und mich vielleicht auch sonstwie zu liebkosen, wie junge Damen das zuweilen mit ganz kleinen Knaben zu machen pflegen. Die Folge war, daß ich mich heftig in die junge Gräfin verliebte und offen erklärte, sie heiraten zu wollen. Meine Absichten waren also durchaus ehrlich. Die Gräfin Marie schien aber die Sache nicht so ernst zu nehmen, und das führte zu einer Katastrophe. Eines Tages sah ich sie mit einem jungen Mann an einem Fenster des Herrenhauses stehen, damit beschäftigt, mit einer Angel im Burgweiher Karpfen zu fangen. Eine wütige Eifersucht ergriff mich. Ich verlangte schreiend, der junge Mann müsse sich sofort von der geliebten Gräfin Marie entfernen, widrigenfalls man ihn ins Wasser werfen solle. Ich ergrimmte noch mehr, als der junge Mann nicht allein nicht fortging, sondern sogar mich auszulachen schien. Ich tobte und brüllte so laut, daß die Burgleute um mich her zusammenliefen, um zu sehen, was da los sei. Ich erzählte es ihnen unter heißen Tränen, und nun lachten die auch, was mich noch wütender machte. Endlich kam die gute alte Köchin des Grafen auf einen gesunden Gedanken. Sie führte mich in die Küche, wo sie mir einige Löffel Quittengelee zu essen gab. Quittengelee war mir ein ganz neuer Lebensgenuß und hatte auf meinen Liebesschmerz eine merkwürdig beruhigende Wirkung. Soweit die Erzählung meiner Mutter. Quittengelee ist auch seit jener Zeit meine Lieblingsleckerei geblieben.

Die Burg hatte auch ihren Schrecken für mich. Es war der ausgestopfte Kopf eines Rehbocks mit Hörnern und besonders großen Augen, welcher die Wand über einem Treppenaufgang am Ende eines langen Ganges schmückte. Ich weiß nicht und habe wahrscheinlich nie gewußt, warum mir dieser Rehkopf so fürchterlich war; aber gewiß war er es, und wenn ich ihn passieren mußte, so lief ich, so schnell mich meine kleinen Beine tragen wollten.

Auch höre ich noch das Waldhorn Hermanns, des Leibjägers des Grafen, der an schönen Abenden zuweilen auf der zum gräflichen Hause vom Hofe hinaufführenden Brücke saß und muntere Lieder blies, die von den Mauern und Türmen widerhallten. Hermann war mir eine imposante Persönlichkeit, denn ich hatte ihn ein paarmal, wenn er den Grafen bei festlicher Gelegenheit begleitete, in großer Uniform gesehen mit glänzenden Goldlitzen an den Kleidern, einem Hirschfänger an der Seite und einem großen Federbusch auf dem Kopfe. Er nahm ein übles Ende, der arme Hermann. Eines Tages fand man ihn tot im Walde, von Wilddieben erschossen, — die erste tragische Sensation meines Lebens. Die Mörder sind niemals entdeckt worden, aber ich erinnere mich, daß von uns Kindern noch lange nachher zuweilen dieser und jener mit schaudernder Furcht angesehen wurde als einer, der den Hermann erschossen haben könne.

Ich mag etwas über vier Jahre alt gewesen sein, als meine Eltern die großväterliche Wohnung in der Burg verließen und ins Dorf zogen, um ihren eigenen Haushalt zu beginnen. Das Dorf bestand aus einer einzigen Straße; an dieser lag auch, etwa mittwegs, auf erhöhtem Platze die Pfarrkirche mit spitzem Turm. Die Häuser, meist sehr klein, waren fast alle aus Fachwerk gebaut — hölzernes Gebälk mit Lehmfüllungen — und mit Dachziegeln gedeckt. Backsteingebäude gabs vielleicht nur ein halbes Dutzend, von denen die meisten dem Grafen gehörten. Die Bewohner von Liblar, kleine Bauern, Tagelöhner, Handwerker mit einigen Wirten und Krämern, fanden in einer Eigentümlichkeit des Dorfes Grund zum Stolz: ihre Straße war gepflastert. Unser Haus war von sehr bescheidenen Dimensionen, hatte aber zwei Stockwerke, von denen jedoch das oberste so niedrig war, daß mein Großvater, aufrecht stehend, fast die Decke mit dem Kopf berührte.

Obgleich ich nun einen kleinen fünfzehn Monate jüngeren Bruder hatte, der nach meinem Großvater Heribert genannt war, so blieb ich doch des alten Mannes Liebling, und er wünschte, daß ich möglichst viel um ihn sein möchte. Meine Mutter hatte mich daher fast jeden Tag zur Burg zu bringen, und ich begleitete meinen Großvater zuweilen selbst bei seiner Arbeit. Wenn er zur Erntezeit Getreide einfuhr, so saß ich wohl bei ihm auf dem Sattel; und wenn er im Spätherbst oder Winter hinging, um seine fetten Schweine zu schlachten, was er selbst zu tun pflegte, so hatte ich die lederne Scheide mit den großen Messern zu tragen, die, an einem breiten mit blanker Messingschnalle versehenen Gurt hängend, mir so um die Schultern befestigt wurde, daß ich sie nicht auf der Erde nachschleppte. Und je wichtiger ich mich dabei zu fühlen schien, um so größer war meines Großvaters Vergnügen. Wenn er nichts besseres für mich zu tun wußte, so gab er mir eine alte Jagdflinte mit Steinschloß, das er mich lehrte zu spannen und abzudrücken, so daß es Funken gab. Dann durfte ich in der „Stube" und den anliegenden Schlafkammern umherjagen und so viele Hasen, Rebhühner, Füchse, Rehe und Wildschweine schießen, wie meine Einbildung aufzujagen wußte. Das konnte mich stundenlang unterhalten, und mein Großvater war dann nicht zufrieden, bis ich ihm die wunderbarsten Geschichten erzählte von dem Wild, das ich geschossen, und von den Abenteuern, die ich in Wald und Feld bestanden hatte.

Plötzlich kam ein großes Unglück über die Familie. Mein Großvater hatte einen paralytischen Anfall, welcher seine Beine lähmte. Sein Oberkörper schien noch gesund zu sein, aber er konnte nicht mehr gehen noch stehen. Da war es denn mit des Burghalfen rüstiger Tätigkeit und mit seinen Kraftproben und seinen Ritten nach Vogelschießen und andern Festlichkeiten auf einmal zu Ende. Der große, schwere Mann, gestern noch strotzend von Kraft, denn er war nur einige sechzig Jahre alt und von einer sehr langlebigen Familie, saß nun vom Morgen bis Abend in einem ledernen Lehnstuhl, die Beine in Flanell gewickelt. Während des Tages stand der Stuhl gewöhnlich in der „Stube" an dem großen Fenster mit dem ausgebogenen Eisengitter, von wo er den Hof übersehen konnte. Anfangs versuchte er noch, die geschäftlichen Angelegenheiten der Ackerwirtschaft weiterzuleiten. Aber bald ging das auch nicht mehr und er mußte sie einem jüngeren unverheirateten Bruder, den alle Welt „Ohm Michel" nannte, überlassen, bis sein jüngster Sohn Georg, der in Berlin bei den Kürassieren seinen Militärdienst abmachte, nach Hause zurückkehrte und die Geschäfte übernahm. Die älteren Söhne, von denen später die Rede sein wird, waren nämlich alle verheiratet und selbständig geworden.

Nun wußte der plötzlich gealterte Mann nicht mehr, was er mit sich und seiner Zeit anfangen sollte. Täglich reichte man ihm die Kölnische Zeitung, die er auch wohl ansah, aber er liebte das Lesen nicht sehr. Dann wurde an den Armlehnen seines Stuhls ein kleiner beweglicher Tisch angebracht und mit gepudertem Zucker bestreut, um die Fliegen anzulocken, die im Sommer scharenweise in der Stube umhersummten. Diese erschlug er dann mit einer an kurzem Stock befestigten ledernen Klappe. „Das ist alles was ich noch tun kann", seufzte zuweilen der einst so starke Mann. Oft wurde ich zu ihm gebracht, um ihn mit meinem kindischen Geschwätz zu unterhalten und ihn lachen zu machen. Dann erzählte er mir auch wohl von vergangenen Tagen, und unter diesen nahm wieder die „französische Zeit" die vornehmste Stelle ein. Ich hörte dann viel von den Erlebnissen des Gutsbesitzers und Landbauers in den Kriegsjahren. Ich sah die lustigen zerlumpten Sansculotten in das Land hereinbrechen und ihren wilden Unfug treiben. Ich sah bei dem Herannahen derselben den Grafen Wolf-Metternich eines Nachts eilig aus der Burg fliehen, nachdem er meinem Großvater den Schutz alles Zurückgelassenen anvertraut hatte, und nachdem die wertvollsten Sachen und Papiere in einem der Türme tief vergraben und vermauert worden waren. Ich sah bei dem Durchmarsch französischer Truppen während des napoleonischen Kaisertums einen General mit seinem Stabe durch das Burgtor reiten, um im „Hause" Quartier zu nehmen, wobei dann der Hof sich mit glänzend uniformierten Reitern füllte. Wenn der Großvater zu dem Abzug der Franzosen und der Ankunft der Kosaken kam, wurde seine Erzählung besonders erregt. Da hatte „Ohm Michel" mit sämtlichen Pferden und Wagen, Kühen, Schafen und Schweinen tief in den Wald ziehen müssen, damit dieselben nicht zuerst den abziehenden Franzosen und nachher den nachsetzenden Russen in die Hände fallen möchten. Seine Beschreibung der Kosaken mußte er mir oft wiederholen. Sie aßen Talgkerzen und durchsuchten das ganze Haus nach Schnaps. Als kein Schnaps mehr zu finden war, drohten sie der Großmutter mit Gewalt, worauf der Großvater einige von ihnen mit der Faust zu Boden schlug und sich sehr wunderte, als den Bestraften von ihren Kameraden keiner zu Hilfe kam. Aber als des Suchens nach Schnaps kein Ende wurde, verfielen die Hausbewohner auf eine List. Sie füllten ein Faß mit Essig, taten etwas Spiritus und eine tüchtige Quantität Pfeffer und Senfsamen hinzu, und dieses Gebräu, das jede gewöhnliche Kehle wie Feuer verbrannt haben würde, tranken die Kosaken als Schnaps, lobten es sehr und befanden sich wohl dabei. Aber gottesfürchtige Leute waren sie auch; denn wenn sie im Hause einen besonderen Schelmenstreich ausführten, so bedeckten sie erst dem an der Wand hängenden Kruzifix die Augen, damit Gott die Sünde nicht sehen möchte.

Solche und viele andere Geschichten wurden wieder und wieder erzählt, und sie wuchsen und breiteten sich aus, wie ich meinem Großvater mit Fragen zusetzte. Daran ließ ich es dann auch nicht fehlen. Meine Lust an diesen Erzählungen war so groß und meine Wißbegierde so lebhaft, daß ich, ehe ich zu lesen anfing, von den französischen Kriegen einen so guten Begriff bekam, wie die Berichte meines Großvaters und meines Vaters ihn mir geben konnten.

Abends wurde des Großvaters Lehnstuhl an den Tisch gerollt, wo dann irgend ein Mitglied der Familie mit ihm Karten spielte. Aber der Abstand von seiner früheren Tätigkeit war zu groß. Er verlor nach und nach seinen frohen Mut, und obgleich er sich Mühe gab, zufrieden zu scheinen und den Seinigen nicht zur Bürde zu werden, so war doch das alte heitere Leben und Treiben der Burg, dessen Seele er gewesen, für immer dahin. Bald stiegen auch noch andere dunkle Wolken von Sorge und Unglück auf.

Zweites Kapitel.

Ehe ich sechs Jahre alt war, nahm mein Vater mich in die Dorfschule. Ich erinnere mich, daß ich früh lesen und schreiben konnte, aber nicht, wie ich diese Künste gelernt habe. Viel hatte ich dem Unterricht zu danken, den ich außer der Schule zu Hause empfing. Ich hatte kaum ein Jahr lang die Dorfschule besucht, als mein Vater sein Schulmeisteramt aufgab. Dasselbe war elend bezahlt und konnte die Familie, die unterdessen um zwei Mitglieder, meine Schwestern Anna und Antoinette, gewachsen war, nicht mehr ernähren. Mein Vater fing nun eine Eisenwarenhandlung an, für die ein Teil unseres Hauses, der früher als Kuhstall gedient hatte, den Ladenraum lieferte. Es war nur ein kleines Geschäft, aber mein Vater hoffte doch, daß dessen Ertrag hinreichen werde, die Ausführung gewisser ehrgeiziger Zukunftspläne zu ermöglichen. Wie so manche, die einen Wissens- und Bildungsdrang in sich fühlen, dem nur geringe Befriedigung geworden ist, so hegte er den Wunsch, daß seinen Kindern durch eine gute Erziehung dasjenige werden solle, was ihm selbst das Schicksal versagt hatte. Mich bestimmte er schon frühzeitig zum „Studieren" — das heißt, ich sollte, sobald ich das erforderliche Alter erreicht, das Gymnasium und später die Universität besuchen und mich einem gelehrten Fachstudium widmen. Da ich jedoch von dem Gymnasialalter noch mehrere Jahre entfernt war, so blieb ich vorläufig noch in der Dorfschule.

Aber die Erziehung, die über das dort übliche Maß hinausging, begann doch sehr früh. Wir Kinder sollten alle Musik lernen, ich zuerst; und so wurde denn, als ich eben sechs Jahre alt war, ein altes kleines Klavier angeschafft, das keine Pedale und keine Dämpfung hatte und auch sonst noch mit vielfachen Mängeln behaftet war, aber doch noch genügte, um mir zu den anfänglichen Fingerübungen zu dienen. Mir kam das Instrument sehr schön vor, und ich sah es mit einer gewissen Ehrfurcht an. Nun galt es, einen Musiklehrer zu finden. Zuerst wurde der Organist, der den Kirchendienst besorgte, ins Auge gefaßt. Aber der war ein „Naturmusiker" — nicht ohne Ohr für Harmonie, aber kaum imstande, die einfachste Komposition in Noten zu entziffern. Die Dorfleute hatten sich an seine Leistungen in der Messe und der Vesper gewöhnt; und wenn auch in seinen Präludien und Interludien zuweilen eigentümliche Verwicklungen eintraten, so störte das weiter nicht. Nun dachte unser Familienrat, der die Musiklehrerfrage beriet, den Organisten, der noch in einem entfernten Grade zu unserer Vetternschaft gehörte, in dieser Sache ehrenhalber nicht ganz übergehen zu können. Aber er war vernünftig genug, mit völliger Wahrung seiner eigenen Würde zu sagen, daß er das, was er von Musik verstehe, anderen nicht beibringen könne, was ihm auch bereitwillig geglaubt wurde. So wurde denn beschlossen, daß ich wöchentlich zweimal nach der etwa anderthalb Stunden Wegs entfernten kleinen Stadt Brühl gehen müsse, wo es einen musikalisch recht gut geschulten Organisten Namens Simons gab. Der Weg führte durch einen großen Wald, „die Ville" genannt; aber er war eine wohlgepflegte, breite Chaussee, auf der eine Postkutsche ging, und wenn es sich günstig traf, so erleichterte mir der Postillon zuweilen meine musikalische Wanderung, indem er mich bei sich auf dem Bock sitzen ließ.

Nach einiger Zeit wurde mir mein jüngerer Bruder Heribert als musikalischer Mitschüler beigegeben, und damit trat auch eine Erweiterung meiner Studien ein. Während nämlich mein Bruder bei dem vortrefflichen Herrn Simons seine Klavierstunde hatte, benützte ich die freie Zeit, um bei dem Pfarrkaplan in Brühl, einem gestreng aussehenden „geistlichen Herrn", die Anfangsgründe des Lateinischen zu lernen. So wanderten wir denn zweimal die

Woche zusammen nach Brühl und zurück. Unterwegs vergnügten wir uns damit, zweistimmige Lieder zu singen, und da wir beide mit richtigem Gehör begabt waren und es uns an Stimme nicht fehlte, so mag es ziemlich gut geklungen haben. Wenigstens erregten wir die Aufmerksamkeit der Leute, die des Weges kamen. Es geschah uns sogar einmal, daß eine Reisegesellschaft, um uns zuzuhören, ihren Wagen halten ließ, ausstieg, uns zum Niedersitzen unter den Bäumen einlud und uns dann mit allerlei guten Dingen aus ihrem Proviantkorb zu bestimmen suchte, unser ganzes Repertoir herzusingen.

Mein Bruder Heribert, fünfzehn Monate jünger als ich, war ein reizender Junge; blauäugig und blond, heiteren Temperaments und von der liebenswürdigsten Gemütsart. Das Stillsitzen und aus Büchern lernen gefiel ihm weniger, als sich mit Blumen und Tieren zu beschäftigen. Mein Vater dachte daher, während ich ein Gelehrter werden sollte, aus ihm einen Kunstgärtner zu machen. Wir Brüder hingen sehr aneinander, und meine Mutter hat mir im späteren Leben oft erzählt, es sei eine wahre Freude gewesen, uns zusammen zu sehen, wie wir, gleichgekleidet und in vielen Dingen als Brüder erkennbar, uns miteinander umhertummelten und in unseren ernsteren Beschäftigungen sowohl als unseren Spielen und Freuden die beste Kameradschaft hielten. An wilden Knabenstreichen fehlte es auch nicht, aber es gab doch keine von bösartiger Natur. Das Schlimmste, das uns passierte, machte damals auf mich einen tiefen Eindruck und ist mir lebhaft in der Erinnerung geblieben.

Der alte Halfen von Buschfeld, einem nah bei Liblar gelegenen Gut, starb, und da er zu unserer weit verzweigten Verwandtschaft gehörte, so hatten wir Brüder bei dem Leichenbegängnis brennende Wachskerzen zu tragen. Nach dem Begräbnis gab es dann, dem Brauch gemäß, in Buschfeld einen großen Leichenschmaus, an welchem die Verwandten teilnahmen, sowie diejenigen, die bei dem Begräbnis besonders tätig gewesen waren. Solch eine ernste Feier entwickelte sich aber nicht selten zu einem recht heiteren Gelage; und so war es auch diesmal, da das Essen lange dauerte und der vortreffliche Wein den Gästen sehr behagte. Nun fiel es einem leichtsinnigen Onkel ein, meinen Bruder Heribert und mich bei dieser Gelegenheit im Weintrinken üben zu wollen. Er füllte also wieder und wieder unsere Gläser und nötigte uns, sie zu leeren. Die Folge war, daß wir zuerst sehr lustig wurden und dann bewußtlos von unseren Stühlen unter den Tisch glitten; worauf man das arme jugendliche Brüderpaar tief schlafend auf einen mit Stroh gefüllten Karren lud und nach Hause fuhr. Als wir wieder aufwachten und hörten, was geschehen war, schämten wir uns herzlich. Ich weiß nicht, ob ich damals schon einen förmlichen Beschluß faßte, mich niemals wieder so schlecht zu betragen. Aber gewiß ist, daß der Eindruck, den diese Begebenheit auf mich machte, nie verwischt wurde. Ich nahm von da an einen tiefen Ekel vor der Betrunkenheit mit mir ins Leben; und obgleich ich seitdem Wein oder Bier getrunken habe, wann es mir gefiel, so ist doch in der Tat jener Rausch bei dem Leichenschmaus in Buschfeld bis zu dieser Stunde mein einziger geblieben.

Von geistiger Anregung gab es im Dorfe nicht viel, aber doch immerhin etwas — besonders im Hause und im weiteren Kreise der Familie. Meine Mutter hatte nicht mehr Bildung genossen, als sie in der Dorfschule und im Verkehr mit den Ihrigen hatte finden können. Aber sie war eine Frau von ausgezeichneten natürlichen Eigenschaften — in hohem Grade verständig, leicht und klar auffassenden Geistes, und lebhaften Interesses für alles, was Interesse verdiente. Aber ihre wahre Bedeutung lag in ihrem sittlichen Wesen. Ich kenne keine Tugend, die sie nicht besaß. Nichts hätte ihr dabei fremder sein können, als ein sich überhebendes Selbstbewußtsein, denn sie war fast zu bescheiden und anspruchslos. Jene felsenfeste Rechtschaffenheit, die so ist, wie sie ist, weil sie nicht anders sein kann, war in ihr mit der wohlwollendsten Milde des Urteils über andere gepaart. Ihre Uneigennützigkeit bewies sich in jeder Probe als wahrhaft heldenmütiger Aufopferung fähig. Fremdes Leiden fühlte sie tiefer als ihr eigenes, und ihre stete Sorge war um das Glück derer, die sie umgaben. Kein Unglück konnte ihren Mut brechen, und die ruhige Heiterkeit ihres reinen Gemüts überdauerte alle Schläge des Schicksals. Als sie in hohem Alter starb, hatte sie im letzten Augenblicke ihres Bewußtseins noch ein fröhliches Lächeln für ihre Kinder und Enkel, die sie umstanden. Sie war von schlanker, wohlgebauter, mittelgroßer Gestalt, und ihre Gesichtszüge erinnerten ein wenig an die des Großvaters. Wir Kinder bewunderten immer ihr weiches, welliges, goldbraunes Haar. Ob sie in ihrer Blütezeit hätte für schön gelten können, weiß ich nicht; aber wir sahen in ihrem Angesicht den Inbegriff von Liebe, Güte und Anmut. Die Umgangsformen der „gebildeten Welt" kannte sie nicht; aber sie besaß jene edle Natürlichkeit, die den Mangel an Bildung vergessen läßt. Ihre Handschrift war ungeschickt und ihre Orthographie keineswegs tadellos. Von Literatur wußte sie nicht viel, und mit Grammatik und Stilübungen hatte man sie wenig behelligt. Aber manche der Briefe, die sie mir zu verschiedenen Zeiten und in verschiedenen Lebenslagen schrieb, waren nicht nur voll von edlen Gedanken und Empfindungen, sondern auch von seltsam schwunghafter Schönheit im Ausdruck. Die unbewußte Größe ihrer Seele hatte da ihre ureigene Sprache gefunden. Der Einfluß ihres Wesens konnte nicht anders als beständig erhebend und fördernd wirken, wenn sie mir auch in der Erwerbung von Kenntnissen und der daraus entspringenden geistigen Fortentwicklung nur wenig zu helfen vermochte.

Um so eifriger ließ sich mein Vater dies angelegen sein. An den weiß getünchten Wänden unserer kleinen, äußerst bescheiden möblierten Wohnstube, die auch als Speisezimmer diente, hingen, in hübsche Rahmen gefaßt, die Bildnisse von Schiller, Goethe, Wieland, Körner, Tasso und Shakespeare; denn die Dichter, und neben ihnen Geschichtsschreiber und Männer der Wissenschaft, waren meines Vaters Helden, von deren Schöpfungen und Verdiensten er mir früh mit Vorliebe erzählte. Wenn auch die Schule seines Geburtsdorfes und später das Lehrerseminar ihn nicht viel gelehrt hatten, so war doch sein Lerntrieb angespornt worden, und er hatte manches mit Eifer und mehr oder weniger Nutzen gelesen.

In der Tat, er las so ziemlich alles, was ihm in die Hände fiel, und so gab er auch mir zum Lesen außerhalb des Schulunterrichts jede mögliche Gelegenheit und Ermutigung. Er selbst hatte sich einige Bücher gesammelt, unter denen sich die Beckersche Weltgeschichte, wohlfeile Ausgaben einiger deutscher Klassiker und Übersetzungen ausgewählter Werke von Voltaire und Rousseau befanden. Aber dieser Lehrstoff lag noch jenseits meines kindlichen Begriffsvermögens, und so mußte denn eine Leihbibliothek aushelfen, die von einem Buchbinder in Brühl geführt wurde. Von dort bezogen wir zuerst eine Reihe sogenannter „Volksbücher", die ziemlich gut erzählte alte Sagen enthielten, vom Kaiser Oktavianus, von den vier Heimonskindern, vom hörnernen Siegfried, vom starken Roland und einige der beliebten Jugendschriften des „Verfassers der Ostereier", von dessen für Kinder geschriebenen Rittergeschichten ich noch einige dem Inhalt nach hersagen könnte. Aber dann ging mir eine neue Welt auf. Der alte Gärtner des Grafen, der „Herr Gärtner", wie wir ihn nannten, der meine Leselust bemerkt hatte, sagte mir eines Tages, daß er ein Buch habe, das mir wohl gefallen würde, und er wolle es mir schenken. Es war die Campesche Bearbeitung jenes herrlichsten aller Jugendbücher, des Robinson Crusoe. Es kann wohl ohne Übertreibung gesagt werden, daß dem Robinson Crusoe die Jugend aller zivilisierten Völker mehr glückliche Stunden verdankt als irgend einem Buch, das jemals geschrieben worden ist. Dieses Glück genoß ich in vollen Zügen. Ich sehe das Buch noch vor mir, wie ich es mit Gier ergriff, sobald meine Schulstunden vorüber waren; ich sehe die abgenutzten Kanten des Einbandes; ich sehe die Holzschnitte, die in den Text gedruckt waren; ich sehe den Tintenfleck, der zu meinem großen Ärger eines dieser Bilder verunstaltete. Ich sehe mich selbst noch, wie ich in meiner Begeisterung dem Schullehrer von dem wunderbaren Buch erzählte und ihn bat, es den gesamten Schulkindern vorzulesen, was er auch tat an zwei Nachmittagen in jeder Woche; und da er merkwürdigerweise das Buch noch nicht gekannt hatte, so wuchs sein eigenes Interesse daran dergestalt, daß die Vorlesungsstunden immer länger wurden, bis der regelmäßige Unterricht fast darunter gelitten hätte. Nächst dem Robinson Crusoe begeisterten mich „der Landwehrmann", eine volkstümliche Geschichte der „Befreiungskriege" von 1813, 1814 und 1815, für die zuerst mein Interesse durch die Erzählungen meines Vaters und Großvaters geweckt worden war — eine Lektüre, aus der ich als kindlich feuriger deutscher Patriot hervorging. Ferner fand sich im Pfennigmagazin manches Unterhaltende und Wissenswerte, das mir mein Vater durch seine Erklärungen verständlich machte. Und endlich führte er mich auch in die höhere Literatur ein, indem er mir, als ich von den Masern genesend, noch das Zimmer hüten mußte, eine Reihe Schillerscher Gedichte und zuletzt gar die „Räuber" vorlas.

Aber es gab noch andere anregende Familieneinflüsse außerhalb des engsten Kreises. Meine Mutter hatte vier Brüder. Der älteste, Ohm Peter, wie wir Kinder ihn nannten, hatte während der letzten Jahre der napoleonischen Herrschaft in einem französischen Grenadierregiment gedient und war reich an Erinnerungen aus jener merkwürdigen Zeit. Nach dem Kriege heiratete er eine „Halfens Tochter", und wurde selbst „Halfen" auf einem großen Bauerngut, dem „Münchhofe" in Lind, eine halbe Stunde Wegs von Köln. Körperlich und geistig glich er von den Brüdern meinem Großvater am meisten, und wir Kinder liebten ihn herzlich. Der zweite war Ohm Ferdinand. Er stand den großen Torfgruben, die der Graf Metternich besaß, und welche die Umgegend mit Brennmaterial versahen, als Verwalter vor und lebte in Liblar in behaglichen Verhältnissen. Im preußischen Militärdienst hatte er es bis zum Landwehrleutnant gebracht, und wir Kinder staunten ihn an, wenn er in seiner bunten Uniform, den Degen an der Seite und den Tschako mit hohem Federbusch auf dem Kopf — Pickelhauben gab es damals noch nicht —, zu den periodischen Musterungen und Manövern auszog. Er hatte manches gelesen und war der Aufgeklärte, der Voltairianer der Familie. Auch gehörte er einer Freimaurerloge in Köln an, und die Dorfleute erzählten sich mit Grauen, wie in den geheimen nächtlichen Versammlungen der Freimaurer der leibhaftige Teufel in Gestalt eines schwarzen Ziegenbocks erscheine und die Mitglieder der Loge sich ihm mit Leib und Seele verschreiben mußten. Die Tatsache, daß Ohm Ferdinand Sonntags nicht zur Kirche ging, schien in dieser Beziehung die schlimmsten Gerüchte zu bestätigen. Seine Gattin, eine Frau von vortrefflichem Charakter und tüchtige Wirtschafterin, hatte die eigentümliche Liebhaberei, sich über den Personalbestand und die Schicksale der europäischen Fürstengeschlechter aufs genaueste unterrichtet zu halten, und wir hörten sie oft mit erstaunlicher Klarheit die verwickeltsten Familienbeziehungen auseinandersetzen und merkwürdige Geschichten über die „hohen Herrschaften" erzählen.

Der dritte Bruder war Ohm Jacob, der als junger Mann nach der kleinen Festungsstadt Jülich, sieben Wegstunden von Liblar, gezogen war, dort eine Kaufmannstochter geheiratet und sich dem kaufmännischen Beruf gewidmet hatte. Er war ungewöhnlich schön von Angesicht und Gestalt und dazu eine feine, liebenswürdige, und im besten Sinne vornehme Natur. Seine vortrefflichen Eigenschaften und sein einnehmendes Wesen gewannen ihm bald die Achtung und Zuneigung der Gemeinde, und er wurde zum Bürgermeister der Stadt ernannt, ein Amt, das er viele Jahre mit tadellosem Anstand und zu allgemeiner Zufriedenheit versah. Jedes Jahr reiste er zur Messe nach Frankfurt, von wo er uns, stets über Liblar zurückkehrend, allerlei hübsche Sachen mitbrachte und interessante Erzählungen über die merkwürdigen Menschen und Dinge, die er dort gesehen und gehört.

Der vierte und jüngste Bruder war Ohm Georg, der, wie schon erwähnt, bei den Kürassieren in Berlin gedient hatte und dann meinen Großvater in der Ackerwirtschaft vertrat. Er hatte als Soldat drei Jahre in der Hauptstadt gelebt und somit auch weit über den Schatten des heimatlichen Kirchturms hinausgeblickt. Er war ebenfalls ein hübscher Mann und hatte den ritterlichen Zug der Familie. Jeder der vier Brüder war über sechs Fuß groß und zusammen bildeten sie eine Gruppe von seltener Stattlichkeit. Auch durch ihre Intelligenz und die Weite ihrer Lebensanschauungen zeichneten sie sich aus vor den gewöhnlichen

Landleuten ihrer Umgebung. Ihnen schlossen sich als Geistesverwandte zwei Schwäger an, mein Vater und „Ohm Rey", der Mann einer Schwester meiner Mutter, ein geistig sehr geweckter und dabei lebenslustiger Mann, der in dem Bauerndorfe Herrig, eine gute Stunde Wegs von Liblar, ein ansehnliches Ackergut als Eigentum besaß. Dieser Kreis fand sich häufig, ganz oder teilweise, in heiterer Geselligkeit zusammen. Aber die gesellige Unterhaltung beschränkte sich nicht auf die landesüblichen Vergnügungen, obgleich es daran nicht fehlte, noch auch auf die Verhandlung alltäglicher Geschäfte. Diese Männer lasen ihre Zeitungen, interessierten sich für das, was in der Welt vorging und besprachen unter sich, wenn auch nicht mit besonderer Sachkenntnis, aber doch mit eifriger Teilnahme, die Ereignisse, die nah und fern die Menschheit bewegten. Solchen Gesprächen wohnte ich nicht selten, an meines Vaters Stuhl gelehnt, oder unbemerkt in einem Winkel kauernd, als stummer aber begieriger Zuhörer bei. Manche der davon empfangenen Eindrücke sind mir im Gedächtnis geblieben. Da hörte ich denn von den Kämpfen des Abdel-Kader in Algier und des Helden Schamyl im Kaukasus, von den wiederholten Attentaten auf den König Louis Philipp in Frankreich; von dem Karlistenkrieg in Spanien und den Generälen, deren Namen mir so wunderbar musikalisch klangen; von der Verhaftung des Erzbischofs von Köln wegen jesuitischer Umtriebe gegen die preußische Regierung, ein Ereignis, das mich besonders aufregte, usw. Von dem, was ich so hörte, war mir vieles zuerst wenig mehr als bloßer Schall. Aber ich ließ es dann nicht an Fragen fehlen, die mir mein Vater oder Ohm Ferdinand, so gut es ging, beantworten mußte. Obgleich dadurch der Geist des Knaben nur wenig klares Verständnis gewann, so wurde doch schon früh in ihm das Gefühl geweckt, daß wir in unserm kleinen Dorfe ein Teil einer großen Welt seien, deren Kämpfe uns angingen und unsere Aufmerksamkeit und Teilnahme verlangten. Und dieses Interesse blieb mir von jener Zeit an. Auch hörte ich in diesem Familienkreise zuerst von Amerika sprechen. Eine Bauernfamilie von Liblar, namens Trimborn, entschloß sich, nach den Vereinigten Staaten auszuwandern. Noch steht mir das Bild lebhaft vor Augen, wie eines Nachmittags ein mit Kisten und Hausgerät beladener Lastwagen sich von Trimborns Hause in Bewegung setzte, wie die Familie von den Dorfleuten Abschied nahm, wie eine große Schar den Auswanderern bis vor das Dorf das Geleit gab, und wie dann der Wagen auf dem Wege nach Köln im Walde verschwand. Eine andere uns befreundete Familie namens Kribben, aus einem benachbarten Dorf, folgte bald den Trimborns, um sich in Missouri niederzulassen, wo ich sie viele Jahre später wiedersah, und wo einer der Söhne ein hervorragender Mann wurde. Unterdessen wurde von meinem Vater und meinen Oheimen Amerika eifrig besprochen. Da hörte ich denn zum ersten Male von dem unermeßlichen Lande jenseits des Ozeans, seinen ungeheuren Wäldern, seinen großartigen Seen und Strömen, von der jungen Republik, wo es nur freie Menschen gäbe, keine Könige, keine Grafen, keinen Militärdienst und, wie man in Liblar glaubte, keine Steuern. Alles was über Amerika Gedrucktes aufgetrieben werden konnte, wurde mit Begierde gelesen, und so sah ich im Pfennigmagazin zum erstenmal das Bildnis Washingtons, den mein Vater den edelsten aller Menschen in der Geschichte der Welt nannte, da er als Feldherr im Kriege für die Befreiung seines Volkes große Heere kommandiert und dann, statt sich zum König zu machen, all seine Gewalt freiwillig niedergelegt und wieder als einfacher Landwirt den Pflug in die Hand genommen habe. An diesem Beispiele erklärte mein Vater mir, was ein „Freiheitsheld" sei. Dann schwärmten die Männer unseres Familienkreises nach Herzenslust in jener Blockhausromantik, die für die Phantasie des mit dem amerikanischen Leben unbekannten Europäers, besonders des Deutschen, so großen Zauber gehabt hat, und es hätte nicht viel gefehlt, so wäre auch von ihnen der Beschluß der Auswanderung schon damals gefaßt worden. Obgleich es nicht so bald dazu kam, so blieb doch Amerika in der Familie ein beliebter Gesprächsgegenstand, der durch die Ankunft von Briefen der Trimborns und Kribbens, die mit Sehnsucht erwartet und mit Eifer gelesen wurden, immer erneuertes Interesse gewann.

Auch unter den älteren Leuten außerhalb der Familie fand ich einen Freund, der mir allerlei Anregungen gab, und zwar einen recht sonderbaren. Sein Name war Georg van Bürck, und da er früher einmal Schuhmachermeister gewesen war, so wurde er gewöhnlich „Meister Jurges" genannt. Sein Handwerk hatte er wegen einer Augenschwäche aufgeben müssen. Dann ernährte er sich als Botengänger und wurde von meinem Vater so häufig beschäftigt, daß er bei uns fast wie ein Zugehöriger aus- und einging, obgleich er selbst eine Frau und mehrere Kinder hatte, mit denen er ein kleines Haus in unserm Dorf bewohnte. Meister Jurges war damals ein Mann von mittleren Jahren, lang und hager, mit schmalem, freundlichem Gesicht, dem der weißliche Schein eines erblindeten Auges einen eigentümlichen Ausdruck gab. Er war einer von den Leuten, die bei guten natürlichen Anlagen nur geringen Unterricht genossen haben, bei denen aber das wenige genügt, um ihr Denkbedürfnis aus dem Geleise des in ihrer Lebenssphäre Althergebrachten und Alltäglichen herauszuheben. Er hatte allerlei Gedrucktes, das ihm in die Hände gefallen war, gelesen, und wenn er auch manches davon nicht verstand, so machte er sich doch seine eigenen Gedanken darüber. Es kamen ihm mancherlei drollige Einfälle, die er mit einer gewissen Sprachgewandtheit und zuweilen gar in recht pikanten Ausdrücken zum besten gab, und da seine Gemütsart kaum hätte gutartiger und gefälliger sein können, so mochte alle Welt ihn gern leiden.

Wie die ganze Bewohnerschaft des Dorfes und der Umgegend war er katholisch; aber in manchen Dingen stimmte er mit der Kirche nicht überein und meinte, wenn wir nur glauben und gar nicht selbständig denken sollten, wozu habe uns dann der allweise Schöpfer den Verstand gegeben? Besonders kritisierte er die Predigten des Pastors der Pfarre Liblar mit großer Lebhaftigkeit und Schärfe. Auch mit dem Apostel Paulus hatte er manche Meinungsverschiedenheiten. Obgleich ich noch ein bloßes Kind war, machte er mich zum Vertrauten seiner religiösen Zweifel und philosophischen Betrachtungen; er glaubte nämlich, da ich „studieren" solle, so müßte ich mir über solche Dinge möglichst früh eine Meinung bilden, und man könne daher füglich mit mir darüber reden. Mit besonderem Ernste warnte er mich, nur ja nicht „auf Geistlich" zu studieren, wie man sich am Niederrhein ausdrückte — d. h., nicht Theologie zu studieren mit der Absicht, Priester zu werden —, „denn", sagte er, „die geistlichen Herren müssen zu viel Dinge sagen, an die sie selbst nicht glauben." Und dann ging er mit großer Beredsamkeit auf die in den Evangelien erzählten Wunder los, die ihm durchaus nicht in den Kopf wollten.

Aber zuweilen schien sich Meister Jurges doch zu erinnern, daß ich noch ein Kind war. Er nahm mich dann auf seine Knie und erzählte mir Märchen oder Gespenstergeschichten, wie man sie eben Kindern erzählt; er versäumte jedoch nie hinzuzusetzen, daß diese Geschichten alle erdichtet seien, und daß ich nur ja keine davon glauben solle. Ich versprach ihm dies, verlangte aber noch mehr. Die Kinderseele hat ein noch frisches und reines Bedürfnis für das Wunderbare, und wenn auch die Furcht an und für sich ein unbequemes, unangenehmes Gefühl ist, so haben doch die Schauer, welche der Gedanke an das Ungeheure, Übernatürliche hervorbringt, einen seltsamen Reiz. Die Dorfleute, unter denen ich lebte, waren meist noch in hohem Grade abergläubisch. Sehr viele davon glaubten noch steif und fest, daß es Hexen gebe, die mit dem Teufel in sehr intimen Beziehungen ständen; und von zwei oder drei alten Frauen im Dorfe wurde im geheimen gemunkelt, daß es mit ihnen nicht richtig sei. Auch hörte ich einige unserer Nachbarn erzählen, daß sie selbst „Feuermänner" auf dem Felde hätten einherwandeln sehen. Diese Feuermänner seien „arme Seelen", wegen irgend besonderer Missetaten dazu verdammt, des Nachts in brennender Gestalt umzugehen. Nun wußte ich wohl, von meinen Gesprächen mit meinen Eltern, mit meinen Oheimen und mit Meister Jurges, daß es keine Hexen gebe, und daß die „Feuermänner" bloße Irrwische seien, die sich in den Dünsten des Moorlandes bildeten; aber ich fand doch eine geheime Lust des Grauens daran, die alten Frauen zu betrachten, die der Hexerei verdächtig waren, und die Sumpfstellen zu besuchen, wo man die fürchterlichen Feuermänner gesehen haben wollte; und dabei ließ ich meiner Einbildungskraft freien Lauf und dachte mir allerlei wunderbare Geschichten aus.

Meinem Freunde Meister Jurges verdankte ich auch meine erste Vorstellung von einem Philosophen. Im Dorfe stand ein altes Gebäude, das einst offenbar ein viel vornehmeres Wohnhaus gewesen war, als die, welche es umgaben. Es war ansehnlich größer, das Gebälk des Fachwerkes war viel künstlicher gefügt und geschmückt, und sein Eingang von einem Überbau gedeckt, der, auf vier hölzernen Pfeilern ruhend, in die Straße hineinragte. Zu der Zeit, von der ich spreche, war das Haus unbewohnt und verfallen. Der Eingang hatte keine Tür mehr und stand den Dorfkindern offen, die sich auf den morschen Böden und Treppen frei umhertrieben und die wüsten Kammern und dunklen Winkel besonders gut zum Versteck- oder Räuberspiel fanden. Der unheimliche alte Bau interessierte mich lebhaft und von Meister Jurges erhielt ich den ersten Aufschluß über seine letzten Besitzer und Bewohner. Es waren zwei Brüder gewesen, alte Junggesellen, namens Krupp, damals schon seit einer Reihe von Jahren tot. Der ältere davon hieß Theodor, im Volksmunde „Krupps Duhres" und war, wie mir Meister Jurges erzählte, ein höchst sonderbarer Herr. Er trug sein Haar noch in einen Zopf geflochten und auf seinem Kopfe einen altmodischen dreieckigen Hut. Da er nur ein Auge hatte, so gebrauchte er eine Brille mit nur einem Glase, und diese Brille war unter der vorderen Ecke seines Hutes befestigt, so daß er das Glas vor seinem sehenden Auge hatte, sobald er den Hut aufsetzte. Er besaß eine große Menge von Büchern und war ein grundgelehrter Mann. Oft ging er in Gedanken vertieft umher mit den Händen auf dem Rücken, ohne jemanden anzusehen. Die Kirche besuchte er nicht und als er starb, wollte er von der letzten Ölung nichts wissen. „Krupps Duhres", so schloß Meister Jurges seine Beschreibung, „war ein Philosoph." Ich fragte meinen Vater, der auch von Krupps Duhres wußte und alles bestätigte, was Meister Jurges mir erzählt hatte, ob jener sonderbare Mann wirklich ein Philosoph gewesen sei. Mein Vater meinte, das sei wohl außer Zweifel. Dies war meine erste Vorstellung von einem Philosophen und im späteren Leben ist mir das Bild des dreieckigen Hutes mit der daran befestigten einäugigen Brille noch oft im Gedächtnis aufgestiegen, wenn ich von Philosophie oder Philosophen reden hörte.

Mein Freund Meister Jurges hatte zuweilen Anwandlungen, die auf mich einen tiefen Eindruck machten. Es geschah ihm wohl — nicht oft, aber doch dann und wann —, daß er in fröhlicher Gesellschaft etwas mehr trank, als er sollte. Aber seine Anheiterung — Rausch konnte man es kaum nennen — hatte nichts Tierisches, Abstoßendes an sich. Sie machte ihn nur munterer und vermehrte den Sprudel seiner originellen Einfälle. Eines Tages war ich bei einer solchen Gelegenheit gegenwärtig. Meister Jurges hielt mit seinen launigen Bemerkungen die Gesellschaft in der heitersten Stimmung. Da hörten wir eine Wanduhr schlagen. Meister Jurges unterbrach sich plötzlich mitten in einem Satze, sprang auf und rief in feierlich ernstem Ton: „Ah, schon wieder eine Stunde dem Tode näher." Aber in der nächsten Minute, nach kurzem Schweigen, setzte er sich wieder hin und führte das Gespräch weiter, eben so lustig wie vorher. Mein Vater, dem ich diesen Vorfall erzählte, sagte mir, daß er schon mehrmals ähnlichen Szenen beigewohnt habe. Meister Jurges habe eine Ahnung, er werde nicht alt werden; er mache sich allerlei Gedanken darüber, wie es wohl mit dem Leben nach dem Tode beschaffen sein möge, und was ihn so innerlich beschäftige, komme zuweilen auf diese sonderbare Weise zum Ausbruch.

Mich behelligte er mit diesen trüben Vorgefühlen nicht. Vor mir entwickelte er nur die heiteren Seiten seines Charakters und seiner Lebensphilosophie, obgleich er dieses pomphafte Wort nie gebrauchte. Er versuchte häufig, mir zu zeigen, wie wenig dazu gehörte, um glücklich zu sein, — und zum Beweis ließ er sein eigenes Beispiel dienen. Er war doch ein recht armer Mann nach den gewöhnlichen Begriffen der Welt. Das Schicksal hatte ihn nicht nur nicht begünstigt, sondern eher hart geschlagen. Er leugnete nicht, daß er in sich den Stoff zu etwas Besserem fühle als zum Schuster, aber nur dazu hätten seine Eltern ihn machen können. Dann habe die Augenkrankheit ihm gar die Tauglichkeit zum Schusterhandwerk geraubt, und er habe ein Botengänger werden müssen, um für die Seinigen das tägliche Brot zu erwerben. Aber was würde es helfen, wenn er sich nun mit finstern Grübeleien quälte über das, was er hätte werden sollen und nicht geworden sei? Die Welt sei auch dem armen Botengänger noch schön. Ihm sei das Glück geworden, mit Menschen umgehen zu dürfen, die mehr gelernt hätten und geschulter seien als er. Jeder neue Gedanke, den er aussprechen höre und verstehen könne, sei ihm ein großer Genuß. Er dürfe nur mehr an die Freuden denken, die ihm das Leben geschenkt, als an die Leiden, die es ihm gebracht habe, um sich glücklich zu fühlen. Man brauche in der Tat nicht mehr zum irdischen Glück als ein gutes Gewissen und Genügsamkeit. Wenn ich im späteren Leben einmal von Armut gedrückt oder von unverdienten Schicksalsschlägen getroffen werden sollte, so möge ich nur an meinen Freund, den Botengänger Jurges, denken. — Solche Lehren gab er mir bei jeder Gelegenheit, aber stets mit allerlei Scherzen und drolligen Beschreibungen vermischt, welche die Ermahnung nie zu langweiligen Predigten werden ließen. Auch suchte er meine Ambition zu wecken und anzuspornen, indem er mir in glühenden Farben das Glück der gelehrten Erziehung beschrieb, die mir werden sollte; und dann ließ er in der Schilderung der Zukunft, die sich mir auftue, seiner Phantasie vollends die Zügel schießen.

Seine Ahnung eines frühen Todes hatte Meister Jurges leider nicht betrogen. Mein guter Freund überlebte jene Zeit nicht lange. Während ich auf dem Gymnasium war, starb er an der Schwindsucht. Ich habe ihm stets ein warmes Andenken bewahrt.

Der Eindruck dessen, was er mir über religiöse Dinge gesagt, wurde durch andere Vorkommnisse verstärkt. Ich kam wirklich zu dem Entschluß, soweit ein Kind einen solchen fassen kann, daß, wenn ich studierte, es nicht „auf Geistlich" sein sollte. Freilich rechnete bei der katholischen Bevölkerung am Niederrhein eine Familie, die einen „geistlichen Herrn" zu ihren Mitgliedern zählte, sich das zu großer Ehre. Aber dies galt doch meist nur von dem weiblichen Teil unseres Kreises. Während die Frauen der Kirche frommgläubig anhingen, waren die Männer alle mehr oder minder von dem „freisinnigen Zeitgeist" berührt, und mein Ohm Ferdinand, der Voltairianer, ließ es sogar an kühnen Spöttereien nicht fehlen. Diese wirkten allerdings auf mein kindliches Gemüt keineswegs anziehend. Es schien mir verwegen, von den Dingen, die mir in Kirche und Schule und von der Mutter als hoch und heilig eingeprägt wurden, in leichtfertigen Redensarten zu sprechen. Mein Vater, der zwar, wie schon erzählt, ebenfalls seinen Voltaire und Rousseau gelesen hatte und unter seinen Büchern besaß, verfiel auch niemals in diesen Ton. Ebensowenig gab er sich Mühe, mich ableitenden Einflüssen gegenüber bei der Strenggläubigkeit festzuhalten.

Im Religionsunterricht wie auf der Kanzel hatte ich den Pastor wiederholt sagen hören, die katholische sei die allein seligmachende Religion und alle Andersgläubigen, Protestanten, Juden und Heiden, seien unrettbar dem ewigen Höllenfeuer verfallen. Protestanten gab es nun in unserem Dorfe und der Umgegend keinen einzigen. In der Tat konnten wir Kinder uns einen „Calviner", wie dort die Protestanten gewöhnlich genannt wurden, kaum vorstellen; und als einmal ein durchreisender Fremder, ein preußischer Beamter, mir als Protestant bezeichnet wurde, betrachtete ich ihn zuerst mit halb furchtsamer, halb mitleidiger Scheu, und war dann sehr erstaunt, in ihm einen sehr würdig und angenehm aussehenden Mann zu finden. Einen Juden hatten wir im Dorf, der das Metzgerhandwerk betrieb, und von dem wir und unsere Nachbarn einen großen Teil unseres Fleischbedarfs bezogen. Aber sonst kam man nicht mit ihm in Berührung. Dagegen sah ich einen anderen Juden namens Aaron, der in einem benachbarten Dorf wohnte, nicht selten in unserm Hause, und ich bemerkte, daß mein Vater sich bei jedem seiner Besuche in freundschaftlicher Weise mit ihm über allerlei Dinge unterhielt. Das wunderte mich. Aber mein Vater sagte mir, der alte Aaron, dessen Gesicht mir in der Tat immer besonders ernst und würdevoll vorgekommen war, sei nicht allein ein guter und rechtschaffener, sondern auch ein sehr kluger und aufgeklärter, ja, ein weiser Mann — rechtlicher, tugendhafter und weiser als mancher Christ. — Die Frage, ob nun auch ein so guter Mann wie Aaron durchaus zum ewigen Höllenfeuer verdammt sein werde, gab mir viel zu denken. Ich konnte mir das mit der Allgerechtigkeit Gottes nicht zusammenreimen. Bald machte mich mein Vater mit Lessings „Nathan der Weise" bekannt, und die Lehre der Duldsamkeit, welche diese Dichtung so anziehend darstellt, und die mein Vater mir passend erläuterte, gewährte mir große Befriedigung, ohne daß ich mir bewußt gewesen wäre, wie bedenklich sie einen der Grundpfeiler des allein seligmachenden Glaubens erschütterte.

Ein anderes Ereignis brachte weitere Erschütterung. Der Dorfschullehrer, der in meines Vaters Stelle getreten war, nahm sich mit einer Schülerin, einer Verwandten unserer Familie, unerlaubte Freiheiten heraus. Das Mädchen erzählte zu Hause, was vorgefallen war. Die Mutter und Geschwister — der Vater war gestorben — suchten den Lehrer zur Rechenschaft zu ziehen; der Lehrer leugnete, und die ganze Gemeinde spaltete sich in zwei Parteien — auf der einen Seite der Lehrer, unterstützt vom Pastor, dem gräflichen Hause und einem großen Teil der Dorfbevölkerung, auf der andern Seite unsere Familie mit einigen Freunden. Der Streit wurde sehr bitter, wie das bei solchen Dorfkriegen oft der Fall ist, und führte zu heftigen Zänkereien — einmal gar zu einem förmlichen Auflauf mit hartnäckigem und keineswegs unblutigem Prügelgefecht, dem der einzige Polizist nicht steuern konnte. „Es ist Revolution im Dorf", sagten die Leute. Das war das erstemal, daß ich dies Wort „Revolution" hörte. Auf der Gegenseite zeichnete sich besonders der Pastor durch das Herumtragen ehrenrühriger Verleumdungen gegen Mitglieder unserer Familie aus. Dies ging so weit, daß selbst meine Mutter, die sanfteste aller Frauen, in große Aufregung geriet, und eines Tages hörte ich sie, die Frömmigkeit und Wahrheitsliebe selbst, den Pastor persönlich zur Rede stellen und ihm ins

Gesicht sagen, er sei ein böser Mensch — worauf der geistliche Herr beschämt davon schlich. In meiner Vorstellung war der Priester als Diener, Vertreter und Wortführer Gottes ein heiliger Mann gewesen. Und nun aus dem Munde meiner Mutter, die nur die Wahrheit sagen konnte, zu hören, daß der Pastor gelogen habe und ein böser Mensch sei — das war eine gefährliche Offenbarung. Es beunruhigte mich sehr, den Predigten des Pastors keinen unbedingten Glauben mehr schenken zu können, und wenn ich, was zuweilen geschah, bei der Messe als Chorknabe diente und denselben Mann in der heiligen Handlung begriffen vor mir sah, so ergriff mich oft ein großes Unbehagen. Sonst gingen jedoch meine religiösen Observanzen fort wie vorher.

Der ärgerliche Parteizwist über den Schullehrer hatte weitere böse Folgen, die sich anfangs nicht voraussehen ließen. Der Schullehrer, der im Unrecht war, mußte zwar weichen, aber der Zank seinetwegen störte die Beziehungen zwischen meinem Großvater und seinem Pachtherrn, die bis dahin stets sehr freundlich gewesen waren. Das damalige Stammhaupt des gräflichen Hauses Wolf-Metternich war älter als mein Großvater, eine stattliche Gestalt, sechs Fuß hoch und noch ungebeugt von den Jahren, Haupthaar und Backenbart silberweiß. Er war auch ein guter Herr, ein „Edelmann vom alten Schlage", stolz darauf, alte Diener und alte, wohlhabende und zufriedene Pächter zu haben. Die Pachtzinse waren billig, und gab es einmal schlechte Ernten, so zeigte sich der Graf zu einer Ermäßigung bereit. Waren die Ernten besonders reichlich, so freute er sich über seiner Pächter Wohlstand und schraubte die Pachtzinse nicht hinauf. Der alte Rentmeister, dessen ich mich wohl erinnere, sah zwar grimmig genug aus, führte aber die Geschäfte im Geiste seines Herrn. So waren denn bis dahin die geschäftlichen Angelegenheiten ihren Gang gegangen in beiderseits befriedigender Gemütlichkeit. Überdies war das Verhältnis zwischen dem alten Grafen und meinem Großvater befestigt gewesen durch die gemeinsame Erinnerung an die harten und gefahrvollen Jahre der französischen Zeit, während welcher der Graf unter zuweilen sehr schwierigen

Umständen die Sorge für seinen Stammsitz meinem Großvater hatte überlassen müssen.

Freilich mußte der Standesunterschied zwischen dem Grafen und dem Pächter immer im Auge behalten werden. Mein Großvater war ein nach damaligen Begriffen ziemlich wohlhabender Mann, der sich wohl einige Bequemlichkeit hätte gestatten können. Aber ich hörte im Familienkreise nicht selten darüber sprechen, daß, wenn dieses oder jenes geschähe, es im gräflichen Hause wie eine Anmaßung erscheinen und Ärgernis erregen möchte. So durfte der Halfen, um damit zur Stadt, oder zu Besuchen, oder zu den festlichen Gelegenheiten des Landes zu fahren, sich eine zweirädrige Chaise halten, aber keinen vierrädrigen Wagen. So mochten auch die Frau und die Töchter des Halfen hübsche Mützen und Hauben tragen, mit immer so kostbaren Spitzen geziert, aber keine städtischen Damenhüte. Der Graf pflegte, wenn er seine Treibjagden hielt, meinen Großvater und seine Söhne, sowie die Honoratioren des Dorfs, z. B. meinen Vater, dazu einzuladen. Ich erinnere mich deutlich, den stattlichen alten Herrn gesehen zu haben, wie er zu Fuß mit seiner Gesellschaft in den Wald zog — er selbst im grauen Jagdrock, mit einem altmodischen Feuersteingewehr bewaffnet — denn solch neuen Erfindungen, wie Perkussionsschlössern und Zündhütchen, traute er nicht. Seine nicht adligen Gäste behandelte er dann aufs freundlichste. Aber als mein Großvater selbst in der Nähe eine Feldjagd pachtete, um seine eigenen Hasen und Rebhühner zu schießen, so hieß es, man sei doch im gräflichen Hause im Zweifel, ob der Burghalfen damit nicht ein wenig zu weit gegangen sei. Indes blieb es bei dem heimlichen Zweifel bewenden. Im ganzen war die gräfliche Familie dem Burghalfen und den Seinigen stets höchst liebenswürdig gewesen. Die alte Gräfin galt zwar für stolz, aber auch dies verhinderte nicht, daß man ohne besondere Förmlichkeit miteinander verkehrte. Wir Kinder wurden freundlich zum Weihnachtsbaum eingeladen und beschenkt; und wenn es in der Familie meines Großvaters einen Krankheitsfall gab, so zeigte die gräfliche Familie stets die wärmste und werktätigste Sorge, wie für

Menschen, denen man mit freundschaftlichem Interesse zugetan ist. Auch machten sich die Söhne des Grafen nicht selten mit den Söhnen des Burghalfen zu tun, und bei festlichen Gelegenheiten tanzten sie lustig mit den Töchtern.

In dieses althergebrachte gute Einvernehmen klang der Streit über den Schullehrer, an welchem die gräfliche Familie — ich weiß nicht mehr warum — einen lebhaften Anteil nahm, wie ein jäher, häßlicher Mißton hinein. Und wie es zu geschehen pflegt, wenn die Übelnehmerei einmal begonnen hat, so fanden sich auch bald andere Veranlassungen zu gegenseitiger Unzufriedenheit. Dann starb der alte Graf und zu derselben Zeit auch der brave alte Rentmeister. Die „Gracht" ging auf den ältesten Sohn des Grafen, den Majoratsherrn über, und damit begann ein neues Regiment. Der junge Graf war zwar ein Mann gutartigen Charakters, aber die ehrwürdigen Grundsätze in bezug auf alte Pächter und alte Diener saßen ihm nicht in Fleisch und Blut, wie seinem Vater. Die vornehme patriarchalische Einfachheit, die früher im „Hause" geherrscht hatte, kam ihm ein wenig unzeitgemäß und langweilig vor. Er hatte mehr Vergnügen an seinen englischen Rennpferden und flotten Jockeys, als an den fetten, schweren Braunen, die früher die Familienkarosse gezogen hatten, mit einem grauhaarigen, schläfrigen Kutscher auf dem Bock. Ihn knüpfte auch keine gemeinsame Erinnerung an die schwere „französische Zeit" mit dem Burghalfen zusammen, und somit wurden die Beziehungen zwischen ihnen mehr zu einem bloßen Interessenverhältnis. Er stellte einen neuen Rentmeister an, einen jungen Mann von durchaus unsentimentalen Lebensanschauungen und brüsken Manieren, und als dieser ihm auseinandersetzte, daß sich aus den Gütern ein bedeutend höherer Ertrag herausschlagen ließe, so war das bei den gesteigerten Bedürfnissen nicht unwillkommen. Unter solchen Umständen verschärften sich die Mißhelligkeiten zwischen dem Grafen und dem Burghalfen leicht. Kurz — der unmittelbaren Veranlassung erinnere ich mich nicht mehr —, die Pachtung wurde gekündigt und ein oder zwei Jahre später mußte mein Großvater mit den Seinigen die Burg verlassen. Was sein Nachfolger in der Pachtung von dem Haus- und Ackergerät und dem Viehstande nicht übernehmen wollte, das wurde in dem Hofe versteigert. Die Versteigerung dauerte mehrere Tage, und ich erinnere mich, daß ich ihr einmal auf ein paar Stunden beiwohnte und wie häßlich mir die Späße des Auktionators in die Ohren klangen — denn ich fühlte einen tiefen Groll in meinem jungen Herzen, als ob da ein großes Unrecht geschähe. Meine Großeltern bewohnten nun ein Haus im Dorf, aber sie überlebten den Abzug aus der Burg nicht ein Jahr. Die Großmutter starb zuerst und der Großvater zwölf Tage nach ihr. Viele aufrichtige Tränen wurden ihnen nachgeweint.

Mittlerweile war auch mit mir eine Veränderung vorgegangen. Mit dem Eintritt in mein neuntes Jahr hielt mein Vater dafür, daß ich der Dorfschule in Liblar entwachsen sei. Er schickte mich daher zur Elementarschule in Brühl, die mit dem dortigen Lehrerseminar in Verbindung stand und als eine Musterschule galt. Die Schulzimmer befanden sich in einem alten Franziskanerkloster, das auch das Seminar beherbergte, und ich erinnere mich mit Grauen der Qual, die mein empfindliches musikalisches Gehör aushielt, als mein Vater, um mich dem Hauptlehrer Grönings vorzustellen, mich durch einen langen Gang des alten Gebäudes führte und aus jeder Fensternische die Fingerübungen eines Seminaristen auf der Violine hervorklangen, so daß ich wohl ein Dutzend dieser Instrumente zugleich hörte. Der Elementarunterricht, den ich unter der Leitung des Herrn Grönings, eines wohlunterrichteten, methodisch strengen Mannes und ausgezeichneten Lehrers empfing, war vortrefflich, und daneben wurden die lateinischen Stunden beim Kaplan und die musikalischen bei dem guten Herrn Simons fortgesetzt. Nun mußte ich mich auch schon früh daran gewöhnen, unter fremden Menschen zu leben. Im Winter wohnte ich die Woche hindurch in Brühl im bescheidenen Hause einer Metzgerswitwe; nur Samstags nachmittags ging ich nach Liblar, und zwar in Begleitung meines Bruders Heribert, der an diesem Tage morgens nach Brühl kam, um seine Klavierstunden zu nehmen. Dann hatte ich den Sonntag im elterlichen Hause, um Montags früh wieder abzumarschieren. Im Sommer hingegen machte ich den Weg von Liblar nach der Schule in Brühl und zurück jeden Wochentag.

Da traf uns ein schweres Schicksal. An einem trüben Wintermittag, als ich aus der Schule kommend in mein Kosthaus in Brühl eintrat, war ich erstaunt, meinen Vater da zu finden. Ich las Unglück in seinen Augen. Mehrmals versagte ihm die Stimme, indem er mir mitteilte, daß mein Bruder Heribert nach sehr kurzer Krankheit an einer Lungenentzündung gestorben sei. Erst am vergangenen Montag hatte ich ihn in blühender Gesundheit verlassen. Das war ein furchtbarer Schlag. Mein Vater und ich wanderten durch den Wald nach Hause, einander bei den Händen haltend und sprachlos still vor uns hin weinend. Lange konnte ich mich über diesen bitteren Verlust nicht trösten. Noch Monate nach dem Tode meines Bruders, wenn ich mich im Walde allein befand, rief ich laut seinen Namen aus und bat Gott, daß, wenn er ihn mir nicht wiedergeben könnte, er mir wenigstens den Geist des Gestorbenen möge erscheinen lassen.

Dann fühlte ich das Bedürfnis, auf meinem einsamen Wege zwischen Brühl und Liblar meine Gedanken zu beschäftigen, und so gewöhnte ich mir an, im Gehen zu lesen. Mein Vater half mir dabei. Da sein literarisches Urteil sich einigermaßen durch die Überlieferung bestimmen ließ, und er pflichtschuldigst Klopstock zu den großen deutschen Dichtern zählte, die man „gelesen haben müsse", so glaubte er, Klopstocks Messiade werde für mich unter den Umständen eine passende Lektüre sein, und er gab mir das Exemplar, das er besaß. Die ganze Messiade zu lesen, wird heutzutage für eine kaum zu bestehende Prüfung menschlicher Ausdauer gehalten, und es gibt wohl nur noch wenige Deutsche, die sich in Wahrheit rühmen können, ohne Notwendigkeit das Ungeheure geleistet zu haben. Ich bin einer der Wenigen. Ich las die sämtlichen zwanzig Gesänge zwischen Brühl und Liblar durch, nicht allein mit Standhaftigkeit, sondern einen großen Teil wenigstens auch mit tiefem Interesse. Freilich traf ich unter den pomphaften Hexametern auf manche, die mir sehr geheimnisvoll klangen.

Ich tröstete mich mit dem Gedanken, daß ich wohl noch zu jung sei, diese großartige Schöpfung ganz zu verstehen. Anderes berührte mich als erhaben schön, und mein naiver Kindersinn war dann wahrhaft erbaut. Bei meinen späteren Literaturstunden habe ich mich nie wieder zu so andächtiger Wertschätzung Klopstocks aufschwingen können. Nachdem ich mit der Messiade fertig war, ließ mein Vater mich sogar einen ansehnlichen Teil von Tiedges „Urania", einem Werk, auf das er große Stücke hielt, auswendig lernen, und mit einer Reihe von Gedichten Gellerts, Herders, Bürgers, Langbeins, Körners und anderer wurde ich auf ähnliche Weise bekannt. So war ich denn, als die Zeit für meinen Eintritt in die unterste Klasse des Gymnasiums kam, im Punkte der Belesenheit wie in anderen Richtungen anständig vorbereitet.

Die in meinem heimatlichen Dorfe und in Brühl verlebten Jahre meiner Kindheit waren durch Schicksalsschläge verdunkelt worden, von denen ich einige schon erwähnt habe — die Lähmung meines Großvaters, den Abzug von der Burg, den Tod der Großeltern und das frühzeitige Hinscheiden meinen Bruders. Ich muß noch ein Vorkommnis hinzufügen, das zwar von geringerer Bedeutung war, aber in einer wahrheitsgetreuen Erzählung nicht verschwiegen werden darf. Mein Vater, der mich sehr liebte und seinen Stolz auf mich gesetzt hatte, hielt streng darauf, daß ich als Schüler meine Pflicht tat. Am Ende jeder Woche mußte ich ihm von jedem meiner Lehrer in Brühl ein schriftliches Zeugnis über mein Verhalten bringen. Diese Zeugnisse waren immer gut. Nur einmal hatte ich mich durch ein gar zu schönes Räuberspiel mit meinen Schulgenossen in Brühl verleiten lassen, die Vorbereitung meiner lateinischen Lektion zu versäumen, und dieses Verbrechen wurde vom Kaplan in meinem Zeugnisbuche ordnungsmäßig vermerkt. Schämte ich mich meines Fehlers, oder fürchtete ich meines Vaters Strenge — kurz, als ich Samstags nach Hause kam, suchte ich meinen Vater glauben zu machen, der Kaplan habe mein Zeugnis zu schreiben vergessen, oder etwas dergleichen. Mein unsicheres Wesen überzeugte meinen Vater sogleich, daß da etwas nicht richtig sei, und ein paar Fragen brachten mich dazu, den wahren Sachverhalt zu gestehen. Da entspann sich denn folgendes Gespräch: „Du hast Deine Pflicht versäumt und Du hast mir die Wahrheit verbergen wollen. Verdienst Du nicht Schläge?“

„Ja, aber ich bitte, laß uns in den Kuhstall gehen, wo uns niemand sehen und hören kann.“

Diese Bitte wurde mir gewährt. In der Einsamkeit des Kuhstalls erhielt ich meine Züchtigung, die jedoch nicht schwer ausfiel, und niemand erfuhr etwas davon. Auch verzieh mir dann mein Vater und behandelte mich wie zuvor. Aber das bittere Bewußtsein der durch eigene Schuld verdienten Demütigung schleppte ich doch noch eine Weile mit mir herum als eine schwere Last und lange wollte ich den Kuhstall, den Schauplatz meiner Schmach, nicht mehr betreten, wenn ich nicht mußte.

Aber bei alledem war meine Kindheit im ganzen doch eine sonnige, glückliche Zeit gewesen, bei der die Erinnerung gerne verweilt, und deren weitere Beschreibung in etwas breiter Ausführlichkeit mir verziehen werden muß. Ich schätze mich glücklich, meine früheste Jugend auf dem Lande verlebt zu haben, wo der Mensch nicht allein der Natur, sondern auch dem Menschen näher steht, als in dem Häuserpferch und dem Gedränge der Stadt. Ebenso schätze ich mich glücklich, in einfachen, bescheidenen Verhältnissen aufgewachsen zu sein, die den Mangel nicht kannten, aber auch nicht den Überfluß; die keine Art von Luxus zum Bedürfnis werden ließen; die es mir natürlich machten, genügsam zu sein und auch die kleinsten Freuden zu schätzen; die meine Genußfähigkeit vor dem Unglück bewahrten, durch frühe Sättigung abgestumpft zu werden; die ein sympathisches Gefühl der Zusammengehörigkeit mit den Armen und Niedrigen im Volk lebendig und warm erhielten, ohne das Streben nach höheren Zielen zu entmutigen.

Unser Dorf war so klein, daß wenige Schritte uns in das Feld und den Wald führten, und daß man jeden Bewohner wie einen nahen Nachbarn kannte. Obgleich, immer seitdem ich lesen konnte, meine Bücher mir viel zu tun machten, so hatte ich doch meinen vollen Anteil an den Spielen der Bauern- und Handwerkerkinder des Dorfs, deren Gesichter und Namen mir jetzt noch klar gegenwärtig sind. Mein intimster Freund war der jüngste der drei Söhne unseres wohlhabendsten Kaufmanns im Dorfe, Joseph Winterschladen, ein Knabe von hübschem Äußern, liebenswürdiger Gemütsart und guten Fähigkeiten. Wir waren genau gleichen Alters, und da auch er „studieren" sollte, so fühlten wir, als ob uns auch dasselbe Schicksal bestimmt sei und hingen sehr aneinander. Als ich im Jahre 1889 Liblar besuchte, sahen wir uns zum erstenmal seit unserer frühen Jugendzeit wieder. Er hatte die juristische Laufbahn verfolgt, war Landgerichtsrat geworden, hatte dem Vaterlande in den Kriegen von 1866 gegen Österreich und 1870 gegen Frankreich mit Ehren als Reserveoffizier gedient, zuletzt als Ulanen-Major, und sich als Lohn seiner Tapferkeit das eiserne Kreuz gewonnen. Nach dem Kriege fungierte er als Richter im Elsaß und zog sich dann nach seinem Heimatsdorfe Liblar zurück, wo er als wohlhabender alter Junggeselle ein stattliches und mit einer gewissen Eleganz eingerichtetes Haus bewohnte, genau auf der Stelle, auf der vor vielen Jahren der sonderbare Philosoph Krupps Duhres gehaust hatte. Dort begrüßte mich der liebe Freund meiner Kinderjahre, nun ein bejahrter und beleibter Herr, strahlend von freudiger Herzlichkeit. Rasch wurde für mich und meine Kinder und einige Verwandte, die mich begleiteten, ein Mahl improvisiert, und als dann der gute alte Freund seinen Arm um meinen Nacken legte und in seinem besten Wein auf mein und der Meinigen Wohl trank, da füllten sich seine Augen, und die meinigen nicht weniger.

Aber auch unter den andern Dorfkindern hatte ich gute Kameraden, mit denen ich mich lustig umhertrieb, Vogelnester aufsuchte, Fische und Bachkrebse fing, Räuber- und Soldatenspiele aufführte und all den Schabernack anstellte, an dem Knaben eben Gefallen finden. Mein Vater liebte Tiere und Blumen; so pflegte er in dem Garten am Hause neben Obst und Gemüse einige hübsch angelegte Beete mit seltenen Blumensorten, und in allen Räumen des Hauses hingen Käfige mit Singvögeln der verschiedensten Art Finken und Meisen, Amseln und Wachteln, für die er uns Kinder zu interessieren suchte. Er bildete mich auch im Vogelfang aus, besonders im Schlingenstellen für den Fang der schmackhaften Krammetsvögel, die im Herbst ihren Strich durch die Gegend nahmen. Diese Schlingen wurden zu Hunderten im Walde die einsamen Jagdwege entlang gestellt, und so ging ich denn während der Herbstferien wochenlang jeden Tag des Morgens kurz vor Sonnenaufgang und wieder in der Abenddämmerung in die Tiefe des Waldes, um die Vögel, die sich mittlerweile in den Schlingen gefangen, einzusammeln und die Schlingen in Ordnung zu stellen. Auf jenen einsamen Gängen, auf denen das Reh, der Fuchs und der Hase an mir vorüberhuschten, lernte ich dann den Wald lieben und fühlte den ganzen Zauber der Waldeinsamkeit mit der geheimnisvollen Stille unter dem Laubdach und dem wunderbaren Flüstern des Windes in den hohen Wipfeln. Bald war es mir weniger um den Vogelfang zu tun, als um den Genuß des Verweilens im tiefen Walde, und selbst auf meinem Wege nach und von der Schule in Brühl vermied ich zuletzt die breite Straße und ging rechts oder links davon durchs Holz, wo immer ich einen Pfad finden konnte. Diese Liebe für den Wald hat mich niemals verlassen und oft im spätern Leben bei dem Anblick einer schönen Landschaft oder des Meeres habe ich mir die Frage gestellt, ob nicht das, was ich im Walde gesehen, doch schöner war, als dies alles.

Der Sommer war für uns die Zeit der Feste. Schon im Mai fand die „Kirmeß" in Lind bei Ohm Peter statt, und im Spätherbst die Kirmeß in Herrig bei Ohm Rey; und dazwischen lagen noch mehrere Kirmessen auf andern „Höfen" bei Vettern und Basen. Dann zog die ganze Familie aus bis zu den jüngsten Kindern hinunter. Da bei solchen Gelegenheiten die zweirädrige Chaise nicht ausreichte, so wurde denn der „Kirmeßkarren" herausgebracht, ein gewöhnlicher Karren, über den man zum Schutz gegen Sonne und Regen auf großen Reifen ein Leintuch spannte. Als Sitze dienten einige querüber befestigte Bretter, oder auch nur Strohbündel und die Zahl der Menschen, die der Kirmeßkarren fassen konnte, schien ohne Grenzen zu sein. Das Pferd oder, wenn die Wege schlecht waren, die Pferde, prangten im besten und blanksten Messingzeug, und das Fuhrwerk wurde mit grünen Zweigen geschmückt. Schon die Fahrt war uns Kindern ein Fest. Dann fanden wir bei der Kirmeß einen Schwarm von verwandten Knaben und Mädchen, die, wie wir, während der festlichen Tage volle Freiheit genossen. Bei dem Mittagsmahl, an welchem die älteren Gäste gewöhnlich vier bis sechs Stunden saßen, hielten wir es nicht lange aus. Nur wenn zur Unterhaltung der Schmausenden sich ein Taschenspieler produzierte, wie zum Beispiel Jänchen von Amsterdam, der auf den Höfen jener Gegend eines großen Rufes als Tausendkünstler genoß, ließen wir uns auch wohl länger fesseln. Dann gings zu den Krambuden auf den Straßen des Dorfs, die mit ihren Honigkuchen, wohlfeilen Spielzeugen und Drehbrettern bei der Kirmeß niemals fehlten, und abends „an die Musik", wie man dort das zum Tanz gehen nannte. Vom Tanzen zogen sich die älteren Gäste und die Kinder gewöhnlich zurück — die älteren, um ihr Kartenspiel zu beginnen, das häufig bis zum Sonnenaufgang des nächsten Tages dauerte — und die Kinder, um sich zur Ruhe zu begeben. Aber diese Ruhe war wieder ein Fest besonderer Art. Da das Haus bei solchen Gelegenheiten immer mehr Gäste hatte, als es in seinen Betten unterbringen konnte, so wurde den sämtlichen Knaben ein Zimmer angewiesen — der ganze Fußboden mit Stroh und das Stroh mit Leintüchern, Wolldecken und Kissen bedeckt. Wenn eine solche Schlafstelle einem Dutzend Knaben als Schauplatz ihres Wirkens angewiesen wurde, so begann natürlich für sie der Hauptspaß des Tages, der denn auch unter dem heitersten Lärmen fortgesetzt wurde, bis einer nach dem andern vor Müdigkeit umsank und einschlief.

Der größte Tag des ganzen Jahres aber war uns Kindern in Liblar der Pfingstmontag, an dem das jährliche Vogelschießen stattfand. Wie großartig erschien mir damals jenes Fest, das in Wahrheit kaum bescheidener hätte sein können. Aber diese Aufregungen! Am Nachmittage des Samstags vor Pfingsten sah man fünf oder sechs Männer durchs Dorf schreiten, die auf ihren Schultern eine starke, gegen vierzig Fuß lange Stange trugen, an deren eisenbeschlagener Spitze der hölzerne zum Abschießen bestimmte Vogel befestigt war. Die Dorfjugend schloß sich sogleich dem Zuge an, der sich langsam nach einem Platz vor dem Dorf bewegte, auf dem einige Ulmen und Linden standen. Auf einen dieser Bäume wurde dann, nachdem wir Knaben den Vogel mit blühendem Ginster geschmückt hatten, die Stange hinaufgehißt und zwischen den Ästen hoch darüber hinausragend mit Seilen befestigt. — Zu einer regelrechten in einem Balkengestell stehenden Vogelstange hatte nämlich die Gemeinde Liblar es damals noch nicht gebracht. — Da dies alles mit Händen getan wurde, so war es eine schwere und nicht ganz ungefährliche Arbeit, der wir Kinder mit ängstlicher Spannung folgten. Mir wäre es bei einer solchen Gelegenheit einmal beinahe ans Leben gegangen. Die Stange entschlüpfte beim Festbinden dem Seil, das sie halten sollte, und schlug einen der Männer von dem Ast, auf dem er saß. Ich stand gerade unter dem Baum, hörte plötzlich über mir ein starkes Krachen und einen Schrei „Jesus Maria", sprang zur Seite und sah dann den Körper des Mannes genau auf die Stelle fallen, auf der ich gestanden hatte. Er würde mich vielleicht erdrückt oder doch schwer verletzt haben, wäre ich nicht davon gesprungen. Der Arme brach sein Rückgrat und starb kurz nachdem man ihn ins Dorf getragen. Gewöhnlich ging jedoch das „Vogelaufsetzen" ohne Unfall ab, und wir Kinder zogen dann mit Sträußen von blühendem Ginster in den Händen fröhlich nach Hause mit dem Bewußtsein, bei einem wichtigen Werk mitgeholfen zu haben, und im Vorgefühl des Größeren, das noch kommen sollte.

Wie langsam verging der Pfingstsonntag den Erwartungsvollen! Aber am Montag begann die Lust um so früher. Schon mit Tagesanbruch ging der Tambour, ein kleiner, etwas säbelbeiniger Mann, der mir damals schon recht alt vorkam — sein Name war Heinrich Hahn, gewöhnlich „Hahnen Drickes" genannt —, durch das Dorf, die Reveille schlagend. Geschlafen wurde dann nicht mehr, aber erst am Nachmittag kam der Vorstand der Sankt Sebastianus Brüderschaft — so hieß die Schützengesellschaft, der fast alle erwachsenen Einwohner des Dorfes, männliche und weibliche angehörten — nach unserem Hause, wo damals die Fahne und die andern Kostbarkeiten der Gesellschaft aufbewahrt wurden, um diese von dort nach dem Hause des Schützenkönigs vom vorigen Jahre zu bringen. Endlich setzte sich der Zug in Bewegung; voran Hahnen Drickes, der Trommler, mit einem Blumenstrauße und bunten Bändern geschmückt; dann mit der Fahne, die das in grellen Farben gemalte Bild des mit unglaublich vielen Pfeilen durchschossenen heiligen Sebastianus trug, Meister Schäfer, ein Schneider, ein weißhaariger, spindeldürrer Mann, der „junge Fänt" (Fähnrich) genannt, weil sein Vater auch schon die Fahne geschwungen hatte; dann zwei „Hauptmänner", die altertümliche Spieße trugen, auch mit Sträußen und Bändern geschmückt; dann zwischen zwei Vorstehern der Gesellschaft der vorjährige Schützenkönig mit einer aus künstlichen Blumen und Flittergold gemachten Krone auf dem Hut und einer schweren silbernen Kette um den Hals. An dieser Kette war eine Menge fast handgroßer silberner Schilder befestigt, die Namen der Schützenkönige wohl eines Jahrhunderts tragend, und von diesen der Brüderschaft geschenkt. Die Zahl dieser Schilder war so groß, daß sie Schultern, Rücken und Brust des Mannes bedeckten und ihm ein sehr stattliches Aussehen gaben. Dem König folgten nun die Schützen mit ihren Büchsen, dann der Rest der Bevölkerung, alt und jung, zu beiden Seiten oder hinterher. Sobald der Zug auf dem Schießplatz angekommen, marschierte er dreimal um den Baum, der die Vogelstange trug; dann machte er halt, man kniete nieder und betete ein Vaterunser. Darauf schlug der Trommler einen Wirbel, der alte Schützenkönig hing Krone und Schilderkette an einem Baumast auf, die weiblichen Mitglieder der Gesellschaft und die Alten, die nicht selbst schießen konnten, wählten sich gegenwärtige Schützen als Vertreter, und das Schießen begann. Hahnen Drickes beobachtete jeden Schuß mit pflichttreuer Aufmerksamkeit, denn nach jedem Treffer hatte er einen Wirbel zu schlagen. Wenn dieser Wirbel recht kräftig war, so belohnte der glückliche Schütze den Trommler wohl mit einem Glase Wein, und es muß zugestanden werden daß gewöhnlich von der Menge dieser Gläser das Gesicht des braven Drickes immer röter und sein Trommelschlag immer wilder wurde. Die Menge, die sich mittlerweile den Krambuden und Schanktischen zugewendet hatte, drängte sich wieder um die Schützen zusammen, wie der hölzerne Vogel anfing zu splittern. Von Minute zu Minute stieg die Aufregung, alte Fernröhre wurden hervorgeholt, um die schwachen Stellen da oben zu entdecken, und die Spannung wurde atemlos, wenn, wie es zuweilen geschah, nur noch ein kleiner Holzfetzen an der eisernen Spitze der Vogelstange hing und der nächste wohlgezielte Schuß das Schicksal des Tages entscheiden mußte. Fiel endlich das letzte Stück, dann schlug Hahnen Drickes den furchtbarsten aller Trommelwirbel, die Menge umdrängte mit lärmenden Hochrufen den Sieger, die Vorsteher befestigten dem neuen Schützenkönig die Krone auf dem Hut und hingen ihm die Schilderkette um die Schultern, und nun war auch für den Schneider Schäfer, den „jungen Fänt" der Augenblick gekommen, zu zeigen, was der Fähnrich von Liblar zu tun vermochte. Er schwang die Fahne um sich her, daß die Umstehenden erschreckt zurückwichen, schwang sie über seinen Kopf, schwang sie wie ein Rad um seinen Leib, schwang sie um seine Beine, schwang sie auf und nieder und hin und her zu der Begleitung von Hahnen Drickes rasender Trommelmusik, bis ihm die Adern am Kopf zu springen drohten. Ich habe ihm mehrmals mit Erstaunen zugeschaut und gedacht, Größeres könne in diesem Fach wohl nie geleistet werden — obgleich ich mich der kopfschüttelnden Bemerkung eines alten Bauern erinnere, der dieses Schauspiel gedankenvoll beobachtete: „Dat es noch nicks jän der ohle Fänt." (Das ist noch nichts gegen den alten Fähnrich.) Dann marschierte man wieder dreimal um die Vogelstange — diesmal ohne Gebet — und der Zug setzte sich nach dem Dorfe zurück in Bewegung, Tambour und Fahne voran, Hahnen Drickes mit seinen Säbelbeinen die wunderlichsten Zickzacklinien ziehend und auf seinem Instrument die seltensten Rhythmen hervorzaubernd, während der junge Fänt, nun auch in gehobenster Stimmung, im

Gehen seine Kraftstücke wieder und wieder versuchte, und die Schützen den Triumphmarsch durch fortwährendes Büchsenknallen verherrlichten. Und stolz war der Knabe, dem ein Schütze sein Gewehr anvertraute, um dabei mitzuwirken. Dann kam das „Königsessen" in einem Wirtshaus, bei welchem der neue Schützenkönig den alten und die Vorsteher der Brüderschaft mit Schinken, Weißbrod und Wein bewirtete, und endlich abends ein Tanz, zu dem ursprünglich nur die Trommel aufgespielt hatte, zu meiner Zeit aber schon durch ein Orchester ersetzt, das aus wenig mehr als einer Violine, einer Klarinette und einem Brummbaß bestand.

Mir ist das Fest des Vogelschießens mit all seinen Einzelheiten so lebhaft im Gedächtnis geblieben, weil es mich zum ersten Male die Regung eines wirklichen Ehrgeizes kennen lehrte. Es war das große öffentliche Kampfspiel der Welt, in der ich lebte; und wenn ich den Sieger in dem Kampfe sah mit der glänzenden Schilderkette geschmückt, wie ihn die jubelnde Menge umdrängte und mit Hochrufen ins Dorf zurückführte, so kam es mir vor, als werde es etwas Großes sein, diese Ehre auch einmal für mich zu erringen. Mehr als einmal sollte mir dieses Glück werden in späterer Zeit, als ich es nicht mehr so hoch anschlug.

War so der Sommer an Freuden reich, so war es der Winter nicht weniger. Er brachte nicht allein Eisbahn und Schneeballkämpfe, sondern mir auch den ersten Kunstgenuß. Von allen freudigen Aufregungen meiner Kindheit übertraf keine die, in welche die Ankunft des Puppentheaters in Liblar mich versetzte; die Begierde, mit welcher ich den Ausrufer begleitete, der mit Trommelschlag die Bewohner des Dorfes an die Türen lockte, um dem verehrten Publikum das bevorstehende Schauspiel anzukündigen; die Angst, es möchte mir nicht erlaubt werden, das Theater zu besuchen; die Ungeduld, bis die große Stunde endlich kam. Die Bühne war in einem kleinen Saal aufgeschlagen, wo es sonst zuweilen Tanzvergnügen gab. Die Sitzpreise reichten von vier Pfennigen für Kinder auf dem geringsten Platz, bis zu einem Kastenmännchen, $2^1/_2$ Silbergroschen, für die vordersten

Bänke. Einige Talgkerzen bildeten die Beleuchtung. Aber die Mitte des dunklen Vorhanges, der uns die Mysterien der Bühne verbarg, war mit einer Rosette von Ölpapier in verschiedenen Farben geschmückt, die, von hinten mit einer Lampe beleuchtet, hell und bunt erglänzte und mir den Eindruck des Geheimnisvoll-Wunderbaren gab. Ein Schauer der Erwartung überlief mich, als endlich eine Schelle dreimal erklang, tiefe Stille im Saal eintrat, und sich der Vorhang erhob. Die Szene war mit mehr oder minder perspektivischen Kulissen eingerichtet und die Figuren wurden von oben mit Drähten geführt. Das erste Stück, das ich sah, war „die schöne Genovefa". Es war ein herrliches Stück. Die schöne Genovefa ist die Gemahlin des Landgrafen Siegfried. Der Graf will ins heilige Land ziehen, um das Grab Christi den Ungläubigen abzunehmen. Er übergibt die Sorge für die Burg und die Gräfin seinem Burgvogt Golo, dem er volles Vertrauen schenkt. Kaum ist der Graf davongeritten, als der böse Golo den Gedanken faßt, sich selbst zum Landgrafen zu machen und die schöne Genovefa zu heiraten. Die schöne Genovefa stößt ihn mit Abscheu zurück. Da läßt der böse Golo sie in ein tiefes Burgverließ werfen und befiehlt einem Knechte, sie zu töten. Der Knecht verspricht es, erbarmt sich aber der schönen Genovefa und führt sie aus ihrem Kerker in einen großen, einsamen Wald, während er dem bösen Golo sagt, daß der Mord vollbracht sei. Die schöne Genovefa nährt sich im Walde von Kräutern und Beeren und findet Obdach in einer Felsenhöhle. Da gebiert sie ein Knäblein, den Sohn des Landgrafen Siegfried. Dem Kinde gibt sie den Namen Schmerzenreich. Als sie nun die Gefahr, mit dem Kinde verhungern zu müssen, vor sich sieht und der Verzweiflung nahe ist, da betet sie inbrünstig zu Gott um Rettung, und siehe, es kommt eine Hirschkuh mit vollem Euter und bietet hinreichende Nahrung für Mutter und Kind. Täglich erscheint die treue Hirschkuh wieder und Schmerzenreich wächst allmählich auf zu einem kräftigen Knaben. Plötzlich kommt der Landgraf Siegfried vom heiligen Lande zurück, zum großen Schrecken des bösen Golo, der gehofft hatte, sein Herr werde in der Ferne den

Tod finden. Da die andern Burgleute ihn sofort wiedererkennen, so übergibt Golo ihm das Schloß und erzählt ihm eine abscheuliche Lügengeschichte über Genovefa, die verdientermaßen gestorben sei. Der Graf ist tief betrübt. Er zieht zur Jagd in den Wald hinaus und stößt auf eine Hirschkuh, die er verfolgt, und die ihn immer tiefer in die Einsamkeit lockt bis zur der Felsenhöhle, in welcher die schöne Genovefa mit Schmerzenreich wohnt. Die Gatten erkennen sich wieder, die Wahrheit kommt an den Tag, die schöne Genovefa und Schmerzenreich werden im Triumph in die Burg zurückgebracht und der schändliche Golo wird verdammt, in demselben Kerker, in den er einst Genovefa geworfen, des bittern Hungertodes zu sterben.

Das Puppentheater führte noch zwei andere Stücke vor, eins vom Prinzen Eugen — ein Heldenstück, in welchem große Schlachten geschlagen und die papiernen Türken reihenweise niedergeschossen wurden — und ein Feen- und Zauberstück mit allerlei erstaunlichen Verwandlungen. Diese Dinge waren recht hübsch, aber mit der Genovefa ließen sie sich nicht vergleichen. Der Eindruck, den die Genovefa auf mich machte, war überwältigend. Ich vergoß heiße Tränen bei dem Abschied des Grafen Siegfried von seiner Gemahlin, und noch mehr bei ihrem Wiedersehen; ich konnte kaum einen Jubelschrei unterdrücken, als die Gatten wieder in ihre Burg einzogen und den schändlichen Golo seine wohlverdiente Strafe erreichte. Ich glaube nicht, daß jemals in meinem Leben bei der Betrachtung eines Schauspiels meine Phantasie tätiger, die Illusion vollständiger und die Wirkung auf Geist und Gemüt unmittelbarer und mächtiger gewesen ist. Diese Puppe mit dem Federhut war mir der leibhaftige Graf Siegfried, diese mit dem roten Gesicht und dem schwarzen Bart der böse Golo, diese im weißen Kleide mit den gelben Haaren die schöne Genovefa und jenes kleine rötliche Ding mit den zappelnden Beinen die wahrhafte Hirschkuh. Dies blieb so, als ich im folgenden Winter die schöne Genovefa wieder sah. Ich wußte nun, wie die Sache auslaufen würde, und als ich den Grafen Siegfried von seiner Gemahlin Abschied nehmen sah, um ins heilige Land zu ziehen, konnte ich mich kaum enthalten, ihm zuzurufen, er möge doch ja nicht fortgehen, da sonst etwas ganz Entsetzliches passieren werde. Wie glücklich ist doch jener naive Zustand, in dem man so voll genießt, da sich die Einbildung so rückhaltlos der Illusion hingibt, ohne im geringsten durch eine kritische Neigung gestört zu werden.

Gerade diese meine Genußfähigkeit empfing schon früh einen bösen Stoß. Als ich, etwa neun Jahre alt, in Brühl zur Schule ging, hielt sich dort eine wandernde Truppe auf, die leichtere Schauspiele und Komödien aufführte. Ihr Hauptstück war Körners „Hedwig, die Banditenbraut". Mein Oheim Ferdinand, der einmal in Brühl über Nacht bleiben mußte, führte mich hin. Es war das erstemal, daß ich wirkliche lebende Menschen auf der Bühne sah. Die Hauptrolle, die des Bösewichts Rudolph, wurde mit all den zähnefletschenden Fratzen gespielt, deren man sich auf einem solchen Landtheater versehen konnte; da ich das jedoch damals noch für bare Münze nahm, so blieb ein starker Eindruck nicht aus. Aber unwillkürlich fühlte ich mich zum Nachdenken angeregt über das, was vor meinen Augen vorging, und ich konnte nicht zu einer so befriedigenden Illusion kommen, wie früher im Puppentheater mit seiner schönen Genovefa. Diese zur Kritik neigende Stimmung empfing einen furchtbaren Anstoß, als ich die Banditenbraut, jetzt in Gesellschaft meines Vaters, zum zweiten Male sah. Im letzten Akt soll, dem Text nach, Hedwig den über eine Falltür gebückten Bösewicht Rudolph mit einem Flintenkolben niederschmettern. Auf der Bühne in Brühl war dies jedoch so geändert worden, daß Hedwig den Bösewicht nicht mit der Flinte erschlagen, sondern erschießen sollte. Als nun in der Vorstellung die Schauspielerin in der Rolle der Hedwig die Flinte abdrückt, versagt das Schloß mit einem leisen Klick. Rudolph bleibt über die Falltür gebückt stehen in der Hoffnung, möglichst bald getötet zu werden. Die Hedwig spannt den Hahn noch einmal und drückt ab, aber wieder umsonst. Die arme Schauspielerin steht ratlos da. Im Zuschauerraum die tiefste Stille der Erwartung. Nun kommt hinter den

Kulissen ein Ruf hervor in dem lauten Flüsterton, der ein ganzes Haus füllt, und in unverkennbar reinstem Brühler Dialekt: „Hau en met dä Kollef op dä Kop! Hau en!" (Hau ihn mit dem Kolben auf den Kopf! Hau ihn!) worauf Hedwig die Flinte gemächlich umdreht und Rudolph, der geduldig mehrere Minuten lang auf einen jähen Tod gewartet hatte, mit dem Kolben auf den Kopf schlägt. Rudolph stürzt hin, das Publikum bricht in ein wieherndes Gelächter aus und der erschlagene Bösewicht, wie er auf der Bühne liegt, kann sich nicht enthalten, daran teilzunehmen.

Im Zauschauerram wollte das Lachen nicht aufhören. Ich hätte lieber weinen mögen. Auf mich hatte dieser Vorfall eine wahrhaft verblüffende Wirkung. Mit der reinen Hingabe an die Illusion und so auch mit der reinen Lust an dramatischen Darstellungen war es nun zu Ende, wenigstens bis mir künstlerische Leistungen einer höheren Art entgegentraten; und diese kamen glücklicherweise bald während meiner Schulzeit auf dem Gymnasium in Köln.

Drittes Kapitel.

Ich war zehn Jahre alt, als mein Vater mich nach Köln ins Gymnasium brachte. Es war das katholische, oder, wie es gewöhnlich genannt wurde, das Jesuitengymnasium, obgleich es mit dem Orden in keinerlei Verbindung stand. Köln hatte damals etwa 90000 Einwohner und war in meiner Vorstellung eine der großen Städte der Welt. Schon früher hatte ich die Stadt einmal mit meinem Großvater besucht, und ich erinnere mich, wie er bei dieser Gelegenheit mir meine übergroße Höflichkeit verwies, da ich, der Dorfsitte gemäß, vor jeder erwachsenen Person, der wir auf den Straßen begegneten, zum Gruße meine Mütze abziehen wollte; denn, sagte er, es seien so viele Leute in Köln, daß man, wenn man sie alle grüßte, zu nichts anderem Zeit haben würde; zweitens kenne man nicht alle, und manche darunter seien nicht wert, gegrüßt zu werden; und drittens würde man sich durch solche Höflichkeit nur als Landpflanze erweisen und lächerlich machen. Vor diesem Lächerlichmachen hatte ich nun große Scheu, und doch geschah es mir, daß, obgleich ich durch den genossenen sehr gründlichen Elementarunterricht, meine lateinischen Vorstudien und meine unter kleinen Knaben nicht gewöhnliche Belesenheit gut vorbereitet war, mein erstes Erscheinen im Gymnasium mich dem Spott meiner Mitschüler aussetzte. In den Schulen in Liblar und Brühl hatten wir für unsere Rechenexempel sowohl wie für einige andere schriftliche Arbeiten Schiefertafeln benutzt. Nicht ahnend, daß der Gebrauch einer Schiefertafel mit der Würde des Sextaners im Gymnasium durchaus unverträglich sei, brachte ich bei dem Eintritt in die Klasse meine Schiefertafel mit mir. Sofort waren die Blicke all meiner Mitschüler, von denen ich keinen einzigen kannte, auf mich gerichtet, und es brach allgemeines Gelächter aus, als einer auf gut Kölnisch ausrief: „Süch ens doh! Dä het ene Ley! Dä het ene Ley!" (Sieh einmal da! der hat eine Schiefertafel!) Ich hätte mich gerne sofort mit der Faust an die Höhnenden gemacht, aber da trat der Ordinarius ein, und es erfolgte erfurchtsvolle Stille.

Da meine Eltern über nur geringe Mittel geboten, so wurden meine häuslichen Einrichtungen in Köln auf einen recht bescheidenen Fuß gesetzt. Mein Vater quartierte mich bei einem ihm bekannten Schlossermeister auf der Maximinenstraße ein für eine billige Vergütung. Meister Schetter, so hieß er, galt für einen tüchtigen Handwerker und braven Bürger, und seine Frau, eine fleißige Haushälterin, besorgte mich wie ihr eigenes Kind. Mit dem Sohn des Hauses, der als Schlossergeselle bei seinem Vater arbeitete, schlief ich in demselben Bette. Meine Mahlzeiten mußte ich an demselben Tische nehmen mit den Gesellen, wie das auch der Meister und die Frau Meisterin taten. Bei Tisch hielt der Meister auf strengen Anstand; er selbst führte da das Wort, und höchstens der Altgeselle durfte einmal mitsprechen. Meine Lektionen studierte ich in dem Wohnzimmer der Familie, wo ich jedoch an Werktagen gewöhnlich allein blieb. Gesellige Berührung mit Leuten von Bildung hatte ich außerhalb der Schule nicht; aber die Schule selbst brachte mich unter sehr wünschenswerte Einflüsse.

In unsern Tagen wird die Frage, was in den Gymnasien und ähnlichen Anstalten gelehrt werden sollte, vielfältig diskutiert. Ich werde später darauf zurückkommen. Aber die Frage des Lehrplanes halte ich keineswegs für die einzig wichtige, vielleicht nicht einmal für die wichtigste. Was man in der Schule lernt, ist doch natürlich nur wenig, nur ein geringer Teil dessen, was man für eine fruchtbare Wirksamkeit im Leben zu lernen hat. Es kommt daher besonders darauf an, daß das in der Schule Gelehrte, was es auch sein mag, in einer Weise gelehrt werde, die bei dem lernenden Schüler die Lust des Lernens weckt und anregt und ihn in den Stand setzt, die Mittel des selbständigen Weiterlernens, soweit sie ihm erreichbar sind, leicht zu finden und mit Geschick und Erfolg zu benutzen, mit einem Wort, daß der Schüler in der Schule das Lernen lernt. Dies erfordert dann nicht allein richtige, auf diesen Zweck berechnete Lehrmethoden, sondern auch eine besondere individuelle Fähigkeit des Lehrers, die Fähigkeiten des Schülers zu erkennen, in Tätigkeit zu setzen und zu lenken. Gerade in diesem Pnnkte bin ich während meiner Lehrjahre auf dem Gymnasium in Köln ungemein begünstigt gewesen.

Der Ordinarius der Sexta war zu meiner Zeit ein junger Westphale, Heinrich Bone, dessen ich mit besonderer Dankbarkeit gedenken muß. Er hat sich später auch in weiteren Kreisen als Lehrer einen nicht unbedeutenden Namen gemacht. Er gab uns neben dem lateinischen auch den deutschen Unterricht, und wenn ich in meinem spätern Leben den Grundsatz festgehalten habe, daß Klarheit, Anschaulichkeit und Direktheit des Ausdrucks die Haupterfordernis eines guten Stiles sind, so habe ich das in großem Maße den Lehren zu verdanken, die ich von Bone empfing. Statt uns fortwährend mit trockenen grammatischen Regeln zu quälen, ließ er uns sogleich kleine deutsche Aufsätze anfertigen, nicht etwa über solche Gegenstände wie die „Schönheit der Freundschaft", oder den „Nutzen des Eisens", sondern zuerst kurze Beschreibungen gesehener Dinge, eines Hauses, einer Baumgruppe, eines Stadttores, eines Bildes und dergleichen mehr. Diese Beschreibungen hatten wir anfänglich in den allereinfachsten Satzformen zu halten, ohne irgend welche Verwicklung oder Verzierung. Der wichtigste Grundsatz aber, den er uns mit besonderem Nachdruck einschärfte, war dieser: Jedes Hauptwort, jedes Eigenschaftswort, jedes Zeitwort mußte eine mit den Sinnen wahrgenommene Sache, Eigenschaft oder Handlung ausdrücken. Alles Verschwommene, Abstrakte, nicht sinnlich Wahrgenommene war fürs erste streng ausgeschlossen. So wurden wir denn gewöhnt, zuerst uns unserer sinnlichen Wahrnehmungen und Eindrücke klar zu versichern, und dann dieselben in klarster, bestimmtester und einfachster Weise zum Ausdruck zu bringen in Worten, die eben das Wahrgenommene darstellten und nichts anderes.

Nachdem diese Übungen in der einfachsten Form uns eine Zeitlang beschäftigt und wir es darin zu einer gewissen Sicherheit gebracht hatten, wurden uns Erweiterungen in der Satzbildung erlaubt, jedoch sollten dieselben nur dazu dienen, um Wahrgenommenes in seiner Gestalt, seinen Eigenschaften oder seiner Tätigkeit klarer und vollständiger vorzuführen. Diese Erweiterungen wurden wir angewiesen, allgemach zu entwickeln, bis wir endlich mehr oder minder verschlungene Satzperioden zu bilden verstanden. Auf die Aufsätze rein beschreibenden Inhalts, deren Gegenstände nach und nach größere Verhältnisse angenommen hatten, folgte dann die erzählende Darstellung einfacher Vorgänge, kleine Geschichten. Stets aber bestand der Lehrer auf Anschaulichkeit als dem vornehmsten Erfordernis; und erst dann ließ er den abstrakten Begriff und die Reflektion zum Ausdruck zu, als vorausgesetzt werden konnte, daß der Schüler von anständiger Begabung das Wesentliche der Beobachtung, Auffassung und Darstellung sinnlicher Erscheinungen gründlich erfaßt hatte. Die Aufsätze wurden von Bone sorgfältig korrigiert und bei der Zurückgabe der Hefte einer belehrenden Einzelkritik unterworfen, die, wenn sie etwas in außergewöhnlicher Weise zu loben fand, dem Schüler zu besonderer Ermutigung gedieh. Bones Methode lehrte uns also nicht allein korrekte Sätze zu bauen, sondern sie übte in uns die Fähigkeit, die merkwürdigerweise bei verhältnismäßig wenigen Menschen gründlich ausgebildet ist, die Fähigkeit, so zu sehen, so wahrzunehmen, daß man sich über das Wahrgenommene vollständige Rechenschaft geben und es zu klar anschaulicher Darstellung bringen kann. Das Studium der Grammatik, das keineswegs vernachlässigt wurde, lief dabei nebenher als das dienende Element.

Der dieser Methode zugrunde liegende Gedanke, daß es der Hauptzweck des Unterrichts ist, den Geist des Schülers zu selbständiger Tätigkeit anzuregen und darin leitend zu fördern — auf alle Lehrgegenstände angewandt —, enthält das Geheimnis der erfolgreichen Schülererziehung. So wird das Lernen gelehrt.

Freilich erfordert die Durchführung dieser Methode Lehrer von Fähigkeit und gründlicher Ausbildung, denen auch ihr Beruf etwas mehr ist als ein bloßes Routinegeschäft.

Ich rechne es unter die Begünstigungen durch das Schicksal in meinem Leben, daß Professor Bone von Jahr zu Jahr aufsteigend Ordinarius der Sexta, Quinta und Quarta wurde, und daß ich so drei Jahre hindurch unter der Leitung dieses ausgezeichneten Lehrers stand. Der in der Klasse genossene Unterricht wurde durch häufige Gespräche mit ihm vervollständigt, da ich das Glück hatte, ihm persönlich näher zu kommen. Meine ersten kleinen Aufsätze zogen seine Aufmerksamkeit auf sich und gewannen seinen Beifall. Ich erinnere mich noch lebhaft meiner stolzen Genugtuung, als ich einmal eine meiner Arbeiten der Klasse als ein Muster vorlas. Er hob besonders einen Satz heraus, in dem eine Sommerabendszene im Dorfe beschrieben war, wie die Knaben die Kühe von der Weide herein trieben, während die Frauen und Mädchen an dem durch das Dorf fließenden Bächlein saßen, ihr Blech- und Zinngeschirr blank scheuernd; und der Professor setzte hinzu: „Das ist nun ein klassischer Satz.“ Er faßte eine warme Zuneigung zu mir und lud mich ein, ihn auf seinem Zimmer zu besuchen. Damals war er mit der Zusammenstellung eines deutschen Lesebuches für den Gymnasialunterricht beschäftigt, für das er selbst eine Reihe kleiner Beschreibungen und Geschichten als Muster seiner Methode schrieb. Mehrere davon las er mir vor und forderte mich, wahrscheinlich um sich des Eindrucks auf den Geist des Schülers zu vergewissern, zur Kritik auf, die ich dann mit Freimut, wenn auch nicht ohne Schüchternheit, ausübte. Er erwies mir sogar die Ehre, zwei oder drei meiner eigenen kleinen Schulaufsätze, in denen er seine Lehre am treuesten befolgt fand, ohne wesentliche Änderung seinem Buche einzufügen. Einen davon, den ich in der Sexta geschrieben, will ich hier mitteilen, wie ich ihn in der dreiundfünfzigsten Auflage des Lesebuches, die ich mir aus Deutschland habe kommen lassen, vor mir sehe. Es ist eine Jagdszene:

„Berge und Felder waren mit glänzendem Schnee bedeckt; der Himmel trug das rosige Kleid der Morgenröte. Da sah ich drei Jäger, welche unter einer hohen Eiche standen. Die größeren Äste des Baumes trugen eine schwere Last Schnee, die kleineren waren mit Reif behangen. Die Kleider der Jäger hatten eine hellgrüne Farbe und waren mit blanken Knöpfen besetzt. Zu ihren Füßen lag ein großer Hirsch, dessen rotes Blut den weißen Schnee färbte. Drei dunkelbraune Hunde saßen um den toten Körper und ließen die roten Zungen lechzend hervorhängen."

Dies illustriert Bones Methode, sowie meine Auffassung derselben. In dem Lesebuche blättere ich oft, und dann steigt mir das Bild mancher schönen Abendstunde auf, die ich mit meinem verehrten Lehrer in anregendem Gespräch verbrachte. Nicht wenige dieser Stunden benutzte er dazu, meine Lektüre zu leiten und mich besonders mit den Schönheiten der älteren deutschen Dichter bekannt zu machen. Ich selbst versuchte mich früh im Verseschreiben und war in Gefahr, eine gute Meinung von meinen poetischen Inspirationen und meiner Geschicklichkeit im Ausdruck zu gewinnen, als ich eines Tages meinem Lehrer eins meiner Erzeugnisse vorlas, ohne mich als Verfasser zu bekennen, und er sagte: „Das Gedicht klingt ja, als ob es von Claudius wäre, aber ich kenne es nicht."

Auch trieb mich Bone an, Geschichtliches zu lesen. Ich besaß Beckers vielbändige Weltgeschichte. Diese las ich ganz durch und begann darauf, das wieder zu lesen, was mich besonders interessiert hatte. So wurde ich durch die in dem Beckerschen Werke gegebenen Auszüge zuerst mit dem Homer bekannt. Diese Auszüge, in gefälliger Prosa geschrieben, stachelten meine Begier, davon mehr zu sehen, so sehr an, daß ich mir die Übersetzung der Iliade und der Odyssee von Voß verschaffte. Nie hatte mich bis dahin, und ich glaube, nie hat mich seither eine Dichtung so gewaltig gepackt, wie der Abschied Hektors von Andromache am skäischen Tor, da der Held den kleinen Astyanax auf seinen Arm nimmt und die Götter anruft; — wie das Niedersinken des alten Königs Priamus im Zelte des Achilles, als er den grausamen Sieger um die Leiche seines herrlichen Sohnes anfleht; — wie die Begegnung zwischen Odysseus und Nausikaa und der Abschied des göttlichen Dulders vom Hause des Königs der Phäaken, als Nausikaa traurig und verschämt, hinter einer Säule verborgen, dem scheidenden Fremdling nachblickt; — wie der furchtbare Kampf mit den Freiern und das Wiedersehen des Odysseus und der treuen Penelope; — wie die Szene, als der zurückgekehrte Held sich im Garten des stillen Landhauses dem alten, gramgebeugten Vater Laertes zu erkennen gibt. Den Grund, warum diese Szenen mich soviel tiefer bewegten, als die Beschreibungen der Kämpfe in der Iliade und die fabelhaften Abenteuer in der Odyssee, obgleich diese auch mich mächtig fesselten, habe ich erst später einsehen lernen: sie berühren das rein menschliche Gefühl, welches weder von Zeit noch von Ort abhängt — welches weder antik, noch modern, sondern universal und ewig ist.

Nachdem ich die Übersetzung des Homer gelesen, sehnte ich mich mit Begier danach, das Studium des Griechischen zu beginnen, und die Leichtigkeit, mit der ich mir später diese Sprache aneignete, war wohl in großem Maße dem Wunsche zu verdanken, das, was ich dem Inhalt nach als so schön empfunden, auch in der ganzen Herrlichkeit seiner ursprünglichen Form kennen zu lernen.

Mit den römischen Königen und den Helden der Republik war ich natürlich auch bald befreundet, und ich habe damals an mir selbst die Erfahrung gemacht, wie sehr ein mit lebhaftem Interesse geführtes Studium der Geschichte eines Landes das Studium der Sprache desselben erleichtert. Und dies gilt von den alten Sprachen ebenso sehr wie von den neuen. Wenn der Schüler aufhört, in dem Schriftsteller, den er zu übersetzen hat, nur einen Haufen von Wörtern zu sehen, die betreffs ihrer Übereinstimmung mit grammatischen Regeln geprüft werden müssen; wenn das, was der Autor sagt, so sehr des Schülers Wißbegierde angeregt hat, daß dieser eifrig den wahren Sinn und Zusammenhang jedes Wortes erforscht und mit Lust von Zeile zu Zeile und von Seite zu Seite vorwärts eilt, um mehr zu erfahren, dann wird die Grammatik, die ihm ja nur in seinem Streben Hilfe bietet, aufhören, für ihn ein trockenes und abstoßendes Studium zu sein, und die Sprache wird ihm wie von selbst zufliegen. Dies wurde mir klar, als ich unter

Bones Leitung den Cornelius Nepos und Cäsars gallischen Krieg las, und noch mehr später bei dem Übersetzen der ciceronischen Reden in den höhern Klassen. Die meisten derselben kommen dem Schüler zuerst ziemlich schwer vor. Fängt er aber jedesmal damit an, die Umstände zu studieren, unter denen die Rede gehalten wurde, den Zweck zu erforschen, der durch sie erreicht werden sollte — die Punkte festzustellen, auf die es besonders ankam — sich die Persönlichkeiten zu versinnlichen, die dabei beteiligt waren — so wird er sich unwillkürlich von der Begierde fortgerissen fühlen, genau zu erfahren, mit welchen Darstellungen und Argumenten, welchen Angriffen und Verteidigungen, welchen Anrufungen an die Vernunft oder an das Ehrgefühl, oder an die Leidenschaft der Redner seine Sache geführt hat — und das Lebensvolle der Lektüre läßt bald die sprachlichen Schwierigkeiten verschwinden. Ich erinnere mich, daß ich, so angeregt, in meinen Übersetzungen gewöhnlich über die für die nächste Unterrichtsstunde gestellte Aufgabe weit hinausging; und durch das vielfache Lesen bildete sich ein Gefühl, ich möchte sagen, für den Tonfall der Sprache aus, welches später in der ziemlich guten Latinität meiner lateinischen Aufsätze wieder zum Vorschein kam.

Diese Art zu studieren hatte ich zum großen Teil meinem Lehrer Bone zu verdanken, der aber aufhörte, mein Lehrer zu sein, als ich aus der Quarta in die Tertia aufstieg. Man war auch außerhalb des Gymnasiums auf seine außergewöhnlichen Fähigkeiten aufmerksam geworden, und er empfing einen Ruf, die Leitung einer Erziehungsanstalt zu übernehmen, die eine Gesellschaft von rheinischen Adligen für die Ausbildung ihrer Söhne gegründet hatte. Er verließ das Gymnasium um diesem Ruf zu folgen. Später füllte er andere Lehrstellungen und geriet in Schwierigkeiten während der Kulturkampfzeit. Ich sah ihn nicht wieder bis zum Jahre 1888. Auf einer Reise in Deutschland hörte ich von einem alten Schulfreunde, daß Bone in hinfälliger Gesundheit sich nach Wiesbaden zurückgezogen habe. Ich beschloß sogleich, ihn aufzusuchen. Ich fand seine Wohnung in einem bescheidenen Hause, das wie eine Art von religiösem Stift aussah.

(Bone war nämlich immer ein sehr eifriger Katholik gewesen.) Von allen Wänden blickten Heiligenbilder auf mich herab. Ein ältliches, nonnenhaft aussehendes Frauenzimmer führte mich in ein kleines, ebenfalls mit Heiligenbildern und Kruzifixen geschmücktes Wohngemach und trug meine Karte in ein anstoßendes Zimmer. Von dort hörte ich etwas wie einen Freudenschrei, und im nächsten Augenblick kam durch die Tür eilig hereingeschlurft mein guter alter Lehrer, den ich zum letztenmal als blühenden Dreißiger gesehen — jetzt ein kleines, zusammengeschrumpftes, gebrechliches Männchen in einem langen grauwollenen Schlafrock, mit riesigen Filzpantoffeln an den Füßen und einem schwarzseidenen Käppchen auf dem spärlichen weißen Haar. Wir umarmten und küßten einander, und er schien außer sich vor Vergnügen. „Sehn Sie, das freut mich nun", rief er! „Ich hörte im Frühjahr schon, daß Sie in Deutschland waren. Dann habe ich von Ihren Zusammenkünften mit Bismarck und dem Kaiser gelesen. Aber ich wußte, Sie würden auch zu mir kommen. Ich habe Ihre Stimme erkannt — ja, ja, ich erkannte Ihre Stimme, als ich Sie draußen nach mir fragen hörte." Nun setzten wir uns, und es ging an ein Fragen und Erzählen. Er klagte über seinen Rheumatismus, der ihm das Ausgehen fast unmöglich und jede Beschäftigung sauer mache. Aber seine Augen glänzten vor Vergnügen, als ich ihm sagte, wie ich meinen Kindern die Methode erklärt, nach der er mich gelehrt habe, deutsch zu schreiben, und daß ich mir zur Erläuterung erst vor kurzem die letzte Auflage seines Lesebuches aus Deutschland habe nach Amerika kommen lassen. Dann erinnerte er mich an unsere Abende in Köln, und wie er mich als Knaben lieb gehabt, usw. usw. So vergingen ein paar wahrhaft glückliche Stunden. Als ich endlich aufstand, rief er: „Gehen wollen Sie? Wir haben ja unser gegenseitiges Wohl noch nicht getrunken. — O Himmel, nun habe ich keinen Wein hier. O, o — aber einen vorzüglichen Magenbittern hab ich. Wollen wir in Magenbittern anstoßen?" Ich wars zufrieden. Er holte eine schwarze Flasche aus einem Wandschränkchen, füllte zwei kleine Gläser, und wir stießen in Magenbittern an, daß es klang. Noch eine Umarmung, und ich schied von ihm — auf Nimmerwiedersehen. Er starb nicht lange nachher.

Kehren wir jetzt zu meinen Jugendtagen zurück. Das stille Leben meiner ersten Jahre in Köln war doch nicht ohne seine Aufregungen. Ich erinnere mich besonders lebhaft zweier Vorfälle, die zurzeit einen tiefen Eindruck auf mich machten. Wenn ich von dem Hause meines Schlossermeisters zur Schule ging, so führte mich mein Weg die Trankgasse hinauf am Dom vorbei. Der Kölner Dom, der jetzt in der ganzen Herrlichkeit seiner Vollendung dasteht, sah damals noch einer großartigen Ruine gleich. Nur der Chor war vollständig ausgebaut. Das Mittelstück zwischen dem Chor und den Türmen stand notdürftig überdacht, zum großen Teil noch in äußern Backsteinmauern, und von den beiden Türmen selbst erhob sich der eine wohl wenig mehr als sechzig Fuß über dem Boden, während der andere, der den jahrhundertealten weltberühmten Kran trug, vielleicht die drei- oder vierfache Höhe erreicht hatte. An beiden hatte der Zahn der Zeit das kunstvolle Meißelwerk vielfach verstümmelnd zernagt, und so blickten sie, unfertig und doch schon verwittert, greisenhaft und traurig herab auf das lebende Geschlecht. Als ich nun eines Morgens meinen gewöhnlichen Weg zur Schule ging, sah ich von der Höhe des Kranturms einen Gegenstand herunterfallen, den ich zuerst für einen Rock oder Mantel hielt, und von dem sich etwas, das wie eine Kappe aussah, im Fallen absonderte und vom Winde getragen wurde. Aber der vermeintliche Rock schoß stracks herunter und schlug mit dem Geräusche eines schweren Stoßes auf das Steinpflaster der Straße. Sofort liefen die Vorübergehenden zusammen, und es fand sich, daß in dem Rock ein Mann steckte, der unzweifelhaft, von dem hohen Turme springend, den Tod gesucht hatte. Er war, wie es schien, auf die Füße gefallen und lag, wie in ein kleines Häufchen zusammengedrückt — die Knochen der Beine anscheinend in den Leib getrieben, der Kopf beinahe unverletzt, ein Kranz grauer Haare um einen kahlen Scheitel, die Augen geschlossen, das Gesicht das eines ältlichen Mannes, blaß und verzerrt. Der Gegenstand, der sich im Fallen von dem abstürzenden Menschen entfernt hatte, war eine Perücke, die, nachdem der Wind ein paar Sekunden mit ihr gespielt, sich dann in der Nähe ihres toten Eigentümers niederließ.

Dieses schreckliche Schauspiel setzte meine Einbildungskraft in eine unheimliche Bewegung. Ich gab mir große Mühe, zu erfahren, wer der unglückliche Mann gewesen sei, und was ihn wohl zu dem verzweifelten Entschluß getrieben haben mochte, seinen Tod durch den Sprung von dem Turm eines Gotteshauses zu suchen; aber ich begegnete nur unbestimmten, sich widersprechenden Gerüchten. Nun führte meine Phantasie mir alle möglichen Schicksale, Lebenslagen und Stimmungen vor, die den Menschen in den Selbstmord jagen könnten — hoffnungslose Not, verlorene Ehre, getäuschte Liebe, Gewissensqual ob eines geheimen Verbrechens — und bald entsprangen in meinem Kopfe allerlei Pläne von Romanen und Trauerspielen, die sämtlich mit jenem selbstmörderischen Sprung vom Domkran endeten.

Eine andere tragische Szene, der ich beiwohnte, wirkte auf ähnliche Weise. Ein junger Mensch in Köln, namens Broichhausen, hatte seine Geliebte erstochen, ich weiß nicht mehr, ob aus Eifersucht oder nur, weil er ihre Gunst verloren. Er wurde zum Tode verurteilt, und da das linke Rheinufer von der französischen Zeit her noch unter dem Code Napoleon stand, so sollte das Todesurteil durch das französische Hinrichtungsinstrument, die Guillotine, vollzogen werden, und zwar früh morgens bei Sonnenaufgang auf einem zwischen dem Dom und dem Rhein gelegenen öffentlichen Platz der Stadt, vor den Augen all derer, die sich dort versammeln mochten. Der Prozeß hatte schon die ganze Bevölkerung in große Aufregung versetzt, und nun sah man der blutigen Katastrophe mit gesteigerter Spannung entgegen. Mein Schlossermeister war der entschiedenen Meinung, daß er und ich uns das seltene Schauspiel nicht dürften entgehen lassen. Lange vor Sonnenaufgang an dem verkündeten Tage weckte er mich und nahm mich mit sich zur Richtstätte. Dort fanden wir schon im grauen Morgenlichte eine dichtgedrängte Menschenmasse, die zu Tausenden zählte. Männer und Frauen, Mädchen und Knaben. Über ihre Köpfe hinaus ragte das schwarze Gebälk des Blutgerüstes. Es herrschte tiefe Stille. Nur ein leises Summen schwebte über der Menge, das, als der Verurteilte beim Schafotte ankam, ein wenig anschwoll, um dann für eine Weile ganz zu verstummen. Der stämmige Schlossermeister hob mich, da ich noch klein war, auf seinen Armen empor, damit ich über die vor uns Stehenden hinweg alles sehen sollte. So sah ich denn den Unglücklichen auf das Gerüst des Schafottes treten. Sofort schnallten ihm die Gehülfen des Scharfrichters ein Brett vor den Körper, das von den Füßen bis zu den Schultern reichte, den Hals freilassend. Er blickte hinauf zu dem Fallbeil, das vor ihm zwischen zwei durch einen Querbalken verbundenen Pfosten hing. Rasch wurde er vornüber gestürzt und vorgeschoben, so daß sein Hals zwischen den beiden Pfosten lag. Im nächsten Augenblick schoß wie ein Blitz das Beil herab, den Kopf von den Schultern trennend. Ein Blutstrom stürzte aus dem durchschnittenen Halse, aber dieser grauenhafte Anblick wurde schleunigst durch ein übergeworfenes Tuch den Augen der Zuschauer verborgen. Die ganze Handlung vollzog sich mit der Schnelligkeit des Gedankens. Man kam kaum zum Bewußtsein des Gräßlichen, das geschah, als es schon vorüber war. Ein dumpfes Murmeln erhob sich von der Menschenmenge, die sich dann schweigend zerstreute. Das Schafott war schon wieder abgebrochen und die Lache von Menschenblut auf der Erde mit Sand bedeckt, als der Morgensonnenschein von der Höhe des Doms heiter auf den Richtplatz hinunterstieg. Ich erinnere mich, daß ich ein inneres Beben und Schaudern mit mir nach Hause trug, und daß ich mein Frühstück nicht genießen konnte. Um keinen Preis hätte ich seither wieder eine Hinrichtung sehen mögen.

Aber mein braver Schlossermeister führte mich nicht bloß zu Szenen des Grauens. Er war ein eifriger Theaterfreund, und zuweilen nahm er mich mit sich — freilich auf die oberste Galerie, wo ein Platz nur fünf Silbergroschen kostete. Das Kölner Theater nahm, wie ich später erfuhr, in der damaligen Bühnenwelt einen anständigen Rang ein. Mir war es der Inbegriff alles Prächtigen und Wunderbaren. Mein Vater hatte mir oft davon erzählt;

aber was ich sah, übertraf all meine Erwartungen. Ich war außer mir vor Staunen, als ich zum erstenmal, wie das vor dem Anfang des Stückes zu geschehen pflegte, die gemalte Decke über dem Zuschauerraum sich auseinanderschieben und den von hundert Lichtern strahlenden Kronleuchter durch die geheimnisvolle Öffnung sich langsam heruntersenken sah — worauf die Decke sich wieder schloß. Auch die Aufführung packte mich gewaltig. Mit der ersten durchaus naiven Illusion, welche mich die Schicksale der schönen Genovefa hatte mitdurchleben lassen, war es allerdings vorbei. Die verunglückte „Banditenbraut" in Brühl hatte mich stutzig gemacht. Aber was ich im Theater zu Köln sah, war von so viel höherer Art, daß ich mich dem Genuß wieder voll hingeben konnte. Der dramatische Geschmack meines Freundes, des Schlossermeisters, lag in der Richtung des Ritterstücks, und in seinen Augen gab es keinen größeren Schauspieler als Wilhelm Kunst, der zuweilen in Köln Gastrollen spielte. Kunst gehörte zu der Klasse der muskulösen Mimen — ein Riese von Gestalt und mit gewaltigen Körperkräften und einer Löwenstimme begabt. Aber diese Stimme war auch schöner Modulationen fähig und er gebrauchte seine außerordentlichen Mittel mit soviel Maß und Urteil, daß er sich, wie ich glaube, den Ruf eines nicht unbedeutenden, ja sehr achtungswerten dramatischen Darstellers bewahrt hat.

Das erste Stück, das ich an der Seite meines Schlossermeisters sah, war „Otto von Wittelsbach", ein damals berühmtes Ritterspiel, in dem der Held den Kaiser Philipp von Schwaben, der ihn getäuscht, beim Schachspiel trifft, mit eisengepanzerter Faust auf das Schachbrett schlägt, daß die Figuren über die Bühne fliegen, und dann den Kaiser mit einem Schwertstreich niederstreckt. Hier war Kunst in seinem Element, und seine Leistung begeisterte mich im höchsten Grade. Ferner sah ich ihn als „Wetter vom Strahl", im „Käthchen von Heilbronn", und als Wallenstein in „Wallensteins Tod" — freilich nicht schnell hintereinander, sondern es lagen Monate dazwischen, da der häufige Besuch des Theaters mit den Begriffen von Ökonomie, die unsere Lebensgewohnheiten beherrschten, nicht in Einklang stand. Mein Schlossermeister fand auch großen Gefallen an der akrobatischen Kunst und wußte mir viel zu erzählen von dem berühmten Averino, einem Stern erster Größe in diesem Fach, der ebenfalls zuweilen Köln besuchte, um im Theater Vorstellungen zu geben. Auch einer solchen wohnte ich mit meinem Freunde bei. Indes die halsbrechenden Sprünge, die unmenschlichen Verrenkungen und die Kraftproben mit Kanonenkugeln konnten mich wenig rühren, und ich sah den großen Averino, trotz des Enthusiasmus des Schlossermeisters, einmal und nicht wieder.

Aber um so tiefer hatte mich das Drama ergriffen, und ich fühlte einen unwiderstehlichen Drang, selbst etwas Dramatisches zu schaffen. Emsig las ich meine Beckersche Weltgeschichte um einen guten historischen Stoff zu finden, und bald verfiel ich auf den angelsächsischen König Edwy, der um die Mitte des zehnten Jahrhunderts in England herrschte und sich durch seine Liebe zu der schönen Elgyva und seinen Streit mit dem heiligen Dunstan ein böses Schicksal bereitete. Es schien mir, daß, wenn ich mir einige Freiheiten mit der Geschichte erlaubte, wie dramatische Dichter das zu tun pflegen, sich diesem Stoffe wohl ein tragisches Interesse geben ließe, — eine menschliche Leidenschaft auf dem Thron im Kampf mit der sich die politische Gewalt anmaßenden Kirche. So ging denn der Quartaner kühn und frisch ans Werk. Natürlich wurde aus der Tragödie nicht viel. Aber indem ich den Plan und eine Reihe von Szenen ausarbeitete, genoß ich doch die ganze Wonne der Schaffenslust. Wer diese Wonne nie genossen hat, der kennt nicht eine der schönsten Freuden des Lebens.

Auch lyrische Gedichte schrieb ich, und daneben eine Ballade. Zu dem Balladenstoff war ich auf folgende Weise gekommen: In der Nähe der Burg bei Liblar befand sich ein von einer Gruppe hoher Bäume beschattetes verfallenes Gemäuer. Zu welchem Zwecke es früher gedient haben mochte, wußte mir niemand zu sagen. Der Platz selbst hatte für mich immer etwas Unheimliches gehabt, und ich stellte mir in meiner Einbildung allerlei Dinge vor, die dort geschehen sein konnten. So entstand denn eine wild romantische Geschichte von einem Zwinger, in dem in grauer Vorzeit die Ritter von der Gracht wilde Tiere gehalten, und, wenn ich mich recht erinnere, von einer edlen Jungfrau, die auf irgend eine Weise in diesen Zwinger hineingeraten und von einem Edelknaben gerettet worden sei usw. Diese Geschichte brachte ich in hochtönende achtzeilige Stanzen, die mir so prachtvoll klangen, daß ich mich nicht enthalten konnte, das Gedicht meinem Vater nach Liblar zu schicken. Als mein Vater fand, daß es sich darin um alte Ritter von der Gracht handelte, hatte er in seinem Stolz auf die Leistung seines Sohnes nichts eiligeres zu tun, als dem Grafen Metternich zur Gracht mein Machwerk mitzuteilen. Der Graf, der sich wohl auf Poesie nicht sehr verstand, meinte, das Gedicht sei recht schön, aber von dieser Geschichte habe er nie das geringste gehört — was mich gar nicht wunderte.

Auch in Prosa versuchte ich mich weit über die Grenzen der Schularbeit hinaus, und als ich einmal einen Aufsatz über Schillers Jungfrau von Orleans geschrieben hatte, der mir selbst besonders gut gefiel, erfaßte mich der ehrgeizige Wunsch, denselben gedruckt zu sehen. Ich fertigte also eine saubere Abschrift an und gab sie im Bureau der Kölnischen Zeitung ab mit einem Briefe an Herrn Levin Schücking, den bekannten Novellisten, damaligen Redakteur des Feuilletons jenes Blattes, — in dem ich um Erlaubnis bat, mich persönlich vorzustellen. Ich empfing eine höfliche Antwort, die mir Tag und Stunde für meinen Besuch angab, und bald stand ich mit lautem Herzklopfen an der Tür des großen Mannes, der, wie ich glaubte, meine schriftstellerische Zukunft in seiner Hand hielt. Ich fand in Herrn Schücking einen freundlichen Mann mit angenehmen Gesichtszügen und großen, blauen, sanften, beruhigenden Augen. Er empfing mich recht wohlwollend, sprach mit mir über allerlei und gab mir zuletzt mein Manuskript zurück mit der Bemerkung, daß der Aufsatz viel Gutes enthalte, daß ich ihn aber doch lieber als eine Studie ansehen solle. Ich ging einigermaßen zerschmettert von dannen, aber schließlich bin ich doch dem guten Herrn Schücking für diesen zeitgemäßen Fingerzeig aufrichtig dankbar geblieben. Sehr vieles von dem, was ich später geschrieben, habe ich seinem Rate gemäß als Studie betrachtet.

Als ich die Tertia des Gymnasiums erreicht hatte, begünstigte mich das Schicksal wieder, indem es mich mit einem anderen ausgezeichneten Lehrer in nähere Beziehungen brachte. Es war dies Professor Wilhelm Pütz, der sich besonders als Lehrer der Geschichte hervortat. Er konnte sich wohl keiner großen historischen Forschungen rühmen, die er selbst gemacht, aber er besaß ein seltenes Geschick, bei seinen Schülern die Lust an seinen Unterrichtsgegenständen anzuregen und zu weiteren Studien den Weg zu zeigen. Er hatte ein Handbuch geschrieben, das in dürrer Kürze die historischen Tatsachen und Verhältnisse angab und, in mehrere Bände eingeteilt, sich von den frühesten Perioden auf die neueste Zeit ausdehnte. Seine Lehrmethode war folgende: Einen großen Teil der Stunde brachte er damit zu, das geschichtliche Material, das er uns einprägen wollte, in freier Rede vorzutragen und dabei allgemeine Gesichtspunkte aufzustellen und soviel Detail einzufügen, wie erforderlich war, um seinen Vortrag nicht allein belehrend, sondern auch dramatisch und pittoresk und damit anziehend und leicht erinnerlich zu machen. Das so Vorgetragene hatte nun der Schüler in sich zu verarbeiten. Die dürren Angaben des Handbuchs dienten ihm dabei als Grundriß, um danach seine Erinnerung an die Einzelheiten des gehörten Vortrags aufzubauen. In der nächsten Lehrstunde hatten dann die Schüler, wie der Lehrer sie aufrief, das Gehörte ebenfalls in freiem Vortrage zu wiederholen und, sozusagen, in ihrer eigenen Sprache aus sich heraus zu reproduzieren. Von Zeit zu Zeit faßte er das Gelehrte in größeren Perioden in umfassendem und übersichtlichem Vortrage zusammen. So prägte sich dann die Geschichte nicht tabellenhaft oder anekdotisch, sondern periodenweise lebensvoll und von einem philosophischen Lichte erhellt der Phantasie und somit auch dem Gedächtnisse des Lernenden ein. Mir wurde dadurch die Geschichtsstunde und das damit zusammenhängende Studium, für das ich immer besondere Neigung gefühlt, statt einer Arbeit ein wahres Vergnügen, das sich mir nicht oft genug wiederholen konnte. Auf diese Weise wurde es mir möglich, daß, als ich einige Jahre später im Abiturientenexamen stand und Professor Pütz mich fragte, ob ich mich wohl getraue, die Geschichte der Regierung Alexanders des Großen frei darzustellen und die Karte zu den Feldzügen auf die große Tafel zu zeichnen, ich diese Aufgabe unbedenklich unternahm und befriedigend löste.

Pütz zog mich bald, nachdem ich sein Schüler geworden, näher an sich heran, und es entspann sich zwischen uns ein Verhältnis von freundschaftlicher Vertraulichkeit. Die für seine Lehrbücher empfangenen Honorare hatten ihn in den Stand gesetzt, während der großen Ferien Reisen in fremde Länder zu machen, viele merkwürdige Dinge zu sehen, Bekanntschaft mit bedeutenden Persönlichkeiten anzuknüpfen, und somit seinen Gesichtskreis über das bei Gymnasiallehrern gewöhnliche Maß hinaus zu erweitern. So hatte er in seinen Anschauungen etwas Weltbürgerliches gewonnen und galt in religiöser sowohl wie politischer Beziehung als ein „Aufgeklärter". Da er uns eine Zeitlang auch den deutschen Unterricht gab und in meinen Aufsätzen Spuren einer mit der seinigen verwandten Denkweise entdecken mochte, so behandelte er mich fast wie einen jungen Kameraden, dem er erlaubte, in seiner Gegenwart auf einen Augenblick den Schulknaben zu vergessen. Er erzählte mir gern von seinen Reisen und von den sozialen und politischen Einrichtungen und Händeln der Welt; und wenn die Rede auf Kirche und Staat kam, so sprach er nicht selten mit einem Anflug von Ironie, der mich merken lassen sollte, daß in seiner Meinung da manches anders sein dürfte. Er ermutigte auch Meinungsäußerungen meinerseits, und es machte ihm Vergnügen, zu sehn, daß ich nachgedacht hatte über diese und jene Dinge, die nicht gerade in dem gewöhnlichen Gedankenkreise der Schulbank lagen. Und wenn ich dann, so ermutigt, auch meiner Kritik des Bestehenden freimütigen Ausdruck gab, so hörte er wohl mit beistimmendem Lächeln zu, meinte aber zuweilen, so etwas dürften wir wohl unter uns ohne Rückhalt äußern, doch sei es geraten, im Gespräch mit weniger vertrauten Personen vorsichtiger zu sein.

Auch auf andere Weise erweiterte er meinen Horizont. Aus seiner Privatbibliothek lieh er mir mehreres von Goethe und von Schriftstellern der jüngeren Zeit. Selbst die Literaturen des Auslandes eröffnete er mir. Er gab mir die Schlegel-Tiecksche Übersetzung aus Shakespeare in die Hand, die ich mit Begierde verschlang. Auch machte er mich mit Cervantes und Calderon bekannt. Die Anfangsgründe des Italienischen lehrte er mich selbst, las mit mir die „Gefängnisse" des Silvio Pellico im Original und Teile des Tasso und Ariost in Übersetzungen. So ging mir durch ihn eine neue Welt auf, und als eines der Wohltäter meiner Jugend gedenke ich seiner mit Dankbarkeit.

Auch mit ihm bin ich im späteren Leben wieder in Berührung gekommen. Gegen Mitte der siebziger Jahre, als ich Mitglied des Senats der Vereinigten Staaten war, empfing ich eines Tages durch die europäische Post ein Paket, das einen Brief von Professor Pütz mit einigen gedruckten Blättern enthielt. „Ich habe Ihnen oft Ihr Pensum korrigiert," schrieb er, „nun korrigieren Sie mir einmal das meinige." Dann teilte er mir mit, er bereite soeben eine neue Ausgabe seines Leitfadens zur Weltgeschichte vor und wünsche mein Urteil zu haben über den Teil, der die jüngsten Ereignisse in Amerika betreffe. Diesen legte er mir auf den beifolgenden Blättern vor. Mit Freuden erfüllte ich seinen Wunsch und fand seine Darstellung in allen Einzelheiten so richtig, daß sie nicht der geringsten Korrektur bedurfte. Meine nächste Reise in Deutschland benutzte ich dazu, ihn aufzusuchen, und traf ihn in Köln. Von seinem Lehramt hatte er sich zurückgezogen und lebte in behaglichen Verhältnissen. Ich fand ihn allerdings sehr gealtert, aber noch lebhaften Geistes. Unser Wiedersehen war uns beiden eine herzliche Freude und wir feierten es mit einem heiteren Souper.

Mit meinem Eintritt in die höheren Klassen des Gymnasiums begann nun auch der Einfluß der jugendlichen Freundschaften auf mich zu wirken. Nach dem Ablauf des dritten Jahres hatte ich die Wohnung bei dem Schlossermeister aufgegeben und daran war die Musik schuld. Ich setzte meinen Klavierunterricht beständig und mit Liebe fort; aber da es in der Schlosserei kein Instrument gab, so mußte ich zu einem Freunde gehen, der ein Klavier besaß, um meine Übungen zu machen. Dies wurde auf die Dauer zu beschwerlich; mein Vater suchte mir daher ein Unterkommen in einem andern Hause, wo ein Klavier zur Hand war. Da ich dort auch Besuche von meinen Freunden empfangen konnte, so begann für mich damit ein etwas freieres Leben. Unter meinen Mitschülern hatte ich immer gleichaltrige Freunde gehabt, mit denen mich gegenseitige warme Zuneigung verband, aber keinen, dessen Geistesrichtung und Bestrebungen mit den meinigen übereinstimmten, bis ich in die Tertia kam. Dann wurde ich mit einem Kreise junger Leute bekannt, die auch Verse schrieben, dieselben einander vorlasen und sich gegenseitig in der Kenntnis anderer literarischer Erscheinungen förderten. Sie waren etwas älter als ich und gehörten höheren Klassen an, nahmen mich aber in ihren Bund auf. Diejenigen davon, mit denen ich in diese freundschaftlichen Beziehungen trat, waren Theodor Petrasch, der Sohn eines Sekretärs der Provinzialregierung, der auch eine hohe Stellung im Freimaurerorden einnahm, und Ludwig von Weise, Abkömmling eines alten kölnischen Patriziergeschlechts. Petrasch war eine liebenswürdige, heitere, enthusiastische, übersprudelnde Natur, während Weise bei sehr tüchtigem Talent und starkem Charakter in sich mehr die kritische, als die produktive Fähigkeit entwickelt hatte. Beide sprachen über religiöse und politische Dinge mit viel mehr Sicherheit als ich, und Petraschs freisinnigen Äußerungen hatten schon die Aufmerksamkeit der Lehrer auf sich gezogen. Ja, er war bereits von dem Religionslehrer des Gymnasiums, einem recht gescheuten Manne, zur Rede gestellt worden und hatte diesem ein so offenes Bekenntnis seiner ketzerischen Ansichten abgelegt, daß der erschreckte Lehrer ihn zu weiteren Gesprächen über heilige Dinge einlud, ihn aber vorläufig von aller Teilnahme an religiösen Handlungen dispensierte, bis ihm ein neues Licht erschienen sein würde.

Mir selbst hatten dieselben Fragen schon recht schwere Stunden gemacht. Ich habe bereits erzählt, wie in früher Kindheit mein

Glaube an die ewige Verdammnis der Andersgläubigen und an die Unfehlbarkeit und sittliche Größe des Priestertums bedenklich erschüttert worden war. Ich hatte seitdem über diese und verwandte Gegenstände viel und ernstlich nachgedacht. Endlich kam die Zeit, da ich konfirmiert werden, oder, wie wir es nannten, „zur ersten Kommunion gehen" sollte. Als Vorbereitung wurde uns ein besonderer Unterricht in der katholischen Glaubenslehre durch den Religionslehrer des Gymnasiums zuteil. Ich gab mich diesem Unterricht hin mit dem aufrichtigen und wahrhaft frommen Wunsche, meine Zweifel zu überwinden. Ich bildete mir sogar ein, daß dies gelungen sei, und so ging ich durch den Akt der ersten Kommunion in einer Art von religiös schwärmerischer Stimmung. Aber unmittelbar darauf meldeten sich die alten Skrupel wieder, und zwar stärker als je vorher. Was mir nach wie vor am meisten widerstrebte, war der Glaubenssatz, daß die römische Kirche nicht allein die einzig wahre, sondern auch die allein seligmachende sei und daß es außerhalb derselben absolut kein Heil, sondern nur ewige Verdammnis gebe; daß Sokrates und Plato, daß alle Tugend des Heidentums, daß mein guter alter Freund, der Jude Aaron, daß selbst jedes neugeborene Kind, das zufällig ohne Taufe gestorben, unrettbar im ewigen Höllenfeuer brennen müßte; — ja, daß ich selbst, wenn ich an der Verdammnis jener Unschuldigen einen noch so ehrlichen Zweifel hege, auch zu den Ewigverlorenen gehöre. Gegen diesen Satz lehnte sich nicht allein meine Vernunft, sondern es bäumte sich gegen ihn mein tiefinnerstes Gerechtigkeitsgefühl auf, wie mir denn auch stets von allen Schandtaten menschlicher Grausamkeit, denen wir in der Geschichte begegnen, die religiösen Verfolgungen die empörendsten gewesen sind. Diese Lehre schien mir dem Wesen der göttlichen Allgerechtigkeit so schreiend zu widersprechen, daß sie nur dazu diente, mir andere Glaubensartikel verdächtig zu machen.

Freilich versagen einige hohe Autoritäten in der Kirche dieser extremen und grausamen Lehre ihre Zustimmung und weisen den Seelen ungetaufter Kinder und denen tugendhafter Heiden einen Mittelzustand zwischen Himmel und Hölle an. Aber gewiß ist, daß die Religionslehrer meiner Jugend mich so lehrten, wie ich hier angegeben habe. Sie taten dies mit der rauhen und erbarmungslosen Logik, die das Dogma von der Erbsünde und die gepredigte Notwendigkeit der Kindertaufe zu erfordern schienen. Welch ein Segen würde es für die Kirche sein und für alle, die unter ihrem Einfluß stehen, wenn all ihre Lehrer in allgemeiner Übereinstimmung nicht nur ihren Gläubigen, sondern allen schuldlosen und tugendhaften, wenn auch ungetauften, Menschenseelen den Himmel öffneten mit all seiner Glückseligkeit!

Diese Gedanken beunruhigten mich furchtbar. Ich betete oft und inbrünstig um Erleuchtung, aber als Antwort auf mein Gebet kamen immer dieselben Zweifel wieder. Meinem Religionslehrer vertraute ich meinen Gemütszustand mit voller Offenheit. Wir hatten eine Reihe von Gesprächen, in denen er mir jedoch wenig zu sagen wußte, das ich nicht schon früher oft gehört hatte. Ich gestand meinem Lehrer freimütig, daß, während ich mich gern überzeugen ließe, er mich doch nicht überzeugt habe, worauf er auch mich von den kirchlichen Observanzen dispensierte, bis ich mich selbst würde gedrungen fühlen, dieselben wieder aufzunehmen. Er fuhr fort, mich mit Güte und Freundlichkeit zu behandeln, und ich könnte nicht sagen, daß die Geständnisse, die ich ihm gemacht, mir im Laufe meiner Schulzeit irgendwelche Schwierigkeiten verursacht hätten. Ich meinerseits studierte Kirchengeschichte und Schriften dogmatischen Inhalts mit gesteigertem Eifer und benutzte jede Gelegenheit, Prediger von Ruf zu hören; aber je länger und ernstlicher ich diese Studien fortsetzte, um so weniger konnte ich den Weg zu den meinem Gerechtigkeitsgefühl widerstrebenden Glaubenssätzen zurückfinden. Dabei blieb in mir ein starkes religiöses Bedürfnis tätig, eine tiefe Achtung vor dem religiösen Gedanken und ich habe nie einem leichtfertigen Spötter über religiöse Dinge ohne Widerwillen zuhören können.

Auf diesem Gebiete freilich konnten mir meine Freunde nicht viel Belehrendes erzählen; um so mehr aber auf einem andern.

Von der neuesten deutschen Literatur, besonders der politischen, wußte ich sehr wenig. Von Heine hatte mir mein Lehrer Pütz erzählt, aber ich kannte ihn eigentlich nur dem Namen nach; von Freiligrath nur einige seiner Tropenbilder; von Gutzkow, Laube, Herwegh usw. gar nichts. Petrasch lieh mir Heines Buch der Lieder. Das war mir wie eine neue Offenbarung. Ich fühlte fast, als hätte ich nie vorher ein lyrisches Gedicht gelesen, und doch klang mir von Heines Liedern manches, als hätte ich es schon längst gekannt, als hätten die Feen es mir an meiner Wiege gesungen. Unverzüglich flog alles, was ich bis dahin an Versen geschrieben hatte, und das durchweg von der hochtrabenden deklamatorischen Sorte war, ins Feuer, und ich sah es mit Lust brennen. Das Lesen und Wiederlesen des Buchs der Lieder war mir eine unbeschreibliche Schwelgerei. Dann ging ich an die neuen Lieder, die Reisebilder, das Wintermärchen, Deutschland und den Atta Troll mit ihrer ätzenden politischen Satire, deren Witz dem Gemüt nicht wohl tat, aber die Gedanken auf den Zustand des Vaterlandes lenkte. Ferner las ich mit meinen Freunden auch Gedichte der revolutionären Himmelsstürmer, wie Herwegh, Hoffmann von Fallersleben und anderer, die wir meist nur in Abschriften besaßen.

Die revolutionären Leidenschaften, die in einigen derselben Ausdruck fanden, waren uns allerdings in Wirklichkeit fremd. Aber die Angriffe auf die bestehenden Regierungen, besonders die preußische, schlugen doch eine Seite an, die in der Brust des Rheinländers leicht wiederklang. Jenes Stück des Rheinlandes mit seiner fröhlichen, leichtlebigen Bevölkerung hatte innerhalb einer verhältnismäßig kurzen Periode allerlei bunte Schicksalswechsel erfahren. Vor der französischen Revolution hatte es unter der gemütlich-liederlichen erzbischöflich-kurfürstlichen Herrschaft gestanden. Dann, von französischen Heeren erobert, gehörte es eine Weile zu der französischen Republik und dem Kaiserreich. Endlich im Jahre 1815 wurde es zu Preußen geschlagen. Von diesen drei Herrschaften, deren rasche Aufeinanderfolge ein Gefühl wahrer Loyalität nicht aufkommen ließ, liebte der Rheinländer die preußische am wenigsten, obgleich sie unzweifelhaft bei weitem die beste war. Das kurz angebundene, autoritätssüchtige preußische

Wesen, die stramme preußische Ordnung sagten dem etwas leichtsinnigen rheinischen Volk nicht zu. Dann war das Volk dieses Landesteils fast ausnahmslos katholisch, während der Begriff Preußen den Begriff Protestantismus in sich schloß. Überdies kamen altpreußische Beamte in ansehnlicher Zahl ins Rheinland, um die Rheinländer regieren zu helfen, und das setzte natürlich böses Blut. All diese Dinge ließen die preußische Herrschaft am Rhein wie eine Art von Fremdherrschaft erscheinen, die, wie das fast immer der Fall ist, von Anfang an dem Gefühl der Eingeborenen widerstrebte. Im Laufe der Zeit sah man allerdings ein, daß die ehrliche und gut geregelte preußische Administrationsweise sehr große Vorzüge besaß. Aber die dem Rheinländer angeborene Oppositionslust war nun einmal angestachelt; der preußische Beamte blieb ein „hungriger Preuß", und das Wort „Preuße" überhaupt galt im Volksmunde als ein ziemlich ehrenrühriges Schimpfwort. In der Tat, wenn in einer Zänkerei von Schulknaben der eine den andern einen „Preußen" gescholten hatte, so hielt es schwer, noch einen höhern Trumpf zu finden. Das sollte allerdings infolge der nationaldeutschen Einheitsbestrebungen und besonders der politischen Erregungen der Jahre 1848—49 ganz anders werden; aber zur Zeit, als ich Gymnasiast war, stand der Preußenhaß am Rhein noch in voller Blüte. Uns jungen Leuten war freilich die provinziale und besonders die religiöse Engherzigkeit ziemlich fremd. Aber wir teilten doch das vorherrschende Gefühl, daß da manches anders werden müßte; daß es ein Skandal sei, dem Volke Rede- und Preßfreiheit vorzuenthalten; daß der alte preußische Absolutismus einer konstitutionellen Regierungsform zu weichen habe; daß die der deutschen Nation im Jahre 1813 von den Fürsten gegebenen Versprechungen schmählich gebrochen worden seien, und daß das zersplitterte deutsche Vaterland in ein geeinigtes großes Reich mit freien politischen Institutionen zusammengeschmiedet werden sollte. Der unruhig aufstrebende deutsche Nationalgeist, der damals die Gemüter der gebildeten Stände durchwehte und in der Literatur beredten Ausdruck fand, erregte in uns die wärmste Begeisterung. Wie die geträumte

Freiheit und nationale Einheit zuwege gebracht werden sollten — ob wir zu diesem Zweck, wie Herwegh in einem Gedichte empfahl, das wir alle auswendig hersagen konnten, die eisernen Kreuze aus der Erde reißen und daraus Schwerter schmieden müßten, oder ob es einen Weg friedlicher Entwicklung nach dem ersehnten Ziele gäbe —, darüber waren unsere Gedanken keineswegs klar. Um so fester aber standen uns die Zielpunkte selbst, und wir suchten uns durch fleißiges Lesen von Zeitungen und Flugschriften über die Vorgänge des Tages und die Gedankenströmungen im Volke zu unterrichten. Auch konnten wir uns nicht enthalten, unsere Gesinnungen gelegentlich laut werden zu lassen. Ich war in der Obersekunda, als eines Tages unser Lehrer im Deutschen — damals nicht mehr mein Freund Pütz, sondern ein anderer auch recht fähiger Mann — uns die Aufgabe stellte, als deutschen Aufsatz eine Gedächtnisrede auf die Schlacht bei Leipzig zu schreiben. Da ich es für meine Pflicht hielt, das zu sagen, was ich wirklich dachte, so ließ ich bei dieser Veranlassung meine Ansichten über die dem deutschen Volke nach so heldenmütigen Anstrengungen gewordene Behandlung und meine Hoffnung auf eine nationale Regeneration des deutschen Vaterlandes freimütig aus. Es war mir heiliger Ernst dabei. Ich schrieb die Gedächtnisrede sozusagen mit meinem Herzblut. Als der Professor — sein Name war Nattmann — uns in der Klasse unsere Hefte mit seinen kritischen Bemerkungen zurückgab, reichte er mir das meinige ohne ein Wort. Ich fand unter meinem Aufsatz die Zensur: „Stilistisch sehr gut; aber was für nebelhafte Ansichten!" Nach der Unterrichtsstunde rief er mich zu sich, legte seine Hand auf meine Schulter und sagte: „Was Sie da geschrieben haben, klingt ja ganz brillant. Aber so etwas kann doch auf einem königlich preußischen Gymnasium nicht passieren. Tun Sie's nicht wieder!" Er gab uns nie wieder ein Thema, das politische Anspielungen hätte veranlassen können.

Unterdessen setzte ich meine literarischen Studien eifrig fort, und mein schriftstellerischer Schaffenstrieb, nicht wenig von dem gelegentlichen Beifall meiner vertrautesten Freunde angespornt, hielt mich in beständiger Tätigkeit. Ich schrieb lyrische Gedichte in Menge und auch mehrere Tragödien geschichtlichen Inhalts. Von diesen Jugendsünden ist keine erhalten geblieben, um mir durch ihren Anblick mein späteres Alter zu verbittern — oder vielleicht auch zu belustigen. Leicht schämt man sich ja des gar zu Unvollkommenen, das man hervorgebracht, oder der Selbstüberhebung, die dazu gehörte, um es zu unternehmen. Aber ich kann doch nicht ohne eine gewisse Rührung an jene Zeit zurückdenken, als ich mit so tiefem Ernst mich dem dichterischen Triebe hingab, und mit der Hoffnung — sicherlich mit dem Wunsche —, im Laufe der Zeit einmal dem Vaterlande wertvolle Schöpfungen zu schenken und in die Reihe seiner namhaften Schriftsteller zu treten.

Es versteht sich von selbst, daß meine literarischen Bestrebungen einen nicht geringen Teil der Zeit in Anspruch nahmen, die sonst andern Studien würde gehört haben. In den ersten Jahren meines Gymnasialkursus hatte ich bei der halbjährigen Zeugnisausstellung jedesmal in allen Fächern ohne Ausnahme die höchsten Zensuren gewonnen. Dann opferte ich diese stetige Gleichmäßigkeit meiner literarischen Neigung insofern, als ich in einigen Unterrichtsgegenständen, namentlich der Mathematik und der Naturwissenschaft, eben nur das tat, was streng gefordert wurde. Doch behauptete ich immerhin meine Stellung als einer der besseren Schüler der Klassen, in denen ich mich nacheinander befand.

Um so einfacher und bescheidener war mein Leben außerhalb der Schule. Die Vermögensverhältnisse meiner Eltern gaben mir die wertvollste Gelegenheit, die Tugend der Genügsamkeit zu üben. Ein regelmäßiges Taschengeld hatte ich eigentlich gar nicht. Ich erinnere mich auch nicht, meine Eltern jemals um ein solches gebeten zu haben. Sie dachten wohl selbst daran und steckten mir eine Kleinigkeit zu, wenn ich aus den Ferien nach Köln zurückging, oder wenn sie mich dort besuchten. Zuweilen kam ich wochenlang mit der Summe von fünf Silbergroschen aus. Der Besitz von zehn Groschen oder gar eines Talers gab mir das Gefühl von Reichtum. Auch wenn ich nichts besaß, was zuweilen der Fall war, kam ich mir dennoch nie arm vor. Die Denkweise, in die ich mich damals ohne viel Reflexion hineinlebte, ist mir in meinen späteren Schicksalen sehr viel wert gewesen. Die Freunde, mit denen ich umging, schienen in diesen Dingen viel besser gestellt zu sein als ich. Sie konnten sich manchen Genuß erlauben, den ich mir versagen mußte. Ich gewöhnte mich daran, das zu tun, ohne mich selbst darum geringer oder vom Schicksal schlecht behandelt zu dünken, und besonders ohne die geringste Regung von Neid in mir aufkommen zu lassen. Diese früh gepflegte Gewohnheit hat mich im späteren Leben vor mancher Störung meiner Gemütsheiterkeit bewahrt, denn es ist mein Los gewesen, fast immer in engen Beziehungen mit Menschen zu verkehren, die von dem, was man die Glücksgüter der Welt nennt — Reichtum, Macht, gesellschaftliche Stellung, — mehr besaßen als ich. Der Neid ist wohl von allen Leidenschaften diejenige, die den Menschen in sich am unglücklichsten macht. Unter Neid verstehe ich natürlich nicht etwa den bloßen Wunsch, begehrenswerte Dinge, die wir im Besitz von andern sehen, ebenfalls zu besitzen — denn solche Wünsche hegt wohl zuweilen die bestgeartete Menschennatur; sie sind oft dem edelsten Ehrgeiz nicht fremd. Ich verstehe vielmehr unter Neid, gepaart mit solchen Wünschen, jene scheelsüchtige Mißgunst, die andern das, was sie besitzen, nicht gönnen will und ihnen dessen Genuß verderben oder zerstören möchte. Eine lange Erfahrung hat mir die Überzeugung gegeben, daß das wahrste, schönste Glück der Menschenseele in der Freude an dem Glück anderer besteht. Der Neidische aber sucht sein eigenes Glück darin, andere ihres Glückes beraubt zu sehen. Das ist von allen denkbaren Gemütsverfassungen die elendeste.

Die Erziehung kann jungen Leuten kaum einen größeren Dienst erweisen, als, indem sie lehrt, ihre Vergnügungen vom Gelde unabhängig zu machen. Dies ist viel leichter, als man gewöhnlich glaubt; man braucht nur von den Genüssen, die fast jede Umgebung bietet, diejenigen recht würdigen zu lernen, die nichts kosten. Auf diese Weise entdeckt man den wahren Genußreichtum des Lebens, welcher dem Reichen, der sich seine Genüsse zu kaufen gewohnt ist, oft zum großen Teil verborgen bleibt. Obgleich ich als Knabe nur äußerst beschränkte Mittel aufzuwenden hatte, waren meine Kunstgenüsse doch keineswegs gering. Von meinen Theaterbesuchen, die, wenn auch sehr selten und nicht kostspielig, doch die Grenze meiner finanziellen Kräfte berührten, habe ich schon gesprochen. Kaum geringere Freude machten mir andere Dinge, die sich mir frei boten. Sonntags morgens pflegte ich mich in der Wallraffschen Gemäldesammlung umzusehen, die damals in einem kleinen alten Gebäude auf der Trankgasse aufgestellt war. Einige Zimmer waren mit Bildern der alten kölnischen Schule gefüllt, die mich, obgleich ich ihren kunstgeschichtlichen Wert nicht zu schätzen wußte, durch ihre Farbenpracht und die Naivetät der Darstellung anzogen. Eines „jüngsten Gerichts" erinnere ich mich besonders, in welchem das grausam-heitere Grinsen einer Anzahl roter, blauer und grüner Teufel von phantastisch gräulicher Gestalt mich höchlich belustigte. Auch moderne Bilder gab es dort, darunter einige von bedeutendem Wert. Vor Bendemanns „trauernden Juden an den Wassern von Babylon", einem berühmten Erzeugnis des Düsseldorfer Meisters, habe ich manche halbe Stunde in träumerischer Betrachtung gestanden. Wie das wohl immer der Fall ist, zog den Knaben zuerst das Gegenständliche des Gemäldes an, bis oft wiederholtes Anschauen die kritische Unterscheidung weckte und den Geschmack zu bilden begann.

Ebensowenig fehlte es an musikalischen Genüssen. Sonntags morgens fand im Dom die sogenannte „musikalische Hochmesse„ statt, bei der nicht selten auch der Erzbischof fungierte und der katholische Kultus seine ganze Pracht zur Schau stellte. Der Hauptreiz der Handlung, der außer dem frommen auch das kunstsinnige Publikum zuströmte, bestand jedoch in ihrem musikalischen Teil. Gewöhnlich wurde von einem vollständigen Orchester und ausgewählten Singstimmen eine Messe irgend eines bedeutenden Komponisten aufgeführt. Diese Aufführungen waren von eigentümlich wundersamer Wirkung. Ich habe schon erwähnt, wie ruinenhaft zu jener Zeit der Dom in seinem Äußern erschien.

Das Innere entsprach zum großen Teil der äußeren Erscheinung. Wer durch das verwitterte Portal zwischen den Turmstumpfen in das Mittelschiff eintrat, der sah in einiger Entfernung vor sich eine kahle, graue Wand, die, unmittelbar jenseits des Kreuzschiffes zwischen den mittleren Säulen aufgerichtet, den Chor gegen den Rest des Gebäudes abschloß. Dies war die Rückenwand des großen Orgelbaues, der an dieser ungewohnten Stelle provisorisch seinen Platz gefunden hatte, weil eben der Chor das einzige vollendete Stück der Kathedrale war. Die Orgel stand also sozusagen mit dem Rücken gegen den größten Teil der Kirche; und auf der Estrade vor der Orgel, dem Chor zugewendet, waren bei der „musikalischen Messe" das Orchester und die Sänger aufgestellt. Wer sich nun in dem unterhalb des Chores gelegenen Teil des Domes befand, der hörte die Musik und den Gesang nicht direkt, sondern nur als ein an dem Säulenwalde und den himmelhohen Spitzbogengewölben hundertfältig gebrochenes Echo wie aus weiter Ferne, ja wie aus einer andern Welt. Das war ein wunderbares Wehen und Wogen von Tönen — die Geigen und Oboen wie das Flüstern und Seufzen des Frühlingswindes in den Wipfeln, die Trompeten und Posaunen und der mächtige Vollchor dem Brausen des Sturmes und dem Tosen der Meeresbrandung gleich. Zuweilen schien das Echo auf Augenblicke zu schweigen und eine Melodie oder Harmoniefolge flog klar durch den ungeheueren Raum, oder ein Sopransolo löste sich los von dem zauberhaften Wirrsal und schwebte darüber wie Engelsgesang. Dann war die Wirkung unbeschreiblich rührend, und ich erinnere mich, daß, wie ich still lauschend an eine der hohen Säulen gelehnt stand, mich etwas wie ein heiliger Schauer überlief. So dachte ich mir das, was ich die Sphärenmusik hatte nennen hören, oder das Konzert der Himmelskinder, wie ich sie auf den alten Bildern des Wallraffmuseums gemalt gesehen.

Der Sonntagmittag bot mir noch einen musikalischen Genuß anderer Art. Die Wachtparade der Garnison fand auf dem Neumarkt, dem großen Exerzierplatz statt. Die vortreffliche Kapelle das 28. Infanterieregiments spielte dann zum Parademarsch ihre martialischen Weisen und unterhielt darauf noch die Offiziere und das versammelte Publikum mit einigen gut ausgewählten Stücken, meist Opernmusik. Und da das Repertoir der Kapelle ein ziemlich reiches war, so halfen mir die Wachtparadenkonzerte nicht wenig zu Erweiterung meiner musikalischen Kenntnisse.

Da nun auch die Erzählungen meines vielgereisten Freundes Professor Pütz, sowie ein kunstgeschichtliches Werk, das er mir in die Hand gegeben, mein Interesse für antike und mittelalterliche Baukunst angeregt und meinen Sinn für architektonische Schönheit geweckt hatten, so gewährte mir die oftmalige und eingehende Betrachtung der vielen mittelalterlichen Bauwerke kirchlichen und weltlichen Charakters, deren die Stadt sich rühmen kann, manche schöne Stunde. An Kunstgenüssen fehlte es mir also durchaus nicht — obgleich ich mich fast ganz auf diejenigen zu beschränken hatte, die mir ohne Kosten zugänglich waren. Meine freien Nachmittage brachte ich gewöhnlich mit den Freunden zu, mit denen mich eine Verwandtschaft geistiger Bestrebungen verband. Wir lasen uns gegenseitig unsere dichterischen Erzeugnisse vor, schwelgten miteinander in unseren Lieblingsschriftstellern, oder philosophierten über Gott und die Welt, mit dem Ernst und der Weisheit, die sehr jungen, etwas frühreifen und enthusiastischen Leuten eigen zu sein pflegt. Zuweilen ging ich auch nach Lind hinaus, eine halbe Wegstunde von Köln, wo mein Ohm Peter den „Münchhof" bewohnte. Seine Söhne, meine Vettern Heribert und Otto, der eine ein Jahr älter, der andere ein Jahr jünger als ich, waren meine guten und lieben Kameraden. Da sie sich nicht für eine Gelehrtenlaufbahn vorbereiteten, sondern Landwirte werden sollten, so hatte ich weniger geistige Interessen mit ihnen gemein als mit meinen andern Freunden; aber sie waren Knaben von gewecktem Geist, vortrefflicher Gemütsart und ritterlichem Wesen, und wir vergnügten uns zusammen in der heitersten Weise. Wenn das Wetter das Umhertummeln in der freien Luft nicht zuließ, so unterhielten wir uns wohl im Hause mit Kartenspielen. Hier muß ich nun, um der Wahrheit treu zu bleiben, einen Vorfall erwähnen, der zeigt, daß meine Jugend keineswegs von bedenklichen Flecken frei war.

Anfangs spielten wir nur des Zeitvertreibes wegen. Wie wir aber Geschmack an der Sache gewannen, so machten wir bald kleine Einsätze, allerdings nur sehr geringe, da ich äußerst wenig Geld besaß, und meine Vettern freilich etwas mehr, aber auch nicht viel. Doch regte uns das abwechselnde Gewinnen und Verlieren so an, daß die Lust am Spiel schließlich mit uns durchging und zu einer Katastrophe führte. Meine Vettern besuchten eine Zeitlang die Bürgerschule in Köln und blieben die Woche über des Nachts in der Stadt in einem unsern Begriffen nach sehr hübschen Quartier. Dort versammelten wir uns dann und wann an freien Nachmittagen zu einem Kartenspiel. So ereignete es sich, daß, als ich einmal das in den nächsten Tagen zu bezahlende Schulgeld in der Tasche hatte und in fortwährendes Verlieren kam, ich mich von der Aufregung des Augenblicks hinreißen ließ, das mir von meinen Eltern für die Schule anvertraute Geld anzugreifen. Natürlich hoffte ich, das Verlorene zurückzugewinnen; ich spielte fieberhaft weiter; aber das Glück wandte sich nicht, und ich verlor das ganze Schulgeld im Spiel. Freilich betrug die Summe nur ein paar Taler, und meine Vettern halfen mir sofort aus der Not. Aber mein Schreck über das Geschehene war so groß, mein Schuldbewußtsein so peinigend, und, als ich meinen Eltern das Geständnis machte, meine Beschämung so tief — denn ich kam mir, nicht mit Unrecht, wie ein Verbrecher vor —, daß mir die inneren Leiden jener Tage zeitlebens als eine furchtbare Lehre gegenwärtig geblieben sind. Ich hatte an mir selbst eine ernste Erfahrung gemacht. Bei unserm Spiel war es mir nicht um das Gewinnen von Geld zu tun gewesen. In der Tat, es gab vielleicht wenig Menschen, die des Geldes weniger bedurften und die dessen Besitz weniger schätzten. Und doch hatte mich der böse Zauber, der dem Versuchen des Glückes eigen ist, zu einer Handlung verführt, die unter ungünstigen Verhältnissen und in größerem Maßstabe begangen, meinen Charakter hätte unheilbar schädigen können. Das Spiel wird zu den sogenannten noblen

Passionen gerechnet; aber ich glaube, es gibt kein Vergnügen, das, einmal zur Passion geworden, dem Charakter gefährlicher ist. Es war vielleicht ein Glück für mich, daß diese Lehre in meinem Leben so früh kam und sich bei mir so schmerzhaft und tief eingrub.

Lustige Tage gab es während der Schulferien, die ich, wenn nicht gerade Ausflüge zu den verschiedenen Oheimen gemacht wurden, in Liblar zubrachte. Dazu fanden sich häufig die Vettern von Lind, Herrig und Jülich zusammen, zuweilen gar verstärkt durch Schulfreunde von Köln. Das war die Zeit des Austobens, und sie wurde redlich benutzt. Die Alten der Familie freuten sich an den Jungen und mit ihnen. Zwei Vorkommnisse meines Ferienlebens sind mir besonders lebhaft im Gedächtnis geblieben. Ein „studierender" Junge ist in einem Dorfe immer eine Art von Merkwürdigkeit, und es wird ihm manches Ungewöhnliche erlaubt. Nun war mein Vater auf meine Fortschritte recht stolz und mochte gern meine Talente den Nachbarn vorführen. Mit dem Lateinischen und Griechischen und mit meinen literarischen Leistungen, die ich übrigens auch gewöhnlich für mich behielt, ging das natürlich nicht; so versuchte er es denn auf dem musikalischen Felde. Mein Klavierspielen hatte ich fortgesetzt und auch etwas Generalbaß studiert. Besonderes Vergnügen machte es mir, auf dem Instrument zu improvisieren. Mein Vater, der daran großen Gefallen fand, meinte nun, so gut wie auf dem Klavier würde das auch vor dem versammelten Volk auf der Kirchenorgel gehen; und so beredete er den alten Organisten, der selbst ein sehr schwacher Musiker war, mich während der Messe an einer passenden Stelle ein Zwischenspiel oder am Schluß des Gottesdienstes während des Hinausgehens der Gemeinde ein Stück spielen zu lassen. Dies geschah, nicht etwa einmal, sondern oft, da es den Dorfleuten wohl zu behagen schien und der brave Organist keine Künstlereifersucht kannte. An einem Festtage, als der Graf Metternich mit seiner Familie in seiner Kapelle am Chor dem Gottesdienste beiwohnte und die Gemeinde ungewöhnlich zahlreich versammelt war, hielt ich es für angemessen, etwas besonderes zu leisten. Beim Schluß der Messe also zog ich alle Register auf und spielte einen Marsch, den ich auf dem Neumarkt in Köln bei einer Wachtparade gehört und im Gedächtnis behalten hatte, mit so donnerndem Effekt, daß die Gemeinde, die bereits aufgestanden war, um die Kirche zu verlassen, wie von Erstaunen gebannt stehen blieb und der Graf aus seiner Kapelle hervortrat, als ob er zusehn wollte, was da eigentlich los sei. Als ich endlich schloß, meinten die Dorfleute, das sei einmal etwas Rechtes gewesen, und so etwas habe man in Liblar nie gehört. Dies war der Höhepunkt meiner Laufbahn als Orgelspieler. Sie sollte bald ein jähes Ende nehmen. Eines Sonntags wurde mir erlaubt, den Chor, der aus dem Küster und drei oder vier Sängern bestand, bei der Vesper zu begleiten. Der Regel gemäß fügte der Organist zwischen je zwei gesungenen Versen eine kurze Improvisation als Zwischenspiel ein. Dabei ließ ich nun meiner Kenntnis im Generalbaß freien Lauf. Einmal begann ich mein Zwischenspiel in der Tonart, in welcher der Chorgesang lag, schloß es aber eine Terz höher, um dann mit einem kühnen und raschen Übergang auf die ursprüngliche Tonart zurückzugehen. Auf solche Künste waren nun der Küster und seine Chorsänger nicht eingeübt. Sie wollten meinem kühnen Übergang nicht folgen, sondern setzten ihren Chor eine Terz höher ein, als sie es gewohnt waren und schrien dabei, daß sie rot im Gesicht wurden und ihnen die Kopfadern zu springen drohten. Nach der Vesper erklärte der Küster höchst entschieden, mit den künstlichen Improvisationen und dem Generalbasse sei es nichts; dieser Unfug müsse aufhören, und der alte Organist sei ihm viel lieber. So war es denn mit meiner Glorie als Orgelspieler in Liblar für immer aus.

Auf einem andern Felde erfüllte sich mir ein ehrgeiziger Wunsch. Sehr früh hatte ich schießen lernen und es darin zu einer ziemlichen Geschicklichkeit gebracht. Als ich nun Sekundaner geworden war, und mir eine Kugelbüchse in die Hände fiel, die irgend einem Mitgliede unserer Familie gehört hatte, hielt ich die Zeit für gekommen, mich als vollgültigen Schützen an dem Vogelschießen der Sankt Sebastianus-Brüderschaft zu beteiligen. Ich ließ mich also in die Liste einschreiben, bot mich mehreren Mitgliedern, männlichen und weiblichen, als Vertreter beim Schießen an, und wurde in den meisten Fällen angenommen. Das Kugelgießen am Samstag vor Pfingsten war einer der feierlichsten Akte meines Lebens; und als ich mit Sonnenaufgang am Pfingstmontage aufwachte, fühlte ich, als sei für mich ein Tag großer Entscheidung angebrochen. Mit tiefem Ernst marschierte ich am Nachmittage hinter Hahnen Drickes, dem Trommler, und Schneidermeister Schäfer, dem „Fänt", in den Reihen der Schützen nach dem Schießplatz; dem „Felde der Ehre", wie ich es nannte; und als nach dem dreimaligen Umzuge um die Vogelstange das Gebet kam, war ich vielleicht einer der Inbrünstigsten. Ich hatte sogleich zu Anfang mehrere Schüsse, von denen keiner fehl ging. Hahnen Drickes belohnte mich mit dem üblichen Trommelwirbel, und ich fürchte, ich schaute zuweilen mit einem Blick umher, der Bewunderung suchte. Nur ein Schuß blieb mir noch übrig. Aber der hölzerne Vogel war schon sehr zersplittert und es wurde mit jedem Augenblicke ungewisser, ob meine Nummer noch erreicht werden würde. Mein Herz schlug hoch. Meine letzte Nummer wurde wirklich noch erreicht. Da oben hing nur noch ein kleiner Fetzen von Holz an der Eisenspitze der Vogelstange. Ich setzte die Büchse an die Schulter mit dem Gefühl, als ob dieser Schuß das ganze Schicksal meiner Zukunft enthalte. Mit mächtiger Anstrengung zwang ich mich zur Kaltblütigkeit; mein Blick blieb wirklich klar und meine Hand fest. Aber als ich abgedrückt hatte, schwamm es mir vor den Augen. Ich hörte nur, wie Hahnen Drickes auf seinem Kalbfell raste und wie die umstehende Menge schrie. Das Große war also geschehen. Ich hatte „den Vogel abgeschossen". Ich war Schützenkönig! Nicht weit von mir stand mein Vater. Er lachte aus vollem Halse und freute sich offenbar über die Maßen. Nun hängte man mir die große silberne Schilderkette um die Schultern, die mich fast zu Boden drückte, und man setzte mir einen hohen Hut auf mit der alten Flitter- und Blumenkrone. Es war ein stolzer Augenblick. Aber ich hatte den Vogel nicht für mich selbst abgeschossen, sondern nur als Vertreter für eine andere Person. Wer war diese Person?

Eine Sankt Sebastianus-Schwester, eine alte Waschfrau. Sie wurde herbeigeholt und auch mit einigen Bändern und Blumen geschmückt. Als meiner Königin mußte ich ihr den Arm geben, und so marschierten wir denn feierlich hinter Trommel und Fahne ins Dorf zurück. Die Schützen knallten mit ihren Büchsen, die Kinder jubelten, und die alten Leute standen vor ihren Türen, grüßten mit den Händen und riefen meinen Namen. Aber ich fühlte doch, als ob wir beiden, die alte Waschfrau und ich, in diesem Triumphzuge, der mir in meiner Phantasie immer so feierlich erschienen war, ein recht groteskes Bild darstellten. Ich glaubte sogar, einige Leute über diesen Aufzug spöttisch lachen zu sehen. Aber, schlimmer noch als dies, ich bemerkte auf den Gesichtern einiger der älteren Schützen etwas wie einen Ausdruck des Unwillens. Mein Ohr fing sogar eine Bemerkung auf, es sei doch eigentlich nicht passend, daß das Schützenfest der altehrwürdigen Sankt Sebastianus-Brüderschaft zu einem Knabenspiel werde. Ich konnte mir innerlich nicht leugnen, daß diese Ansicht etwas Berechtigtes habe. So fiel denn in der Stunde des Triumphes, von dem ich vorher soviel geträumt hatte, in den Kelch des Erfolges und der Freude ein schwerer Tropfen Wermut hinein. Es war die alte Erfahrung, mir damals noch neu, daß es selten eine Freude ohne bittere Beimischung gibt, und daß die Erfüllung eines Wunsches gewöhnlich anders aussieht, als man sie sich vorher gedacht. Diese Erfahrung war mir bestimmt in meinem Leben noch recht oft zu machen.

Unterdessen waren über die Familie dunkle Wolken heraufgezogen. Der Abzug meines Großvaters von der Burg hatte allerlei Folgen gehabt, die sich nach und nach als unheildrohend entwickelten. Es war als sei der Familie der feste Boden unter den Füßen weggeglitten und alles ins Schwanken geraten. Der Ertrag der Verkäufe des Inventars wurde, wenn ich mich recht erinnere, meinem Onkel Georg, dem jüngsten Sohn meines Großvaters, der die Ackerwirtschaft auf der Burg hätte führen sollen, zu geschäftlicher Verwendung überlassen. Dieser tastete eine Zeitlang ohne festen Plan umher und kam endlich auf den Gedanken, in Getreide zu handeln. In Verbindung damit entschloß sich mein Vater, der auch das dringende Bedürfnis einer Erweiterung seiner Erwerbsquellen fühlte, neben unserm Hause ein Gebäude zu errichten, das zu ebener Erde einen großen Saal und darüber geräumige Getreidespeicher enthalten sollte. Mein Vater hatte in einem der vielen Bücher, die er gelesen, die Beschreibung einer neuen Bauart mit gepreßten Erdquadern gefunden, die ihm außerordentlich einleuchtete und besonders sehr wohlfeil vorkam. Sie hatte für ihn den großen Reiz des Neuen. So ging er denn ans Werk und der Bau wurde erfolgreich ausgeführt, nur kostete das Experiment viel mehr, als mein Vater im voraus berechnet hatte. Auch stellte es sich bald heraus, daß der festlichen Gelegenheiten für den Gebrauch des Saales zu wenige waren, um das darauf verwendete Kapital zu einer gut zahlenden Geldanlage zu machen. Mit dem Getreidespeicher ging es in der Folge noch schlimmer. Der Getreidehandel meines Onkels Georg nahm bald den Charakter der Spekulation an, und man versprach sich goldene Berge davon. Wenn der Führer des Geschäfts ins Gedränge kam, so sprangen ihm die Brüder und Schwäger natürlich bei, und bald fanden sich alle in Unternehmungen verwickelt, für die keiner von ihnen besonderes Geschick besaß. Wie ich sie vorher schon beschrieben habe, keiner von ihnen war ein scharfer Rechner und Händler. Es ging gegen das Kavalierartige in ihrer natürlichen Anlage. Mein Oheim Jakob, der Bürgermeister von Jülich, hatte allerdings mehrere der Eigenschaften, deren ein Kaufmann bedarf. Er war in allen Dingen gewissenhaft, ordentlich und exakt. Aber der sichere Blick in der Berechnung des Vorteils, der Instinkt des Händlers fehlten auch ihm. Ebensowenig war mein Vater ein guter Geschäftsmann. Er interessierte sich viel mehr für das, was er in seinen populär-naturwissenschaftlichen Werken fand, als für die Dinge, die seine Geschäftsbücher füllen sollten. Es schien ihm unmöglich zu sein, die allernötigste Ordnung in seinen Papieren zu halten. In unserm Wohnzimmer stand ein Pult mit einem Klappdeckel, in dem er seine Rechnungen, Quittungen, Geschäftsbriefe usw. aufbewahrte. Ich erinnere mich, ihn oft gesehen zu haben, wie er an diesem Pult arbeitete mit einem verworrenen Haufen von Papieren vor sich, wie sein Gesicht einen immer hülfloseren und ungeduldigeren Ausdruck annahm, und wie er dann plötzlich aufstand und die Papiere in ihrem wilden Durcheinander mit seinem Ellbogen in das Innere des Pultes zurückschob, um den Deckel schließen zu können. Und diese Untugend fürchte ich, habe ich von meinem Vater geerbt, denn es ist immer darüber geklagt worden, daß es auf meinem Schreibtisch wüst aussehe.

Die gegenseitigen Hülfeleistungen brachten nach und nach unter den Brüdern und Schwägern so große geschäftliche Verwirrung hervor, daß endlich keiner von ihnen mehr genau wußte, wie seine eigenen Angelegenheiten standen. Um in diese Konfusion Licht zu bringen, versammelten sie sich zuweilen, mit dem Vorsatz, nur von Geschäften zu sprechen, bis alles in übersichtliche und befriedigende Ordnung gebracht sein würde. Dabei hätte nun freilich manches gesagt werden müssen, was dem einen oder dem anderen hätte unangenehm sein können, — und davor scheute sich jeder. So begannen sie denn damit, sich zusammen zu Tisch zu setzen und sich gegenseitig an die köstlichen Tage zu erinnern, die sie miteinander verlebt, und an die tollen Streiche, die sie zusammen ausgeführt. Allmählich wurde dann aus der beabsichtigten Geschäftskonferenz ein Familienfest der heitersten Art. Sie aßen und tranken und freuten sich so herzlich miteinander, daß es gar zu schade gewesen wäre, die Gemütlichkeit durch die Erwähnung unangenehmer Dinge zu stören. Nachdem dies einige Tage so fortgegangen war, erinnerten sie sich, daß es nun für die von auswärts hergekommenen Zeit sei, nach Hause zu reisen. Dann nahmen sie rührenden Abschied, küßten einander, weinten auch wohl gar ob der Trennung und gingen jeder seines Weges, ohne daß von den bösen Geschäften, wegen deren sie sich versammelt, auch nur einen Augenblick die Rede gewesen wäre. Natürlich gerieten ihre Angelegenheiten so in einen immer heilloseren Zustand, und einige gewagte Getreidespekulationen, die alles wieder gutmachen sollen, aber wie gewöhnlich fehlschlugen, dienten nur dazu, die Lage noch bedeutend zu verschlimmern.

Mein Vater war an diesen Spekulationen zwar nur indirekt beteiligt, aber doch genug, um in die daraus entstehenden Schwierigkeiten verwickelt zu werden. Obgleich ich mit diesen Dingen möglichst wenig behelligt wurde und die Jugend sie ja auch gewöhnlich leicht nimmt, so entging es mir doch nicht, daß meine Eltern zuweilen in drückender Sorge waren, und ich fing an, diese Sorge ernstlich zu teilen. Ich selbst warf die Frage auf, ob es ihnen möglich sein werde, mich länger im Gymnasium zu halten. Diese Frage wurde dadurch entschieden, daß ich mir ein Stipendium erwirkte, das einen großen Teil der Kosten meines Aufenthaltes in Köln deckte, und daß ich den Rest durch Privatstunden erwarb, die ich Schülern in den unteren Klassen des Gymnasiums gab. Dies unternahm ich mit großem Eifer und nicht ohne Erfolg. Freilich bezahlten mir die meisten meiner Schüler nur 2½ Silbergroschen die Stunde; fünf Groschen die Stunde sah ich für ein sehr schönes Honorar an. So arbeitete ich mich bis in die Unterprima durch.

Nun trat in der Lage meiner Eltern plötzlich eine hoffnungsvolle Änderung ein. Mein Vater fand Gelegenheit, das Eigentum in Liblar, Haus, Garten und Saalbau um einen Preis zu verkaufen, der ihn in den Stand setzen würde, seine Verbindlichkeiten zu decken und noch etwas für die Gründung einer neuen Existenz übrig zu behalten. Sobald der Verkauf abgeschlossen war, zog er mit der Familie nach Bonn, wo ich in Jahresfrist, nachdem ich das Gymnasium absolviert, die Universität beziehen sollte. In Bonn kam er durch ein Arrangement mit einem alten Bekannten in Besitz eines geräumigen Hauses, dessen unterer Teil als ein Restaurant mit Mittagstisch für Studenten diente, während in den obern Stockwerken mehrere Zimmer vermietet wurden. Mein Freund Petrasch, der unterdessen zur Universität gegangen war, bezog eines derselben. Alles ließ sich befriedigend an.

Aber unsere Lage verdunkelte sich wieder in erschreckender Weise. Der Käufer des Eigentums in Liblar, mit dem, wie es schien, mein Vater sich nicht gehörig vorgesehen, und der bei dem Abschluß des Kaufes nur eine geringe Anzahlung geleistet hatte, erklärte plötzlich, daß ihm der Kauf leid geworden sei, und daß er die bereits erlegte kleine Summe aufgeben, aber keine weitere Zahlung machen werde. Das war ein harter Schlag. Mein Vater versuchte, den Käufer gerichtlich an seinen Kontrakt zu halten, doch das war eine langwierige und unsichere Sache. Ein anderer Käufer fand sich nicht. Nach Liblar zurückgehn konnte mein Vater auch nicht, da er nun in Bonn gebunden war. Nun begannen die Wechsel fällig zu werden, die er im Vertrauen auf das Eingehen der Kaufsumme seinen Gläubigern gegeben hatte. Er konnte seine Versprechen nicht einhalten; die Wechsel wurden protestiert, und plötzlich empfing ich in Köln die Nachricht, daß einige der Gläubiger zur Erzwingung der Zahlung meinen Vater hatten ins Schuldgefängnis sperren lassen. Das traf mich wie ein Donnerschlag. Ich lief nach dem Gefängnis und sah meinen Vater hinter einem Gitter. Es war eine erschütternde Begegnung, aber wir sprachen uns gegenseitig Mut zu. Er setzte mir seine Umstände auseinander, und wir überlegten, was wohl getan werden könnte, um ihn aus dieser demütigenden und für unsere Familie so entsetzlichen Lage zu befreien.

Ich war siebzehn Jahre alt und sollte in die Oberprima gehn. Aber nun war es mit meinem Verbleiben in Köln zu Ende. Ich nahm also von meinen Lehrern und Freunden einen eiligen Abschied und widmete mich ganz den Angelegenheiten der Familie. Meine Oheime wollten gern nach Kräften helfen, aber sie selbst steckten in den schwersten Verlegenheiten. Geldgeschäfte waren mir durchaus fremd und meiner Neigung zuwider. Doch ist die Not ein wunderbarer Schulmeister, und ich hatte die Empfindung, als wäre ich plötzlich um viele Jahre älter geworden. Nach vielem Hin- und Herreisen und unablässigen, sorgenvollen Bemühungen gelang es, die Gläubiger so weit zu befriedigen, daß sie meinen Vater freiließen und sich zu den erforderlichen Akkommodationen bequemten. Das waren schwere Tage.

Als mein Vater wieder imstande war, die geschäftlichen Angelegenheiten selbst in die Hand zu nehmen, warf sich die Frage auf, was nun mit mir geschehen solle. Sollte ich meine Studien aufgeben und eine andere Laufbahn beginnen? Dieser Gedanke wurde sofort verworfen. Aber die Umstände erlaubten nicht, daß ich nach Köln zurückging. Ich mußte bei der Familie bleiben. Es wurde daher der kühne Plan gefaßt, ich solle sofort anfangen, als nicht-immatrikulierter Student Vorlesungen an der Universität zu hören, dabei aber privatim meine Gymnasialstudien fortsetzen und im Herbste des nächsten Jahres das Abiturientenexamen in Köln als „Auswärtiger" absolvieren. Dieser Plan war deshalb kühn, weil es wohl schwierig erschien, die Gymnasialstudien nebenbei bis auf den erforderlichen Punkt fortzuführen, und weil die „Auswärtigen" bei dem Abiturientenexamen besonders strenge behandelt zu werden pflegten. Aber ich zauderte nicht, das Wagestück zu unternehmen. Mein Beruf war mir unterdessen auch klar geworden. Ich liebte vor allen geschichtliche und Sprachstudien und glaubte, schriftstellerische Fähigkeit zu besitzen. Ich beschloß also, mich auf eine Professur der Geschichte vorzubereiten. Nach vollendetem Universitätskursus hoffte ich die erwerbslose Privatdozentenperiode bis zur Erlangung einer Professur mit dem Ertrag literarischer Arbeiten überbrücken zu können. So fing ich denn an, philologische und geschichtliche Vorlesungen zu besuchen.

Mein Abschied vom Gymnasium bringt mich zu der früher schon erwähnten Frage zurück, ob nicht der Lehrplan der deutschen Gymnasien, sowie der korrespondierenden Anstalten in andern Ländern, veraltet und unpraktisch geworden sei. Ist es weise, einen so großen Teil der Zeit und der Lernkraft der Schüler auf das Studium des Lateinischen und des Griechischen und der klassischen Literaturen zu verwenden? Würde man nicht der jungen Generation einen größeren Dienst erweisen, wenn man an die Stelle des Lateinischen und des Griechischen das Studium moderner Sprachen und Literaturen setzte, deren Kenntnis in den praktischen Geschäften des Lebens viel nutzbarer wäre? Dieser Frage ist ihre Berechtigung gewiß nicht abzusprechen. Das Lateinische ist nicht mehr, was es in den meisten Ländern der sogenannten zivilisierten Welt bis zum Anfang des achtzehnten Jahrhunderts, ja in einigen bis zu einem viel jüngeren Zeitpunkt war: die Sprache der Diplomatie, des Rechts, der Philosophie, der gesamten Wissenschaft. Nicht einmal die Fähigkeit, lateinische Zitate in die Rede einzustreuen, ist jetzt noch erforderlich, um den gebildeten Menschen zu dokumentieren. Die Literaturen des klassischen Altertums sind nicht mehr die einzigen, in denen wir große Dichterschöpfungen in vollendeter Formenschönheit, Muster der Geschichtschreibung und der Beredsamkeit und Tiefe des philosophischen oder wissenschaftlichen Gedankens finden. In den modernen Literaturen gibt es reiche Schätze davon, und ebenso von vortrefflichen Übertragungen, die auch demjenigen, der die alten Sprachen nicht versteht, die Meisterwerke des antiken Geistes zugänglich machen.

Und doch — wenn ich mich jetzt in meinen alten Tagen nach vielfacher Lebenserfahrung frage, welchen Teil des Unterrichts, den ich in meiner Jugend empfangen, ich mit dem geringsten Bedauern entbehren würde, so würde meine Antwort keinen Augenblick zweifelhaft sein. Ich habe ja freilich — und leider — von dem Latein und Griechisch, das ich als Schüler wußte, im Lauf der bewegten Zeiten viel vergessen.

Aber die ästhetischen und sittlichen Anregungen, die jene Studien mir gaben, die idealen Maßstäbe, die sie mir errichten halfen, die geistigen Horizonte, die sie mir eröffneten, sind mir niemals verloren gegangen. Jene Studien waren nicht ein bloßes Mittel zur Erwerbung von Kenntnissen, sondern im besten Sinne des Wortes ein Kulturelement. Und so sind sie mir mein ganzes Leben hindurch eine unerschöpfliche Quelle erhebenden Genusses geblieben.

Wäre mir noch einmal die Wahl gegeben zwischen den klassischen Studien und den sogenannten „nützlichen" an ihrer Stelle, so würde ich, für mich selbst, unzweifelhaft im wesentlichen denselben Lehrplan wählen, den ich durchgemacht habe. Ich würde das um so unbedenklicher tun, als ich die klassischen Studien wahrscheinlich nie im späteren Leben hätte aufnehmen können, hätte ich sie nicht in meinen Gymnasialjahren begonnen, und als die Kenntnis der alten Sprachen mir später auch bei dem Erlernen der modernen von unschätzbarem Vorteil gewesen ist. Wer Lateinisch versteht, wird das Französische, Englische, Spanische, Italienische und Portugiesische nicht allein viel leichter lernen, sondern auch viel besser. Ich kann von mir selbst sagen, daß ich in der Tat nur die lateinische Grammatik ganz gründlich verstanden habe, daß aber diese Kenntnis mir die grammatischen Studien in den modernen romanischen und germanischen Sprachen aller Mühseligkeit entkleidet, ja spielend leicht gemacht hat. — Während ich also dem jetzt so beliebten Nützlichkeitsargument in bezug auf die Veränderung des Lehrplans sein Anrecht auf ernstliche Beachtung keineswegs abspreche, so kann ich doch nicht umhin zu gestehen, daß ich persönlich dem alten klassischen Kursus sehr viel Gutes und Schönes zu verdanken habe, das ich nicht entbehren möchte.

Student an der Universität zu sein, ist der schönste Traum des Gymnasialschülers — das Ziel seiner Sehnsucht. Ich hatte davon keine Ausnahme gemacht. Nun war ich an der Universität. Aber wie? Als bloßer Zuläufer, der sein Recht auf die akademische Bürgerschaft erst durch eine schwere Prüfung zu gewinnen hatte; als eine fragliche Existenz, kaum einer demütigenden Lage entgangen, von bitteren Sorgen gedrückt, mit sehr unsicherem Ausblick auf die Zukunft. So geschah es mir wieder, daß das, was ich erhofft hatte, in einer traurigen Gestalt kam. In der Erfüllung konnte ich den vorhergegangenen Wunsch kaum wiedererkennen.

Viertes Kapitel.

Obgleich ich noch nicht regelrechter Student war, so wurde mir doch von einem Kreise vortrefflicher junger Leute, der Burschenschaft Frankonia, eine wohltuend warme Begrüßung. Dies verdankte ich meinen Kölner Freunden Theodor Petrasch und Ludwig von Weise, die vor mir die Universität bezogen, sich dieser Burschenschaft angeschlossen und ihren Verbindungsgenossen allerlei übertriebene Dinge von mir erzählt hatten. Nun war ich zu jener Zeit ein über die Maßen schüchterner Jüngling, so schüchtern in der Tat, daß ich mich nur bei meiner Familie und meinen intimen Freunden mit Behagen gehen ließ, während die Begegnung mit fremden Menschen mich gewöhnlich stumm machte, wenn nicht gar außer Fassung setzte. Meine Verlegenheit wurde um so schlimmer, da ich sogleich merkte, daß meine Kölner Freunde in der Frankonia, die zum großen Teil aus sehr tüchtigen jungen Leuten aus Norddeutschland bestand, mit mir besondere Parade machen wollten. Als ich nun über und über errötete und kaum ein Wort hervorzubringen wußte, wenn die Studenten mich anredeten, so war die Enttäuschung so groß, daß mein guter Petrasch mir dieselbe kaum verhehlen konnte. Ich werde nie das Gefühl der Hilflosigkeit vergessen, das mich überkam, als er mich dem damaligen Sprecher der Frankonia, Johannes Overbeck, vorstellte. Overbeck, ein geborener Hamburger, war ein hübscher junger Mann, mehrere Jahre älter als ich, von selbstbewußtem Wesen. Er studierte Archäologie und hatte schon ein Bändchen Gedichte drucken lassen. Alles dies imponierte mir gewaltig, und ich vermochte in der

Unterhaltung mit ihm kaum über das notdürftigste Ja oder Nein hinauszukommen. Ich erschien mir selbst wie ein linkischer Landjunge, der sich in gebildeter Gesellschaft nicht zu benehmen weiß, und schämte mich gründlich. Es war eben das erstemal in meinem Leben, daß ich mit Leuten aus anderen Teilen Deutschlands zusammentraf und diese, besonders die Norddeutschen, hatten etwas Vornehm-Überlegenes in ihrem Wesen, dem ich mich nicht gewachsen fühlte. Im späteren Leben ist es mir noch oft beschieden gewesen, ähnliche Gemütszustände durchzumachen.

Meine unregelmäßige Stellung in der Studentenschaft erlaubte mir nicht, als vollberechtigtes Mitglied in die Frankonia einzutreten, aber ich wurde als ein sogenannter „Mitbummler" der Verbindung angenommen und durfte an ihren gesellschaftlichen Versammlungen auf der „Kneipe" teilnehmen, fast wie einer, der dazu gehörte. Da die Frankonia sich vor andern studentischen Vereinen durch einen feineren Ton auszeichnete und das massenhafte Biertrinken nicht zur Pflicht machte, so wurde meine Mäßigkeit mir nicht unbequem. Ich saß nun unter den muntern, gesprächigen und zum Teil recht geistvollen Gesellen lange als ein stiller, fast stummer Beobachter. Endlich kam auch meine Stunde.

Die „Kneipabende" fanden häufig ihren Glanzpunkt in dem Vorlesen der sogenannten „Kneipzeitung". Irgend ein Mitglied schrieb einen Aufsatz oder ein Gedicht, gewöhnlich satirischen oder sonstwie heitern Inhalts, und trug das Produkt der versammelten Gesellschaft vor. Eine gute Kneipzeitung zu schreiben, war Gegenstand besondern Ehrgeizes, und nicht selten wurde auf diesem Felde recht Anerkennenswertes geleistet. Es machte sich ganz von selbst, daß ich als stillzuschauender Mitbummler die Eigentümlichkeiten meiner neuen Freunde studierte, und ich schrieb dann eine Parodie von Auerbachs Kellerszene im Faust, in welcher ich die hervorragendsten Leute der Frankonia als handelnde Personen vorführte. Das Reimen wurde mir leicht, die Verse flossen bequem und nicht unmusikalisch, die Satire war gutmütig, aber treffend. Meinem Freunde Petrasch teilte ich mein Machwerk im Vertrauen mit. Er jauchzte vor Vergnügen und meinte, besseres sei in dieser Art noch selten geleistet worden. Das glaubte ich ihm nicht, und um keinen Preis hätte ich seinem Drängen nachgegeben, daß ich meine Arbeit bei dem nächsten Kneipabend vorlesen solle. Dann erbot er sich, die Vorlesung selbst zu übernehmen, und dieses gestattete ich nun unter der Bedingung, daß ich nicht als Verfasser genannt werde. Er versprach alles. Mein Herz klopfte mir bis in die Kehle, als ich die Vorlesungen mit anhörte, und ich fühlte mein Erröten, als eins übers andere mal die Gesellschaft in Gelächter und Beifall ausbrach. Der Erfolg war durchschlagend. Den Verfasser erklärte Petrasch nicht nennen zu dürfen, aber damit gab sich die Gesellschaft nicht zufrieden. An mich schien niemand zu denken. Petrasch, der auf meine Leistung so stolz war, als wäre sie seine eigene gewesen, winkte mir über den Tisch zu und flüsterte hörbar: „Darf ich es nicht sagen?" Dies allein würde das Rätsel gelöst haben, hätte nicht ein anderes Mitglied der Gesellschaft das Manuskript erblickt und meine Handschrift erkannt. Nun gab es großen Jubel. Von allen Seiten stürzte man auf mich ein; des Umarmens war kein Ende, und Petrasch rief immer wieder: „Habe ich es Euch nicht gesagt?"

Das Verschwinden meiner anderen dichterischen Erzeugnisse aus jener Zeit ist mir eine Beruhigung. Aber ich gestehe, diese „Kneipzeitung" möchte ich gern noch einmal wiedersehen, denn sie hat mir zur Zeit einen unschätzbaren Dienst geleistet. Ihr Erfolg weckte mein Selbstvertrauen. Sie machte den befangenen Landjungen, der auf dem besten Wege war, eine lächerliche Figur zu spielen, plötzlich zu einer sehr respektierten Person in seiner Umgebung. Meine Schüchternheit im Verkehr mit den neuen Kameraden hörte bald auf, meine Zunge zu lähmen, und es bildeten sich höchst angenehme und förderliche Freundschaftsverhältnisse, von denen später noch die Rede sein wird. Viel Zeit konnte ich allerdings meinen Freunden während jenes ersten Universitätsjahres nicht widmen, denn das noch zu bestehende Maturitätsexamen, von dem meine ganze Zukunft abhing, schwebte wie ein drohendes Gespenst vor mir und ließ mir keine Ruhe. Neben den geschichtlichen und philologischen Vorlesungen, die ich bei Aschbach und

Ritschl hörte, hatte ich mir alles, was in der Oberprima gelehrt wurde, im Wege des Selbstunterrichts anzueignen; und mit Ausnahme der Mathematik und der Naturwissenschaften gelang mir dies, allerdings mit vieler Arbeit, aber doch ohne wesentliche Schwierigkeiten. Endlich, im September 1847, kam die gefürchtete Krisis, und ich reiste nach Köln, von den angstvollen Gebeten meiner Familie und den wärmsten Wünschen meiner Freunde begleitet. Alles ging vortrefflich. Auch begünstigte mich das Glück ein wenig. Ich wußte das ganze sechste Buch der Iliade auswendig herzusagen, und es traf sich, daß der Examinator im Griechischen mich gerade aus diesem Buch übersetzen ließ. So konnte ich denn den Text beiseite legen und das mir aufgegebene Stück ohne einen Buchstaben anzusehen ins Deutsche übertragen, was nicht wenig Aufsehen erregte. Meine schriftstellerischen Aufsätze, deutsche und lateinische, sowie meine Leistungen in andern Fächern gefielen so gut, daß man mir meine Schwäche in der höhern Mathematik und den Naturwissenschaften nicht anrechnete. Als die Prüfung vorüber war, und ich das Zeugnis der Reife empfing, gab mir der Regierungskommissar, der mir früher furchtbar wie das dunkle Schicksal erschienen, einen besonders warmen Händedruck mit seinen Wünschen für mein ferneres Wohlergehen auf den Weg.

Triumphierend kam ich nach Bonn zurück. Nun erst konnte ich in der Universität regelrecht immatrikuliert werden und stand dann als vollgültiger, ebenbürtiger Student unter meinen Genossen. Mit neuer Begeisterung und nun auch mit einem Gefühl der Sicherheit gab ich mich meinen philologischen und geschichtlichen Studien hin und dachte mit größerer Ruhe an meine Zukunft, in der meine Phantasie mir eine Professur der Geschichte an einer Universität und eine schöne literarische Tätigkeit vormalte. Ich hoffte, den schlimmsten Stürmen des Lebens entronnen zu sein und einer ruhigen Laufbahn entgegen zu gehen, die allem, was ich an Ehrgeiz besaß, vollständig genügen würde. Wie wenig ahnte ich damals die sonderbaren Schicksale, die so bald all meine Zukunftspläne zerstören und mich in so ganz andere Bahnen werfen sollten! Der heitere Sinn, den mir die gütige Natur geschenkt, und die genügsame Genußfähigkeit, die meine Jugendjahre mir anerzogen, machten mich für den Reiz des freien Studentenlebens in hohem Grade empfänglich. Auch war mir das Glück wieder besonders günstig gewesen, indem es mich sogleich bei meinem Eintritt in die akademische Welt mit dem allerbesten Kreise von jungen Männern in freundliche Berührung gebracht hatte.

Friedrich Spielhagen sagt in seinen Memoiren, daß die Burschenschaft Frankonia „unter den studentischen Verbindungen jener Zeit zweifellos die vornehmste" gewesen sei. Das war sie in der Tat. Freilich zählte sie unter ihren Mitgliedern keine Söhne hochadeliger Häuser, noch auch Leute von ungewöhnlichem Reichtum. Wenigstens galt der Reichtum für nichts. Um so stärker war in ihr ein geistig vornehmer Ton und ein ernstes wissenschaftliches Streben vertreten, und ich glaube, keine der damaligen studentischen Gesellschaften hatte so viele Jünglinge aufzuweisen, die später als tüchtige Menschen auf ihren verschiedenen Lebenswegen bekannt geworden sind. So traf ich dort zusammen mit Johannes Overbeck, der sich als Archäologe hohe Auszeichnung gewann; von dem gesagt werden sollte, daß er das beste Buch über Herkulanum und Pompeji geschrieben habe, ohne jemals dort gewesen zu sein, und der schließlich an der Leipziger Universität als Professor der Archäologie glänzte; mit Julius Schmidt aus Eutin, der, ohne die regelmäßige Gymnasialbildung genossen zu haben, sich in den vordersten Rang der Astronomen durcharbeitete und, nachdem er der Welt eine Reihe wissenschaftlicher Arbeiten von seltener Vortrefflichkeit geschenkt, vor wenigen Jahren als Direktor der Sternwarte in Athen starb; — mit Karl Otto Weber aus Bremen, einem Jüngling von sprudelndem Geist und unwiderstehlichem Liebreiz des Gemütes, dessen ausgezeichnete Leistungen als Mediziner ihm später eine Professur in Heidelberg gewannen, und der durch eine diphtheritische Ansteckung, die er sich bei einer Operation in einem desperaten Falle zuzog, seinen Tod gefunden hat, wie ein Held auf dem Schlachtfelde fallend; — mit Ludwig Meier, der dazu bestimmt war, sich als Irrenarzt und Direktor verschiedener Anstalten rühmlich hervorzutun und dann einen Lehrstuhl an der Universität Göttingen einzunehmen; mit Adolph Strodtmann, der als Biograph Heines, als Verfasser einer Reihe von literargeschichtlichen Schriften und als Übersetzer Vortreffliches geleistet hat, und von dem im Laufe dieser Erzählung noch oft die Rede sein wird; — mit Friedrich Spielhagen, in dem wir trotz seines etwas verschlossenen und seltsamen Wesens schon damals einen bedeutenden, sittlich und geistig hoch angelegten Menschen erkannten, und der später als Stern erster Größe unter die Romandichter des Jahrhunderts trat; — und mit einer weiteren Reihe von ebenso geistvollen wie liebenswürdigen jungen Leuten von ernstem Streben, die in der Folge zu ehrenvollen, wenn auch weniger hervorragenden Stellungen emporstiegen.

In diese Burschenschaft Frankonia wurde ich nun nach bestandenem Maturitätsexamen als vollberechtigtes Mitglied aufgenommen und fühlte mich, nachdem ich meine Schüchternheit überwunden, heimisch darin. Obgleich in dieser Gesellschaft fleißig und mit ernstem Zielbewußtsein gearbeitet wurde, so war ihr doch alle griesgrämige, kopfhängerische Stubenhockerei fremd, und es fehlte nicht an jugendlichem Übermut. Freilich brach dieser Übermut nicht, oder doch nur selten in denjenigen Exzessen aus, die sonst für das deutsche Studentenleben als charakteristisch gelten. Es gab allerdings einige unter uns, die im Biertrinken Erkleckliches zu leisten vermochten. Aber das Biertrinken wurde keineswegs als eine Kunst gepflegt, in deren Ausbildung man eine Ehre gesucht hätte. Noch weniger hatte der Mäßige von seinen Freunden Mißachtung oder Spott zu befürchten. Mäßigkeit war vielmehr die Regel, und wer diese Regel zu oft oder zu stark verletzte, mußte sich einen Verweis von den Vorstehern der Verbindung gefallen lassen und sogar der Ausschließung gewärtig sein. Ebensowenig nahmen wir an dem Duellunfug teil, in dem die studentischen Korps ihren Ruhm suchten. Ich kann mich nur zweier Fälle erinnern, in denen, während ich zu der Verbindung gehörte, ein Frankone auf die Mensur ging, und diese Fälle rechneten wir uns keineswegs zur Ehre an.

Es gibt jetzt wohl kein zivilisiertes Volk mehr, in dem die aufgeklärteste öffentliche Meinung nicht das Duell als ein Überbleibsel der Barbarei vergangener Zeitalter ansieht und verurteilt. Während man eine ungewöhnlich tiefe Ehrenkränkung oder eine Schmach, die einer Verwandten oder Freundin zugefügt worden ist, vielleicht noch als eine Entschuldigung des Zweikampfs mit dem Degen oder der Pistole gelten läßt, so erkennt man das Duell doch nicht mehr als eine wirkliche Ehrenrettung, noch auch als einen Beweis wahren Mutes an, und der gewohnheitsmäßige Duellant, der sich durch häufige Rencontres in den Verdacht bringt, die Gelegenheit zum Streit mutwillig aufzusuchen, erwirbt sich eher den Ruf eines rohen wenn nicht gar verbrecherischen Raufboldes als den eines Helden. Der wahre Gentleman hat aufgehört, sich der Anrufung der Organe des Gesetzes zum Schutz seiner eigenen oder der Seinigen Ehre zu schämen, wenn diese Ehre eines Schutzes bedürfen sollte, und mit Recht hat man angefangen, die Ehre desjenigen verdächtig zu finden, der zu ihrer Verteidigung die gesetzlose Gewalttat den von dem Gesetz gebotenen Mitteln vorzieht. Diese Anschauungsweise bildet sich unwiderstehlich zur öffentlichen Meinung der gesitteten Menschheit aus.

In welchem Lichte steht nun dieser öffentlichen Meinung gegenüber derjenige Teil der „gebildeten Jugend“ auf den deutschen Universitäten da, der nicht etwa gelegentlich zur Rettung wirklich gekränkter Ehre zu dem Duell seine Zuflucht nimmt, sondern das Duell als eine Art von gesellschaftlicher Unterhaltung kultiviert und in der Zahl der ohne irgendwelchen ernstlichen Grund ausgefochtenen Zweikämpfe eine Auszeichnung sucht? Die auf den Universitäten üblichen Vorsichtsmaßregeln haben „die Paukerei“ insofern gefahrlos gemacht, als dabei gewöhnlich nur eine blutige Schramme auf dem Gesicht herauskommen kann. Sich so zu schlagen, erfordert daher nicht mehr Kühnheit, als sich einen Zahn ausziehen zu lassen, vielleicht gar nicht einmal so viel. Eine wahrhafte Mutprobe kann ein solches Duell somit gewiß nicht genannt werden. Die Veranlassung dazu besteht höchst selten in etwas anderem als einer läppischen Zänkerei, mutwillig herbeigeführt nur um eine Herausforderung zu provozieren. Und der Student, der auf diese Weise sein Gesicht mit einem Netz von garstigen Schmarren verunstaltet hat, will dann als ein Held gelten, der tapferer und besser ist als andere, die auf verständigere Art ihre Jugend genießen und den Aufgaben des Lebens gerecht zu werden suchen. Man will das Studentenduell durch die Behauptung verteidigen, daß dadurch unziemliche Streitigkeiten verhütet und gemeine Prügeleien verpönt werden. Aber diese Verteidigung erscheint sofort als völlig haltlos, wenn man auf die Hochschulen anderer Länder blickt, wo das Duell unbekannt, und wo die gemeine Prügelei ebenso selten ist wie auf den deutschen Universitäten — und in der Tat die unziemliche Zänkerei noch viel seltener, denn eine unziemlichere Zänkerei kann es kaum geben, als die mutwillige, durchaus grundlose, die unter den deutschen Korpsburschen üblich ist, um Duelle herbeizuführen.

Auch will man behaupten, daß durch das Duell bei den jungen Leuten das Ehrgefühl angeregt werde. Was für ein Ehrgefühl? Ist es ehrenhaft, ohne den geringsten vernünftigen Grund einen Zweikampf auszufechten? Ist es ehrenhaft, durch ein mutwillig ausgesprochenes beleidigendes Wort irgend jemand zum Duell zwingen zu wollen? Ist es ehrenhaft, diejenigen mit Verachtung zu behandeln, die nicht willig sind, sich um nichts zu schlagen? Diese Anregung des sogenannten Ehrgefühls, die in der Tat auf nichts anderes als die Anregung einer flachen, kindischen Ruhmredigkeit, einer rohen „Renommisterei" hinausläuft, ist tatsächlich nur die Pflege eines falschen Ehrbegriffes, einer groben Selbsttäuschung, welche der Jugend nur gefährlich werden kann, indem sie gerade die sittlichen Anschauungen verwirrt, deren Klarheit die wesentlichste Grundbedingung für den Charakter des wahren Gentleman ausmacht. Eine solche Anregung des Ehrgefühls, die nur in einer sehr wohlfeilen Äußerlichkeit besteht, läßt zu leicht vergessen, daß der sittliche Mut des Mannes, der für das, was er als wahr und recht erkennt, unerschrocken, unbeugsam und uneigennützig in den Kampf der Meinungen und Interessen eintritt, hoch erhaben steht über allen Glorien der Mensur und allen Heldentaten des Klopffechters. Und man hat nur zu oft die Erfahrung gemacht, daß die kampflustigsten Studenten gerade dieses echten und höheren Mutes bar, im spätern Leben die servilsten Augendiener wurden, dabei aber immer noch mit den Schmarren im Gesicht als Zeichen ihrer Tapferkeit paradierten. Es hat sich auf natürlichste Weise in dieser Klasse jenes grundsatzlose „Strebertum" ausgebildet, das in dem Wettbewerb um Stellung und Beförderung sich nicht auf das eigene Wissen und Können, sondern auf gesellschaftliche Verbindung und die Protektion der Mächtigen verläßt und so, was es an Erfolg gewinnt, an Charakter verlieren muß.

Dies war die Ansicht über das Duell, die zu meiner Zeit in der Burschenschaft Frankonia vorherrschte, und es ist gewiß, daß es uns dabei nicht an Ehr- und Selbstgefühl fehlte. Solche Grundsätze verhinderten uns jedoch keineswegs, die Leibesübung zu pflegen, die der Fechtboden bietet, und nicht wenige von uns wären fähig gewesen, sich auch auf der Mensur Respekt zu verschaffen. Ich muß sogar gestehen, daß mir die Fechtschule besonderes Vergnügen machte, und Spielhagen rühmt mir in seinen Memoiren nach, daß ich „eine ebenso gewandte wie wuchtige Klinge führte". Die Versuchung, mit der erlernten Kunst gelegentlich im Zweikampf einen Unverschämten abzustrafen, lag nahe, aber ich freue mich, dieser Versuchung gewissenhaft widerstanden zu haben. Übrigens trat mir diese Versuchung auch nur einmal recht unmittelbar in den Weg. Eines Abends rannte mich auf dem Markt ein angetrunkener Korpsbursch an, offenbar mit der Absicht, mich zu einer Forderung zu provozieren. Einen Augenblick hatte ich mich zu übewinden, gewann aber dann Besonnenheit genug, ihm ruhig ins Gesicht zu sehen und zu sagen: „Ach, lassen wir doch diese Kinderei!" Das schien ihn zu verblüffen, denn ohne ein weiteres Wort trollte er sich von dannen.

Sonst übten wir nach Herzenslust die Gebräuche und genossen die Vergnügungen, die dem deutschen Studentenleben eigentümlich sind. Wir trugen mit Stolz unsere Verbindungsfarben auf unseren Mützen und Bändern. Wir „kneipten" mit Maß und sangen. Wir hatten unsere Kommerse und gingen durch die üblichen

Zeremonien mit gebührlicher Feierlichkeit. Wir schoben Kegel und machten unsere Ausflüge nach den umliegenden Dörfern, und es war keine gelehrte Ziererei, sondern eine wirkliche Belustigung, wenn bei solchen Gelegenheiten einige von uns, die ihren Homer besonders fleißig studiert hatten, sich auf Griechisch in homerischen Versen unterhielten, die sie in launiger Weise auf das anwendeten, was man eben tat oder beobachtete. Auch „Spritztouren" weiter den Rhein hinauf und in die reizenden Nebentäler erlaubten wir uns, und gesegnet sei das Andenken der Wirte, die nicht engherzig auf der sofortigen Bezahlung ihrer Rechnungen bestanden, gesegnet vor allem das Andenken des biederen Nathan in St. Goarshausen, im Schatten der Loreley, der jeden Frankonen bei sich aufnahm und hegte und pflegte, als wär er sein eigenes Kind. Und wie schwelgten wir in der Poesie der jugendlichen Freundschaften, die mehr als alles andere die jungen Jahre so glücklich machten. Der gereifte Mann soll sich niemals der idealen Schwärmerei schämen, die ihn einst den Arm um die Schulter des Freundes legen und von unzertrennlicher Brüderlichkeit träumen ließ. So werde ich mich auch der Tränen nicht schämen, die ich so reichlich wie irgend ein anderer vergoß, wenn am Schluß des Semesters einzelne Mitglieder unseres Kreises auf Nimmerwiederkehr davonziehen mußten, und wenn dann beim Abschiedstrunk die Gläser zum letzten Male erklangen und das Lied gesungen wurde:

„Wohlauf noch getrunken
Den funkelnden Wein!
Ade nun ihr Lieben,
Geschieden muß sein!"

Ich erinnere mich mehr als eines Abschiedes, bei dem die letzten Strophen des Liedes vor Schluchzen nicht mehr hervorwollten. Noch jetzt kann ich dieses Lied nicht hören, ohne daß es mir mit tiefer Rührung das Herz ergreift, denn ich sehe noch die lieben Gesellen vor mir, wie sich beim Scheiden ihre Augen füllten und sie einander wieder und wieder in die Arme fielen. O diese sorglose, sonnige, idealisch schwärmerische Jugendzeit mit ihren Freunden und Freuden! Wie schnell wurde sie mir von dem bittern Ernst des Lebens überschattet!

Es war am Anfang des Wintersemesters von 1847/48, daß ich den Professor Gottfried Kinkel kennen lernte — eine Bekanntschaft, die für mein späteres Leben von sehr großer Bedeutung werden sollte. Kinkel hielt Vorlesungen über Literatur und Kunstgeschichte, von denen ich eine besuchte. Ebenso nahm ich teil an einem von ihm geleiteten Kursus rhetorischer Übungen. Dies brachte uns in nähere persönliche Berührung. Kinkel war am 11. August 1815 geboren, also zur Zeit, als ich ihm nahe kam, 32 Jahre alt. Er war der Sohn eines evangelischen Pfarrers in Oberkassel am Rhein; und ebenfalls für die theologische Laufbahn bestimmt, studierte er an den Universitäten von Bonn und Berlin. Im Jahre 1836 ließ er sich an der Bonner Universität als Privatdozent der Kirchengeschichte nieder, machte wegen geschwächter Gesundheit 1837 eine Reise nach Italien, wo er sich dem Studium der Kunstgeschichte hingab, und wurde nach seiner Rückkehr Hülfsprediger der evangelischen Gemeinde in Köln. Dahin reiste er jeden Sonntag von Bonn aus, um seine Predigten zu halten, die sich durch einen seltenen rednerischen Schwung auszeichneten. Inzwischen war auch seine Dichtergabe, die durch persönliche Berührung mit Simrock, Wolfgang Müller, Freiligrath und andern beständig neue Anregung empfangen, zur Geltung gekommen. Besonders sein romantisches Epos „Otto der Schütz" gewann ihm einen bedeutenden Namen. In Köln lernte er die geschiedene Gattin des Buchhändlers Matthieux kennen, eine Frau von außergewöhnlichen Geistesgaben. Auf einer Rheinfahrt, bei welcher der Kahn umschlug, rettete er sie aus den Wellen, und bald darauf, im Jahre 1843, heiratete er sie. Diese Verbindung mit einer geschiedenen katholischen Frau würde die Stellung des evangelischen Theologen unhaltbar gemacht haben, wäre dieselbe nicht schon durch seine ausgesprochene freisinnige Richtung untergraben gewesen. So gab denn Kinkel die Theologie auf und wurde 1846 an der Universiität Bonn als außerordentlicher Professor der Kunst- und Kulturgeschichte angestellt.

Seinen Vorlesungen verlieh die interessante Persönlichkeit des Professors sowie sein fesselnder Vortrag einen besonderen Reiz. Kinkel war ein auffallend schöner Mann, von regelmäßigen Gesichtszügen und von herkulischem Körperbau, über sechs Fuß groß, strotzend von Kraft. Unter seiner von schwarzem Haupthaar beschatteten breiten Stirn leuchtete ein Paar dunkler Augen hervor, deren Feuer selbst durch die Brille, die er damals durch seine Kurzsichtigkeit zu tragen gezwungen war, nicht gedämpft wurde. Mund und Kinn waren von einem schwarzen Vollbart umrahmt. Kinkel besaß eine wunderbare Stimme — zugleich stark und weich, hoch und tief, gewaltig und rührend in ihren Tönen, schmeichelnd wie die Flöte und schmetternd wie die Posaune, als umfaßte sie alle Register der Orgel. In späteren Jahren hat man ihm vorgeworfen, daß in dem Gebrauch, den er von dieser Stimme machte, eine gewisse affektierte Effekthascherei zu bemerken sei. Das mag so gewesen sein, nachdem seine Kräfte angefangen hatten abzunehmen. Aber zu der Zeit seiner vollsten Jugendblüte, als ich ihn zuerst hörte, war es gewiß nicht so. Da klang diese Stimme wie eine Naturkraft, die von selbst aus ungesehenen Quellen entsprang und ohne Anstrengung und Absicht ihre Wirkung hervorbrachte. Ihm zuzuhören war ein musikalischer Genuß und ein intellektueller zugleich. Eine durchaus ungesuchte, natürliche und daher ausdrucksvolle und graziöse Gestikulation begleitete die Rede, die in gehaltvollen, wohlgeordneten und häufig poetisch angehauchten Sätzen dahinfloß und auch trockenen Gegenständen einen anziehenden Reiz verlieh.

Als sich nun Kinkel erbot, seine Schüler in die Kunst des Redens einzuweihen, ergriff ich diese Gelegenheit des Lernens mit Begierde. Er hielt uns keine theoretischen Vorlesungen über Rhetorik, sondern begann sofort damit, uns bedeutende Muster vorzuführen, zu erklären und uns daran zu üben. Als solche Muster wählte er unter anderen größere rednerische Passagen aus den Dramen Shakespeares, und so wurde mir die Aufgabe, die berühmte Leichenrede des Marcus Antonius in Julius Cäsar in ihrer Bedeutung zu erklären, die beabsichtigten Effekte und die Mittel, mit welchen diese erreicht werden sollten, darzulegen und schließlich die ganze Rede deklamatorisch, oder vielmehr rednerisch, vorzutragen. Mit meiner Lösung dieser Aufgabe sprach Kinkel seine Zufriedenheit aus und lud mich dann ein, ihn in seinem Hause zu besuchen. Sogleich folgte ich dieser Einladung, und trotz meiner noch immer nicht ganz überwundenen Schüchternheit entwickelte sich bald zwischen dem Lehrer und dem Schüler ein freundschaftliches Verhältnis. Es war in der Tat nicht schwer, sich mit Kinkel einzuleben. Er besaß in hohem Maße die heitere Ungebundenheit des Rheinländers. Er liebte es, den Professor beiseite zu legen und im Familien- und Freundeskreise sich in zwangloser Fröhlichkeit gehen zu lassen. Er leerte sein Glas Wein, lachte über einen guten, oder auch gar einen schlechten Spaß herzlich und laut, zog aus allen Lebensverhältnissen soviel Freude, wie daraus zu ziehen war, und grämte sich möglichst wenig, wenn sich ihm das Schicksal unfreundlich erwies. So fühlte man sich bald vertraut und heimisch in seiner Gesellschaft. Gegner hatte er freilich auch. Diese rechneten es ihm als Charakterfehler an, daß er „eitel" sei. Aber wer ist das nicht — jeder in seiner Weise? Eitelkeit ist die gewöhnlichste und natürlichste aller Charakterschwächen, und zugleich auch die unschädlichste und verzeihlichste, wenn sie unter dem Einflusse eines gesunden Ehrgeizes steht. Ins Maßlose getrieben, wird sie lächerlich und straft sich selbst. So hat's mich eine lange Lebenserfahrung gelehrt.

Nichts hätte anmutender sein können, als Kinkels Familienleben. Frau Johanna war durchaus nicht schön. Ihre mittelgroße Figur war breit und platt; Hände und Füße, wenn auch nicht besonders groß, doch unzierlich geformt; die Gesichtsfarbe dunkel; die Züge grob und ohne weiblichen Reiz. Dazu verstand sie gar nicht, sich zu kleiden. Ihre Kleider waren gewöhnlich ein wenig zu kurz, so daß ihre breiten Füße, die fast immer in weißen Strümpfen steckten und mit gekreuzten Schuhbändern geschmückt waren, mehr als wünschenswert Aufmerksamkeit auf sich zogen. Aber aus ihren stahlblauen Augen strahlte eine dunkle Glut, die auf Ungewöhnliches deutete. In der Tat, der Eindruck des Unschönen verschwand sofort, wenn sie zu sprechen anfing. Auch dann schien sie zuerst noch von der Natur vernachlässigt zu sein; denn ihre Stimme hatte etwas Heiseres und Trockenes. Aber was sie sagte, pflegte den Zuhörer sofort zu fesseln. Nicht allein sprach sie über viele Gegenstände höherer Bedeutung mit tiefem Verständnis, großem Scharfsinn und auffallender Klarheit, sondern sie wußte auch gewöhnlichen Dingen, alltäglichen Vorkommnissen, durch ihre lebendige, geistvolle Darstellungsgabe ein eigentümliches Interesse zu verleihen. Und immer ließ sie das Gefühl zurück, daß hinter dem, was sie sagte, noch ein großer Reichtum von Kenntnissen und Gedanken aufgespeichert sei. Dazu besaß auch sie den munteren rheinischen Humor, der allen Dingen gern ihre scherzhafte Seite abgewinnt und unter allen Umständen das Genießbare des Lebens hervor sucht. Sie hatte eine ungemein gründliche musikalische Bildung genossen und spielte das Klavier mit Meisterschaft. Ich habe Beethovensche und Chopinsche Kompositionen selten so vollendet wiedergeben hören wie von ihr. Man konnte von ihr sagen, daß sie die Grenzlinie, die den Dilettantismus von der wahren Künstlerschaft scheidet, weit überschritten hatte. Sie komponierte ebenso reizend, wie sie spielte. Obgleich ihre Stimme kein Klangmetall besaß und sie im Singen die Töne scheinbar nur andeuten konnte, sang sie doch mit ergreifender Wirkung. Sie verstand wirklich die Kunst, ohne Stimme zu singen.

Wer nun diese beiden äußerlich so verschiedenen Menschen in ihrem häuslichen Leben beisammen beobachtete, der mußte den Eindruck empfangen, daß sie aneinander ihre herzliche Freude hatten und die Kämpfe des Lebens mit einer Art von herausfordernder Heiterkeit zusammen durchkämpften. Noch stärker wurde dieser Eindruck, wenn man ihr Glück über die Kinder sah, mit denen ihre Ehe gesegnet war. Auch bildete das Kinkelsche Haus den Mittelpunkt eines Kreises geistesverwandter Menschen, deren gesellige Stunden an geistvoller Fröhlichkeit nichts zu wünschen übrig ließen. Es waren dies durchweg Männer und Frauen von freisinniger Denkart auf dem religiösen wie dem politischen Gebiet, die denn auch ihre Meinungen mit kecker Ungebundenheit auszusprechen liebten. An Stoff fehlte es in jenen Tagen nicht.

Die Revolte, die infolge der Ausstellung und Anbetung des sogenannten „heiligen Rocks" in Trier unter den Katholiken ausgebrochen war und die deutsch-katholische Bewegung hervorgebracht hatte, stand noch in Blüte und gab auch unter den Protestanten dem Drang nach Denk- und Lehrfreiheit neue Anregung. Auch auf dem politischen Felde wehte ein scharfer Luftzug. Die traurige Selbstironie, die öde Kannegießerei vergangener Tage hatte dem Streben Platz gemacht, klar gesteckte Ziele ins Auge zu fassen, und auch dem Glauben, daß dieselben erreichbar seien. Man fühlte das Kommen großer Veränderungen, wenn man auch nicht erkannte, wie nahe es schon bevorstand. In dem Kinkelschen Kreise nun hörte ich manches klar ausgesprochen, was mir bis dahin nur mehr oder minder nebelhaft vorgeschwebt hatte. Ein Rückblick auf den damaligen politischen Geistes- und Gemütszustand der Klasse von Deutschen, zu denen ich gehörte, mag dazu dienen, deren Haltung in den Bewegungen, die dem Jahre 1848 vorangingen, verständlich zu machen.

Das patriotische Herz verweilte gern bei der Erinnerung an das heilige römische Reich deutscher Nation, das einst in seiner Blüte der bekannten Welt Gesetze vorgeschrieben. Aus dieser Erinnerung entsprang dann jene Kyffhäuserromantik mit ihren Zukunftsträumen von der Wiedergeburt deutscher Macht und Herrlichkeit, die für die Jugend einen so poetischen Reiz hatte. Mit Scham gedachte man der Zeit der nationalen Zerrissenheit und des öden Absolutismus nach dem dreißigjährigen Kriege, als deutsche Fürsten, alles nationalen Gefühles bar, stets bereit standen, den Interessen und dem Ehrgeiz des Auslandes zu dienen, ja ihre eigenen Untertanen zu verkaufen, um mit dem Erlös den Luxus ihrer liederlichen Hofhaltung zu bestreiten; und mit gleicher Scham der Rheinbundsperiode, als eine Reihe deutscher Fürsten, die von Bayern, Sachsen und Württemberg an der Spitze, bloße Vasallen Napoleons wurden; als ein Teil Deutschlands dazu diente, den andern Teil dem verhaßten Fremdling zu

Füßen zu legen, und als der Kaiser des hoffnungslos zerfallenen Reiches im Jahre 1806 seine Krone niederlegte und deutscher Kaiser und deutsches Reich auch dem Namen nach aufhörten zu sein.

Dann kam nach langer, leidenvoller Erniedrigung die große Volkserhebung gegen die napoleonische Zwingherrschaft im Jahre 1813, und mit ihr die Geburt des neuen deutschen Nationalgefühls. An dieses Nationalgefühl appellierte das berühmte Manifest von Kalisch, in dem der König von Preußen in Verbindung mit dem russischen Kaiser das deutsche Volk zu den Waffen rief und ihm zugleich eine neue und wehrhafte nationale Einigung und Beteiligung des Volkes an dem Geschäfte des Regierens in konstitutionellen Formen in Aussicht stellte. Die Wiedergeburt eines einigen deutschen Nationalreichs, Aufhören der absoluten Willkürherrschaft durch Einführung volkstümlicher Regierungsinstitutionen im Innern — das war das Versprechen des preußischen Königs, wie das Volk es verstand —, das war die Hoffnung, mit der das Volk in den Kampf ging, den es dann mit begeistertem Heldenmut und einer Opferwilligkeit ohne Grenzen siegreich durchkämpfte.

Aber mit dem Siege kam wieder eine Periode bitterer Enttäuschung. Gegen eine einheitliche Reichsverfassung Deutschlands erhob sich nicht nur die Eifersucht des außerdeutschen Europa, sondern auch die Souveränitätsgelüste der kleineren deutschen Fürsten, besonders derer, die als Mitglieder des Rheinbundes in ihrem Range erhöht worden waren; und dazu die selbstsüchtig intrigierende Politik Österreichs, das mit seinen außerdeutschen Besitzungen einen außerdeutschen Ehrgeiz hatte, oder vielmehr von einem außerdeutschen Eigennutz inspiriert wurde. Und diese österreichische Politik wurde geleitet von dem Fürsten Metternich, dem jede Regung deutschen Patriotismus ebenso fremd war, wie er jeden freiheitlichen Gedanken haßte und das Volk als solches fürchtete. So brachten denn die Friedensschlüsse dem deutschen Volk nicht annähernd den verdienten und gehofften Lohn für seine Opfer, und aus dem Wiener Kongreß, der, um Europa auf unabsehbare Zeit hinaus eine feste Gestalt zu geben, den Völkerschacher im Großen betrieb, ging für die deutsche Nation nichts hervor, als ein Allianzvertrag zwischen den deutschen Staaten, „der deutsche Bund“, mit seinem Organ, dem „Bundestag“, einer Versammlung der Bevollmächtigten der verschiedenen Regierungen ohne die geringste Spur einer Vertretung der Stände oder des Volks. Von einer Garantie und Verwirklichung bürgerlicher Rechte, Preßfreiheit, Versammlungsrecht, öffentlicher Rechtspflege war nicht die Rede. Im Gegenteil, der Bundestag, ohnmächtig als eine Vertretung der Nation nach außen, entwickelte sich nur zu einer gegenseitigen Versicherungsgesellschaft absolutistischer Regierungen, zu einer zentralen Polizeibehörde für die Unterdrückung jeder nationalen oder freiheitlichen Regung im Innern.

Der König von Preußen, Friedrich Wilhelm III., hatte unzweifelhaft die in den Tagen der Not und des nationalen Aufschwungs gemachten Versprechen ehrlich gemeint. Aber seine beschränkte Hausvaternatur, sich selbst eines redlichen Willens bewußt, war leicht geneigt, eine möglichst unbeschränkte Autorität seinerseits als notwendig für das Heil der Welt anzusehen. Jedes Streben im Volke nach freien Staatseinrichtungen stellte sich ihm als ein Angriff auf diese absolute Autorität und somit als ein revolutionärer Exzeß dar, und die bloße Äußerung des Wunsches, daß die 1813 gemachten Versprechungen erfüllt werden sollten, war ihm, da er darin eine rebellische Anmaßung des Untertanen sah, Grund genug, diese Erfüllung aufs Ungewisse hinauszuschieben. So wurde er, unbewußt vielleicht, zum Werkzeuge Metternichs, des bösen Genius Deutschlands. Das Ergebnis war eine Periode stupider Reaktion, eine Periode von Ministerkonferenzen zur Vereinbarung despotischer Maßregeln, von grausamen Demagogenverfolgungen, barbarischen Preßknebeleien, brutaler Polizeiwillkür, zuweilen unterbrochen von liberalen Anläufen in einigen der kleineren Staaten, denen dann noch empörendere Repressionsmaßregeln von Bundes wegen zu folgen pflegten. Und darüber schwebte der Bundestag, die angebliche Verkörperung deutscher Einheit, als wirkliche Verkörperung der bundesmäßig organisierten Polizeiwillkür.

So waren die Opfer und der Heldenmut des deutschen Volkes in dem Kampf um nationale Unabhängigkeit belohnt, so die schönen Verheißungen des Jahres 1813 erfüllt worden. Es war eine Zeit tiefster Entwürdigung. Selbst der Franzose, der die Wucht der deutschen Waffen gefühlt, verspottete, nicht ohne Grund, die klägliche Demütigung des Siegers. Der Deutsche war versucht, sein Vaterland zu verachten. Er ironisierte sich selbst.

Die Thronbesteigung Friedrich Wilhelms IV. im Juni 1840 erweckte neue Hoffnungen. Er war als Mann von Geist bekannt und hatte als Kronprinz schöne Erwartungen erregt. Man hielt ihn für unfähig, die starre Politik seines Vaters weiterzuführen. Es war auch gerade damals, als die Bedrohung der Rheingrenze durch das französische Ministerium Thiers das deutsche Nationalgefühl wieder einmal mächtig aufbrausen machte, und dann das von millionenstimmigem Chor gesungene Lied „Sie sollen ihn nicht haben, den freien deutschen Rhein!", wie dreißig Jahre später die „Wacht am Rhein", den Franzosen drohend entgegenschallte. In der Tat schienen des neuen Königs erste Äußerungen und die Berufung bedeutender Männer zu hohen Stellen die Hoffnung zu ermutigen, daß er ebenso national gesinnt sei wie der patriotischste Teil des deutschen Volkes, und daß die liberalen Strömungen der Zeit in ihm Verständnis und Würdigung finden würden. Eine neue Enttäuschung folgte. Sobald die Forderung hervortrat, daß nun endlich das alte Versprechen der Einführung einer Repräsentationsverfassung erfüllt werden sollte, änderte sich des Königs Ton. Diese Forderung wurde schroff von ihm zurückgewiesen und die Zensur mit erneuter Strenge gegen die Presse gehandhabt. Friedrich Wilhelm IV. war von einem mystischen Glauben an die absolute Königsgewalt von Gottes Gnaden erfüllt. Er hegte romantische Phantasien, die ihn für manche der politischen und sozialen Institutionen des Mittelalters mehr einnahmen als für die Forderungen der Neuzeit. Er hatte Einfälle, aber keine Überzeugungen; Launen, aber keine echte Willenskraft; Witz, aber keine Weisheit. Er besaß den Ehrgeiz, etwas Bedeutendes tun zu wollen, um seinen Namen in die Weltgeschichte zu zeichnen. Aber während er sich und das Volk über allerlei Projekte unterhielt, wollte er doch im wesentlichen alles beim alten lassen. Er glaubte, dem Volke den Schein eines Anteils an der Regierung bieten zu können, ohne jedoch die Allgewalt seiner Krone im geringsten zu schmälern. Aber diese Versuche endeten wie alle ähnlichen, von andern Monarchen zu andern Zeiten gemachten. Das Scheinbare und Ungenügende, das er gab, diente nur dazu, bei dem Volke das Verlangen nach dem Wesenhaften und Zulänglichen zu verstärken und zu erhitzen. Revolutionen beginnen oft mit Scheinreformen. Die Provinziallandtage, die der König berief in der Erwartung, daß sie sich bescheiden auf die ihnen vorgeschriebenen Aufgaben beschränken würden, petitionierten heftig um erweiterte Vertretung des Bürger- und Bauernstandes und um Preßfreiheit. Die 1842 eingerichteten „ständischen Ausschüsse", welche die Stelle einer einheitlichen Volksvertretung einnehmen, aber nur sehr beschränkte Befugnisse haben sollten, machten die Nichterfüllung des alten Versprechens einer wirklichen Repräsentationsverfassung nur um so fühlbarer und dem Volksgeiste klarer. Das Experiment des Scheinbar-Gebens und Alles-Behaltens konnte nur kläglich mißlingen. Die Petitionen der Provinziallandtage um Preßfreiheit, Schwurgericht und Landesverfassung wurden immer dringlicher. Es half nichts, daß die königliche Regierung diese Petitionen ärgerlich zurückwies, daß sie die Zensur noch mehr verschärfte, daß sie, um die schon erwähnten liberalen religiösen Bewegungen zu dämpfen, die Schulen unter die strengste Kontrolle stellte und frommgläubige Lehrer und entsprechende Lehrbücher an die Stelle von freisinnigeren setzte; daß sie die Lehrfreiheit der Universitäten verkümmerte und selbst die Richter durch Disziplinargesetze zu unterjochen suchte. Die Unzufriedenheit wurde allmählich so allgemein, der Sturm der Petitionen so heftig, das Widerstreben des Volkes gegen den Polizeidespotismus, wie er sich in einzelnen Konflikten, in Köln und Königsberg, betätigte, so drohend, daß die alte Parade der absoluten Königsgewalt nicht mehr ausreichen wollte und ein neuer Schritt auf dem Wege liberaler Neuerung durchaus notwendig schien.

So entschloß sich denn König Friedrich Wilhelm IV. den „Vereinigten Landtag", eine aus den Mitgliedern der sämtlichen Provinziallandtage bestehende Versammlung, auf den 11. April 1847 nach Berlin zu berufen. Aber es war wieder das alte Spiel. Diese Versammlung sollte ein Parlament vorstellen und doch keines sein. Ihre Berufung sollte für immer ganz von dem Belieben des Königs abhängen. Ihre Befugnisse wurden auf das ängstlichste beschränkt. Sie sollte keine Gesetze machen und keinerlei bindende Beschlüsse fassen können. Sie sollte dem König nur als „Beirat" bei seinen Entschließungen dienen und ihre Wünsche ihm gegenüber nur im Wege der Petition ausdrücken. In der Rede, mit welcher der König den „Vereinigten Landtag" eröffnete, erklärte er nachdrücklich, dies sei nun das Äußerste, zu dem er sich verstehen werde; er könne nie und nimmer das Eindrängen eines „beschriebenen Blatts Papier", einer geschriebenen Konstitution, zwischen Fürst und Volk zugeben; das Volk selbst wolle nicht das Mitregieren von Repräsentanten; die Vollgewalt der Könige dürfe nicht gebrochen werden; „die Krone solle nach den Gesetzen Gottes und des Landes und nach eigener freier Bestimmung herrschen; sie könne und dürfe nicht nach dem Willen von Majoritäten regieren"; und er, der König, würde die Versammlung nie berufen haben, hätte er nur den geringsten Zweifel gehegt, daß ihre Mitglieder „ein Gelüst hätten nach der Rolle sogenannter Volksrepräsentanten". Dies sollte nun ausgesprochenerweise die Erfüllung, „und mehr als die Erfüllung" der in der Zeit der Not gegebenen Versprechungen darstellen.

Allgemeine Enttäuschung und erhöhte Unzufriedenheit folgten dieser Verkündigung. Aber die von dem Könige gemachte Konzession bedeutete doch viel mehr, als er selbst wohl berechnet hatte. Wer mit absoluter Gewalt regieren will, der darf keine öffentliche Diskussion der Politik und Handlungen der Regierung durch Männer gestatten, die dem Volk näher stehen. Der Vereinigte Landtag konnte allerdings nicht beschließen, sondern nur debattieren. Aber daß er debattieren konnte, und daß diese Debatten tagtäglich durch getreue Zeitungsberichte in die Intelligenz des Landes übergingen, das war eine Neuerung von unberechenbarer Tragweite. Die Haltung des Vereinigten Landtages, auf dessen Bänken sich manche Männer von ungemeiner Fähigkeit und freisinnigen Grundsätzen zusammenfanden, war durchaus würdig, besonnen und maßvoll. Aber der Kampf gegen den Absolutismus begann sogleich, und das Volk folgte ihm mit erregter Teilnahme. Es geschah, was in der Weltgeschichte schon oft geschehen ist: jeder Schritt vorwärts brachte dem Volke die Notwendigkeit weiterer Schritte vorwärts zu lebhafterem Bewußtsein. Und als nun der König, sich der wachsenden Bewegung entgegenstemmend, die gemäßigtsten Forderungen des Vereinigten Landtags mit schroffen Worten abschlug und die Versammlung „ungnädig" entließ, da war die öffentliche Stimmung durch die Regierung selbst in die Bahn gelenkt worden, in der revolutionäre Gedanken wachsen. Einzelne revolutionäre Köpfe hatte es zwar schon lange gegeben. Aber in ihrer Isolierung hatten sie als Träumer gegolten und konnten nur geringe Gefolgschaft gewinnen. Jetzt aber verbreitete sich in weiten Kreisen das Gefühl, daß ein wirkliches Gewitter im Anzuge sei, wenn auch fast niemand die Schnelligkeit seines Kommens voraussah. Früher hatte man sich über das aufgeregt, was Thiers und Guizot in den französischen Kammern, oder Palmerston und Derby im englischen Parlament, oder gar was Hecker, Rotteck und Welcker in der kleinen badischen Landesversammlung sagten. Jetzt lauschte man mit nervöser Begierde jedem Wort, das im Vereinigten Landtag des bedeutendsten deutschen Staates von den Lippen Camphausens, Vinckes, Beckeraths, Hansemanns und anderer liberaler Führer fiel, und es lag ein Gefühl in der Luft, als ob dieser Vereinigte Landtag in seiner Stellung und Aufgabe der französischen Nationalversammlung des Jahres 1789 nicht ganz unähnlich sei. Im Kinkelschen Kreise waren diese Dinge oft Gegenstand lebhafter Besprechung.

Wir Studenten brachten diesen Ereignissen wohl weniger klares Verständnis, aber nicht geringeres Interesse entgegen, als die älteren Leute. Die Burschenschaft hatte ja auch ihre politische Tradition. In den Jahren unmittelbar nach den Befreiungskriegen hatte sie in erster Linie den Ruf nach der Erfüllung der gegebenen Versprechungen erhoben. Sie hatte mit Eifer den nationalen Sinn gepflegt, wenn dieser Eifer auch zuweilen in eine töricht-übertriebene Deutschtümelei ausartete. In den sogenannten Demagogenverfolgungen hatte sie eine ansehnliche Zahl der Opfer gestellt. Die politische Tätigkeit der alten Burschenschaft war allerdings von den jüngeren Verbindungen nicht fortgesetzt worden; aber „Gott, Freiheit, Vaterland“ war doch die Devise geblieben; man trug das verbotene schwarz-rot-goldene Band noch unter der Weste, und viele Mitglieder der neuen burschenschaftlichen Verbindungen erkannten es als ihre Pflicht an, der Tradition getreu, sich von allem, was in der politischen Welt vorging, wohl unterrichtet zu halten und daran einen regen Anteil zu nehmen. So fanden denn die liberalen Bewegungen der Zeit in uns begeisterungsfähige Parteigenossen, wenn auch wir jungen Leute über das, was praktisch zu tun sei, nicht besonders klare Rechenschaft zu geben wußten.

Im Verfolg meiner Studien hatte ich mich mit großem Eifer auf die Geschichte Europas zur Zeit der Reformation geworfen. Ich dachte, daraus in der Zukunft als Professor der Geschichte meine Spezialität zu machen. Die großen Charaktere jener Periode zogen mich mächtig an, und ich konnte der Versuchung nicht widerstehen, einige davon dramatisch zu gestalten. So entwarf ich denn den Plan einer Tragödie, deren Hauptfigur Ulrich von Hutten sein sollte, und fing an, einzelne Szenen davon auszuarbeiten. Am Anfang des Wintersemesters 1847—48 hatte ich einen jungen Studenten aus Detmold kennen lernen, der zwar nicht in die Frankonia eingetreten war, aber sich doch als „Mitkneipant“ zu der Verbindung hielt. Er hieß Friedrich Althaus. Mehr als irgend ein anderer Mensch meiner Bekanntschaft entsprach er der Vorstellung, die man sich von einem idealen deutschen Jüngling macht. Er war eine durchaus reine und edle Natur und dazu reich mit geistigen Gaben ausgestattet. Da wir so ziemlich dieselben Studien verfolgten, so fanden wir uns leicht. Wir wurden eng miteinander befreundet und diese Freundschaft ist lange über die Universität hinaus gleich warm geblieben. Ihm vertraute ich mein Huttengeheimnis an, und er ermutigte mich, meinen Plan auszuführen. Glücklich waren die Stunden, wenn ich ihm vorlas, was ich geschrieben und er mir darüber sein gewöhnlich viel zu günstiges Urteil gab. So verging der größte Teil des Winters in angeregten, genußreichen und auch ersprießlichen Bestrebungen. Da kam plötzlich ein gewaltiger Schicksalssturm, der mich wie so viele andere mit unwiderstehlicher Macht aus allen vorausgeplanten Bahnen riß.

Fünftes Kapitel.

Eines Morgens gegen Ende Februar 1848 — wenn ich mich recht erinnere, war es ein Sonntagmorgen — saß ich ruhig in meinem Dachzimmer, am Ulrich von Hutten arbeitend, als plötzlich einer meiner Freunde fast atemlos zu mir hereinstürzte und rief: „Da sitzest Du! Weißt Du es denn noch nicht?"

„Nun, was denn?"

„Die Franzosen haben den Louis Philipp fortgejagt und die Republik proklamiert!"

Ich warf die Feder hin — und der Ulrich von Hutten ist seitdem nie wieder berührt worden. Wir sprangen die Treppe hinunter, auf die Straße. Wohin nun? Nach dem Marktplatz. Dort pflegten die Mitglieder der Korps und der Burschenschaften jeden Tag unmittelbar nach dem Mittagessen zusammenzukommen, jede Gesellschaft an ihrer bestimmten Stelle, um zu verabreden, was des Nachmittags etwa unternommen werden solle. Aber es war nun erst Vormittag, die regelmäßige Versammlungsstunde noch nicht gekommen. Nichtsdestoweniger wimmelte der Markt von Studenten, alle, wie es schien, von demselben Instinkt getrieben. Sie standen in Gruppen zusammen und sprachen eifrig; kein Geschrei, nur aufgeregtes Gerede. Was wollte man? Das wußte wohl niemand? Aber da nun die Franzosen den Louis Philipp fortgejagt und die Republik proklamiert hatten, so mußte doch auch gewiß hier etwas geschehen. Einige Studenten hatten ihre „Schläger", wohl die harmloseste aller Waffen, mit sich auf den Markt gebracht, als hätte es augenblicklich gegolten, anzugreifen oder sich zu verteidigen. Man war von einem vagen Gefühl beherrscht, als habe ein großer Ausbruch elementarer Kräfte begonnen, als sei ein Erdbeben im Gange, von dem man soeben den ersten Stoß gespürt habe und man fühlte das instinktive Bedürfnis, sich mit andern zusammen zu scharen. So wanderten wir in zahlreichen Banden umher — auf die Kneipe, wo wir es jedoch nicht lange aushalten konnten — zu andern Vergnügungsorten, wo wir uns mit wildfremden Menschen ins Gespräch einließen und auch bei ihnen dieselbe Stimmung des verworrenen, erwartungsvollen Erstaunens fanden; dann auf den Markt zurück, um zu sehen, was es da geben möge; dann wieder anderswo hin, und so weiter, ziellos und endlos, bis man endlich tief in der Nacht, von Müdigkeit übermannt, den Weg nach Hause fand.

Am nächsten Tage sollte man zu den gewöhnlichen Vorlesungen gehen. Man versuchte es auch mit der einen oder andern. Aber was wollte das nützen? Die eintönig dröhnende Stimme des Professors klang wie aus einer weiten Entfernung herüber. Was er sagte, schien uns nichts anzugehen. Die Feder, die nachschreiben sollte, lag still. Endlich schlug man seufzend das Heft zu mit dem Gefühl, daß man jetzt Wichtigeres zu tun, sich dem Vaterland zu weihen habe. Und das tat man, indem man möglichst schnell wieder die Gesellschaft der Freunde aufsuchte, um das was geschehen war und was kommen müßte, weiter zu besprechen. In diesen Gesprächen arbeiteten sich nun bald auch die Schlagworte durch, die den allgemeinen Drang des Volksgeistes ausdrückten. Jetzt sei der Tag gekommen, die „deutsche Einheit" zu gewinnen und ein großes, mächtiges „deutsches Nationalreich" zu gründen. In erster Linie die Berufung eines Nationalparlaments. Dann kam die Forderung der bürgerlichen Rechte und Freiheiten, freie Rede, freie Presse, freies Versammlungsrecht, Freizügigkeit, Gleichheit vor dem Gesetz, freigewählte Volksvertretung mit gesetzgebender Gewalt, Minister-Verantwortlichkeit, Selbstverwaltung der Gemeinden, Bewaffnung des Volkes, Bürgerwehr mit selbstgewählten Offizieren usw. — kurz das, was man ein „konstitutionelles Regierungswesen auf breiter demokratischer Grundlage" nannte.

Republikanische Ideen wurden zuerst nur spärlich laut. Man schwärmte vielmehr für das deutsche Kaisertum mit all seinem Nimbus von Kyffhäuserpoesie. Aber das Wort Demokratie war bald vielen Zungen geläufig, und ebenso hielten viele es für selbstverständlich, daß, wenn die Fürsten versuchen sollten, dem Volke die geforderten Rechte und Freiheiten vorzuenthalten, Gewalt an die Stelle der Petition treten müsse. Freilich sollte die politische Regeneration des Vaterlandes zuerst auf friedlichem Wege erstrebt werden.

Wenige Tage nach dem Ausbruch dieser Bewegung wurde ich neunzehn Jahre alt. Ich erinnere mich, von dem, was vorging, so gänzlich erfüllt gewesen zu sein, daß ich meine Gedanken kaum etwas anderem zuwenden konnte. Ich war wie manche meiner Freunde von dem Gefühl beherrscht, daß endlich die große Gelegenheit gekommen sei, dem deutschen Volke seine Freiheit und dem deutschen Vaterlande seine Einheit und Größe wieder zu gewinnen, und daß es nun die erste Pflicht eines jeden Deutschen sei, alles zu tun und alles zu opfern für diesen heiligen Zweck. Es war uns tiefer, feierlicher Ernst darum.

Der erste Dienst, den die neue Zeit uns auferlegte, hätte kaum lustiger sein können. Kurz nachdem die Nachricht von den revolutionären Ereignissen in Frankreich gekommen war, fing der Bürgermeister der Stadt Bonn an, zu fürchten, daß die öffentliche Sicherheit gefährdet sei. Freilich fielen trotz der allgemeinen Aufregung keine Ruhestörungen vor, aber der Bürgermeister, von allerlei Ängsten geplagt, bestand darauf, daß eine Bürgerwehr organisiert werden müsse, um des Nachts die Stadt und die nächste Umgegend abzupatrouillieren. Dieser Bürgerwehr beizutreten, wurden auch die Studenten aufgefordert, und da die Bürgerwehr auch auf unserem Programm stand, so leisteten wir dieser Aufforderung bereitwillig Folge. Ich meldete mich sogleich mit mehreren meiner Freunde; Studenten aus andern Kreisen taten dasselbe und zwar in solcher Zahl, daß bald die Bürgerwacht großenteils aus Studenten bestand. Unsere Aufgabe war, Ruhestörer und verdächtige Individuen aufzugreifen und auf der

Wache abzuliefern, Zusammenrottungen bösartiger Natur zum Auseinandergehen zu veranlassen, das Eigentum zu beschützen und überhaupt über die öffentliche Sicherheit zu wachen. Da nun in der Tat die öffentliche Sicherheit in keiner Weise bedroht war und das Patrouillieren in Stadt und Umgebung keinen ernsten Zweck hatte, so fanden die Studenten natürlich in der ganzen Sache eine Gelegenheit zu harmloser Belustigung. Mit „Schlägern" bewaffnet, deren eiserne Scheiden man nach Kräften auf dem Pflaster rasseln ließ, zog man durch die Straßen. Jeder einzelne Bürger, den man in später Nacht draußen antraf, wurde in pomphaften Redensarten aufgefordert, auseinander zu gehen und sich nach seinen respektiven Wohnungen zu verfügen, oder, wenn ihm das besser gefiele, uns auf die Wachtstube zu begleiten und ein Glas mit uns zu trinken. Stießen wir einmal mit einer aus Bürgern bestehenden Patrouille zusammen, so wurde dieselbe unfehlbar als eine bösartige Zusammenrottung festgenommen und zur Wachtstube gebracht, worauf dann ein fröhliches Verbrüderungsfest folgte. Und da die guten Bürgersleute auch den Humor der Situation leicht einsahen, so ließen sie sich den Spaß gern gefallen. Ein Hoch auf das „neue deutsche Reich" und die „Konstitution auf breiter demokratischer Grundlage" zu trinken, waren sie ebenso bereit wie wir.

Während dies lustig genug aussah, gestalteten sich sonst die Dinge sehr ernsthaft — so ernsthaft, wie es im Grunde des Herzens auch uns zu Mute war. Von allen Seiten kamen aufregende Nachrichten. In Köln herrschte drohende Gärung. In den Wirtshäusern und auf den Straßen erklang die Marseillaise, die damals noch in ganz Europa als die allgemeine Freiheitshymne galt. Auf dem Domhof und dem Altenmarkt wurden große Versammlungen gehalten, um die Forderungen des Volkes zu beraten. Eine zahlreiche Deputation mit dem ehemaligen Artillerieleutnant August von Willich an der Spitze drang in den Saal des Stadtrats, von diesem verlangend, daß die Munizipalbehörde die in der Versammlung formulierten Forderungen des Volkes als ihre eigenen an den König beförderе. Der Generalmarsch wurde geschlagen, das Militär schritt gegen die Volkshaufen ein, und Willich sowie ein anderer früherer Artillerieleutnant, Fritz Anneke, wurden verhaftet. Darauf immer größere Aufregung. Die rheinischen Mitglieder des Vereinigten Landtages beschworen den Oberpräsidenten der Provinz, dem König die sofortige Bewilligung der Forderungen des Volkes als das einzige Rettungsmittel vor blutigen Konflikten vorzustellen. In Koblenz, Düsseldorf, Aachen, Krefeld, Kleve und anderen rheinischen Städten fanden ähnliche Demonstrationen statt. In Süddeutschland — Baden, Rheinhessen, Nassau, Württemberg, Bayern — flammte der Geist der neuen Zeit wie ein Lauffeuer auf. In Baden bewilligte der Großherzog schon Anfang März alles Verlangte. In Württemberg, Nassau und Hessen-Darmstadt erlangte man dieselben Zusicherungen fast ebenso schnell. In Bayern, wo schon vor der französischen Februarrevolution die berüchtigte Lola Montez dem Zorn des Volkes hatte weichen müssen, folgte nun ein Auflauf dem andern, um den König Ludwig zu liberalen Zugeständnissen zu treiben. Der Kurfürst von Hessen-Kassel gab nach, als das Volk sich bewaffnet hatte und zur Empörung sich bereit zeigte. Die Gießener Studenten sagten bereitwillig den aufständischen Hessen ihre Hülfe zu. In Sachsen erzwang die trotzige Haltung der Bürgerschaft von Leipzig unter Robert Blums Führung das Nachgeben des Königs. Von Wien kam große Kunde. Die Studenten der Universität waren es dort, die den Kaiser von Österreich zuerst mit freiheitlichen Forderungen bestürmten. Blut floß, und der Sturz Metternichs war die Folge. Die Studenten organisierten sich als die bewaffnete Garde der Volksrechte. In den großen Städten Preußens war eine gewaltige Regung. Nicht allein Köln, Koblenz und Trier, sondern auch Breslau, Königsberg und Frankfurt a. O. sandten Deputationen nach Berlin, um den König zu bestürmen. In der preußischen Hauptstadt wogte das Volk auf den Straßen, und man sah entscheidungsvollen Ereignissen entgegen.

Während all diese Nachrichten wie ein gewaltiger von allen Seiten zugleich brausender Sturm auf uns hereinbrachen, war man in der kleinen Universitätsstadt Bonn auch eifrig damit beschäftigt, Adressen an den König abzufassen, sie zahlreich zu unterzeichnen und nach Berlin zu schicken. Am 18. März hatten auch wir unsere Massendemonstration. Eine große Volksmenge sammelte sich zu einem feierlichen Zuge durch die Straßen der Stadt. Die angesehensten Bürger, nicht wenige Professoren, eine Menge Studenten und eine große Zahl von Handwerkern und anderen Arbeitern marschierten in Reih und Glied. An der Spitze des Zuges trug Kinkel eine schwarz-rot-goldene Fahne. Auf dem Marktplatz angekommen, bestieg er die Freitreppe des Rathauses und sprach zu der versammelten Menge. Er sprach mit wunderbarer Beredsamkeit in den vollsten Orgeltönen seiner Stimme von der wiedererstehenden deutschen Einheit und Größe und von der Freiheit und den Rechten des deutschen Volkes, die von den Fürsten bewilligt oder vom Volke erkämpft werden müßten. Und als er zuletzt die schwarz-rot-goldene Fahne schwang und der freien deutschen Nation eine herrliche Zukunft voraussagte, da brach eine Begeisterung aus, die keine Grenzen kannte. Man klatschte in die Hände, man schrie, man umarmte sich, man weinte. Im Nu war die Stadt mit schwarz-rot-goldenen Fahnen bedeckt, und nicht nur die Burschenschaften, sondern fast jedermann trug bald die schwarz-rot-goldene Kokarde an Mütze oder Hut.

Während wir an jenem 18. März durch die Straßen marschierten, flogen plötzlich unheimliche Gerüchte von Mund zu Mund. Es war berichtet worden, daß der König von Preußen nach langem Zaudern sich entschlossen habe, gleich den anderen deutschen Fürsten, die von allen Seiten auf ihn einstürmenden Forderungen des Volkes zu bewilligen. Nun aber flüsterte man sich zu, das Militär habe plötzlich aufs Volk geschossen und es wüte ein blutiger Kampf in den Straßen von Berlin. Dies stellte sich später insofern als begründet heraus, als der Kampf in Berlin wirklich stattfand; aber sonderbarerweise war das Gerücht zu uns an den Rhein gekommen, ehe in Berlin der Kampf begonnen hatte.

Auf den Rausch des Enthusiasmus folgte nun eine kurze Zeit banger Erwartung. Man fühlte, daß ein Konflikt zwischen

Volk und Heer große Entscheidungen bringen müsse. Endlich kam die volle Kunde von den Ereignissen in der Hauptstadt. Der König von Preußen, Friedrich Wilhelm IV., hatte die Petitionen, die auf ihn einströmten, zuerst mit verdrießlichem Schweigen empfangen. Er hatte seinen unumstößlichen Entschluß, niemals eine konstitutionelle Beschränkung seiner Königsgewalt zuzulassen, noch vor kurzem so ausdrücklich, ja so herausfordernd, kundgegeben, daß der Gedanke, einer drängenden Volkslaune Zugeständnisse zu machen, die seiner Meinung nach nur der Ausfluß eines durchaus freien Königswillens sein sollten, ihm schier unfaßlich war. Aber von Tag zu Tag gestaltete sich die Lage drohender. Nicht nur wuchs das Ungestüm der Forderungen, die von Deputationen aus allen Teilen des Landes dem König überbracht wurden, sondern man begann auch in Berlin, „unter den Zelten", Volksversammlungen zu halten, denen viele Tausende zuströmten, um die Stichworte der liberalen Richtung, von feurigen Rednern ausgesprochen, mit brausendem Beifall zu begrüßen. Auch die Berliner Stadtverordneten, von der steigenden Strömung ergriffen, nahten dem Thron mit einer Adresse, die der König, wie es hieß, „gnädig" aufnahm; aber seine Antwort war immer noch zu ausweichend und unbestimmt, als daß sie die Bittsteller hätte beruhigen können. Mittlerweile gab es blutige Zusammenstöße zwischen dem Volk, das in Massen auf den Straßen und öffentlichen Plätzen wogte, und dem Militär, das zur Verstärkung der Polizeimacht herangezogen war. Ein Kaufmann und ein Student wurden in einem solchen Getümmel von Soldaten getötet, und mehrere Personen, darunter einige Frauen, verwundet. Die durch diese Vorfälle erregte bittere Stimmung wurde einigermaßen beschwichtigt durch das Gerücht, daß sich der König endlich zu wichtigen Zugeständnissen entschlossen habe, die am 18. März öffentlich verkündigt werden sollten. Er hatte sich in der Tat zu einem Erlaß verstanden, durch den die Preßzensur als abgeschafft erklärt und die Aussicht auf weitere liberale Reformen und auf eine der nationalen Einheit günstige Regierungspolitik eröffnet werden sollte.

Am Nachmittage des verhängnisvollen 18. März versammelte sich eine ungeheure Volksmasse auf dem freien Platz vor dem königlichen Schloß, um die glückliche Verkündigung zu hören. Der König erschien auf dem Balkon und wurde mit begeisterten Zurufen begrüßt. Er versuchte zur Menge zu sprechen, konnte aber nicht gehört werden. Doch da man allgemein glaubte, daß alle Forderungen des Volks bewilligt seien, so war man bereit zu einem Jubelfest. Da erhob sich ein Ruf, die Entfernung der Truppen fordernd, die um das Schloß her aufgestellt waren und den König von seinem Volk zu trennen schienen. Offenbar erwarteten die Versammelten, daß auch dieses Verlangen gewährt werden würde, denn mit großer Anstrengung wurde ein Durchgang für die Truppen durch die dichtgedrängte Menge eröffnet. Da erscholl ein Trommelwirbel, der jedoch zuerst für ein Signal zum Abzug der Truppen gehalten wurde. Aber, statt abzuziehen, drangen nun Linien von Kavallerie und Infanterie auf die Menge ein, offenbar zu dem Zweck, den Platz vor dem Schlosse zu säubern. Dann krachten zwei Schüsse von der Infanterie her, und nun wechselte die Szene plötzlich und furchtbar wie mit Zauberschlag.

Mit dem wilden Schrei: „Verrat! Verrat!" stob die Volksmasse, die noch einen Augenblick vorher dem König zugejubelt hatte, auseinander, sich in die nächsten Straßen stürzend, und allenthalben erscholl der zornige Ruf: „Zu den Waffen! Zu den Waffen!" Bald waren in allen Richtungen die Straßen mit Barrikaden gesperrt. Die Pflastersteine schienen von selbst aus dem Boden zu springen und sich zu Brustwehren aufzubauen, auf denen dann schwarz-rot-goldene Fahnen flatterten — und hinter ihnen Bürger aus allen Klassen, Studenten, Kaufleute, Künstler, Arbeiter, Doktoren, Advokaten — hastig bewaffnet mit dem, was eben zur Hand war — Kugelbüchsen, Jagdflinten, Pistolen, Spießen, Säbeln, Äxten, Hämmern usw. Es war ein Aufstand ohne Vorbereitung, ohne Plan, ohne System. Jeder schien nur dem allgemeinen Instinkt zu folgen. Dann wurden die Truppen zum Angriff befohlen. Wenn sie nach heißem Kampf eine Barrikade genommen hatten, so starrte ihnen eine andere entgegen — und wieder eine, und noch eine. Und hinter den Barrikaden waren die Frauen geschäftig, den Verwundeten beizustehen und die Kämpfenden mit Speise und Trank zu stärken, während kleine Knaben eifrig dabei waren, Kugeln zu gießen oder Gewehre zu laden. Die ganze schreckliche Nacht hindurch donnerten die Kanonen und knatterte das Gewehrfeuer in den Straßen der Stadt.

Der König schien zuerst entschlossen zu sein, den Aufstand um jeden Preis niederzuschlagen. Aber als die Straßenschlacht nicht enden wollte, kam ihm ihre furchtbare Bedeutung peinlich zum Bewußtsein. Mit jedem einlaufenden Bericht stieg seine qualvolle Aufregung. In einem Augenblick gab er Befehl, den Kampf abzubrechen, im nächsten ihn fortzusetzen. Endlich kurz nach Mitternacht schrieb er mit eigener Hand eine Proklamation „An meine lieben Berliner". Er sagte darin, daß das Abfeuern der beiden Schüsse, das die Aufregung hervorgerufen habe, ein bloßer Zufall gewesen sei, daß aber „eine Rotte von Bösewichtern, meist aus Fremden bestehend" durch trügerische Entstellung dieses Vorfalles gute Bürger getäuscht und zu diesem entsetzlichen Kampf verführt hätte. Dann versprach er, die Truppen zurückzuziehen, sobald die Aufständischen die Barrikaden fortgeräumt haben würden, und schloß mit diesen Sätzen: „Hört die väterliche Stimme Eures Königs, Bewohner Meines treuen und schönen Berlins, und vergeßt das Geschehene, wie Ich es vergessen will und werde in Meinem Herzen, um der großen Zukunft willen, die unter dem Friedenssegen Gottes für Preußen, und durch Preußen für Deutschland anbrechen wird. Eure liebreiche Königin und wahrhaft treue Mutter und Freundin, die sehr leidend darniederliegt, vereint ihre innigen tränenreichen Bitten mit den Meinen. Friedrich Wilhelm." Aber die Proklamation verfehlte ihren Zweck. Sie war von Kanonendonner und Musketenfeuer begleitet, und die kämpfenden Bürger nahmen es übel, vom Könige eine „Rotte von Bösewichtern oder deren leichtgläubige Opfer" genannt zu werden.

Endlich am Nachmittage von Sonntag den 19. März, als General Möllendorf von den Aufständischen gefangen genommen worden, wurde der Rückzug der Truppen angeordnet. Es wurde Friede gemacht mit dem Verständnis, daß die Armee Berlin verlassen, und daß Preußen Preßfreiheit und eine Konstitution haben solle auf breiter demokratischer Grundlage. Nachdem das Militär aus Berlin abmarschiert war, geschah etwas, das an wuchtigem dramatischem Interesse wohl niemals in der Geschichte der Revolution übertroffen worden ist. Stille, feierliche Züge von Männern, Frauen und Kindern bewegten sich dem königlichen Schlosse zu. Die Männer trugen auf ihren Schultern Bahren mit den Leichen der in der Straßenschlacht getöteten Volkskämpfer — die verzerrten Züge und die klaffenden Wunden der Gefallenen unbedeckt, aber mit Lorbeer, Immortellen und Blumen umkränzt. So marschierten diese Züge langsam und schweigend in den inneren Schloßhof, wo man die Bahren in Reihen stellte — eine grausige Leichenparade — und dazwischen die Männer, teils noch mit zerrissenen Kleidern und pulvergeschwärzten und blutbefleckten Gesichtern, und in den Händen die Waffen, mit denen sie auf den Barrikaden gekämpft; und bei ihnen Weiber und Kinder, die ihre Toten beweinten. Auf den dumpfen Ruf der Menge erschien Friedrich Wilhelm IV. in einer oberen Gallerie, blaß und verstört, an seiner Seite die weinende Königin. „Hut ab!" hieß es, und der König entblößte sein Haupt vor den Leichen da unten. Da erklang aus der Volksmasse heraus eine tiefe Stimme und begann den Choral: „Jesus meine Zuversicht", und alles stimmte ein in den Gesang. Als er beendigt war, trat der König mit der Königin still zurück, und die Leichenträger mit ihrem Gefolge schritten in grimmer Feierlichkeit langsam davon.

Dies war in der Tat für den König eine furchtbare Strafe; aber zugleich eine schlagende Antwort auf den Satz in seiner Proklamation an die „lieben Berliner", in dem er die Volkskämpfer „eine Rotte von Bösewichtern" oder deren verführte Opfer genannt hatte. Wären wirklich solche „Bösewichter" oder „Anarchisten" in der jetzigen Bedeutung des Wortes, in jener Menge gewesen, so würde Friedrich Wilhelm IV. schwerlich die schreckliche Stunde überlebt haben, als er allein und schutzlos dastand, und vor ihm die Volkskämpfer frisch vom Schlachtfelde, mit dem vom Anblick ihrer Toten geweckten Groll im Herzen, und mit Waffen in ihren Händen. Aber ihr Ruf in jenem Augenblick war nicht: „Tod dem Könige!“ sondern „Jesus meine Zuversicht“.

Auch ist die Geschichte jener Tage von keinem Fall gemeinen Verbrechens seitens des Volkes befleckt worden. Freilich wurden zwei Privathäuser verwüstet, aber nur weil ihre Eigentümer die Barrikadenkämpfer während des Kampfes an die Soldaten verraten hatten. Während die Aufständischen die ganze Nacht hindurch im vollen Besitz eines großen Teils der Stadt waren, gab es doch keine begründete Klage wegen Diebstahls oder mutwilliger Zerstörung. Das Privateigentum war vollkommen sicher. Der Kanonendonner hatte kaum aufgehört, als sich die Läden wieder öffneten.

Der Prinz von Preußen, derselbe Prinz von Preußen, der später im Laufe der Ereignisse als Kaiser Wilhelm I. der populärste Monarch seiner Zeit wurde, mußte unmittelbar nach dem Straßenkampf vor dem Zorn des Volkes fliehen. Ob mit Recht oder Unrecht, das Gerücht bezeichnete ihn als den Mann, der den Truppen den Befehl gegeben habe, auf das Volk zu feuern. Er verließ Berlin während der Nacht und eilte nach England. Ein aufgeregter Haufe sammelte sich vor seinem Palais „Unter den Linden“. Das Gebäude hatte keinerlei Wache zu seinem Schutz. Ein Student, wie erzählt wird, malte das Wort „Nationaleigentum“ auf die Front des Hauses, und eine weitere Bewachung war nicht vonnöten.

Aus dem Zeughause wurden Waffen unter das Volk verteilt. Der König erklärte, er habe sich überzeugt, daß der Friede und die Sicherheit der Stadt nicht besser beschützt werden könnten als durch die Bürger selbst. Am 21. März erschien Friedrich Wilhelm IV. wieder unter dem Volke, zu Pferde, mit einer schwarz-rot-goldenen Binde um den Arm und einer schwarz-rot-goldenen Fahne folgend, die man auf sein Verlangen vor ihm hertrug, während ein gewaltiges schwarz-rot-goldenes Banner im selben Augenblick auf der Kuppel des Königsschlosses erschien.

Er sprach mit freier Ungebundenheit zu den Bürgern. Er erklärte, „er wolle sich an die Spitze der Bewegung für ein einiges Deutschland stellen"; „Preußen solle in dem freien Deutschland aufgehn". Er beteuerte, „daß er nichts im Auge habe als ein konstitutionelles und geeinigtes Deutschland". An der Universität wendete er sich zu den versammelten Studenten und sagte: „Ich danke Ihnen für den glorreichen Geist, den Sie in diesen Tagen bewiesen haben. Ich bin stolz darauf, daß Deutschland solche Söhne besitzt." Es war allgemein verstanden, daß ein neues und verantwortliches Ministerium gebildet worden sei, bestehend aus Mitgliedern der liberalen Opposition; daß eine preußische Nationalversammlung berufen werden sollte, eine frei gewählte, um dem Königreich Preußen eine Verfassung zu geben, und daß von dem Volke aller deutschen Staaten ein deutsches Nationalparlament gewählt werden und sich in Frankfurt versammeln sollte, um das ganze Deutschland unter einer konstitutionellen Nationalregierung zu vereinigen. Das Volk von Berlin war außer sich vor Freude. Nur eine Stimme des Mißtrauens wurde laut, die eines unbekannten Mannes, der, nachdem der König gesprochen, aus der Menge hervor ausrief: „Glaubt ihm nicht, Brüder! Er lügt! Er hat immer gelogen!" Einige Bürgerwehrleute schützten den unglücklichen Rufer vor dem Zorn der Umstehenden und brachten ihn rasch zu der nächsten Polizeiwache, wo er bald als ein Verrückter entlassen wurde. „Die Helden, die für die große Sache der politischen und sozialen Freiheit gestritten und sie uns durch ihre todesmutige Hingebung erkämpft haben", wie der Magistrat von Berlin in einer Proklamation die im Straßenkampf Gefallenen nannte, wurden von 20000 Bürgern im feierlichen Zuge zum Begräbnis im Friedrichshain begleitet, und der König stand auf dem Balkon mit entblößtem Haupt, als die Särge das Königsschloß passierten.

Dies war die große Kunde, die von Berlin aus über das ganze Land ging. So schien die Sache der bürgerlichen Freiheit einen entschiedenen Sieg gewonnen zu haben. Die Könige und Fürsten, zuvorderst der König von Preußen, hatten feierlich gelobt, dieser Sache zu dienen. Der Jubel des Volkes kannte keine Grenzen.

Seit dem deutsch-französischen Kriege von 1870 und der Errichtung des neuen deutschen Kaiserreichs hat man sich in Deutschland vielfach daran gewöhnt, das Jahr 1848 das „tolle Jahr" zu nennen und die „Gedankenlosigkeit" zu verspotten, mit welcher damals großartige Programme entworfen, umfassende Forderungen gestellt, weitausschauende Bewegungen ins Werk gesetzt und dann grausamen Enttäuschungen und Katastrophen entgegengeführt wurden. Verdient das deutsche Volk von 1848 solchen Spott? Wahr ist, daß die Repräsentanten des Volksgeistes jener Zeit nicht verstanden, mit den bestehenden Verhältnissen zu rechnen und eine siegreich und hoffnungsvoll begonnene Bewegung zu dem gewünschten Ende zu führen. Ebenso wahr ist es, daß dadurch jene Bewegung zerfahren und in manchen Dingen phantastisch erschien. Aber wen sollte das jetzt noch, im Rückblick gesehn, wundernehmen? Hier war ein Volk, das, obgleich in Wissenschaft, Philosophie, Literatur und Kunst hoch entwickelt, in politischen Dingen unter strenger Vormundschaft gelebt hatte. Dieses Volk hatte nur aus der Ferne beobachten können, wie andere Nationen ihr Selbstbestimmungsrecht oder ihren tätigen Anteil an der Regierung ausübten, und diese fremden Nationen hatte es bewundern und vielleicht beneiden lernen. Es hatte das Wirken freier Institutionen in Büchern studiert und in Zeitungsberichten verfolgt, sich nach dem Besitz solcher Institutionen gesehnt und nach ihrer Einführung im eigenen Lande gestrebt. Aber bei all diesem Beobachten, Lernen, Sehnen und Streben hatte das herrschende Bevormundungssystem es von aller Erfahrung in der Ausübung des politischen Selbstbestimmungsrechts ausgeschlossen. Es hatte nicht praktisch lernen dürfen, was die politische Freiheit tatsächlich sei. Es hatte die Lehren, welche aus dem Gefühl der Verantwortlichkeit im politischen Handeln entspringen, nie empfangen. Freie Staatseinrichtungen lagen außerhalb seiner Lebensgewohnheiten; sie waren ihm nur abstrakte Begriffe, über die der Gebildete und ernsthaft Denkende politisch-philosophische Spekulationen anstellte, während sie dem Ungebildeten oder Oberflächlichen nur politische Stichworte lieferten, in deren Gebrauch sich die Unzufriedenheit mit dem Bestehenden gefiel.

Plötzlich, nach langer innerer Gärung einem fremden Anstoß folgend, erhob sich dieses Volk. Seine Fürsten gestanden ihm alles zu, was sie ihm früher verweigert, und es sah sich im vollen Besitz einer ungewohnten Macht. Ist es zu verwundern, daß die überraschende Wandlung manchen verworrenen Wunsch und manche ziellose Bestrebung hervorbrachte? Wäre es nicht wunderbarer gewesen, hätte das Volk, bestimmter erreichbarer Zwecke sich wohl bewußt, zu deren Erfüllung mit sicherem Blick die richtigen Mittel gefunden und zugleich eine weise Wertschätzung dessen gezeigt, was es in den bestehenden Verhältnissen Gutes gab? Erwarten wir, daß der Bettler, der plötzlich zum Millionär wird, sogleich von seinem ungewohnten Reichtum den besten Gebrauch zu machen verstehe? Und doch kann nicht von der großen Mehrheit des deutschen Volkes gesagt werden, daß sie, wie allgemein auch die Unklarheit ihrer politischen Begriffe gewesen sein mag, in der revolutionären Bewegung des Jahres 1848 der Hauptsache nach etwas Unvernünftiges oder Unerreichbares verlangt hätte. Vieles von dem, was damals angestrebt wurde, ist ja seither verwirklicht worden. Die im Jahre 1848 begangenen Irrtümer betrafen mehr die angewendeten Mittel als die vorgesteckten Ziele. Und die größten dieser Irrtümer entsprangen aus der kindlichen Vertrauensseligkeit, mit der man die vollständige Erfüllung all der den Königen und Fürsten, besonders dem König von Preußen, mit Gewalt abgerungenen Versprechen erwartete. Es ist müßig sich in Spekulationen zu ergehen über das, was hätte sein können, wenn das, was war, anders gewesen wäre. Aber eins ist doch gewiß: Hätten die Fürsten, unbeirrt von den Umtrieben der reaktionären Parteien auf der einen und von gelegentlichen Exzessen auf der andern Seite, mit unentwegter Treue und mit Aufbietung all ihrer Macht das getan, was sie dem Volke in den Märztagen Ursache gegeben hatten, von ihnen zu erwarten, so würden die wesentlichsten der im Jahre 1848 angestrebten Ziele sich als damals schon durchaus erreichbar erwiesen haben. Daß man im Vollgenuß des „Völkerfrühlings", welchem sich das Volk mit solcher Gefühlswollust hingab, dieses Vertrauen hegte, statt sich gegen die Reaktion, die vorauszusehen war, die nötigen Garantien zu sichern, war wohl nicht klug, aber diese Unklugheit entsprang aus keiner unedlen Quelle. Sicherlich tut man dem deutschen Volke Unrecht, wenn man die Mißerfolge der Jahre 1848 und 49 hauptsächlich auf seiner Führer Rechnung schreibt.

Was aber dem deutschen Volk die Erinnerung an den Frühling 1848 besonders wert machen sollte, ist die begeisterte Opferwilligkeit für die große Sache, die damals mit seltener Allgemeinheit fast alle Gesellschaftsklassen durchdrang. Das ist eine Stimmung, die, wenn sie auch zuweilen phantastische Übergriffe veranlassen mag, ein Volk in sich selbst achten, deren es sich gewiß nicht schämen soll. Es wird mir warm ums Herz, so oft ich mich in jene Tage zurückversetze. Ich kannte in meiner Umgebung viele redliche Männer, Gelehrte, Studierende, Bürger, Bauern, Arbeiter, mit oder ohne Vermögen, mehr oder minder auf ihre tägliche Arbeit angewiesen, um sich und ihren Angehörigen einen anständigen Lebensunterhalt zu sichern; ihrem Beruf ergeben, nicht allein aus Interesse, sondern auch aus Neigung; aber damals jeden Augenblick bereit, Stellung, Besitz, Aussichten, Leben, alles in die Schanze zu schlagen für die Freiheit des Volks und für die Ehre und Größe des Vaterlandes. Man respektierte den, der bereit war, sich für eine gute und große Idee totschlagen zu lassen. Und wer immer, sei es Individuum oder Volk, Momente solch opferwilliger Begeisterung in seinem Leben gehabt hat, der halte die Erinnerung in Ehren.

Ich fand mich bald, ohne daß es meine Absicht gewesen wäre, unter den Studenten in eine ins Auge fallende Stellung vorgeschoben, und zwar durch die erste Rede, die ich in meinem Leben gehalten habe. Es wurde eine Studentenversammlung nach der Aula der Universität berufen — ich weiß nicht mehr zu welchem speziellen Zweck. Professor Ritschl, unser erster Philologe und damals, wenn ich mich recht erinnere, Dekan der philosophischen Fakultät — ein sehr angesehener und beliebter Mann —, führte den Vorsitz. Der Saal war gedrängt voll, und ich stand mitten unter der Menge. Über den Gegenstand, der zur Verhandlung kam, hatte ich viel nachgedacht und mir eine Meinung gebildet; aber ich war nicht zur Versammlung gegangen mit dem Vorsatz, an der Debatte teilzunehmen. Da hörte ich einen Redner etwas sagen, das meiner Ansicht stark entgegen war und mich aufregte. Einem plötzlichen Impuls folgend, verlangte ich das Wort und fand mich im nächsten Augenblick zur Versammlung sprechend. Ich habe mir später nie wieder genau das zurückrufen können, was ich sagte. Ich erinnere mich nur, daß ich mich in einem mir bis dahin unbekannten nervösen Zustande befunden, daß ich am ganzen Leibe gebebt, daß mir Gedanken und Worte in einem ununterbrochenen Strome zugeflossen, daß ich mit ungestümer Schnelligkeit gesprochen, und daß der darauf folgende Beifall mich fast wie aus einem Traume aufgeweckt hatte. Das war meine erste öffentliche Rede. Als die Versammlung sich aufgelöst hatte, traf ich am Ausgang mit Professor Ritschl zusammen. Da ich Vorlesungen bei ihm hörte, so kannte er mich. Er legte mir die Hand auf die Schulter und fragte:

„Wie alt sind Sie denn?"

„Neunzehn Jahre."

„Das ist schade", antwortete er. „Man wird nun bald ein Nationalparlament wählen und Sie sind noch zu jung, um ein Mitglied davon zu werden." Ich wurde rot bis über die Ohren. Daß ich Mitglied eines Parlaments werden könne — zu einer solchen Hoffnung hatte sich mein Ehrgeiz noch nicht verstiegen. Ich fürchtete, der Professor habe sich einen Spaß mit mir erlaubt.

Es währte jedoch nicht lange, bis ich wieder in den Vordergrund kam. Wie jeder andere Stand, so hatten auch die Studenten ihre eigentümlichen Beschwerden und Forderungen, die in der „neuen Zeit" zur Geltung kommen mußten. Bei den preußischen Universitäten gab es einen Beamten der „Regierungsbevollmächtigte" geheißen, dessen Pflicht zum Teil darin bestand, die politische Haltung der Professoren und der Studenten zu überwachen. Das Amt war zur Zeit der Demagogenhetze nach der berüchtigten Karlsbader Konferenz geschaffen worden und stand daher in sehr üblem Geruch. Unser Regierungsbevollmächtigter war Herr von Bethmann-Hollweg. Mehr seines Amtes als seiner persönlichen Eigenschaften wegen war er höchst unpopulär bei der Studentenschaft. Wir fühlten, daß ein solches Amt, ein Produkt der Periode tiefster Knechtschaft und Erniedrigung, zu der neuen Ordnung der Dinge nicht mehr passe und daher schleunigst abzuschaffen sei. Es wurde eine Studentenversammlung nach der Reitbahn der Universität berufen, und da der Zweck derselben ruchbar geworden war, so hielten sich die Professoren davon zurück. Meine Rede in der Aula hatte mir ein gewisses Ansehen gegeben, und so wurde ich zum Vorsitzenden der Versammlung gewählt. Es wurde beschlossen, eine Adresse an den akademischen Senat zu richten mit der Forderung, daß der Regierungsbevollmächtigte sofort entfernt werden solle. Als Vorsitzender erhielt ich den Auftrag, die Adresse auf der Stelle zu schreiben. Dies geschah. Sie bestand aus vier oder fünf Zeilen. Die Versammlung nahm dieselbe sofort an und beschloß — wie man denn in jener Zeit das Dramatische liebte —, sich ohne Verzug in Masse nach dem Hause des Rektors der Universität zu begeben um ihm das Schriftstück persönlich zu überreichen. So marschierten wir denn, 7 bis 800 Mann stark, in gedrängter Kolonne nach der Wohnung des Rektors auf der Koblenzer Straße und klingelten. Der Rektor, Herr van Calker, Professor der Philosophie, ein bejahrtes, ängstlich aussehendes Männchen, erschien bald an der Tür, und ich las ihm die in recht energischer Sprache abgefaßte Adresse vor. Einen Augenblick sah er sich die Menge von Studenten, die sich um seine Haustüre drängten und leider sein kleines holländisches Blumengärtchen niedertraten, schüchtern an, und dann sagte er uns in oft stockender Rede, wie sehr erfreut er sei von dem frischen, hoch aufstrebenden Geist der deutschen Jugend, und wie Großes die Studierenden in dieser wichtigen Zeit leisten könnten, und daß er sehr gern unsere Adresse dem akademischen Senat und der Regierung zu baldiger Erwägung und Erledigung mitteilen werde. Wir sahen dem braven Manne, dem niemand Übles wollte, leicht an, daß es ihm mit seiner Freude an diesem aufstrebenden Geist der deutschen Jugend durchaus nicht geheuer war, dankten ihm für seine Bereitwilligkeit, verabschiedeten uns höflich und marschierten zurück nach dem Marktplatz. Dort wurde uns berichtet, daß, während wir den Rektor besucht, der Regierungsbevollmächtigte schleunigst seine Koffer gepackt habe und bereits abgereist sei.

Während der Jubel über die „Märzerrungenschaften" zuerst allgemein zu sein schien und selbst die Anhänger der absoluten Königsgewalt gute Miene zum bösen Spiel machten, begann doch sehr bald die Zersetzung in verschiedene Parteigruppen zwischen denjenigen, denen es hauptsächlich um die Herstellung der Ordnung und Autorität zu tun war — den Konservativen, — denjenigen, die dem langsamen Fortschritt huldigten und eine demgemäße Verfassung wünschten — den Konstitutionellen, — und denjenigen, welche die Sicherung der Revolutionsfrüchte nur in einem Aufbau der neuen Zustände „auf breitester demokratischer Grundlage" sehen konnten — den Demokraten. Mich führte sowohl instinktiver Trieb als Überlegung auf die demokratische Seite. Da traf ich wieder mit Kinkel zusammen, und unsere Freundschaft wurde bald eine sehr intime. Im Laufe unserer gemeinschaftlichen Tätigkeit wich das steifere Verhältnis zwischen Lehrer und Schüler einem durchaus kameradschaftlichen Ton und das formelle „Sie" in der Anrede dem vertraulichen „Du".

Nun begann eine eifrige Agitationstätigkeit, die uns fast ganz in Anspruch nahm. Kinkel, der eine außerordentliche Arbeitskraft besaß und sehr fleißig war, hielt freilich noch seine Vorlesungen, und ich hörte diejenigen, die ich belegt hatte, mit ziemlicher Regelmäßigkeit, aber mein Herz war nicht dabei wie früher. Um so eifriger studierte ich für mich neuere Geschichte, besonders die Geschichte der französischen Revolution, und las eine Menge von philosophisch-politischen Werken und von Pamphleten und Zeitschriften jüngsten Datums, welche die Probleme des Tages zum

Gegenstande hatten. Auf diese Weise suchte ich meine politischen Begriffe zu klären und die sehr großen Lücken meiner geschichtlichen Kenntnisse notdürftig auszufüllen, ein Bedürfnis, das ich um so lebhafter empfand, als ich meine agitatorische Arbeit für eine heilige Pflicht ansah. Diese Arbeit war in der Tat nicht gering. Zuerst organisierten wir einen demokratischen Klub, aus Bürgersleuten und Studenten bestehend, der in einem von Professor Loebell, einem sehr geistvollen Manne, geleiteten „konstitutionellen Klub" einen nicht zu verachtenden Rivalen hatte. Dann wurde als örtliches Organ der demokratischen Partei die „Bonner Zeitung" gegründet, ein täglich erscheinendes Blatt, deren Redaktion Kinkel übernahm, während ich als regelmäßiger Mitredakteur fungierte und täglich einen oder mehrere Artikel zu liefern hatte. Und schließlich wanderten wir ein- oder mehrmals jede Woche, in der Tat so oft wir Zeit fanden, nach den umliegenden Ortschaften hinaus, um den Landleuten das politische Evangelium der neuen Zeit zu predigen und auch dort demokratische Vereine zu organisieren. Unzweifelhaft förderte der neunzehnjährige Journalist und Volksredner sehr viel unverdautes Zeug zutage, aber er glaubte aufrichtig und heiß an seine Sache und würde jeden Augenblick bereit gewesen sein, für das, was er sagte und schrieb, sein Herzblut einzusetzen.

Meine Tätigkeit in dieser Richtung hätte kurz nach ihrem Anfange beinahe ein jähes Ende gefunden. Schon lange vor dem Ausbruch der Märzrevolution hatte das Volk der Herzogtümer Schleswig und Holstein große Anstrengungen gemacht, unter einer Personalunion mit Dänemark eine politisch-selbständige Existenz zu gewinnen. Im März 1848 brach dort ein allgemeiner Aufstand aus, dessen Zweck es war, diese selbständige Stellung zu sichern und nicht allein Holstein, sondern auch Schleswig zu einem Teil des deutschen Bundesgebiets zu machen. Diese Erhebung fand in ganz Deutschland die lebhafteste Sympathie, und an verschiedenen Orten wurden Aufrufe zur Bildung von Freikorps erlassen, um durch bewaffneten Zuzug das Volk der Herzogtümer gegen die Dänen zu unterstützen. Besonders an den Universitäten fanden diese Aufrufe sofortigen Anklang, und Studenten in nicht geringer Zahl zogen nach Schleswig-Holstein, um sich dort in die Freikorps einreihen zu lassen. Mein erster Impuls war, dasselbe zu tun. Ich war bereits allen Ernstes mit den Vorbereitungen dazu beschäftigt, als Kinkel mich überredete, von meinem Vorsatz abzustehn, da die Befreiung Schleswig-Holsteins von dem dänischen Joch vom deutschen Parlament und von den deutschen Regierungen als eine nationale Sache anerkannt werde, und die dort einrückenden preußischen und anderen Bundestruppen viel besser geeignet seien, den Krieg zu führen, als lose organisierte und wenig eingeübte Freischaren. Auch verhehlte er mir nicht, daß es ihm sehr darum zu tun sei, mich bei sich in Bonn zu behalten, wo ich, wie er mich zu überzeugen suchte, durch agitatorische Arbeit dem Vaterlande viel bessere Dienste leisten könne. In der Tat schlug sich das in Schleswig-Holstein organisierte Studentenkorps recht brav, war aber der überlegenen Disziplin und Taktik der dänischen Truppen gegenüber allerlei schlimmen Zufällen ausgesetzt, so daß seine Leistungen zu den von seinen Mitgliedern gebrachten Opfern in keinem Verhältnis standen. Davon wurde ich noch mehr überzeugt durch die Erzählungen mehrerer Studenten, die, nachdem sie eine Zeitlang in Schleswig-Holstein Kriegsdienste getan, ihre Studien wieder aufnahmen.

Mehrere davon kamen nach Bonn, und von diesen trat mir Adolf Strodtmann, der später sich in der deutschen Literatur einen angesehenen Namen erworben hat, besonders freundschaftlich nahe. Er war der Sohn eines protestantischen Pfarrers in Hadersleben, einer kleinen Stadt im Herzogtum Schleswig. Vater und Sohn hingen mit Begeisterung der deutsch-nationalen Sache an, und der junge Adolf, der kurz vor dem Ausbruch der schleswig-holsteinischen Erhebung das Gymnasium absolviert hatte, trat sogleich in das Studentenfreikorps ein. Wenige hätten zum Kriegsdienst untauglicher sein können, denn er war nicht allein sehr kurzsichtig, sondern auch recht taub. Er erzählte uns oft mit viel Humor von seiner einzigen kriegerischen Tat. In dem Treffen bei Bau, wo das Studentenkorps von den Dänen überrascht und übel zugerichtet wurde, merkte er an dem allgemeinen Tumult, daß etwas Ungewöhnliches los sei. Die Kommandos, die gegeben wurden, verstand er nicht; doch stellte er sich in eine Reihe mit mehreren andern, fand sich aber bald im Pulverdampf allein. „Dann", setzte er hinzu, „schoß ich meine Büchse zweimal ab, weiß aber bis zu diesem Augenblick nicht, ob ich in der richtigen oder verkehrten Richtung geschossen. Ich sah so schlecht, daß ich die Dänen von den Unsrigen nicht unterscheiden konnte. Ich fürchte gar, ich habe in der verkehrten Richtung geschossen, denn plötzlich fühlte ich etwas wie einen starken Schlag in den Rücken, fiel hin und blieb liegen, bis mich die Dänen aufhoben und fortschafften. Es fand sich, daß ich in den Rücken geschossen worden, und daß die Kugel durch und durch gegangen war. Natürlich kann mich nur ein Däne in den Rücken geschossen haben; und da ich während des Gefechts auf demselben Fleck stehen blieb, muß ich von Anfang an den Dänen den Rücken gekehrt und in der Richtung der Unsrigen geschossen haben." Gefährlich verwundet wurde Strodtmann auf die „Dronning Maria", das dänische Gefangenenschiff, gebracht und nach einiger Zeit ausgewechselt. Nach seiner Genesung, die merkwürdig schnell erfolgte, kam er zur Bonner Universität, um Sprachen und Literatur zu studieren.

Seine körperlichen Gebrechen machten ihn zu einer etwas sonderbaren Person. Seine Taubheit veranlaßte allerlei spaßhafte Mißverständnisse, über die er selbst gewöhnlich der Erste war herzlich zu lachen. Er sprach mit sehr lauter Stimme, als wären wir alle ebenso taub gewesen wie er. Infolge seiner Verwundung hatte er sich angewöhnt, beim Gehen die eine Schulter — ich glaube es war die linke — vorzuschieben, als hätte er sich durch eine uns anderen unsichtbare Menschenmenge durchdrängen müssen, und er sah so schlecht und war dabei so unaufmerksam, daß er gegen alle möglichen Gegenstände anlief. Aber er war eine sehr aufrichtige, frische, enthusiastische Natur; von eigentümlich naiven Lebensanschauungen; höchst aufopferungsfähig und allen großmütigen und edlen Impulsen offen. Er besaß einen merkwürdigen literarischen Formensinn. Seine Verse deren er viele machte, und die er gern mit seiner Donnerstimme verlas, zeichneten sich gewöhnlich nicht durch Gedankentiefe, noch durch reiche Phantasie, noch durch feine poetische Empfindung aus — wohl aber durch eine seltene Ausdrucksfülle und einen prächtigen musikalischen Tonfall. So hat er denn auch in der Folge als Übersetzer französischer, englischer und dänischer Dichter und Prosaiker sehr Vortreffliches geleistet. Seine politischen Ansichten waren zu jener Zeit von entschieden demokratischer Färbung, und er schloß sich Kinkel mit großer Wärme an. So wurden er und ich intime Freunde.

Die politische Feststimmung, die unmittelbar nach der Märzrevolution alles in so rosigem Licht erscheinen ließ, begann bald sich zu verdunkeln. In Süddeutschland, wo die Meinung Boden faßte, daß die Revolution nicht hätte vor den Thronen stillstehen sollen, fand ein republikanischer Aufstand statt unter der Führung des brillanten und ungestümen Volksführers Hecker. Dieser Aufstand wurde schnell mit Waffengewalt unterdrückt. Im ganzen fanden solche Versuche im Lande zuerst wenig Sympathie. Die allgemeinen Wünsche der liberalen Massen gingen nicht hinaus über die Herstellung der nationalen Einheit und die „konstitutionelle Monarchie auf breiter demokratischer Grundlage". Aber der republikanische Gedanke verbreitete sich und gewann Stärke, wie die „Reaktion" eine mehr und mehr drohende Gestalt annahm.

Das Nationalparlament in Frankfurt, das im Frühling gewählt worden war, um die Souveränität der deutschen Nation in einer nationalen Regierung zu verkörpern, zählte unter seinen Mitgliedern eine Menge von Berühmtheiten auf den Feldern der Politik, Jurisprudenz, Philosophie, Wissenschaft und Literatur. Es zeigte sich bald eine Neigung, mit glänzenden, aber mehr oder minder fruchtlosen Debatten einen großen Teil der Zeit zu vergeuden, die dazu hätte verwandt werden sollen, durch promptes und entschiedenes Handeln die Errungenschaften der Revolution unter Dach und Fach zu bringen und so gegen feindliche Angriffe zu sichern.

Aber unsere Blicke waren mit noch größerer Sorge auf Berlin gerichtet. Preußen war bei weitem der stärkste unter den ganz deutschen Staaten. Österreich bildete dagegen ein Konglomerat von verschiedenen Nationalitäten — Deutsche, Magyaren, Slaven, Italiener. Das deutsche Element, zu dem die Dynastie und die politische Hauptstadt gehörten, war bis dahin das führende gewesen, wie es auch das vorgeschrittenste an Reichtum und Zivilisation war, wenn auch nicht das stärkste an Zahl. Aber die Slaven, die Magyaren und die Italiener, besonders angeregt durch die revolutionären Bewegungen von 1848, strebten nach nationaler Autonomie; und obgleich Österreich in den letzten Jahrhunderten des alten deutschen Reichs und dann auch nach den napoleonischen Kriegen die Führerstelle eingenommen hatte, so war es doch sehr zweifelhaft, ob seine nichtdeutschen Interessen mit einer ähnlichen Stellung in dem unter einer konstitutionellen Regierung vereinigten Deutschland verträglich sein würden. Tatsächlich zeigte es sich später, daß die gegenseitige Eifersucht der verschiedenen Nationalitäten die österreichische Zentralregierung in den Stand setzte, jede dieser Nationalitäten durch die anderen einem despotischen Regiment zu unterwerfen, und daß trotz allem, was die Märzrevolution versprochen, die nichtdeutschen Interessen und die der Dynastie in der Politik Österreichs die vorherrschenden waren. Aber Preußen war, einen kleinen polnischen Distrikt ausgenommen, ein rein deutsches Land, und bei weitem der stärkste unter den deutschen Staaten im Punkte der Volkszahl, der fortschrittlichen Tendenzen, der wirtschaftlichen Tätigkeit, und besonders der militärischen Wehrkraft. Man fühlte daher allgemein, daß die Entwicklung in Preußen für das Schicksal der Revolution entscheidend sein würde.

Eine Weile schien sich Friedrich Wilhelm IV. zu gefallen in der Rolle des Führers der nationalen Bewegung, die er im Sturm und Drang der Märztage auf sich genommen hatte. Seine bewegliche Natur schien von einem neuen Enthusiasmus erwärmt zu sein. Er machte Spaziergänge auf den Straßen Berlins und redete vertraulich mit den Leuten. Er sprach von der Durchführung von konstitutionellen Regierungsprinzipien wie von einer Sache, die sich von selbst verstehe. Laut pries er „das Volk von Berlin“, das sich so edel und hochherzig gegen ihn benommen habe, wie es sich vielleicht in keiner andern Stadt der Welt benehmen würde. Er verordnete, daß die Armee die schwarz-rot-goldene Kokarde zugleich mit der preußischen tragen solle. Auf dem Paradeplatz in Potsdam erklärte er den mürrischen Offizieren der Garde, „daß er sich glücklich, frei und wohlbewahrt unter seinen Bürgern in Berlin fühle, daß er alles, was er gegeben und getan, aus voller freier Überzeugung gegeben und getan, und daß darum keiner sich erdreisten möge, daran zu zweifeln“. Aber als die preußische Nationalversammlung in Berlin zusammengetreten war und anfing, Gesetze zu beschließen und konstitutionelle Grundsätze zu betonen, und im Geiste der Revolution in Regierungsgeschäfte einzugreifen, da öffnete sich das Ohr des Königs nach und nach andern Einflüssen; und diese Einflüsse umgaben ihn um so bequemer, als er von Berlin nach seinem Potsdamer Palast hinüberzog. Damit hörte des Königs unmittelbare Berührung mit dem Volke auf; seine Gespräche mit den neuen liberalen Ministern beschränkten sich auf kurze und formelle Audienzen, und Stimmen, die an alte Sympathien, Vorurteile und Wünsche erinnerten, waren stets seinem Ohr am nächsten.

Da war zuerst die Armee, von jeher das Schoßkind der Hohenzollern, jetzt voll von verhaltenem Grimm über die „Schande“, die ihr geworden durch den Abzug von Berlin nach dem Straßenkampf, und dürstend nach „Rache“ und der Wiederherstellung ihres alten Prestige. Da war der Hofadel, dessen Geschäft es immer gewesen war, dem Herrscher zu schmeicheln und die eigene Wichtigkeit durch die erhöhte Glorie seiner Person zu vergrößern. Da war der Landadel, das Junkertum, dessen feudale Vorrechte durch den Geist der Revolution theoretisch geleugnet und durch die gesetzgeberische Aktion der Volksvertreter praktisch verkürzt wurden, und der es sich nun angelegen sein ließ, des Königs Stolz anzustacheln. Da war die alte Bureaukratie, deren Macht durch die Revolution gebrochen worden, obgleich das Personal so ziemlich dasselbe geblieben war, und die sich jetzt bemühte, ihre alte Machtstellung wieder zu gewinnen. Da war der „altpreußische" Geist, der allen nationalen Bestrebungen, die das Prestige und die Wichtigkeit des spezifischen Preußentums zu schmälern drohten, feindlich war, und der in den Marken und den östlichen Provinzen nicht unbeträchtliche Stärke besaß. All diese Einflüsse, die im Volksmunde gemeinhin als „die Reaktion" bezeichnet wurden, wirkten zusammen, um den König von der Bahn, die er in den Märztagen betreten, abzuwenden mit der Hoffnung, ihn zur möglichst vollständigen Wiederherstellung der alten Ordnung der Dinge benutzen zu können — wohl wissend, daß, wenn sie ihn kontrollierten, sie durch ihn die preußische Armee kontrollieren würden, und in dieser Armee eine ungeheure, vielleicht entscheidende Macht in den Kämpfen der Zukunft. Und diese „Reaktion" wurde sehr gekräftigt durch eine schlaue Ausbeutung gelegentlicher Straßenexzesse, die in Berlin vorkamen — Exzesse, die in einem freien Lande wie England oder Amerika wohl verschärfte Polizeimaßregeln veranlassen, aber keinen vernünftigen Menschen hinreichend beunruhigen würden, um die Durchführbarkeit der bürgerlichen Freiheit oder konstitutioneller Regierungsprinzipien in Frage zu stellen. Aber diese Vorkommnisse wurden in Preußen emsig dazu benutzt, um die furchtsamen Seelen des Bürgertums mit dem Gespenst allgemeiner Anarchie zu schrecken und den König zu überzeugen, daß die Wiederherstellung einer möglichst unumschränkten Königsgewalt zur Aufrechterhaltung von Gesetz und Ordnung durchaus nötig sei.

Auf der andern Seite wirkte das augenscheinliche Wachstum der Reaktion dahin, diejenigen, denen es um nationale Einheit und konstitutionelle Regierung auf demokratischer Grundlage am ernstlichsten zu tun war, radikaleren Tendenzen mehr und mehr zugänglich zu machen.

Die Wirkung des raschen Fortschritts dieser Reaktion machte sich auch in meiner Umgebung wohl bemerklich. Die Mitgliederschaft unseres demokratischen Vereins bestand so ziemlich zu gleichen Hälften aus Bürgersleuten und Studenten. Unter den Bürgersleuten taten sich besonders hervor ein Kaufmann namens Anselm Unger, ein Mann von nicht außerordentlichen, aber doch anständigen Fähigkeiten, gutem Charakter und einigem Vermögen; ferner ein Schankwirt namens Friedrich Kamm, der früher Bürstenmacher gewesen war, auch ein Mann unbescholtenen Rufs; aber er gehörte, wenigstens seiner Redeweise nach, zu den grimmen Revolutionären, wie sie sich in der französischen Revolution unter den Terroristen fanden, zu den Blutig-Unversöhnlichen, die nicht zufrieden sein wollten, „bis der letzte Fürst und der letzte Aristokrat mit den Gedärmen des letzten Pfaffen erdrosselt wäre" usw. — Unter den Studenten gehörten Strodtmann, den ich bereits erwähnt, Ludwig Meier, ein Mediziner, eine brave, enthusiastische Natur, und ein Westfale namens Brüning, der sich durch eine ungewöhnliche Redegabe auszeichnete, aber nach einigen Monaten aus unseren Reihen verschwand, zu den Eifrigsten. Kinkel war der anerkannte Führer des Klubs, und ich nahm einen Sitz im Exekutivausschuß ein. Anfangs wäre uns eine konstitutionelle Monarchie mit allgemeinem Stimmrecht und wohl gesicherten bürgerlichen Freiheiten vollkommen genügend gewesen. Aber die Reaktion, deren drohendes Aufsteigen wir beobachteten, brachte uns bald zu dem Glauben, daß es für die Freiheit keine Sicherheit gebe als in der Republik. Von dieser Überzeugung war es nur ein Schritt bis zu dem weiteren Glauben, daß in der Republik und nur in der Republik die Heilung aller Schäden des Gemeinwesens, die Lösung aller politischen und sozialen Probleme zu finden sei. Der Idealismus, der in dem republikanischen Staatsbürger die höchste Verkörperung der Menschenwürde sah, war in uns durch das Studium des klassischen Altertums genährt worden, und über alle Zweifel, ob und wie die Republik in Deutschland eingeführt und inmitten des europäischen Staatensystems behauptet werden könne, half uns die Geschichte der französischen Revolution hinweg. Dort fanden wir ja, wie das scheinbar Unmögliche geleistet werden kann, wenn nur die ganze in einer großen Nation ruhende Energie geweckt und mit der erforderlichen Kühnheit gehandhabt wird. Vor dem wilden Terrorismus, welcher die nationale Erhebung in Frankreich mit Strömen unschuldigen Bluts befleckte, schraken wohl die meisten von uns zurück. Aber wir hofften, auch ohne solche Extreme fertig werden zu können, und die Geschichte der französischen Revolution lieferte uns immerhin Vorbilder genug, denen wir folgen zu dürfen glaubten und die unsere Phantasie lebhaft erregten. Wie verführerisch solches Phantasiespiel ist, waren wir uns natürlich nicht bewußt. Wie es gewöhnlich geht, suchten wir zuerst unsere Vorbilder in gewissen Äußerlichkeiten nachzuahmen, und so wurde, um den Grundsatz der bürgerlichen Gleichheit unter den Mitgliedern unseres Klubs zu versinnlichen, die Regel eingeführt, daß es für alle, wie verschieden auch ihre Lebensstellungen sein mochten, in den Verhandlungen des Vereins nur einen Titel, eine Anrede geben solle, nämlich „Bürger". So gab es denn keinen „Herrn Professor Kinkel" mehr, sondern nur einen „Bürger Kinkel", „Bürger Unger", „Bürger Kamm", „Bürger Schurz" usw. Daß uns diese Spielerei von seiten unserer Gegner mancherlei Spott zuzog, störte uns nicht. Uns war es ernstlich dabei zumute; wir meinten nur, durch die Einführung dieses Stiles der notwendigen politischen Entwicklung ihren Ton vorgezeichnet zu haben. Des Inhaltes unserer Klubdebatten erinnere ich mich zu wenig, um zu sagen, wie viel Vernunft und wie viel Unvernunft es darin gab. Jedenfalls wurden sie mit Wärme, zuweilen mit merkwürdiger Beredsamkeit, und seitens der meisten Teilnehmer gewiß mit vollkommener Aufrichtigkeit der Überzeugung geführt.

Im Laufe des Sommers empfingen Kinkel und ich den Auftrag, unsern Klub bei einem Kongresse demokratischer Vereine in Köln zu vertreten. Diese Versammlung, in der ich mich sehr schüchtern und durchaus schweigsam verhielt, ist mir dadurch merkwürdig geblieben, daß ich dort mehrere der hervorragenden Männer jener Zeit zuerst von Angesicht zu Angesicht sah, unter andern den Sozialistenführer Karl Marx. Er war damals 30 Jahre alt und bereits das anerkannte Haupt einer sozialistischen Schule. Der untersetzte, kräftig gebaute Mann mit der breiten Stirn, dem pechschwarzen Haupthaar und Vollbart und den dunkeln blitzenden

Augen zog sofort die allgemeine Aufmerksamkeit auf sich. Er besaß den Ruf eines in seinem Fache sehr bedeutenden Gelehrten, und da ich von seinen sozialökonomischen Entdeckungen und Theorien äußerst wenig wußte, so war ich um so begieriger, von den Lippen des berühmten Mannes Worte der Weisheit zu sammeln. Diese Erwartung wurde in einer eigentümlichen Weise enttäuscht. Was Marx sagte, war in der Tat gehaltreich, logisch und klar. Aber niemals habe ich einen Menschen gesehen von so verletzender, unerträglicher Arroganz des Auftretens. Keiner Meinung, die von der seinigen wesentlich abwich, gewährte er die Ehre einer einigermaßen respektvollen Erwägung. Jeden, der ihm widersprach, behandelte er mit kaum verhüllter Verachtung. Jedes ihm mißliebige Argument beantwortete er entweder mit beißendem Spott über die bemitleidenswerte Unwissenheit, oder mit ehrenrühriger Verdächtigung der Motive dessen, der es vorgebracht. Ich erinnere mich noch wohl des schneidend höhnischen, ich möchte sagen des ausspuckenden Tones, mit welchem er das Wort „Bourgeois“ aussprach; und als „Bourgeois“, das heißt als ein unverkennbares Beispiel einer tiefen geistigen und sittlichen Versumpfung, denunzierte er jeden, der seinen Meinungen zu widersprechen wagte. Es war nicht zu verwundern, daß die von Marx befürworteten Anträge in der Versammlung nicht durchdrangen, daß diejenigen, deren Gefühl er durch sein Auftreten verletzt hatte, geneigt waren, für alles das zu stimmen, was er nicht wollte, und daß er nicht allein keine Anhänger gewonnen, sondern manche, die vielleicht seine Anhänger hätten werden können, zurückgestoßen hatte.

Ich brachte von dieser Versammlung eine wichtige Erfahrung mit mir nach Hause: daß, wer ein Führer oder ein Lehrer des Volkes sein will, seine Zuhörer mit Achtung behandeln muß; daß selbst der überlegenste Geist an Einfluß auf andere verlieren wird, wenn er diese durch fortwährende Demonstrationen seiner Überlegenheit zu demütigen sucht; daß man die Unwissenheit am leichtesten aufklären und gewinnen wird, wenn man sich nicht mit Herablassung, sondern mit Sympathie auf ihren Standpunkt stellt, und von diesem aus das Raisonnement führt. Der wird schwer Anhänger gewinnen, der mit dem Satze beginnt: „Wer nicht so denkt wie ich, ist ein Esel, oder ein Schuft, oder beides zugleich.“

Im ganzen war der Sommer 1848 für mich eine Zeit voll von Mühen und Sorgen. Die Zeitung, die agitatorische Tätigkeit in Klubs und Volksversammlungen, und dabei meine Studien luden mir eine schwere Last von Arbeit auf, wobei — ich muß es gestehen — meine Studien mir keineswegs als die Hauptsache galten. Meine Sorgen drehten sich um die sichtbar und stetig wachsende Macht der Reaktion, um die durch das Nationalparlament und die Berliner Versammlung verscherzten Gelegenheiten, Festes zu schaffen, und das eigene Gefühl der Machtlosigkeit, auch nur als dienendes Glied zur Abwendung des drohenden Unheils etwas Wirksames beizutragen. Ich erinnere mich, ein drückendes Bewußtsein meiner Unwissenheit in politischen Dingen mit mir herumgetragen zu haben, was um so quälender wurde, je mehr ich die Notwendigkeit empfand, durch energische und verständige Agitation das Volk auf kommende Entscheidungskämpfe vorzubereiten.

Diese Tätigkeit hatte jedoch auch ihre heitere Seite, welcher der jugendliche Sinn keineswegs unzugänglich war. Wir Studenten erfreuten uns bei der Landbevölkerung einer sehr großen Popularität, und selbst von seiten derjenigen, die nicht mit uns derselben politischen Richtung huldigten, ward uns allenthalben eine freundliche Aufnahme — nicht selten so freundlich, daß sich unsere Anwesenheit an dem Platz unserer agitatorischen Wirksamkeit zu einem fröhlichen Fest gestaltete. Auch verbanden wir zuweilen planmäßig das gesellschaftliche Vergnügen mit politischen Demonstrationen. So gab es denn patriotische Kneipereien genug und zuweilen auch nächtliche Auszüge bei Fackelschein nach einem besonders beliebten Punkt bei Bonn, der Kessenicher Schlucht, wo wir, um flackernde Feuer gelagert, mit patriotischen Reden und Gesang und sonstigen Auslassungen des jugendlichen Übermutes uns bis zum Dämmern des Morgens vergnügten. Die interessanteste Erinnerung dieser Art aus jener Zeit, die mir immer noch besonders lebhaft im Gedächtnis steht, ist die an den Studentenkongreß in Eisenach, der im September 1848 stattfand, und dem ich als Vertreter der Bonner Studentenschaft beiwohnte.

Es war dies die erste größere Reise meines Lebens. Bis dahin war ich niemals vom elterlichen Hause weiter entfernt gewesen, als man in einem Tage zu Fuß gehen oder in wenigen Stunden in einem Dampfboot fahren kann. Zum erstenmal an jenem heiteren sonnigen Septembertage hatte ich den Vollgenuß einer Rheinreise auf der ganzen Strecke von Bonn nach Mainz, und ich gab mir Mühe, die beunruhigenden Gedanken abzuweisen, die durch allerlei verworrene Gerüchte von einem Aufruhr und Straßenkampf, der in Frankfurt im Gange sei, geweckt wurden. In der Tat fand ich diese Gerüchte abends bei meiner Ankunft in Frankfurt in erschütternder Weise bestätigt.

Der Aufstand in Frankfurt hing mit folgenden Ereignissen zusammen: Schon im Frühling 1848 war, wie bereits erwähnt, die Volkserhebung in Schleswig-Holstein gegen die dänischen Gewaltanmaßungen von dem Bundestage, dann vom Nationalparlament und von allen deutschen Einzelregierungen als eine deutsch-nationale Sache anerkannt worden. Preußische und andere Bundestruppen waren in die Herzogtümer eingerückt, hatten auf dem Schlachtfelde bedeutende Vorteile über die dänische Armee errungen und sich in Jütland festgesetzt. Alles versprach eine glückliche und baldige Beendigung des Krieges. Da überraschte die preußische Regierung, deren Haupt Friedrich Wilhelm IV. sich wie gewöhnlich von den europäischen Großmächten hatte einschüchtern lassen, die Welt mit einem im Namen des deutschen Bundes mit Dänemark abgeschlossenen Waffenstillstande, dem in der Geschichte jener Zeit übel berüchtigten „Waffenstillstande von Malmö". Es war darin vereinbart worden, daß die siegreichen deutschen Truppen sich aus Jütland und den Herzogtümern zurückziehen, und daß die Herzogtümer selbst ihre eigene provisorische Landesregierung verlieren und dafür eine aus fünf Mitgliedern bestehende Kommission erhalten sollten, deren zwei von Dänemark, zwei von Preußen, und der fünfte von den beiden kontrahierenden Mächten zusammen zu ernennen waren. Zugleich wurden alle seit den

Märztagen von den schleswig-holsteinischen Autoritäten erlassenen Gesetze und Verordnungen für ungültig erklärt. Dieser Waffenstillstand rief in ganz Deutschland die größte Entrüstung hervor. Die Landesversammlung von Schleswig-Holstein protestierte. Das Nationalparlament in Frankfurt, das durch dieses Vorgehen Preußens die Ehre Deutschlands schwer geschädigt und seine eigene Autorität mißachtet sah, beschloß am 5. September, den Waffenstillstand nicht anzuerkennen und die Sistierung der darin stipulierten Maßregeln zu verlangen. Aber nach verschiedenen vergeblichen Versuchen, auf Grund dieses Beschlusses ein neues Reichsministerium zu bilden, und sich vor dem Wagnis scheuend, die Autoritätsfrage zwischen ihm und Preußen auf die Spitze zu treiben, widerrief das Parlament am 16. September den Beschluß vom 5. mit der Erklärung, daß die Vollziehung des Waffenstillstandes von Malmö nun nicht mehr zu hindern sei. Diese Erklärung, welche den Sympathien des deutschen Volkes ins Gesicht zu schlagen schien, verursachte eine ungeheure Aufregung, deren sich die revolutionären Führer in Frankfurt und der Umgegend sogleich bemächtigten. Schon am nächsten Tage wurde auf der Pfingstweide bei Frankfurt eine große Volksversammlung gehalten. Aufregende Reden stachelten die Leidenschaften der Menge aufs äußerste an, und es wurden Beschlüsse gefaßt, welche die Mitglieder der Majorität des Nationalparlaments als Hochverräter an der deutschen Nation brandmarkten. Von allen Seiten kamen Zuzüge bewaffneter Demokraten; man versuchte einen Gewaltstreich gegen das Parlament, um es zur Zurücknahme der verhaßten Erklärung zu zwingen oder die als Hochverräter bezeichnete Majorität auszutreiben. Zwei hervorragende konservative Parlamentsmitglieder, der Graf Auerswald und der Prinz Lichnowski, fielen den aufgeregten Volkshaufen in die Hände und wurden ermordet, und dann folgte ein Kampf in den Straßen von Frankfurt, in dem die Aufständischen bald den rasch herbeigezogenen Truppen unterlagen.

Als ich auf meinem Wege nach Eisenach in Frankfurt ankam, biwakierten die siegreichen Truppen auf den Straßen um ihre Wachtfeuer; die Barrikaden waren noch nicht ganz hinweggeräumt, das Pflaster war noch mit Blutspuren befleckt; überall hörte man den schweren Tritt von Patrouillen. Nur mit Mühe machte ich meinen Weg nach dem „Gasthof zum Schwan", wo ich einer Verabredung gemäß einige Heidelberger Studenten treffen sollte, um in ihrer Gesellschaft die Reise nach Eisenach fortzusetzen. Gedrückten Herzens saßen wir bis tief in die Nacht zusammen, denn wir alle fühlten, daß die Sache der Freiheit und der Nationalsouveränität einen furchtbaren Schlag erlitten hatte. Die königlich preußische Regierung hatte dem Nationalparlament, das die Souveränität des deutschen Volkes repräsentierte, erfolgreich Schach geboten. Diejenigen, die sich „das Volk" nannten, hatten ein Attentat gemacht auf die aus der Revolution hervorgegangene Verkörperung der Volkssouveränität, und diese hatte gegen den Haß des Volkes Schutz suchen müssen bei der bewaffneten Macht der Fürsten. Damit war der im März begonnenen Revolution tatsächlich das Rückgrat gebrochen. So weit sahen wir freilich noch nicht. Doch fühlten wir, daß großes Unheil geschehen war. Nur richtete der jugendliche Mut sich an der Erwartung auf, daß das Verlorene durch eine günstige Wendung der Dinge, und besonders durch energische und wohlgeleitete Aktionen wieder gewonnen werden könnte.

Am nächsten Tage besuchte ich mit meinen Freunden die Galerie der Paulskirche, in der das Nationalparlament saß. Mit der tiefen Ehrfurcht, deren Organ, um mich in der Sprache der Phrenologie auszudrücken, bei mir immer sehr stark entwickelt gewesen ist, betrat ich die historische Stätte, auf der sich in jenen Tagen das Schicksal der Revolution von 1848 so traurig abspiegelte: Auf der „Rechten" die Männer, denen es zumeist darum zu tun war, die alten „vormärzlichen" Zustände wieder zurückzuführen, mit dem Lächeln des Triumphes auf den Lippen; im „Zentrum" die Anhänger der mehr oder minder liberalen konstitutionellen Monarchie von der steigenden Angst des Zweifels gequält, ob sie die revolutionäre Demokratie bekämpfen könnten, ohne die absolutistische Reaktion übermächtig zu machen; auf der „Linken" die Demokraten und Republikaner mit dem drückenden

Bewußtsein, daß die Massen, in denen sie die Quelle ihrer Macht finden sollten, sie durch einen wilden Ausbruch schwer kompromittiert und der Reaktion die gefährlichsten Waffen in die Hände geliefert hatten.

Ich erinnere mich wohl der Männer, deren Anblick ich am begierigsten suchte. Auf der Rechten war es Radowitz, dessen fein geschnittenes, etwas orientalisch angehauchtes Antlitz wie das verschlossene Buch der Geheimnisse der Reaktionspolitik erschien; im Zentrum Heinrich von Gagern mit seiner imposanten Gestalt and seinen scheinbar gewitterschweren Brauen; auf der Linken der Silenuskopf Robert Blums, der wohl als das Ideal eines Volksmannes gelten konnte, und die kleine eingeschrumpfte Figur des alten Ludwig Uhland, dessen Lieder wir so oft gesungen, und der nun mit so rührender Treue zu dem stand, was er als das gute Recht seines Volkes erkannte.

Am Abend gings weiter nach Eisenach, und bald fand ich mich inmitten einer ebenso heiteren wie anziehenden Gesellschaft. Das freundliche Städtchen Eisenach, am Fuße der Wartburg liegend, wo Luther die Bibel in gutes Deutsch übersetzt und dem Teufel das Tintenfaß an den Kopf geworfen, war schon von der alten Burschenschaft als Schauplatz ihrer großen Demonstrationen gewählt worden wenige Jahre nach den Freiheitskriegen, als es galt, Fürsten und Völker an die in bedrängter Zeit gemachten Versprechungen und erregten Hoffnungen zu erinnern. Auch im Frühling 1848 hatte sich bereits eine Studentenversammlung dort eingefunden, ohne jedoch bestimmte Resultate ihrer Verhandlungen zu hinterlassen. Der Zweck unseres Studentenkongresses im September nun bestand hauptsächlich in der Bildung einer nationalen Organisation der deutschen Studentenschaften mit einem Vorort, um gemeinsames Auftreten und Handeln gelegentlich zu erleichtern. Dann sollten auch allerlei Reformen zur Sprache kommen, die auf den Universitäten nötig seien, von denen jedoch, soviel ich mich erinnern kann, niemand sich ganz klare Rechenschaft geben konnte. Wir hielten unsere Sitzungen in dem Saale der „Klemda", einem Vergnüzungsort, wo wir uns parlamentarisch organisierten, so daß das Reden in aller Ordnung vor sich gehen konnte. An oratorischen Leistungen fehlte es denn auch keineswegs. Da fast alle deutschen Universitäten, die österreichischen eingeschlossen, Deputierte zu diesem Studentenkongreß geschickt hatten, so war die Versammlung recht zahlreich und enthielt viele junge Leute von ungewöhnlicher Begabung. Diejenigen, die vor allen anderen die Aufmerksamkeit der Versammlung sowie des Publikums auf sich zogen, waren die Wiener, von denen sich neun oder zehn eingefunden hatten. Sie erschienen alle in der schmucken Uniform der damals weitberühmten „akademischen Legion" — schwarze Filzhüte mit Straußenfedern; dunkelblaue Röcke mit einer Reihe schwarzer glänzender Knöpfe; schwarz-rot-goldene Schärpen; hellgraue Hosen; Schleppsäbel mit stählernem durchbrochenem Korbgriff; silbergraue Radmäntel mit Rot gefüttert. Diese Uniform war überaus kleidsam und hatte etwas Ritterliches. Auch schien man in Wien darauf bedacht gewesen zu sein, die hübschesten Leute für den Studentenkongreß auszuwählen; wenigstens waren diese Deputierten fast alle junge Männer von auffallender Schönheit, hochgewachsen und bärtig, meist etwas älter als wir andern. Als die Bürger von Eisenach, die uns überhaupt mit der herzlichsten Freundlichkeit empfangen hatten, uns einen Ball gaben, schien alle Konkurrenz mit den Wienern um die Gunst des schönen Geschlechts vergeblich. Die Wiener zeichneten sich auch keineswegs nur durch ihre äußere Erscheinung aus. Sie hatten bereits eine Geschichte, die sie zum Gegenstande allgemeinen Interesses machte und in hohem Grade an die Phantasie appellierte.

Obgleich in mehreren Universitätsstädten die Studenten bei dem ersten Ausbruch der revolutionären Bewegung mehr oder minder in den Vordergrund getreten waren, so hatten sie doch nirgendwo eine so hervorragende und wichtige Rolle gespielt wie in Wien. Ihnen war in großem Maße die Erhebung zu verdanken, die den Fürsten Metternich stürzte. Sie, als „akademische Legion" organisiert, die, wenn ich nicht irre, gegen 6000 Mann zählte, bildeten den Kern der bewaffneten Macht der Revolution. In dem „Zentralkomitee" das aus einer gleichen Anzahl von

Studenten und Mitgliedern der Bürgergarde bestand, und das den Volkswillen der Regierung gegenüber geltend machte, übten sie den entscheidenden Einfluß aus. Von allen Teilen des Landes her kamen Deputationen von Bürgern und Bauern, um der „Aula“, dem Hauptquartier der Studenten, dieser plötzlich erstandenen und im Volksglauben allmächtigen Autorität, ihre Beschwerden und Bitten vorzulegen. Als das Ministerium Pillersdorf-Latour ein neues Preßgesetz erließ, das zwar die Zensur aufhob, aber doch noch mancherlei Beschränkungen enthielt, forderte Pillersdorf die Studenten ausdrücklich auf, über das Gesetz ihr Urteil auszusprechen; und es waren die Studenten, die am 15. Mai 1848 an der Spitze des bewaffneten Volkes durch ihre entschlossene Haltung der Militärgewalt gegenüber die Regierung zwangen, eine oktroyierte Verfassung zurückzunehmen und die Berufung einer konstituierenden Versammlung zu verheißen. Verschiedenen Versuchen der Regierung gegenüber, die akademische Legion aufzulösen, behaupteten die Studenten sich siegreich. Ja, sie zwangen endlich das Ministerium, in die Entfernung des Militärs aus der Hauptstadt und in die Bildung eines „Sicherheitsausschusses“ zu willigen, der vornehmlich aus Mitgliedern der Studentenschaft bestand, und dem eine unabhängige und so umfassende Machtvollkommenheit übertragen wurde, daß er in wichtigen Dingen als fast gleichberechtigt neben dem Ministerium stand; — so durfte z. B. ohne seine Zustimmung keine Militärmacht zur Verwendung kommen. Man hätte ohne große Übertreibung sagen können, daß eine Zeitlang die Wiener Studenten Österreich regierten.

Es war daher nicht zu verwundern, daß wir die Wiener Legionäre, die in so kurzer Zeit so viel Geschichte gemacht, als die Helden des Tages anstaunten und mit begieriger Aufmerksamkeit ihren Erzählungen lauschten von ihren eigenen Taten und von dem Stande der Dinge in Österreich. Leider ließen diese Erzählungen weitere schwere Kämpfe, wenn nicht gar ein tragisches Ende voraussehen, und unsere Wiener Freunde waren sich dessen wohl bewußt. Sie machten sich keine Illusion darüber, daß die Siege Radetzkis in Italien über die Heere des Piemonteser Königs

Karl Albert dem Heere neues Prestige und der reaktionären Hofpartei neue Macht gaben; daß diese Partei planmäßig die Czechen gegen die Deutschen hetzte und gebrauchte; daß durch die Gegenwart der von den Studenten selbst verlangten konstituierenden Versammlung in der Hauptstadt die revolutionären Autoritäten an Ansehen schwer gelitten hatte; daß in der Bürgergarde und dem Sicherheitsausschuß selbst unheilvolle Zwistigkeiten ausgebrochen waren; daß die Hofpartei von all diesen Dingen Vorteil ziehe und die erste günstige Gelegenheit ergreifen werde, mit allen Früchten der Revolution im allgemeinen und mit der Studentenschaft insbesondere aufzuräumen, und daß es bald zu einem blutigen Entscheidungskampfe kommen müsse.

Diese Vorahnungen legten sich zuweilen wie finstere Schatten auf unsere sonst so heitere Geselligkeit, und es bedurfte der ganzen Elastizität des Jugendmuts, um sie mit der Hoffnung hinweg zu schmeicheln, daß schließlich doch wohl noch alles gut ausschlagen werde. Plötzlich, während wir andern noch allerlei Ausflüge um Eisenach her und andere Festlichkeiten planten, erklärten unsere Wiener Freunde, daß von der „Aula“ brieflich empfangene Nachrichten über die drohende Lage der Dinge sie nötigten, sofort nach Wien zurück zu kehren, und sie schieden von uns mit dem eigentlichen „morituri salutamus“. — „In wenigen Tagen werden wir in Wien eine Schlacht zu schlagen haben“, sagte einer, „und dann könnt ihr auf den Totenlisten nach unseren Namen suchen.“ Ich sehe ihn noch vor mir — er war ein bildschöner Mann namens Valentin —, der diese Worte sprach. So zogen die bewunderten Legionäre von dannen, und wir mochten nicht daran denken, wie furchtbar und wie schnell diese Voraussagung sich erfüllen könne.

Bald mußten auch wir Zurückgebliebenen an die Heimreise denken. Der einzige praktische Zweck, den der Studentenkongreß haben konnte, war erfüllt. Die allgemeine Organisation der deutschen Studentenschaft war beschlossen und der Vorort bezeichnet. Anlaß zu weitern Sitzungen gab es es nicht. Auch fing bei mehreren von uns das Geld an auszugehen. Aber mit jeder Stunde wurde die Trennung schwerer. Wir hatten einander so lieb gewonnen und unser Zusammensein war so genußreich, daß wir unsere ganze Erfindungsgabe anstrengten, um wenigstens noch ein paar Tage zu gewinnen. So wurde denn unter denen, die sich diesem Plan anschließen wollten, und ihrer waren nicht wenige, ein Zensus des noch vorhandenen Vermögens aufgenommen, um daraus eine gemeinsame Kasse zu bilden, aus der die Kosten des weitern Zusammenseins bestritten werden sollten, nach Zurücklegung des für die Heimreise eines jeden nötigen Betrages. Auf diese Weise gewannen wir wirklich noch einige Tage, die wir uns dann anschickten, nach Herzenslust zu genießen. Sofort wurden einige Ausflüge geplant, deren einer beinahe ein böses Ende genommen hätte.

Eines Nachmittags zogen wir zur Wartburg hinauf. Dort sollten ein paar Fäßchen Bier geleert und ein Imbiß verzehrt werden, und dann wollten wir nach Einbruch der Dunkelheit mit Fackelbeleuchtung den Berg herunter nach Eisenach zurückmarschieren. Da die lustigen Studenten unterdessen große Lieblinge der Eisenacher geworden waren, so begleitete uns eine bunte Menge nach der Wartburg, um sich an unserem Vergnügen mit zu freuen. Darunter waren weimarische Soldaten in nicht geringer Zahl, die in Eisenach in Garnison lagen. Nun wurden während unserer Fahrt von einigen von uns, wie das eben der Geist der Zeit mit sich brachte, politische Reden gehalten; und da die Erbitterung gegen die Fürsten, besonders gegen den König von Preußen, wegen des Malmöer Waffenstillstandes noch große Wogen schlug, so fielen einige dieser Reden in einen entschieden republikanischen Ton. Allmählich erhitzten sich die Köpfe, und ehe wir's uns versahen, warfen mehrere der Soldaten ihre Mützen in die Luft, ließen die Republik hochleben und erklärten, daß sie sich unter den Befehl der Studenten stellen wollten. Unterdessen war der Abend gekommen, und die ganze Gesellschaft zog mit brennenden Fackeln und patriotische Lieder singend die waldige Höhe hinunter gen Eisenach. Das Schauspiel war reizend, aber die durch die Reden bei den Soldaten hervorgebrachte Wirkung hatte mir doch die Lust daran einigermaßen verdorben. So viel ich wußte, bestand kein Einverständnis, das einem Aufstande in Thüringen irgendwelche Unterstützung gesichert haben würde, und harmlose Leute, besonders Soldaten, zu einem plan- und aussichtslosen revolutionären Versuch anzuregen, der für sie die schlimmsten Folgen haben konnte, schien im höchsten Grade verwerflich. So sprach ich mich auch den Freunden gegenüber aus, in deren unmittelbarer Gesellschaft ich in Eisenach wieder einzog. Indes wenn es, wie wahrscheinlich, bei dem Geschehenen blieb, so war wohl nichts Schlimmes zu befürchten; und mit dieser Beruhigung ging ich zu Bett, nicht wissend, was unterdessen geschah. Am nächsten Morgen hörte ich folgendes: Ein großer Teil der Menge, die an unserm Wartburgfest teilgenommen, hatte, nachdem der Zug Eisenach erreicht, sich nach einem großen Vergnügungslokal „Die Erholung" genannt, begeben; dort war das Redehalten fortgesetzt worden; die Zahl der Soldaten unter den Zuhörern hatte sich bedeutend vermehrt; diese hatten dann so ziemlich einstimmig und in immer tumultuarischerer Weise die Republik hochleben lassen und schließlich einigen herbeigekommenen Offizieren, die ihnen sich zu entfernen befahlen, förmlich den Gehorsam verweigert. Während der Nacht hatte sich die Aufregung unter den Soldaten noch verbreitet und gesteigert, bis sich tatsächlich die militärische Besatzung von Eisenach im Zustande der Meuterei befand. Die Offiziere hatten, wie es schien, alle Kontrolle verloren. Am nächsten Morgen kamen Trupps von Soldaten zu uns mit dem Verlangen, daß die Studenten sich an ihre Spitze stellen sollten. So war die Sache nun von den Aufwieglern von gestern nicht gemeint gewesen, und diese mußten sich nun alle Mühe geben, weitern Unfug zu verhüten. Von Weimar, wohin die Behörden das Geschehene berichtet hatten, kam telegraphischer Befehl, daß die in Eisenach stehenden Kompagnien sofort per Eisenbahn dorthin befördert werden sollten. Aber die Soldaten weigerten sich standhaft, zu gehen; sie wollten bei den Studenten bleiben. Nun wurde die Bürgerwehr von Eisenach aufgeboten, um die Soldaten zum Abmarsch zu zwingen. Aber als die Bürgerwehr in Reih und Glied auf dem Markt aufgestellt war, zeigte sie nicht die geringste Lust, einen solchen Auftrag zu übernehmen. Auch sie amüsierte sich damit, den Studenten Hochrufe zu bringen. Die Verlegenheit wurde immer größer. Endlich gelang es uns, die Offiziere der meuterischen Truppen zu überreden, das Ganze sei nur ein lustiger und leichtsinniger Studentenstreich gewesen, und man müßte es den Soldaten nicht anrechnen, daß sie in der allgemeinen Heiterkeit des Augenblicks und gar im Rausch mit den Studenten fraternisiert hätten. Die Offiziere ließen sich denn auch herbei, scheinbar wenigstens, die Sache von der scherzhaften Seite anzusehn, und wir versprachen ihnen, die Soldaten zum pflichtschuldigen Gehorsam zurück zu bringen, wenn sie uns von ihrer Regierung das Versprechen verschaffen wollten, daß den von den Studenten zu einem tollen Streich verführten Leuten nichts Schlimmes geschehen werde. Dies Versprechen kam sofort, und nun ließen sich die Soldaten auch bald von uns überreden, sich ruhig wieder unter die Fahne zu stellen. Glücklicherweise war es damals in deutschen Kleinstaaten noch möglich, derartige Dinge auf so gemütliche Weise beizulegen. In Preußen würde ein solcher Vorfall zu sehr ernsten Folgen geführt haben.

Nach dieser Leistung fühlten wir, daß es nun wirklich Zeit sei, Eisenach zu verlassen und nach Hause zu gehen. Auch waren unsere Mittel so ziemlich erschöpft. Am Abend vor unserer Abreise wurde noch eine große „Kneiperei" im Ratskeller gehalten. Einer von uns, wenn ich mich recht erinnere, ein Königsberger, der sich durch das Tragen einer polnischen Mütze und durch extreme revolutionäre Äußerungen auszeichnete, machte den Vorschlag, daß wir, ehe wir auseinander gingen, noch eine Ansprache an das deutsche Volk erlassen sollten, um demselben unsere Meinung über die obwaltende Sachlage darzulegen, und es zu schlafloser Wachsamkeit und energischem Widerstande gegen die vordringende Reaktion zu ermahnen. Daß eine solche Proklamation in solchem Augenblick von so sehr jungen Leuten ausgehend etwas Komisches haben könne, schien niemandem von uns einzufallen. Der Antrag wurde mit größtem Ernst erwogen und gebilligt, die Adresse sofort entworfen, diskutiert und angenommen, um dann, mit den Unterschriften eines Ausschusses, zu dem auch ich gehörte, dieselbe Nacht noch gedruckt, um an dem Rathause und anderen Plätzen angeschlagen und an mehrere Zeitungen versandt zu werden. Nachdem diese Tat getan war, wurden noch mehrere Lieder gesungen, und dann nahmen wir unter zärtlichen Umarmungen und Beteuerungen ewiger Freundschaft voneinander Abschied. In der Frühe des nächsten Morgens zerstreuten wir uns nach allen Richtungen.

Auf dem Heimwege wurde mir recht nüchtern zumute. In Frankfurt fand ich noch den Belagerungszustand und eine dumpfe Atmosphäre der Besorgnis. An einem trüben und feucht kalten Tage fuhr ich den Rhein hinunter. Unter den Passagieren des Dampfers sah ich kein einziges bekanntes Gesicht. Als ich so stundenlang allein und fröstelnd auf dem Deck saß, möglichst nahe bei dem Schornstein, um mich zu erwärmen, kamen mir, außer meiner Unruhe über den allgemeinen Gang der Dinge, zum erstenmal Gedanken über meine persönliche Sicherheit. Ich erinnerte mich des Wortlautes der Ansprache, die wir in Eisenach veröffentlicht und die manchen scharfen Ausfall gegen die Majorität des Nationalparlaments und gegen die preußische Regierung enthielt. Ebenso erinnerte ich mich, in den Blättern gelesen zu haben, daß das Parlament infolge des Septemberaufstandes ein Gesetz erlassen hatte, das unter anderem Beleidigungen seiner Mitglieder mit schweren Strafen belegte. Hatten wir nicht durch unsere veröffentlichte Ansprache das so definierte Verbrechen begangen? Unzweifelhaft; und so phantasierte ich mich denn nach und nach in die Erwartung hinein, daß man mich nach meiner Ankunft in Bonn baldigst verhaften und wegen eines Preßattentats auf das Nationalparlament und auf die preußische Regierung vor Gericht stellen werde. Ich kam leicht zu dem Entschluß, diesem Schicksal mutig ins Auge zu sehen. Aber was mich doch sehr verdroß, war der Gedanke, daß unsere Eisenacher Ansprache wahrscheinlich gar keinen anderen Effekt haben werde als diesen. Meine Besorgnis, verhaftet und prozessiert zu werden, erwies sich auch als ganz überflüssig. Wenn unsere Proklamation wirklich den

Regierungen zur Kenntnis gekommen war, so hielten diese es wohl nicht der Mühe wert, darüber noch weiteres Geräusch zu machen; und ich zog daraus die nicht gerade schmeichelhafte Lehre, daß wir jungen Menschen möglicherweise andern Leuten viel weniger wichtig erscheinen mochten als uns selbst. Bald jedoch sollte es nun wirklich zu ernsteren Konflikten kommen.

Inhaltschwere Nachrichten von Wien bestätigten die Vorhersagungen unserer Freunde in Eisenach. Ungarn hatte in den Märztagen einen höheren Grad staatlicher Selbständigkeit innerhalb des österreichischen Kaiserreichs gewonnen, als es früher besessen. Es hatte sein eigenes in Pest residierendes Ministerium, ohne dessen Gegenzeichnung keine Verfügung des Kaisers für Ungarn Gültigkeit haben sollte. Ohne Zustimmung der gesetzgebenden Gewalt Ungarns sollten weder ungarische Truppen außerhalb seiner Grenzen verwendet werden, noch nicht ungarische Truppen seinen Boden betreten. Ein Erzherzog-Palatin sollte als Vizekönig von Ungarn seine Residenz in Pest haben. Außerdem sollten die deutschen und slavischen bis dahin zu Ungarn gezählten Nebenländer der ungarischen Regierung als integrierende Landesteile unterworfen sein. — Dieser halbwegs unabhängige ungarische Staat war der österreichischen Hofpartei ein Dorn im Auge. Seine Unterjochung wurde durch eine vom Hofe begünstigte Empörung des Banus von Kroatien, Jellachich, gegen die Oberhoheit Ungarns vorbereitet. Im Juli fand sich der Kaiser gezwungen, Jellachich zu desavouieren und zum Hochverräter zu erklären, aber im September setzte er ihn als einen treuen und vertrauten Diener der Krone in all seine früheren Würden und Gewalten wieder ein. Die ungarische Regierung, Stände und Ministerium, erhob ihren Protest dagegen, worauf der Erzherzog-Palatin sein Amt niederlegte. Die kaiserliche Regierung enthüllte nun ihren Plan, Ungarn wieder in direkte Abhängigkeit zu bringen, indem sie den Grafen Lemberg als kaiserlichen Kommissär nach Pest schickte. Diesem sollten einem kaiserlichen Befehl gemäß alle ungarischen Behörden und Truppen Gehorsam leisten. Da dieser Befehl natürlich nicht die Gegenzeichnung eines ungarischen Ministers trug, so wurde er von den ungarischen Ständen für verfassungswidrig und ungültig erklärt. An die Stelle des abgedankten Palatins setzten die Stände eine Regierungskommission, mit dem Grafen Batthyoni an der Spitze. Lemberg wurde bei seinem Einzuge in Pest von einem aufgeregten Volkshaufen getötet. Nun erließ der Kaiser von Österreich eine Proklamation, durch die er die ungarischen Landstände für aufgelöst und alle ohne seine Zustimmung erlassenen Gesetze für ungültig erklärte. Auch ernannte er Jellachich zu seinem unumschränkten Bevollmächtigten in bezug auf alle ungarischen Angelegenheiten. Damit war der Bruch vollständig geworden. Die Ungarn rüsteten sich zum Kampf, und als am 5. und 9. Oktober deutsche Truppen zur Unterwerfung der Ungarn aus Wien abgeschickt werden sollten, erhob sich das Wiener Volk, die Studenten an der Spitze, mit dem Gefühl, daß der Versuch, die konstitutionellen Rechte der Ungarn zu zerstören, zugleich gegen die Rechte der Deutsch-Österreicher und gegen die Früchte der Revolution überhaupt gerichtet sei. Nach blutigem Kampf behaupteten die Aufständischen das Feld. Der Kriegsminister Latour wurde von einem wütenden Volkshaufen gehenkt. Der Kommandant der Besatzung von Wien, Graf Auersperg, fand sich genötigt, die Stadt zu räumen, nahm aber draußen eine feste Stellung ein und wurde bald durch große Truppenmassen unter Jellachich und Windischgrätz verstärkt. Unter dem Oberkommando des Fürsten Windischgrätz griff die Armee am 23. Oktober die Stadt Wien an und nach bitterem, blutigem Ringen überwand sie am 31. Oktober den letzten Widerstand. Wien wurde dann der unbeschränktesten Willkür der Militärherrschaft unterworfen, und damit hatte die revolutionäre Bewegung in Deutsch-Österreich ein Ende. Mehrere der ritterlichen Legionäre, mit denen wir in Eisenach so schöne Tage verlebt, waren in der Schlacht gefallen, die Überlebenden gefangen oder flüchtig.

Mit dieser Katastrophe traf auch eine entscheidende Wendung der Dinge in Preußen zusammen. Bis dahin hatte die preußische Regierung sich in konstitutionellen Formen bewegt und das Ministerium, an dessen Spitze der aufrichtig liberale General v. Pfuel stand, hatte sich in vertrauenerweckender Weise bereit gezeigt, die im März gegebenen Versprechen zur Wahrheit zu machen. Der König selbst aber und seine nächste Umgebung hatten bei verschiedenen Gelegenheiten eine Stimmung laut werden lassen, die mit jenen Versprechen wenig übereinstimmte und schwere Befürchtungen hervorrief. Endlich am 31. Oktober gab die preußische konstituierende Versammlung der allgemeinen Sympathie mit der kämpfenden Bevölkerung von Wien Ausdruck, indem sie beschloß, die Regierung Sr. Majestät aufzufordern, „bei der deutschen Zentralgewalt schleunige und energische Schritte zu tun, damit die in den deutschen Ländern Österreichs gefährdete Volksfreiheit in Wahrheit und mit Erfolg in Schutz genommen und der Friede hergestellt werde." Der Ministerpräsident General von Pfuel stimmte für diesen Antrag. Am nächsten Tage nahm er seine Entlassung, und der König berief darauf ein entschiedenes Reaktionsministerium, an dessen Spitze er den Grafen Brandenburg stellte, und dessen leitender Geist Herr von Manteuffel wurde. Die konstituierende Versammlung legte Protest ein, aber umsonst. Am 9. November präsentierte sich das Ministerium Brandenburg mit einer königlichen Botschaft, welche die konstituierende Versammlung bis zum 27. November vertagte und ihre Sitzungen nach der Stadt Brandenburg verlegte. Mit großer Mehrheit sprach die Versammlung der Regierung das Recht zu einer solchen Maßregel ab; aber schon am nächsten Tage wurde das Haus mit großen Militärmassen unter General Wrangel umstellt, die den Befehl hatten, jeden heraus aber niemanden hinein zu lassen. Am 11. November wurde die Bürgerwehr von Berlin aufgelöst und in wenigen Tagen entwaffnet. Die konstituierende Versammlung zog von Lokal zu Lokal, beständig von der Militärmacht gejagt, bis sie endlich am 15. November in ihrer letzten Sitzung einen Steuerverweigerungsbeschluß faßte, indem sie erklärte, „daß das Ministerium nicht berechtigt sei, über die Staatsgelder zu verfügen und Steuern zu erheben, solange die Nationalversammlung nicht ungestört in Berlin ihre Beratungen fortzusetzen vermöge."

Diese Ereignisse riefen im ganzen Lande große Aufregung

hervor. Sie schienen den Beweis zu liefern, daß die reaktionäre Hofpartei entschlossen sei, auf gewaltsamem Wege mit den sogenannten „Märzerrungenschaften" möglichst schnell aufzuräumen. Uns Demokraten war es zweifellos, daß die konstituierende Versammlung, indem sie sich gegen den „Staatsstreich" auflehnte, durchaus in ihrem Rechte sei. Wir tadelten sie nur dafür, daß sie, statt von ihrem Rechte den vollsten Gebrauch zu machen und das Volk ausdrücklich zu den Waffen zu rufen, sich im Augenblicke dieser großen Entscheidung auf die schwachmütige Politik des „passiven Widerstandes" beschränkt habe. Doch glaubte man, auch dieser passive Widerstand, mit dem Mittel der Steuerverweigerung durchgeführt, werde die Regierung durch Aushungern zum Nachgeben zwingen — vorausgesetzt, daß die Steuerverweigerung allgemein und mit hinreichend langatmiger Ausdauer ins Werk gesetzt werde. Eine Schwierigkeit, die sofort in die Augen fiel, bestand darin, daß die Durchführung dieses Planes eine große Übereinstimmung der Gesinnung im Volke und einen hohen Grad von Furchtlosigkeit bei den einzelnen Bürgern erforderte, und daß die bedeutendsten Steuerzahler wohl nicht mit der revolutionären Politik der Demokraten sympathisierten. Immerhin dachte man, durch den Druck der öffentlichen Meinung viel ausrichten zu können, und so wurden allenthalben Volksversammlungen gehalten und Beschlüsse gefaßt.

Die Demokraten in Bonn, unter denen wir Studenten eine hervorragende Rolle spielten, ließen es denn auch an solchen Demonstrationen nicht fehlen. Eine Steuerverweigerungserklärung seitens der Studenten sah einigermaßen wie ein Spaß aus, da diese ja keine Steuern zahlten. Das von uns zu lösende Problem bestand also darin, andere Leute vom Steuerzahlen abzuhalten, und diese Aufgabe faßten wir im weitesten Sinne auf. Es schien uns, wir könnten einen wirkungsvollen Schlag führen, indem wir vorerst die „Schlacht- und Mahlsteuer", eine Steuer auf hereingebrachte Lebensmittel, die an den Stadttoren erhoben wurde, abschafften. Zu diesem Ende vertrieben wir die Steuerbeamten von den Toren. Dies gefiel den Bauern, die auch sogleich in großer Zahl bereit waren, ihre Produkte steuerfrei in die Stadt zu bringen. Daraus entstanden Konflikte mit der Polizei, in denen wir jedoch zu Anfang leicht Meister blieben.

Nun schien es uns nötig, uns der Maschinerie der Steuerverwaltung in größerer Ausdehnung zu bemächtigen, und am nächsten Tage begab sich ein Komitee, von welchem auch ich ein Mitglied war, auf das Rathaus, um von demselben Besitz zu ergreifen. Der Bürgermeister empfing uns recht höflich, hörte ruhig an, was wir ihm über die bindende Kraft der von der höchsten gesetzgebenden Autorität beschlossenen Steuerverweigerung auseinandersetzten, und suchte dann, uns mit allerlei ausweichenden Redensarten hinzuhalten. Endlich wurden wir ungeduldig und verlangten eine augenblickliche und bestimmte Antwort, nach der sich unsere weiteren Maßregeln richten würden. Plötzlich bemerkten wir eine Änderung in des Bürgermeisters Gesichtsausdruck. Er schien auf etwas zu horchen, das draußen vorging, und dann, immer noch höflich, aber mit einem triumphierenden Lächeln auf den Lippen, sagte er: „Meine Herren, die Antwort wird Ihnen wohl jemand anders geben. Hören Sie das?“ Nun horchten auch wir auf und hörten den noch entfernten aber sich rasch nähernden Schall einer Militärmusik, die im Marschtakt die preußische Nationalhymne spielte: „Ich bin ein Preuße, kennt ihr meine Farben!“ Immer näher klang die Musik eine vom Rhein führende Straße herauf. In wenigen Minuten erscholl sie auf dem Markt und hinter ihr der schwere Marschtritt einer Infanteriekolonne, die bald den ganzen Marktplatz zu füllen schien. Unsere Unterredung mit dem Bürgermeister war natürlich damit zu Ende, und wir fanden es seinerseits recht anständig, daß er uns überhaupt von sich ließ.

Das Erscheinen des Militärs erklärte sich leicht. Sobald wir unsern praktischen Steuerverweigerungsversuch ins Werk gesetzt, hatten die Behörden von Bonn, wo damals kein Militär lag, an die nächstliegenden Garnisonplätze um Hülfe telegraphiert, und ihrem Notruf war prompt entsprochen worden. Damit kam nun unsere Weise der Steuerverweigerung zu einem jähen Ende. Das

Militär besetzte sofort die Stadttore, und die Schlacht- und Mahlsteuer wurde erhoben wie zuvor. Abends hielten wir eine Versammlung des demokratischen Komitees mit Hinzuziehung vertrauter Leute, in einem Lokal, „der Römer“ genannt, um zu beraten, was zu tun sei. Der erste Impuls war, die Soldaten anzugreifen und, wo möglich, aus der Stadt zu jagen. Das wäre ein verzweifeltes Unternehmen gewesen, aber es wurde ernstlich in Betracht genommen. Nach reiferer Überlegung jedoch sahen wir alle ein, daß ein Kampf, selbst der erfolgreichste, in Bonn nur wirkliche Bedeutung gewinnen konnte als Teil einer umfangreichen Insurrektion. Nun war für den Rheinländer Köln die Hauptstadt, der natürliche Zentralpunkt aller politischen Bewegung. Dort also mußten wir unseren Zusammenhang suchen und von dort unser Losungswort holen. Wir hatten schon von Köln einen Bericht empfangen, daß dort eine fieberhafte Aufregung herrsche, und daß von den dortigen demokratischen Führern das Signal zu einer allgemeinen Schilderhebung zu erwarten sei; auf diese sollten wir uns möglichst schnell vorbereiten, aber jeden vereinzelten Aufstandsversuch vermeiden. Wir schickten einen Boten nach Köln, um die Freunde über das zu unterrichten, was bei uns vorgefallen war und weitere Instruktionen zu holen. Unterdessen trafen wir Vorkehrungen, um möglichst viele der Musketen der Bürgerwehr an einen bestimmten Ort zu bringen und Munition anzufertigen. Dieselbe Nacht noch hatten wir eine Menge von Leuten mit Kugelgießen und Patronenmachen beschäftigt.

Nun aber kamen beunruhigende Nachrichten über Dinge, die in der Nähe der Stadltore vorgingen. Draußen hatten sich nämlich Haufen von Landleuten aus den umliegenden Ortschaften gesammelt, zu denen die Kunde von dem Einmarsch der Soldaten in Bonn gedrungen war, und die nun die Demokraten und die Studenten in großer Bedrängnis glaubten. Die Bauern strömten herbei, um uns zu helfen. Manche von ihnen stellten sich wohl die Vertreibung der Truppen aus der Stadt als ebenso leicht vor wie die Vertreibung der Steuerbeamten von den Toren und waren voll von Kampflust. Wir hatten in der Tat Ursache zu besorgen, daß diese in die Stadt dringen und durch einen unvorsichtigen Streich uns unter den ungünstigsten Umständen in ein Straßengefecht verwickeln möchten. Jetzt galt es, diese Ungeduldigen eines Besseren zu belehren und sie mit der Mahnung nach Hause zu schicken, daß sie sich zum Kampf bereithalten und möglichst zahlreich zu uns stoßen möchten, sobald das Signal in Köln gegeben würde. Dies gelang nicht ohne Mühe. Die ganze Nacht blieb unser Komitee im Römer in Sitzung, auf die Rückkehr des nach Köln gesandten Boten wartend. Gegen Tagesanbruch gingen wir auseinander, um nach kurzer Ruhe uns an einem andern Platze zu versammeln. Die kriegerischen Vorbereitungen gingen unterdessen fort. Keiner von uns schlief in seinem Hause, um nicht sogleich gefunden zu werden, falls die Behörden versuchen sollten, uns zu verhaften. Ich ruhte im Zimmer eines Freundes aus, inmitten von Musketen und Patronenkisten, die dort zur Verteilung bereitgehalten wurden.

Erst gegen Abend des nächsten Tages kam unser Bote von Köln zurück. Er berichtete, daß man sich dort den angesammelten Truppenmassen gegenüber nicht imstande fühle, mit irgendwelcher Aussicht auf Erfolg einen Schlag zu führen; daß man sich auf Fortsetzung des „passiven Widerstandes“ und weitere Agitation beschränken werde, und daß man uns dringend empfehle, dasselbe zu tun und somit von allen gewaltsamen Versuchen, die jetzt nur schaden könnten, bis auf weiteres abzustehen. Es blieb uns also nichts anderes übrig, als der Anweisung der Kölner folgend, unsern Grimm zu verbeißen und unsere Freunde auf dem Lande still zu halten. So geschah es bei uns, und so geschah es allenthalben im Königreich Preußen. Die konstituierende Versammlung hatte der Regierung einen unblutigen Sieg überlassen und der Steuerverweigerungsbeschluß blieb ein toter Buchstabe.

Den demokratischen Führern unter den Studenten jedoch schien der praktische Versuch, die Steuerverweigerung in Bonn in Szene zu setzen, übel vermerkt zu werden. Bald verbreitete sich das Gerücht, daß gegen drei oder vier von uns, unter andern gegen mich, Verhaftsbefehle erlassen worden seien. Ob es wirklich so war, weiß ich nicht, aber es wurde geglaubt, und unsere nicht kompromittierten Freunde gingen sofort ans Werk, das Unheil von uns abzuwenden. Durch verschiedene größere und kleinere Demonstrationen wußten sie unter den Bürgern der Stadt den Eindruck hervorzubringen, daß, wenn man uns ein Haar krümme, die ganze Studentenschaft Bonn verlassen werde. Da nun der Wohlstand der Stadt in großem Maße von der Anwesenheit der Studenten abhing, so versetzte diese Drohung die Bürger in nicht geringe Besorgnis. Viele von ihnen bestürmten den Bürgermeister mit der Bitte, daß er seinen ganzen Einfluß aufbieten möge, um durch die Erwirkung eines Versprechens von den höheren Behörden, daß uns nichts geschehen solle, das drohende Unglück abzuwenden. Wirklich wurde uns nach wenigen Tagen von unseren Freunden angekündigt, daß ein solches Versprechen erfolgt sei, und daß uns diesmal nichts geschehen solle. Wir kamen also aus den Verstecken, in denen wir uns eine kurze Weile verborgen gehalten, wieder hervor, und ich fuhr fort, für unsere Zeitung zu schreiben, in Versammlungen zu reden und Vorlesungen zu hören, soweit ich dafür Zeit fand. Doch wurden der Stunden, die ich für meine Fachstudien erübrigen konnte, immer weniger.

Nachdem er seinen Sieg über die konstituierende Versammlung gewonnen, fühlte der König sich stark genug, eine Verfassung für Preußen zu „oktroyieren“, d. h. aus eigener Macht ohne Beistimmung einer Volksvertretung zu verkünden. Diese Konstitution verordnete das Zweikammersystem. Die Kammern wurden sofort berufen, und Kinkel trat im Bonner Wahlkreise als Kandidat für die zweite Kammer, das Volkshaus, auf. Er wurde mit ansehnlicher Mehrheit gewählt und mußte bald darauf seinen Sitz einnehmen. Frau Johanna begleitete ihn nach Berlin. Obgleich nun die beiden Ehegatten regelmäßige Beiträge für die Bonner Zeitung schickten, so fiel doch während ihrer Abwesenheit die tägliche Redaktion und damit eine schwere Last ungewohnter Arbeit mir zu.

Da die Bonner Zeitung nur über ein geringes Personal verfügte, so hatte ich nicht allein politische Artikel zu liefern, sondern auch manches von dem, was ein tägliches Blatt sonst noch seinen Lesern bieten muß, unter andern Dingen Theaterkritiken. Es hatte sich nämlich unter einem Direktor namens Löwe eine Bühne etabliert, die zwar nichts Großes, aber in verschiedenen Richtungen doch Anerkennenswertes leistete. Sie versuchte sich zuweilen sogar in leichten Opern. Der Bonner Zeitung, in welcher anfangs Frau Johanna Kinkel die dramatischen und musikalischen Aufführungen mit großer Sachkenntnis und ebenso großem Wohlwollen besprochen hatte, war eine Loge im zweiten Rang zur Verfügung gestellt. Diese Loge stand auch mir offen, und ich besuchte sie nicht nur, wenn meine journalistische Pflicht mich zu der Aufführung eines neuen Stückes rief, sondern zuweilen auch, wenn ich das Bedürfnis fühlte, mich von meinen vielen Arbeiten und Sorgen durch eine Zerstreuung ein wenig zu erholen. Ich muß nun hier das Geständnis machen, daß zu diesen Arbeiten und Sorgen auch noch eine Herzensangelegenheit getreten war, die mir eine bittere Selbstdemütigung bereitete. Dies hing so zusammen:

Ich hatte bis dahin niemals mit einem weiblichen Wesen außerhalb meines unmittelbaren Familienkreises in Beziehungen irgendwelcher Vertraulichkeit gestanden. Teils fühlte ich mich von keiner Neigung dazu getrieben, teils hatte mich auch meine hartnäckige Schüchternheit von allen weiblichen Bekanntschaften zurückgehalten. Endlich erreichte mich doch das Schicksal. Ich schwärmte wirklich für eine junge Dame. Sie war die Tochter eines kleinen Kaufmanns. Wir wollen sie Betty nennen. Ich war ihr freilich noch nie vorgestellt worden und hatte nie ein Wort mit ihr gewechselt. Nur am Fenster hatte ich sie sitzen sehen mit einer Stickerei oder, noch öfter, mit einem Buch in der Hand. An diesem Fenster war ich oft vorüber gegangen, und gewöhnlich saß sie auf derselben Stelle. Zuweilen begegneten sich unsere Blicke, und ich fühlte dann, wie ich schnell und heftig errötete. Ich hielt sie für sehr schön, und von einem meiner Freunde, der sie kannte, hörte ich einmal, daß sie Shakespeare im Englischen lese, was mir einen hohen Begriff von ihrer Bildung und geistigen Begabung einflößte. Nach allem, was ich damals und später über sie erfuhr, war sie wirklich ein für ihren Stand ungewöhnlich gebildetes und in jeder Hinsicht vortreffliches Mädchen. Die schlaue, halb verschämte Weise, in welcher ich in der Gesellschaft jenes Freundes nicht selten die Rede auf Betty lenkte, war wohl geeignet, diesem den Verdacht zu geben, daß ich mich lebhaft für sie interessiere. Und aus Äußerungen, die er zuweilen bei solchen Gelegenheiten fallen ließ, glaubte ich schließen zu dürfen, daß Betty auch mich bemerkt habe und freundlich von mir denke. Dies gab natürlich meiner Schwärmerei immer frische Nahrung, und häufig erschien mir Betty in meinen wachen Träumen. Es war mein sehnlicher Wunsch, mit ihr bekannt zu werden und ihr näher zu kommen. Dazu bot sich eine überraschend günstige Gelegenheit.

Eines Abends saß ich in meiner Theaterloge — Flotows „Martha" wurde aufgeführt —, als ich zwei Damen in der vorderen Sitzreihe der nächsten Loge dicht neben mir Platz nehmen hörte. Ein paar Minuten später wandte ich mich um und ich traute meinen Augen kaum — mein Herz machte einen großen Sprung —, als ich Betty erkannte, nur durch die niedrige Scheidewand der Logenfront wie durch den Arm eines Lehnsessels von mir getrennt. Nun bemerkte ich, wie die beiden Damen in Bewegung gerieten und auf ihren Sitzen und in den Taschen ihrer Kleider nach etwas suchten, das sie offenbar nicht finden konnten. Ihre Unterhaltung, die ich zu verstehen vermochte, klärte mich auf. Sie hatten das Opernglas zu Hause auf dem Tisch liegen lassen. Jetzt bot sich mir die offenbare Gunst der Gelegenheit. Ich hielt ein Opernglas in meiner Hand. Was wäre natürlicher gewesen, als es den Damen mit einigen höflichen Worten anzubieten? Kam es nicht einer positiven Unart gleich, wenn ich diesen Akt der Höflichkeit unterließ? So nahm ich mich denn zusammen. Ich hatte mich schon halb umgewendet, als ich fühlte, wie eine glühende Röte mein Gesicht übergoß und das Herz mir bis in die Kehle schlug. Ich hätte kein Wort hervorbringen können. Männern gegenüber hatte ich meine kindische Schüchternheit einigermaßen überwunden; aber die Gegenwart dieses Mädchens machte mich hülflos. Und nun gar das scheue Geheimnis meiner schwärmerischen Neigung, das, wie ich glaubte, mir jetzt auf der Stirne geschrieben stand. Nein, ich konnte sie nicht anblicken und meine Zunge versagte den Dienst. Ich wandte mich wieder zurück, und dann saß ich da die ganze „Martha" hindurch in brennender Seelenqual, kaum hörend und sehend, was vor mir und um mich her geschah, mich selbst verhöhnend, weil ich nicht den Mut hatte, das Glück zu ergreifen, welches mir das Schicksal in den Schoß warf. Endlich war die Oper zu Ende. Die Damen erhoben sich, um ihre Loge zu verlassen, und ich blickte ihnen nach, als sie mir bereits den Rücken gekehrt. Dann lief ich hinaus und die Selbstqual stürmte mit verdoppelter Schärfe auf mich ein. Es war meine Absicht gewesen, nach der Oper noch einmal die Frankonenkneipe zu besuchen, um mit einigen meiner Freunde zu reden. Aber ich schämte mich, diesen in die Augen zu sehen, obgleich sie nichts von meiner schmählichen Niederlage wußten. So machte ich denn einen langen einsamen Gang durch die finstere Nacht. Wie verhöhnte ich mich selbst wegen dessen, was ich eine kindische, elende, unbegreifliche Feigheit nannte! Wie oft sagte ich mir die Worte vor, die ich hätte an Betty richten sollen! Ich war entsetzlich mit mir selbst zerfallen und sah nur weggeworfenes Glück und eine Zukunft voll Reue und Selbstverachtung vor mir. Endlich richtete ich mich an dem feierlichen Vorsatz auf, nun ganz gewiß Betty anzureden und sie wegen meiner Unart im Theater um Verzeihung zu bitten, sobald ich sie wiedersähe. Aber ich sollte sie nie wiedersehen. Bald traten Ereignisse ein, die mich aus all meinen bisherigen Lebensverhältnissen für immer herausrissen.

Von den unmittelbar aus der Märzrevolution hervorgegangenen größeren parlamentarischen Körpern war nur noch das Nationalparlament in Frankfurt übrig. Es verdankte dem Drange des deutschen Volkes, oder vielmehr der deutschen Völker, nach nationaler Einheit seine Entstehung, und es war seine natürliche, allgemein verstandene Mission, die deutschen Völker unter einer einheitlichen Verfassung und Nationalregierung in eine große Nation zu verschmelzen. Unmittelbar nach der Märzrevolution hatten die deutschen Regierungen, auch die österreichische für ihre deutschen Länder, diese Mission als eine rechtmäßige anerkannt und unter ihrer Mitwirkung hatten im Mai 1848 die Wahlen zum Nationalparlament stattgefunden. Die große Mehrheit seiner Mitglieder sowie das deutsche Volk im allgemeinen sahen denn auch in dem Parlament den Repräsentanten der Volkssouveränität im nationalen Sinne. Es war zu erwarten, daß die Fürsten und ihre als Hofparteien zu bezeichnenden Anhänger sich in diese Auffassung nur so lange und nur insoweit fügen würden, als sie zu müssen glaubten. Nur sehr wenige von ihnen waren liberal genug, um sich eine Beschränkung ihrer Fürstengewalt mit Gleichmut gefallen zu lassen. Jeden Gewinn des Volkes an Macht fühlten sie als ihren eigenen Verlust. Ebenso waren die meisten von ihnen der Einrichtung einer starken Nationalregierung abhold, da diese das Aufgeben mancher Souveränitätsrechte der Einzelstaaten an den nationalen Gesamtstaat bedingte. Es war nicht nur eine nationale Republik, die sie fürchteten, sondern auch das Kaisertum, das geeignet sein würde, sie in das Verhältnis von Vasallen hinabzudrücken. Die deutschen Fürsten, mit Ausnahme des einen, der hoffen durfte, den Kaiserthron zu besteigen, waren also die natürlichen Feinde der in einem starkgefügten Gesamtstaat verkörperten deutschen Einheit. Es mag ein paar national gesinnte Männer unter ihnen gegeben haben, die sich über diese Besorgnis hinwegzusetzen vermochten, aber gewiß nur wenige. Österreich wünschte ein einiges Deutschland in irgendwelcher Form nur dann, wenn es darin die Stellung der leitenden Macht einnehmen konnte.

Ihnen gegenüber stand das Nationalparlament in Frankfurt, das Kind der Revolution. Es hatte zu seiner unmittelbaren Verfügung keine staatliche Maschinerie, keine Armee, keinen Schatz, — nur seine moralische Autorität; all die andern Dinge waren in den Händen der Einzelstaaten. Die einzige Macht des Nationalparlaments bestand in dem Volkswillen. Und diese Macht war hinreichend für die Erfüllung seiner Mission, solange der Volkswille sich stark genug erwies, selbst durch revolutionäre Aktion im

Notfalle, die widerstrebenden Interessen und Tendenzen des Fürstentums in Schach zu halten. Wollte daher das Parlament seines Erfolges in der Schöpfung des deutschen Einheitsstaates sicher sein, so mußte es seine Reichsverfassung vollenden und seinen Kaiser wählen und einsetzen, während das revolutionäre Prestige des Volkes noch ungebrochen war — in den ersten drei oder vier Monaten nach der Märzrevolution. Kein deutscher Fürst würde sich damals geweigert haben, die Kaiserkrone mit einer noch so demokratischen Verfassung anzunehmen, und keiner, noch so viele seiner ehemaligen Souveränitätsrechte dem Einheitsstaat zu opfern.

Aber das Parlament litt an einem Übermaß von Geist, Gelehrsamkeit und Tugend und an einem Mangel an derjenigen politischen Erfahrung und Einsicht, die erkennt, daß das Bessere oft der Feind des Guten ist und daß der wahre Staatsmann sich hüten wird, die Gunst der Stunde zu verscherzen, indem er durch eigensinniges Bestehen auf dem Minderwesentlichen die Erreichung des Wesentlichen gefährdet. Die Welt hat wohl nie eine politische Versammlung gesehen, die eine größere Zahl von edlen, gelehrten, gewissenhaften und patriotischen Männern in sich schloß, und es gibt vielleicht kein ähnliches Buch, reicher an gründlichem Wissen und an Mustern hoher Beredsamkeit als die stenographischen Berichte des Frankfurter Parlaments. Aber ihm fehlte das Genie, das die Gelegenheit erkennt und rasch beim Schopf ergreift; — es vergaß, daß in gewaltsam bewegter Zeit die Weltgeschichte nicht auf den Denker wartet. Und so sollte ihm alles mißlingen.

Das Parlament erkannte allerdings bald nach seiner Eröffnung, daß, wenn es nicht eine bloße Konstituante, sondern auch, bis die Verfassung fertig sei, eine zeitweilige Regierung vorstellen wollte, es dazu eine Exekutivbehörde haben müsse; und so beschloß es die Einrichtung einer „Provisorischen Zentralgewalt“ mit einem „Reichsverweser“ an der Spitze. Und zu diesem Amte wählte es den im Geruch des Liberalismus stehenden Erzherzog Johann von Österreich, der sich denn auch mit einem Reichsministerium umgab. Aber, wie schon früher erwähnt, sein Minister des Auswärtigen hatte keine diplomatische Dienstmaschinerie unter sich, der Kriegsminister keine Armee, der Flottenminister keine nennenswerten Schiffe und der Finanzminister kein Geld. Alle diese Dinge, welche die substantielle Macht einer Regierung ausmachen, blieben doch in den Händen der Einzelstaaten, und die Disposition des Nationalparlaments und seiner Zentralgewalt darüber erstreckte sich nur so weit, wie die Einzelregierungen dieselbe zugestanden — und das war nur so weit, wie die Einzelregierungen glaubten, durch die Zeitlage zu diesem Zugeständnis genötigt zu sein. Die eigentliche Lebensquelle der Macht des Parlaments blieb also nach wie vor der Volkswille, wie er sich nötigenfalls durch des Volkes revolutionäre Kraft geltend machen konnte. Diese revolutionäre Kraft stand nun am Ende des Jahres 1848 der Fürstengewalt bei weitem nicht mehr so gebietend gegenüber wie im Frühling. Während ein Teil des im März so enthusiastischen Volkes der beständigen Aufregungen mehr oder minder müde geworden war, hatten sich die Fürsten und ihre unmittelbaren Anhänger von ihrem Märzschrecken erholt, sich des Beamtentums und der Militärmacht neu versichert, ihre Ziele klar ins Auge gefaßt, und tatsächlich an den großen Zentralpunkten Wien und Berlin im Oktober und November dem revolutionären Geist sehr schwere Niederlagen beigebracht. Die Möglichkeit eines neuen revolutionären Anlaufs im großen Maßstabe war also weit geringer geworden. Unter diesen Umständen konnte das Nationalparlament immer noch seine Verordnungen beschließen und durch die Zentralgewalt proklamieren lassen — aber die Einzelregierungen fühlten mehr und mehr, daß sie sich daran nicht viel mehr zu kehren brauchten, als ihnen gut schien. Nun hatte das Parlament noch seine Hauptaufgabe zu lösen: Die Verfassung des deutschen Reiches zu vollenden und einzuführen und damit dem nationalen Bedürfnisse des deutschen Volkes Genüge zu tun.

Diese Aufgabe war keine einfache. Es galt zu entscheiden, nicht allein was für staatsbürgerliche Rechte der Deutsche besitzen, ob Deutschland einen von allem Volk gewählten Reichstag haben, ob das Haupt der Nationalregierung ein erblicher, oder ein Wahlkaiser, oder ein Präsident, oder ein Exekutivkollegium sein, sondern auch, aus welchen Bestandteilen das deutsche Reich zusammengesetzt sein, ob die deutsch-österreichischen Länder einen Teil davon ausmachen, und welcher der beiden deutschen Großmächte, Österreich oder Preußen, in diesem Falle die Hegemonie in Deutschland zugestanden werden solle. Lange dauerte der parlamentarische Kampf, und erst dann, als der österreichische Reaktionsminister Fürst Felix Schwarzenberg für das ganze als Einheitsstaat organisierte Österreich mit seinen nahezu dreißig Millionen nichtdeutscher Einwohner den Eintritt in den deutschen Bund verlangte — eine Forderung, mit der die Schöpfung eines deutschen Nationalreiches durchaus unvereinbar war —, erst dann konnte im Parlament eine Mehrheit gefunden werden, die sich für das erbliche Kaisertum erklärte und, am 28. März 1849, den König von Preußen zum deutschen Kaiser erwählte.

Wie unbeliebt auch die Preußen und ihr König außerhalb der preußischen Grenzen, und besonders in Süddeutschland, gewesen sein mochten, und wie wenig auch die demokratische Partei die Schöpfung einer Exekutivgewalt des deutschen Reiches in der Form des erblichen Kaisertums gewünscht hatte, dennoch flammte, als das Einigungswerk endlich vollendet schien, der nationale Enthusiasmus noch einmal auf in heller, freudiger Glut. Eine aus 33 Mitgliedern bestehende Deputation des Nationalparlaments mit dem Präsidenten der Versammlung an der Spitze begab sich, auf dem Wege überall mit der lautesten Begeisterung begrüßt, nach Berlin, um dem Könige von Preußen die verfassungsmäßige Kaiserwürde anzubieten und ihn zur Annahme aufzufordern. Und nun kam die bitterste Enttäuschung von allen.

Freilich wußte man, daß Friedrich Wilhelm IV., an seinem absolutistischen Mystizismus festhaltend, den souveränen Charakter des Nationalparlaments als einer konstituierenden Versammlung nicht anerkannt und für die Krone Preußen sowie für die andern deutschen Fürsten das Recht, das Verfassungswerk zu revidieren, beansprucht hatte. Auch wußte man, daß die vom Parlament hergestellte Verfassung für seinen Geschmack viel zu demokratisch war. Aber nachdem alle deutschen Regierungen, mit Ausnahme der königlichen von Bayern, Sachsen und Hannover, (Österreich kam jetzt nicht mehr in Betracht) dem Druck der öffentlichen Meinung nachgebend, sich bereit erklärt hatten, die Reichsverfassung mitsamt dem Kaisertum anzunehmen und es gewiß war, daß auch die drei zurückhaltenden Könige keinen Widerstand wagen würden, da glaubte das noch immer gern vertrauende Volk, der Mann, der im März 1848 auf den Straßen von Berlin feierlich erklärt, er wolle sich an die Spitze der nationalen Bewegung stellen, und Preußen solle in Deutschland aufgehen, könne unmöglich das nationale Einigungswerk in dem Augenblick, da es zu seiner Vollendung nur noch seiner Einwilligung bedurfte, von sich stoßen und vernichten wollen. Doch das war es, was geschah. Friedrich Wilhelm IV., der sich über die Weise, in welcher Deutschland geeinigt werden könnte, allerlei phantastischen Träumereien hingegeben hatte, fand die ihm gebotene Verfassung in allen wesentlichen Punkten von seinen eigenen Konzeptionen abweichend. Das Nationalparlament habe überhaupt kein Recht, ihm oder irgend jemandem eine Krone anzubieten; solch ein Anerbieten könne rechtmäßigerweise nur von der freien Entschließung der deutschen Fürsten ausgehen. Auch würde die Annahme der deutschen Kaiserkrone mit seinem Gefühl freundschaftlicher Verbindlichkeit Österreich gegenüber nicht verträglich sein. Diese und ähnliche Gründe für die Nichtannahme der Reichsverfassung und der Kaiserwürde wurden von dem Könige teils öffentlich, teils vertraulich angegeben. Vielleicht lag der schwerwiegendste Grund, der den schwachmütigen Monarchen schreckte, in der Wahrscheinlichkeit, daß er die deutsche Kaiserwürde, einmal angenommen, in der Folge mit den Waffen gegen Österreich und Rußland werde verteidigen müssen, — eine Besorgnis, die auf fast naive Weise zum Ausdruck kam in einer Antwort, die der König dem auf Annahme der Kaiserwürde dringenden Herrn von Beckerath gab: „Wenn Sie Ihre beredten Worte an Friedrich den Großen hätten richten können, der wäre Ihr Mann gewesen; ich bin kein großer Regent.“ In der Tat hat Friedrich Wilhelm IV. vom ersten Tage seiner Regierung bis zu deren unrühmlichem Ende genugsam bewiesen, daß er nicht dazu gemacht war, der erste Kaiser des neuen deutschen Reiches zu sein. Er schwankte stets und blieb nur beständig in seiner Schwäche.

Die Ablehnung der Kaiserwürde und der Reichsverfassung durch den König von Preußen verwandelte den allgemeinen Enthusiasmus in ebenso allgemeine Bestürzung und Indignation. Am 11. April erklärte das Nationalparlament, an seiner Reichsverfassung unwandelbar festhalten zu wollen. Am 14. hatten die Kammern und Regierungen von 28 deutschen Staaten ihre unbedingte Annahme dieser Verfassung und des preußischen Kaisertums ausgesprochen, aber Friedrich Wilhelm IV. blieb bei seiner Ablehnung und die Könige von Bayern, Hannover und Sachsen bei ihrer Renitenz. Am 4. Mai nun forderte das Nationalparlament die „Regierungen, die gesetzgebenden Körper, die Gemeinden der Einzelstaaten, das gesamte deutsche Volk auf, die Verfassung des deutschen Reiches zur Anerkennung und Geltung zu bringen." Dieser Beschluß klang einem Aufruf zu den Waffen sehr ähnlich. In verschiedenen Teilen Deutschlands war ihm bereits vorgegriffen worden. In der bayerischen Rheinpfalz hatte schon am 30. April das Volk sich mit seltener Einmütigkeit erhoben und in kolossalen Massenversammlungen im Widerspruch gegen die bayerische Regierung erklärt, daß es mit der Reichsverfassung stehen und fallen werde. Die patriotischen Pfälzer gingen sogar weiter. Sie errichteten eine provisorische Regierung, welche die von dem König von Bayern eingesetzten Behörden verdrängte. Die Erhebung pflanzte sich rasch nach Baden fort, wo die ganze Armee des Großherzogtums mit Ausnahme einer kleinen Abteilung Kavallerie sich ihr anschloß und den Aufständischen die Festung Rastatt in die Hände lieferte. Der Großherzog von Baden flüchtete und an seine Stelle trat auch dort eine aus Volksführern zusammengesetzte provisorische Regierung. Im Königreich Sachsen erhob sich das Volk der Hauptstadt Dresden um den König zur Anerkennung der Reichsverfassung zu zwingen. Auch dort sah sich der König nach kurzem Kampf zwischen Volk und Militär zur Flucht genötigt, und eine provisorische Regierung wurde eingesetzt. Aber der König wandte sich an die preußische Regierung um Hülfe. Diese wurde bereitwillig gewährt, und es waren preußische Truppen, die nach blutigem Kampf in den Straßen von Dresden den Aufstand niederwarfen und die Autorität des sächsischen Königs wiederherstellten.

Sollten die Reichstreuen, die Deutschgesinnten in Preußen ihre Hände ruhig in den Schoß legen, während ihre Regierung preußische Soldaten zur Unterdrückung der nationalen Bewegung aussandte? In Berlin und Breslau wurden Volksaufstände versucht, aber schleunig von den Behörden mit bewaffneter Hand unterdrückt. In der Rheinprovinz war die Aufregung ungeheuer. In Köln wurde eine Versammlung der rheinischen Gemeindevertretungen abgehalten, die fast einstimmig die Anerkennung der deutschen Reichsverfassung forderte und im Falle der Weigerung der preußischen Regierung mit dem Abfall des preußischen Rheinlandes von der Monarchie drohte. Aber die preußische Regierung hatte längst aufgehört, sich durch bloße Versammlungen und hochtönende Worte schrecken zu lassen, wenn nicht eine starke revolutionäre Tatkraft dahinter stand. Es war klar, um die Reichsverfassung und die nationale Einheit zu retten, mußte gehandelt werden. Wiederum blickte man auf die Hauptstadt des Rheinlandes, Köln, wo jedoch eine so große Truppenmacht konzentriert war, daß keine Schilderhebung dagegen mit der geringsten Aussicht auf Erfolg gewagt werden konnte. Aber in den Fabrikdistrikten auf dem rechten Rheinufer, in Iserlohn, Düsseldorf und Elberfeld, brach der Aufstand wirklich los. Die unmittelbare Veranlassung dazu war der des tragischen Oktoberaufstandes in Wien nicht unähnlich. Die preußische Regierung verordnete die Mobilmachung der rheinischen Armeekorps, um diese gegen die „Insurgenten", die Verteidiger der Reichsverfassung in der Pfalz und in Baden, ins Feld zu führen. Zu diesem Zwecke wurde in der Rheinprovinz und in Westfalen die Landwehr in Dienst gerufen. Die Landwehrmänner waren damals, wie jetzt, Männer zwischen 25 und 35 Jahren, Bauern, Handwerker, Fabrikarbeiter, Kaufleute oder in gelehrten Fächern tätig, viele von ihnen Väter junger

Familien. Ihren Lebenserwerb zu unterbrechen und ihre Familien zu verlassen, würde den meisten von ihnen unter allen Umständen ein schweres Opfer gewesen sein. Um wieviel schwerer war dieses Opfer, wenn es ihnen zugemutet wurde, nur damit sie helfen sollten, diejenigen niederzuschlagen, die sich in Baden und der Pfalz für die Sache der vaterländischen Einheit und der Volksfreiheit erhoben hatten, und mit denen sehr viele, wenn nicht die große Mehrheit der Landwehrleute im Herzen warm sympathisierten? So geschah es denn, daß zahlreiche Versammlungen von Landwehrleuten gehalten wurden, die erklärten, sich nicht unter die Waffen stellen zu wollen. An mehreren Depotplätzen, an denen sich die Landwehrmänner sammeln mußten, um ins Gewehr zu treten, gab es offene Widersetzlichkeit, und in einigen, wie Düsseldorf, Iserlohn und Elberfeld wurde der Aufstand auf kurze Zeit Meister.

Offenbar aber konnte dieser Aufstand nur dann eine Möglichkeit des Erfolges haben, wenn die Erhebung im Lande allgemein wurde, und in der Tat sah es einen Augenblick aus, als ob die Widersetzlichkeit der Landwehren im Rheinland und Westfalen sich ausbreiten und zum Sammelpunkt einer mächtigen und folgenreichen Bewegung gestalten werde. Aber was geschehen sollte, mußte dann sofort geschehen. So trat die Frage des Augenblicks auch an uns in Bonn heran. Kinkel war wieder da. Die Kammer, deren Mitglied er gewesen, hatte den König nochmals zur Anerkennung der Reichsverfassung und zur Annahme der Kaiserkrone aufgefordert und war dann aufgelöst worden. Kinkel war in Bonn der anerkannte demokratische Führer. Jetzt galt es für ihn, seine Fähigkeit zu rasch entschlossenem Handeln zu beweisen, oder die Führerschaft in der entscheidenden Stunde andern zu überlassen. Er zögerte keinen Augenblick. Was war zu tun? Daß die Landwehr, wenigstens der größte Teil davon, nicht unter die Waffen zu treten wünschte, um die Verteidiger der Reichsverfassung zu bekämpfen, war gewiß. Aber wollte sie diese Weigerung aufrecht halten, so mußte sie selbst die Waffen ergreifen gegen die preußische Regierung, gegen den eigenen „Kriegsherrn“.

Um den Widerstand gegen die preußische Regierung tatkräftig zu machen, war sofortige massenweise Organisation nötig. Ob die Landwehr dazu gebracht werden konnte, ob sie allgemein bereit war, dem Beispiel von Düsseldorf, Iserlohn und Elberfeld zu folgen, mußte sich erst zeigen. Waren die Landwehrleute dazu bereit, so konnten sie nichts Einfacheres und Besseres tun, als sich ohne weiteres in den Besitz der Waffen zu setzen, die in den an verschiedenen Orten befindlichen Landwehr-Zeughäusern aufgespeichert lagen, um dann unter ihren eigenen Führern als eine kampffähige Organisation gegen die preußische Regierung Front zu machen. Ein solches Zeughaus befand sich in Siegburg, ein paar Stunden Weges von Bonn auf der rechten Rheinseite. Es gab dort Musketen mit allem Zubehör genug, um eine ansehnliche Schar zu bewaffnen, die sich dann leicht mit den Aufständischen in Elberfeld hätte in Verbindung setzen, eine bedeutende Macht bilden und den Aufstand nach allen Seiten ausbreiten können. Dies war der Gedanke, der den demokratischen Führern in Bonn und der Umgegend mit größerer oder geringerer Klarheit durch den Kopf ging, und es fand sich auch ein militärisches Haupt zu dessen Ausführung in der Person des ehemaligen Artillerieleutnants Fritz Anneke, der von Köln zu uns herüberkam. Auf den 11. Mai war die Landwehr des Distriktes nach Siegburg berufen, um eingekleidet zu werden. So drängte die Zeit.

Am 10. Mai hatten wir in Bonn eine Versammlung der Landwehrleute aus der Stadt und der Umgegend veranstaltet. Schon während der Morgenstunden strömte eine große Menge im Saal des Römers zusammen. Anselm Unger, zum Vorsitzenden erwählt, ermahnte die Leute, der Einberufung durch die preußische Regierung nicht Folge zu leisten, sondern, wenn die Waffen ergriffen werden müßten, sie dann gegen die Regierung, die das deutsche Volk um seine Freiheit und Einheit bringen wolle, zu ergreifen und zur Verteidigung der Reichsverfassung zu führen. Die Leute nahmen diese Ermahnung mit allen Zeichen warmen Einverständnisses auf. Die Versammlung dauerte den ganzen Tag. Die Zahl der herbeikommenden Landwehrleute wurde immer größer. Verschiedene Redner sprachen zu ihnen, alle in demselben Sinne und, wie es schien, mit derselben Wirkung. Es war unter uns beschlossen, den Schlag gegen das Zeughaus in Siegburg noch diese Nacht zu führen und so die von der Regierung beabsichtigte Bewaffnung der Landwehrleute selbst zu übernehmen. Zu diesem Zwecke mußten die Leute während des Tages zusammengehalten werden, um in möglichst großer Zahl an dem nächtlichen Zuge nach Siegburg teilzunehmen.

Die Leute zusammenzuhalten, war nicht leicht. Etwas Geld war aufgebracht worden, um sie während des Tages zu speisen. Aber das allein genügte nicht. Kinkel, nachdem er noch seine letzte Vorlesung in der Universität gehalten hatte, sprach nachmittags um 4 Uhr zu der Versammlung im Römer. Mit glühenden Worten fachte er die patriotischen Gefühle seiner Zuhörer an, ermahnte sie dringend zusammenzubleiben, da jetzt die Stunde des entscheidenden Handelns gekommen sei, und versprach ihnen am Schluß seiner Rede, bald wieder unter ihnen zu erscheinen, um im Augenblick der Gefahr ihr Schicksal mit ihnen zu teilen.

Ich brachte einen Teil des Tages in der Versammlung zu, den größeren aber im Exekutivkomitee, oder, wie es genannt wurde, im „Direktorium" des demokratischen Vereins, das in einer Hinterstube der Kammschen Wirtschaft in Permanenz saß. Dort empfing es die laufenden Berichte von Elberfeld und von den demokratischen Vereinen der Umgegend über deren Aktionsbereitschaft, und dort wurden die Anordnungen für den Marsch nach dem Siegburger Zeughause in der kommenden Nacht festgestellt und die Rollen verteilt. Kinkel und Unger sollten die Landwehrleute und andere, die an der Expedition teilzunehmen bereit waren, zusammenhalten und, so gut es ging, organisieren, um sie dann unter Annekes militärischem Kommando über den Rhein zu bringen, während Kamm, Ludwig Meier, ich und noch ein anderer Student dafür sorgen sollten, daß die Fähre, oder „fliegende Brücke", die gewöhnlich des Nachts auf der anderen Rheinseite bei dem Dorfe Beuel festlag, unserm Unternehmen rechtzeitig zu Dienst sei.

Es gab den ganzen Tag des geschäftigen Hin- und Herrennens so viel, daß manche der Einzelheiten mir nicht mehr ganz klar im Gedächtnisse stehen. Ich erinnere mich jedoch lebhaft genug, daß, so oft ich auf der Straße erschien, ich von Freunden unter den Studenten festgehalten und gefragt wurde, was im Winde sei, und ob sie mitmarschieren sollten, und daß ich ihnen sagte, für was ich selbst mich entschlossen hätte in dieser großen Krisis zu tun, und daß jeder von ihnen seine Entschlüsse ebenfalls auf eigene Verantwortung fassen müsse. Nach den fieberhaften Aufregungen der letzten Tage war ich zu der desperaten Fassung gekommen, die zu dem äußersten bereit ist. Es war mir klar, daß, wenn irgendwelche der Früchte der Revolution gerettet werden sollten, jetzt alles gewagt werden müsse. In diesem Sinne sprach ich zu meinen Freunden, ohne weitere Versuche der Überredung.

Sehr lebhaft erinnere ich mich auch, wie ich bei dem letzten Abenddämmerlicht nach Hause ging, um meinen Eltern zu sagen, was geschehen werde, und was ich für meine Pflicht halte, um dann von den Meinigen Abschied zu nehmen. Seit dem Ausbruch der Revolution hatten meine Eltern an der Entwicklung der Dinge das wärmste Interesse genommen. Sie waren immer für die Sache des einigen Deutschlands und einer volkstümlichen Regierung aufrichtig begeistert gewesen. Ihre politischen Gesinnungen stimmten daher mit den meinigen aufs innigste überein. Mein Vater war Mitglied des demokratischen Vereins und freute sich, mich unter dessen Führern zu sehen und reden zu hören. Die edle Natur meiner Mutter hatte immer dem, was sie für Recht hielt, mit tief enthusiastischem Eifer angehangen. Beide hatten den Gang der Ereignisse hinreichend beobachtet, um die Katastrophe kommen zu sehen. Die Ankündigung, die ich ihnen zu machen hatte, überraschte sie daher nicht. Ebensowenig kam es ihnen unerwartet, daß ich an dem Unternehmen, das so gefahrvoll und für mich so folgenschwer aussah, persönlich teilnehmen werde. Ohne weiteres erkannten sie meine Verpflichtung an. Freilich ruhten all ihre Hoffnungen für die Zukunft auf mir. Ich sollte im Kampf ums Dasein die Stütze der Familie sein. Aber ohne eines Augenblicks Zaudern und ohne ein Wort der Klage gaben sie alles hin für das, was sie für eine Pflicht der Ehre und des Patriotismus ansahen. Wie eine der spartanischen Frauen oder der römischen Matronen, von denen wir lesen, holte meine Mutter mit eigener Hand meinen Säbel aus der Ecke und gab ihn mir mit der einzigen Ermahnung, ich solle ihn ehrenhaft führen. Und nichts hätte ihrer Seele dabei fremder sein können, als der Gedanke, daß in dieser Handlung etwas Heroisches lag.

Ehe ich das Haus verließ, verweilte ich noch einen Augenblick in meinem Zimmer. Wir wohnten damals auf der Koblenzer Straße und von meinem Fenster hatte ich einen freien Blick auf den Rhein und das Siebengebirge, jene Aussicht, die an Lieblichkeit in der ganzen Welt ihresgleichen sucht. Wie oft hatte ich, in den Anblick dieses anmutigen Bildes versunken, mir träumend eine schöne, ruhige Zukunft aufgebaut! Nun konnte ich in der Dunkelheit nur die Konturen meiner geliebten Berge gegen den Horizont stehend unterscheiden. Hier war meine Arbeitsstube, still wie sonst. Wie oft hatte ich sie mit meinen Phantasien bevölkert! Da waren meine Bücher und Manuskripte, alle von Plänen, Bestrebungen und Hoffnungen zeugend, die ich nun vielleicht auf immer hinter mir lassen sollte. Ein instinktives Gefühl sagte mir, daß es damit nun wirklich vorbei sei. Ich ließ alles liegen, wie es eben lag, kehrte der Vergangenheit den Rücken und ging meinem Schicksal entgegen.

Zu derselben Stunde nahm auch Kinkel von seiner Frau und Kindern Abschied und schritt dann zu der Versammlung im Römer zurück, wo er auf der Rednerbühne mit einer Muskete bewaffnet erschien. In seiner eindrucksvollen Weise kündigte er seinen Zuhörern an, was heute nacht geschehen müsse, und was er zu tun entschlossen sei; niemanden fordere er auf, ihm blindlings zu folgen; niemandem verberge er die Tragweite und die Gefahren des Unternehmens; nur die, welche in der höchsten Not des Vaterlandes wie er, ihre Pflicht fühlten, das äußerste zu wagen, forderte er auf, mit ihm zu marschieren in Reih und Glied.

Unterdessen war ich darauf bedacht, den mir gewordenen Auftrag zu erfüllen. Ich nahm meinen Weg noch einmal an Bettys Haus vorüber und blickte zu dem Fenster hinauf, an dem ich sie so oft gesehen. Es war dunkel. Dann ging ich zu einer verabredeten Stelle am Rheinufer hinunter, wo ich einen Genossen fand — ich glaube es war Ludwig Meyer — mit dem ich in einem Kahn über den Rhein setzte. Drüben empfing uns der bereits früher angekommene Kamm; er präsentierte sich in einem Reisekittel mit einem Säbel an der Seite und einer Kugelbüchse in der Hand. Wir nahmen sofort von der „fliegenden Brücke" Besitz, ließen sie nach Bonn hinüber schwingen und brachten sie gegen Mitternacht mit Menschen bedeckt nach der rechten Rheinseite zurück. Diese war die Truppe, die nach Siegburg marschieren und dort das Zeughaus nehmen sollte. Kinkel erschien mit der Muskete auf der Schulter. Unger saß zu Pferde, mit einem Säbel bewaffnet. Ein Fuhrmann namens Bühl, der in Bonn als der Führer eines anrüchigen Elementes galt, hatte sich ebenfalls zu Pferde eingefunden. Die übrigen waren zu Fuß, die meisten bewaffnet, aber nur wenige mit Schießgewehren. Mir hatte man eine Kugelbüchse mitgebracht, aber ohne passende Munition.

Anneke ordnete die Schar und teilte sie in Sektionen ein. Eine derselben wurde unter das Kommando von Joseph Gerhardt gestellt, der später nach Amerika ging und im Rebellionskriege als Oberst eines Unionsregimentes gute Dienste tat. Anneke fand, daß seine Truppe nicht ganz 120 Mann zählte, und konnte sich nicht enthalten, seiner Enttäuschung bitteren Ausdruck zu geben. Es hatten sich eben viele, die der Versammlung im Römer beigewohnt, in der Dunkelheit stille beiseite geschlichen, als das Zeichen zum Abmarsch gegeben wurde. Es mag sein, daß mancher patriotische Impuls, der am Morgen frisch und tatkräftig war, in den langen Stunden, die zwischen dem Entschluß und dem Augenblick des Handels verstrichen, abgestumpft wurde und der Müdigkeit des Abends erlegen war.

Nachdem wir nun in Kolonne formiert worden, hielt Anneke

eine kurze Ansprache, in der er die Notwendigkeit der Disziplin und des Gehorsams hervorhob, und dann wurde marsch! kommandiert. Schweigend ging es nun in der Dunkelheit vorwärts auf Siegburg zu. Wir waren vielleicht eine gute halbe Stunde marschiert, als einer unserer beiden Reiter nachgesprengt kam mit dem Bericht, daß die in Bonn stationierten Dragoner uns auf den Fersen seien, um uns anzugreifen. Eigentlich hätte diese Kunde niemand überraschen sollen, denn während des Tages und Abends waren die Vorbereitungen zu dem nächtlichen Zuge so öffentlich betrieben worden, daß es erstaunlich gewesen wäre, hätten die Behörden nicht davon Kunde erhalten und dann Maßregeln getroffen, den Zweck der Expedition zu vereiteln. Überdies hatten wir vergessen, die fliegende Brücke hinter uns dienstuntauglich zu machen. Nichtsdestoweniger brachte die Meldung von dem Herannahen der Dragoner in unserer Schar viel Aufregung hervor. Anneke befahl unserem Reiter zurückzueilen und sich zu vergewissern, wie nahe und wie stark der uns nachsetzende Trupp Dragoner sei. Unterdessen wurde unser Marsch beschleunigt, damit wir noch vor der Ankunft der Dragoner den Übergang über den Siegfluß bei Siegburg-Müldorf bewerkstelligen möchten, um dem Feinde die Passage streitig zu machen. Aber dies mißlang. Lange ehe wir den Siegfluß hätten erreichen können, erklang in geringer Entfernung hinter uns das Trabsignal der Dragoner. Anneke, der offenbar der Kampffähigkeit seiner Schar nicht traute, ließ sofort Halt machen und sagte den Leuten, sie seien augenscheinlich nicht imstande, den herankommenden Truppen erfolgreichen Widerstand zu leisten; sie sollten daher auseinandergehen und, wenn sie sich der Sache des Vaterlandes weiter widmen wollten, ihren Weg nach Elberfeld finden, oder nach der Pfalz, wie er es tun werde. Dieses Zeichen zur Auflösung wurde sofort befolgt. Die meisten zerstreuten sich in den umliegenden Kornfeldern, während einige von uns, etwa zwanzig, an der Seite der Straße stehen blieben. Die Dragoner ritten ruhig im Trabe durch auf Siegburg zu. Es waren ihrer nur etliche dreißig, also nicht genug, uns zu überwältigen oder selbst auf der Straße durchzudringen, hätten diejenigen von uns, die Feuerwaffen trugen, einen geordneten Widerstand geleistet.

Als nun die Dragoner zwischen uns durchgeritten waren und sich der Unsrigen nur wenige in der Dunkelheit auf der Straße zusammenfanden, überkam mich ein Gefühl tiefer, grimmiger Beschämung. Unser Unternehmen hatte also nicht nur einen unglücklichen, sondern einen lächerlichen, schmachvollen Ausgang genommen.

Vor einer Handvoll Soldaten war unsere mehr als dreimal so starke Schar, ohne einen Schuß zu feuern, auseinander gelaufen. So bewahrheiteten sich die großen Worte derer, welche der Freiheit und Einheit des deutschen Volkes Gut und Blut, Leib und Leben zu opfern versprochen. — Ich suchte Kinkel, konnte ihn aber in der Finsternis nicht finden. Endlich stieß ich auf Kamm und Ludwig Meyer. Sie fühlten beide wie ich, und wir beschlossen sofort, vorwärts zu gehen und zu sehen, was sich noch werde tun lassen. So marschierten wir denn den Dragonern nach und trafen in der kleinen Stadt Siegburg kurz vor Tagesanbruch ein. Der dortige demokratische Verein, mit dem wir Verbindung unterhalten und dessen Führer uns in der vergangenen Nacht erwartet hatten, benutzte einen Gasthof, der Reichenstein genannt, als sein Hauptquartier. Dorthin begaben wir uns. Unsere demokratischen Freunde waren früh morgens zu Stelle, und mit ihnen berieten wir eifrig die Frage, ob nicht trotz des armseligen Fehlschlages der vergangenen Nacht und der Besetzung des Zeughauses durch die Dragoner, das Zeughaus dennoch genommen und ein Aufstand organisiert werden könnte, um unseren bedrängten Gesinnungsgenossen in Düsseldorf und Elberfeld Luft zu machen. Die Stimmung unserer Siegburger Freunde klang wenig ermutigend. Ich war in einer fieberhaften Aufregung, die durch neue Nachrichten von Elberfeld noch gesteigert wurde. Obgleich todmüde, konnte ich nicht schlafen. Im Laufe des Tages sammelte sich eine große Menschenmenge, einberufene Landwehrleute und andere aus der Umgegend. Bald wurden Reden gehalten, und ich forderte direkt und wiederholt zur Stürmung des

Zeughauses auf. Ein Gerücht drang zu mir, daß während des Tages in Bonn ein Kampf zwischen Bürgern und Militär ausgebrochen sei, und das Gerücht teilte ich der versammelten Menge mit, mußte aber, nachdem spätere Nachrichten angekommen, zu meiner Beschämung gestehen, daß ich übel berichtet gewesen. Ich war außer mir vor Begierde, die Schmach der letzten Nacht auszuwaschen und für unsere Sache auch unter ungünstigen Umständen noch das Äußerste zu versuchen. Meine Reden wurden immer heftiger, aber umsonst. Der Abend kam, die Menge verlief sich, und ich mußte mir endlich gestehen, daß die Leute, die wir vor uns hatten, nicht zu einer entschlossenen Tat angefeuert werden konnten. Unger, Meyer und ich beschlossen, dahin zu gehen, wo gekämpft wurde, machten uns auf den Weg nach Elberfeld und erreichten unser Ziel am nächsten Tage.

Dort fanden wir Barrikaden auf den Straßen, viel Lärm in den Wirtshäusern, eine nur geringe Zahl von Bewaffneten, und weder systematisches Kommando noch Disziplin. Hier war offenbar kein Erfolg in Aussicht. Hier konnte es nichts geben, als einen von vornherein hoffnungslosen Kampf, oder gar eine sofortige Kapitulation. „Hier ist es nichts," sagte ich zu Unger, „ich gehe nach der Pfalz." Meier war bereit mich zu begleiten. Wir befanden uns bald an Bord eines rheinaufwärts fahrenden Dampfers. Ich ordnete brieflich an, daß mir sofort einige Sachen zu meiner Ausrüstung an unsern schon erwähnten braven Frankonenfreund den Wirt Nathan in St. Goarshausen nachgeschickt werden sollten, und am Abend desselben Tages waren wir im Schatten des Lurleifelsens unter Nathans gastlichem Dach.

Nach den furchtbaren Aufregungen der letzten vier Tage kam ich da zum erstenmal wieder zu ruhiger Besinnung. Als ich von einem langen und tiefen Schlaf erwachte, erschien mir das Vergangene wie ein wüster Traum, und dann doch als grelle, furchtbare Wirklichkeit. Der Gedanke ging mir durch den Kopf, daß ich nun, obgleich vorläufig in Nathans Hause sicher genug, doch eigentlich jetzt ein von der Obrigkeit Verfolgter, ein Landflüchtiger sei, denn es war nicht denkbar, daß die Regierung einen Versuch zur Stürmung eines Zeughauses ungeahndet werde passieren lassen.

Dies war ein eigentümlich unbehagliches Gefühl; ein viel häßlicheres aber, daß ich auf die Handlung, der ich meine Achtung verdankte, obgleich ich sie nach wie vor für recht und patriotisch hielt, doch nicht stolz sein konnte, da sie einen so schmählichen Ausgang genommen — schmählich genug in der Tat, um mir die Rückkehr zu meinen Freunden unmöglich zu machen, solange diese Schmach nicht ausgewaschen sei. Am tiefsten aber grämte es mich, nun zu wissen, daß alle Aufstandsversuche in Preußen fehlgeschlagen seien, und daß jetzt die preußische Regierung imstande sein werde, ihre ganze Macht gegen die Aufständischen in Baden und in der Pfalz zu wälzen. Freilich erwärmte ich mich dann an dem Glauben, daß eine so große, so gerechte, so heilige Sache wie die der deutschen Einheit und Volksfreiheit unmöglich verloren gehen könne, und daß ich doch noch Gelegenheit haben werde, zu ihrem Siege, wenn auch nur ein Geringes, beizutragen. Nie werde ich die Stunden vergessen, die ich, diese Dinge besprechend, mit Meier und mit Wessel, einem von Bonn zu uns heraufgekommenen Frankonenfreunde, unter dem Lurleifelsen auf und ab ging — jener schönsten, traumhaftesten Nische des lieben Rheintals. Meier sah seine Lage etwas nüchterner an als ich die meinige. Nach reiflicher Überlegung, in der Rücksichten auf seine Familie wohl eine wichtige Rolle spielten, kam er zu dem Entschluß, nach Bonn zurückzukehren und in bezug auf die Siegburger Affäre die Chance eines Prozesses auf sich zu nehmen. Viel, meinte er, werde man ihm doch nicht anhaben. Ich versuchte nicht, dem herzensguten, braven Kameraden meine Anschauung aufzudrängen, und so mußten wir denn scheiden.

Der Abschied von Meier und Wessel wurde mir sehr schwer. Als ich ihnen zum letztenmal die Hände drückte, fühlte ich, als schiede ich nicht allein von ihnen, sondern als nähme ich noch einmal Abschied von meinen Eltern und Geschwistern, von meiner Heimat, von meinen lieben Freunden, von meiner ganzen

Vergangenheit. Ade du schöne Studentenzeit mit deinen köstlichen Freundschaften, deinem idealen Streben, deinen glorreichen Jugendträumen!

Die Lehrjahre waren zu Ende, die Wanderschaft begann. Meier und Wessel fuhren rheinabwärts nach Bonn zurück, ich allein rheinaufwärts nach Mainz.

Sechstes Kapitel.

In Mainz angekommen, erfuhr ich von einem Mitgliede des dortigen demokratischen Vereins, daß Kinkel bereits durch die Stadt passiert sei, um nach der Pfalz zu gehen; der Mainzer Volksführer Zitz, der ein rhein-hessisches Korps organisiert habe, um den Pfälzern zu Hilfe zu ziehen und augenblicklich in Kirchheimbolanden stehe, könne mir wahrscheinlich näheres sagen. So machte ich mich denn zu Fuß nach Kirchheimbolanden auf den Weg, mein Gepäck in einem Tornister auf dem Rücken tragend. In der kleinen Stadt Kirchheimbolanden fand ich Zitz, einen hochgewachsenen stattlichen Mann inmitten seiner, wie es schien, wohlausgerüsteten und auch einigermaßen disziplinierten Freischar. Das Lager machte keinen üblen Eindruck. (Zitz wurde wenige Jahre später in New York bekannt als Mitglied der Advokatenfirma Zitz und Kapp.) Nur hatte die Artillerie, die aus drei oder vier kleinen Böllern bestand, wie man sie zum Knallen bei Festlichkeiten gebraucht, etwas Spielzeugartiges. Von Zitz erfuhr ich, daß Kinkel nach Kaiserslautern, der revolutionären Hauptstadt der Pfalz, gegangen sei, um der dort sitzenden provisorischen Regierung seine Dienste anzubieten. So wanderte ich denn weiter nach Kaiserslautern. Dort fand ich auch sogleich Kinkel und Anneke, beide im besten Humor. Sie begrüßten mich herzlich und quartierten mich im Gasthof zum Schwan ein, wo ich vorläufig, wie Kinkel sagte, mich redlich nähren und einen guten pfälzischen Nachtschlaf genießen sollte; am nächsten Tage werde man mir schon etwas zu tun geben.

Am andern Morgen war ich früh auf den Beinen, erfrischt und tatendurstig. Mit besonderer Begierde beobachtete ich, wie ein in Aufstand befindliches Volk sich in der äußeren Erscheinung ausnahm. Ich fand, daß die Gäste im Wirtshaus ruhig frühstückten wie sonst. Ich hörte sagen, daß der Sohn des Schwanenwirts dieser Tage seine Hochzeit feiern werde, und daß große Vorbereitungen im Gange seien. Auf den Straßen ging es allerdings recht lebhaft zu — hier Leute, die ihre gewöhnlichen Geschäfte zu besorgen schienen, da Trupps von jungen Männern in bürgerlicher Kleidung mit Musketen auf den Schultern, die offenbar zu der in der Bildung begriffenen Volkswehr gehörten; dazwischen Soldaten in der bayerischen Uniform, die zum Volke übergegangen waren — und sogar Polizisten, leibhaftige Gendarmen in ihrer Amtstracht, mit dem Säbel an der Seite und augenscheinlich in der Ausübung der gewöhnlichen Funktionen des Sicherheitsdienstes. Nun waren meinem von Rheinpreußen hergebrachten Gefühl die Begriffe „Gendarm" und „Freiheit" unvereinbar, und es kostete den Schwanenwirt einige Mühe, mich verstehen zu machen, daß diese Gendarmen sich auf die Reichsverfassung hatten einschwören lassen, nun der provisorischen Regierung dienten und überhaupt ganz gute Kerle seien. Überhaupt fand ich, obgleich unzweifelhaft die Führer ihre sehr sorgenvollen Stunden hatten, die Bevölkerung im ganzen in einer in hohem Grade gemütlich heiteren Stimmung, den Reiz des Augenblicks rückhaltlos genießend, scheinbar ohne sich viel mit dem Gedanken an das zu quälen, was der kommende Tag bringen werde. Das war eine allgemeine Sonntagsnachmittagslaune, ein wahrer Picknickhumor — äußerst liebenswürdig, aber wenig mit dem Bilde übereinstimmend, das ich mir von dem Ernst dieser revolutionären Situation gemacht hatte. Bald erkannte ich, daß diese fröhlich leichte Auffassung der Dinge mit dem des pfälzischen Volkscharakters wohl übereinstimmte.

Die Rheinpfalz ist ein von der Natur außerordentlich gesegnetes Ländchen, dessen landschaftliche Schönheit und dessen Erzeugnisreichtum wohl geeignet sind, in seiner Bevölkerung einen heitern, lebenslustigen Sinn zu nähren. Diesen haben nun auch die Pfälzer seit Menschengedenken in hohem Grade besessen und gepflegt. Dazu sind sie ein intelligentes und leicht erregbares Völkchen, gutherzig und enthusiastisch, selbstbewußt und vielleicht auch ein wenig oppositionslustig. Wirklich arme Leute — Leute, denen das Nötige fehlte — gab es, damals wenigstens, einen kleinen Landesteil abgerechnet, in der Pfalz nur in sehr geringer Anzahl. Es war also keineswegs die Not, was die Pfälzer zum Revolutionieren erregte. Bei dem großen Völkerschacher auf dem Wiener Kongreß nach den napoleonischen Kriegen war die Rheinpfalz an das Königreich Bayern gefallen. Aber wie sie geographisch nicht mit Altbayern zusammenhing, so hatte sich dort auch kein Gefühl der Zusammengehörigkeit mit dem Königreich entwickeln wollen. Ein wirklicher bayerischer Patriotismus wollte in der Pfalz nicht wachsen. Als nun die bayerische Regierung auch altbayerische Beamte in die Pfalz schickte, um die Pfälzer regieren zu helfen, wurden die gegenseitigen Beziehungen noch unfreundlicher. Die „hungrigen Altbayern", hieß es, würden nach der reichen Pfalz geschickt, um sich füttern zu lassen. Das Verhältnis war demjenigen, das zwischen der preußischen Rheinprovinz und Altpreußen existiert hatte, nicht unähnlich. Die Pfälzer waren daher in beständiger Opposition gegen Altbayern, und diese Opposition würde hingereicht haben, sie in die Reihen der Liberalen zu treiben, wäre nicht das geweckte, lebhafte, aufgeklärte Völkchen von Natur aus zu einer liberalen Denkweise disponiert gewesen. Daß dieser Liberalismus bei den Pfälzern einen entschieden deutsch nationalen Charakter trug, versteht sich von selbst. In der Tat hatte sich eine der berühmtesten nationalen Demonstrationen anfangs der dreißiger Jahre, das „Hambacher Fest" auf pfälzischem Boden abgespielt, und unter den Führern der nationalen Bewegung gab es immer Pfälzer in vorderster Reihe.

Als nun der König von Bayern die von dem Frankfurter Nationalparlament gemachte Verfassung anzuerkennen verweigerte, brach in der Pfalz sofort die allgemeine Entrüstung in hellen Flammen aus. Es verstand sich bei den Pfälzern von selbst, daß, wenn der König von Bayern nicht deutsch sein wollte, die Pfalz aufhören müsse, bayerisch zu sein. Am 2. Mai wurde in Kaiserslautern eine große Volksversammlung abgehalten, in der alle liberalen Vereine der Pfalz vertreten waren. Diese Versammlung ernannte einen „Landesverteidigungsausschuß", welcher den gefaßten Beschlüssen gemäß die Regierung der Provinz in die Hände nehmen und für die Organisierung einer bewaffneten Macht sorgen sollte. Die Stimmung der pfälzischen Bevölkerung war so einmütig, daß, mit Ausnahme einiger Beamten- oder Militärkreise und einiger Ortschaften, in denen eine altbayerisch gesinnte Geistlichkeit besonderen Einfluß ausübte, die Autorität des Ausschusses innerhalb der Landesgrenze so ziemlich allgemeine Anerkennung fand.

Die heillose Verworrenheit, welche die Weigerung des Königs von Preußen, die Reichsverfassung und die Kaiserkrone anzunehmen, über Deutschland gebracht hatte, trat nun kraß zutage. Wie schon erwähnt, forderte das Nationalparlament am 4. Mai durch Beschluß „die Regierungen, die gesetzgebenden Körper, die Gemeinden der Einzelstaaten, das gesamte deutsche Volk auf, die Verfassung des deutschen Reichs zur Anerkennung und Geltung zu bringen". Da nun der König von Bayern die Reichsverfassung anzuerkennen verweigerte, so fühlten die Pfälzer mit vollem Recht, daß sie, indem sie sich gegen die bayerische Regierung erhoben, im Sinne des Beschlusses des Nationalparlamentes handelten, — in der Tat, daß sie einem Befehl der höchsten nationalen Autorität in Deutschland zu gehorchen suchten. Der Landesausschuß wandte sich also in durchaus logischer Weise durch die pfälzischen Abgeordneten im Nationalparlament an dieses und an die provisorische Reichszentralgewalt um Anerkennung und Schutz. Die Reichszentralgewalt, an deren Spitze, wie bekannt, der österreichische Erzherzog Johann stand, schickte darauf einen Reichskommissar, Dr. Eisenstuck, einen Altliberalen, nach der Pfalz, um an Ort und Stelle „im Namen der Reichsgewalt alle zur Aufrechterhaltung oder Wiederherstellung der Gesetze in jenem Lande erforderlichen Maßregeln zu ergreifen", und insbesondere Fürsorge zu treffen, daß gewisse vom Landesausschusse gefaßten Beschlüsse wieder aufgehoben werden möchten. Der Reichskommissar erklärte auch die betreffenden Beschlüsse für aufgehoben, „bestätigte" aber den „Landesausschuß für Verteidigung und Durchführung der deutschen Reichsverfassung" und erklärte denselben für berechtigt, die Volkswehr zu organisieren, zu bewaffnen und auf die Reichsverfassung zu vereidigen, und „gegen gewaltsame Angriffe auf die Reichsverfassung in der Pfalz äußersten Falls selbständig einzuschreiten". Damit war nun dem Erzherzog-Reichsverweser keineswegs gedient.

Der Erzherzog Johann war ursprünglich dadurch, daß er eine „Bürgerliche" geheiratet, und daß er sich auch durch politisch freisinnige Äußerungen bei dem österreichischen Hofe mißliebig gemacht, in den Geruch liberaler Gesinnungen gekommen und bei dem großen Publikum populär geworden. Dies hatte ihm im Jahre 1848 die Wahl zum Amt des Reichsverwesers eingetragen. Es war nun nicht unnatürlich, daß ihn darauf der Wunsch und die Hoffnung erfaßte, er möge selbst die deutsche Kaiserkrone empfangen. Die Wahl des Königs von Preußen enttäuschte ihn gewaltig, und er machte seinem Unmut dadurch Luft, daß er dem Präsidium des Nationalparlaments sofort seine Abdankung von dem Reichsverweseramte ankündigte. Doch ließ er sich überreden, diese Abdankung vorläufig zurückzuhalten, und er tat dies denn auch um so williger, als er von dem österreichischen Hofe die dringende Weisung empfing, ein so wichtiges Amt, solange es bestehe, nicht fahren zu lassen, da er darin den dynastischen Interessen Österreichs sehr wichtige Dienste leisten könne. Das dynastische Interesse Österreichs wurde aber damals so verstanden, daß unter keiner Bedingung ein König von Preußen deutscher Kaiser werden, und daß überhaupt keine Konstituierung des deutschen Reichs, in der nicht die österreichische Gesamtmacht Platz fände und die Führerrolle spielte, zustandekommen dürfe. Die vom Nationalparlament gemachte Reichsverfassung war also dem österreichischen Hofe ein Greuel und ihre Einführung mußte mit allen Mitteln verhindert werden. Nun mag der Liberalismus des Erzherzogs Johann ursprünglich immer so echt gewesen sein — gewiß ist, daß ihm das monarchische Interesse im allgemeinen und das österreichische im besonderen viel mehr am Herzen lag als die Reichsverfassung und die deutsche Einheit.

Da stellte sich denn folgende wahrhaft groteske Lage der Dinge heraus: Das deutsche Nationalparlament hatte sich in der „provisorischen Zentralgewalt", an deren Spitze der Reichsverweser Erzherzog Johann gestellt worden war, ein exekutives Organ gegeben, um seinem Willen Achtung zu verschaffen und seine Beschlüsse praktisch durchzuführen. Die bei weitem wichtigste seiner Willensäußerung bestand in der von ihm gemachten deutschen Reichsverfassung, und der Wahl des Königs von Preußen als deutscher Kaiser. Der König von Preußen weigerte sich die Reichsverfassung als zu Recht bestehend anzuerkennen und die auf ihn gefallene Kaiserwahl anzunehmen. Das Nationalparlament forderte darauf nicht nur alle deutschen Regierungen, sondern auch die gesetzgebenden Körper und die Gemeinden der deutschen Einzelstaaten, ja das ganze deutsche Volk auf, die Reichsverfassung zur Anerkennung und Geltung zu bringen. Das Volk der Pfalz tat genau das, wozu das Nationalparlament das deutsche Volk aufforderte. Es stand für die Reichsverfassung auf gegen den König von Bayern, welcher der Reichsverfassung seine Anerkennung versagte. Ein von der Reichszentralgewalt in die Pfalz geschickter Reichskommissar fühlte sich durch seine Loyalität dem Nationalparlament gegenüber und durch die Logik der Umstände gezwungen, den pfälzischen „Landesausschuß für Verteidigung und Durchführung der Reichsverfassung" zu bestätigen und zur Zurückweisung gewaltsamer Angriffe auf die Reichsverfassung für berechtigt zu erklären. Und was tat darauf der Reichsverweser, der zu dem Zwecke geschaffen worden und dessen oberste Pflicht darin bestand, den Willen des Nationalparlaments und besonders die Reichsverfassung zur Anerkennung und Geltung zu bringen? Er rief den Reichskommissar sofort zurück und schickte sich an, die Volksbewegung, die in Übereinstimmung mit dem Aufruf des Nationalparlaments zur Verteidigung und Durchführung der Reichsverfassung begonnen worden war, mit Waffengewalt zu unterdrücken. Und zu diesem Zweck wurden hauptsächlich preußische Truppen gewählt — Truppen desselben Königs, der im März 1848 feierlich versprochen hatte, sich an die Spitze der nationalea Bewegung zu stellen und Preußen in Deutschland aufgehen zu lassen, der dann zum Deutschen Kaiser gewählt worden und nun diejenigen tot zu schießen bereit war, die ihn tatsächlich zum Kaiser machen wollten.

Es ist zur Verteidigung dieser unerhörten Handlungsweise gesagt worden, daß dem Volksaufstand für die Reichsverfassung in der Pfalz und besonders demjenigen in Baden starke republikanische Tendenzen, „Umsturzgelüste", beigemischt waren. Das ist richtig. Es ist aber ebenso wahr, daß, hätten die deutschen Fürsten in loyaler Weise, wie sie im März 1848 dem deutschen Volke das volle Recht gegeben hatten, von ihnen zu erwarten, die Reichsverfassung angenommen, sie alle republikanischen Bestrebungen in Deutschland brachgelegt haben würden. Das deutsche Volk würde im ganzen und großen zufrieden gewesen sein; ja es würde sich unzweifelhaft sogar einige Änderungen der Reichsverfassung im monarchischen Sinne haben gefallen lassen. Und es ist nicht weniger wahr, daß die Weise, in welcher die Machthaber nach so vielen schönen Versprechungen die Hoffnung des deutschen Volkes auf nationale Einigung zu vereiteln suchten, nur zu gut geeignet war, allen Glauben an die nationale Gesinnung und die Loyalität der Fürsten zu zerstören und die Meinung zu verbreiten, daß nur auf republikanischem Wege eine einheitliche deutsche Nation geschaffen werden könne. Die Haltung des Königs von Preußen sowie der Könige von Bayern, Hannover und Sachsen stellten den national gesinnten Deutschen vor die klare Alternative, entweder alle deutschen Einheitsbestrebungen und alles, was damit an nationaler Freiheit, Macht und Größe zusammenhing, vorläufig aufzugeben, oder dieselben auf dem Wege weiter zu führen, der von den Regierungen als revolutionär bezeichnet wurde. Die klägliche Geschichte Deutschlands während des nächsten Dezenniums hat schlagend bewiesen, daß diejenigen, welche die Situation im

Jahre 1849 im Lichte dieser Alternativen auffaßten, sie richtig auffaßten.

Kehren wir nun zur Pfalz nach der Abberufung des Reichskommissars Eisenstuck zurück. Zuerst wurden mit kleinen Truppenkörpern Versuche gemacht, der pfälzischen Bewegung Einhalt zu tun. Da dies jedoch nicht gelang und unterdes auch durch den Aufstand des Volkes und der Armee in Baden die Lage der Dinge viel ernster geworden war, so fing die preußische Regierung an, ein paar Armeekorps mobil zu machen und sich auf einen förmlichen Feldzug vorzubereiten. Es waren gerade diese Vorbereitungen, die durch die verschiedenen Aufstandsversuche in den preußischen Westprovinzen hatten verhindert werden sollen. Die Pfalz blieb nun mittlerweile eine Zeitlang unangegriffen, und das gutmütige, zu sanguinischen Anschauungen geneigte Völkchen sah in dieser zeitweiligen Ruhe ein Zeichen, daß die Fürsten, auch der König von Preußen, sich doch scheuten, einen offenen Waffengang zu unternehmen, weil sich für die große Sache der deutschen Einheit und Freiheit wahrscheinlich die anderen Völkerschaften ebenso begeistern würden wie die Pfälzer und die Badenser. Man gab sich daher gern dem Glauben hin, daß die Erhebung ebenso heiter enden werde, wie sie begonnen hatte; und dies erklärt die Tatsache, daß die lustige Stimmung inmitten der revolutionären Ereignisse, die ich als Picknickhumor beschrieb, eine gute Weile vorhielt. Nicht wenige der Führer wiegten sich auch in diese Vertrauensseligkeit ein, und als nun der „Landesausschuß" gar den offiziellen Titel einer „provisorischen Regierung" annahm, da freute man sich des Gefühls, daß nun die „Fröhliche Pfalz, Gott erhalts" der bayerischen Wirtschaft für immer ledig sei und als hübsche kleine Republik und Bestandteil des großen deutschen Freistaates sich forian werde ersprießlich selbst regieren können.

Die Verständigeren und Weitersehenden verhehlten sich jedoch nicht, daß, wie die Dinge sich nun einmal gestaltet hatten, es sich hier um einen Entscheidungskampf mit einer antinationalen und antiliberalen Reaktion handle, die bei dieser Gelegenheit ihre ganz wohlorganisierte Macht, wenn nötig, bis zu den letzten Reserven, aufbieten werde, und daß dieser Macht gegenüber sich die Hülfsmittel der Pfalz und Badens bedenklich gering ausnahmen. In der Pfalz hatte allerdings eine kleine Zahl bayerischer Soldaten sich für die „Sache des Volkes" erklärt, — d. h. sie hatten sich von den Mitgliedern oder Emissären des Landesausschusses auf die Reichsverfassung einschwören lassen und dann an Stelle der Offiziere, welche die Eidesleistung verweigerten, ihre Unteroffiziere zu Offizieren erwählt. Aber ihrer waren nur wenige Hunderte. Außerdem verfügte die provisorische Regierung über die Bürgerwehren der pfälzischen Städte, die natürlich nur zum lokalen Dienst tauglich und nur schlecht bewaffnet waren; dann über das rheinhessische Korps unter Zitz, 6—700 Mann stark, über ein ähnliches Korps unter Blenker, der sich später in Amerika einen Namen machte, und schließlich über die in größerem Maßstabe erst zu organisierenden Volkswehren. Es würde wahrscheinlich nicht schwer gewesen sein, in der Pfalz ein aus rüstigen jungen Leuten bestehendes Armeekorps von 20—25000 Mann zu bilden, wäre die provisorische Regierung mit dem nötigen Kriegszeug versehen gewesen. Freiwillige meldeten sich in Menge; aber da man ihnen keine Musketen in die Hände geben, sondern sie nur darauf verweisen konnte, sich so gut es ging mit Sensen und Spießen zu bewaffnen, so verliefen sich viele davon. Ein Versuch, Musketen von Belgien einzuführen, mißlang, da man naiverweise die Ladung durch preußisches Gebiet den Rhein herauf hatte kommen lassen, wo sie natürlich von den wachsamen Preußen abgefaßt wurde. Eine Überrumpelung der in der Pfalz gelegenen Festung Landau, die bedeutende Vorräte enthielt, schlug ebenfalls fehl. So blieb denn der Waffenmangel eine der drückendsten Sorgen der provisorischen Regierung.

Diese bestand aus durchaus ehrenwerten, wohlmeinenden, braven Männern, denen man es nicht übel anrechnen darf, daß sie den Schwierigkeiten ihrer Situation, welche nur ein eminentes Genie, verbunden mit höchster Tatkraft, hätte überwinden können, nicht gewachsen waren. Ebensowenig gelang es ihnen, gerade solche Leute, wie sie eine so gewaltige Arbeit erfordert, in ihren Dienst zu ziehen. Den Oberbefehl über die bereits bestehenden und noch zu organisierenden Streitkräfte gaben sie zuerst einem ehemaligen Kommandeur der Bürgergarde in Wien, Fenner von Fenneberg, — einem Mann, der sich zum professionellen Revolutionär entwickelt hatte und seine Zeit hauptsächlich damit zubrachte, in bissigem Gerede andern die Schuld zuzuschreiben, wenn nichts geleistet wurde. Später schrieb er ein Buch, um die Unfähigkeit der provisorischen Regierung nachzuweisen, bei welcher Gelegenheit er seine eigene aufs schlagendste dokumentierte. Fenneberg mußte bald abtreten, und das Kommando ging dann provisorisch an eine Militärkommission über, die hauptsächlich aus ehemaligen preußischen Offizieren bestand, wie Techow, Schimmelpfennig, Anneke und Beust. Diese waren durchweg sehr tüchtige Leute, aber mehr geeignet für die Führung bereits fertiger Truppenkörper im Felde, als für die Schöpfung einer Armee in einem Lande, dessen Bevölkerung dem an stramme Disziplin und rasches Gehorchen gewöhnten preußischen Offizier nicht recht verständlich war und auch diesen mit seinem kurz angebundenen Wesen nicht besonders sympathisch fand. Doch leistete diese Kommission alles, was von ihr erwartet werden konnte. Mittlerweile aber engagierte die provisorische Regierung um schweres Geld, die Summe von 10000 Gulden, die Dienste eines alten polnischen Generals namens Sznayde, dem nachgesagt wurde, daß er eigentlich Schneider heiße. Offiziere, die in den großen polnischen Befreiungskämpfen gefochten hatten, erschienen damals noch von dem Nimbus des revolutionären Heldentums umflossen. Die volkstümliche Legende schrieb ihnen nicht allein außerordentliche Tapferkeit, sondern auch alle möglichen militärischen Talente, und eine besondere Kenntnis aller Geheimnisse der Kriegskunst zu. Es war, als würde an den Sammelplätzen der polnischen Flüchtlingschaft, besonders in Paris und in der Schweiz, ein Vorrat von Feldherren auf Lager gehalten, um gelegentlich in irgend einem Teile der Welt an vorkommende revolutionäre Unternehmungen abgesetzt zu werden. Unter diesen polnischen Offizieren gab es unzweifelhaft Männer von bedeutenden Fähigkeiten, wie Dembinsky, Bem, Mieroslawski und andere, — aber auch viel wertloses oder abgestandenes Material. Wie nun die provisorische Regierung der Pfalz auf den General Sznayde verfallen war, weiß ich nicht. Er soll in dem polnisch-russischen Kriege von 1830 und 1831 ein recht tapferer Reiteroffizier gewesen sein; aber im Jahre 1849 hätte man schwerlich einen General finden können, der zum Kommandeur der pfälzischen Volkswehren schlechter gepaßt hätte. Er war ein sehr dicker und sehr schwerfälliger alter Herr, dessen Aussehen vermuten ließ, daß er Messer und Gabel viel mehr zu handhaben liebte als den Säbel, und dem es um seine Nachtruhe offenbar mehr zu tun war als um wildes Kriegsgetümmel. Auch konnte er das sehr wenige, das er zu sagen hatte, auf Deutsch kaum oder gar nicht verständlich machen. Das Feld der Wirksamkeit, auf welches er sich versetzt sah, war ihm wildfremd. Seine Leistungen als Organisator des Volksheeres bestanden hauptsächlich darin, daß er die Tätigkeit der Militärkommission behinderte. Die Folge war, daß, während die provisorische Regierung es an Aufrufen, Verordnungen und Befehlen nicht fehlen ließ, die meisten davon ohne Ausführung blieben. Nach etwa sechswöchentlicher Arbeit hatte man in der Pfalz nicht mehr als 7—8000 Mann zum großen Teil schlecht bewaffneter und durchweg schlecht disziplinierter Truppen.

In Baden war man viel besser bestellt. Die gesamte Infanterie und Artillerie sowie der größte Teil der Kavallerie des Großherzogtums Baden hatten sich der Volksbewegung angeschlossen und präsentierten ein wohlausgerüstetes Armeekorps von etwa 15000 Mann. Zugleich war die Festung Rastatt mit ihren Waffen-, Munitions- und Montierungsvorräten in die Hände der Aufständischen gefallen. Neugebildete Organisationen konnten also bequem mit dem Nötigen versehen werden, und so hätte sich dort ohne allzu große Schwierigkeit eine mehr oder minder schlagfähige Armee von 40—50000 Mann herstellen lassen. Freilich hatten sich, mit wenigen Ausnahmen, die Offiziere zum Großherzog gehalten und von ihren Truppen getrennt. Aber ihre Stellen waren mit avancierten Unteroffizieren besetzt worden, und unter diesen gab es tüchtige Leute in hinreichender Anzahl, um unter den Liniensoldaten die Disziplin einigermaßen aufrecht zu halten. So erschien denn der badische Aufstand in ziemlich stattlicher Rüstung.

Aber die pfälzischen und badischen Führer hätten von vornherein mit der Tatsache rechnen müssen, daß die äußerste Anstrengung der Kräfte der beiden kleinen Länder nicht hinreichen konnte, der vereinigten Macht der deutschen Fürsten, oder selbst Preußen allein, die Spitze zu bieten. Es gab keine Hoffnung des Erfolges, wenn sich nicht die Volkserhebung über Baden und die Pfalz hinaus auf das übrige Deutschland ausbreitete. Zu diesem Ende hätten die beiden provisorischen Regierungen alle nur einigermaßen marschfähigen Leute über die Grenzen werfen sollen, um die Truppen und die Bevölkerung der benachbarten Staaten, zuerst die von Hessen und Württemberg, in die aufständische Bewegung hineinzuziehen und, im Falle des Gelingens, auf dieselbe Weise immer weiter vorzudringen. Ein junger badischer Offizier, Franz Sigel, der von der provisorischen Regierung zum Major avanciert worden war, erkannte dies klar genug und riet zur Invasion von Württemberg. Die provisorische Regierung erlaubte ihm eine Bewegung auf hessisches Gebiet mit schwachen Kräften. Aber er wurde bald zurückbefohlen. Zu einem offensiven, propagandistischen Vorgehen konnten sich die provisorischen Regierungen von Baden und der Pfalz nicht entschließen. Sie sahen nicht, daß defensives Erwarten der feindlichen Streitkräfte die unfehlbare Niederlage der Volkstruppen und das totale Fehlschlagen der Erhebung bedeutete. Sie klammerten sich noch immer an die Hoffnung, daß die preußische Regierung doch noch im letzten Augenblick von einem tatsächlichen Angriff auf die Verteidiger der Reichsverfassung zurückschrecken, oder, wenn nicht, daß die preußische Landwehr sich weigern werde, auf ihre für das gemeinsame Recht aufgestandenen Brüder zu schießen. Was die Landwehr nun auch getan haben möchte, hätte ein mit kühner Entschlossenheit und Siegesmut vordringendes Volksheer sie auf ihrem eigenen Boden aufgesucht und so an ihre Sympathie appelliert — man könnte schwerlich von ihr erwarten, daß sie sich für eine ängstlich zurückhaltende, und anscheinend sich selbst aufgebende Sache opfern werde. Aber wie klar dies auch zurzeit den badischen und pfälzischen Führern hätte sein sollen, die provisorischen Regierungen beharrten darauf, innerhalb der Landesgrenzen den Angriff zu erwarten.

Ich kann mich nicht rühmen, die Situation damals so klar durchschaut zu haben wie später. Freilich hatte ich eine Ahnung davon; aber dann tröstete ich mich mit dem Gedanken, die Führer, viel ältere Leute als ich, müßten doch besser wissen, was zu tun sei; und schließlich hielt mich mein hoffnungsvoller Jugendmut aufrecht, der mir wieder und wieder sagte, eine so gerechte Sache, wie die unsrige, könne unmöglich untergehen. Schon am Tage nach meiner Ankunft in Kaiserslautern hatte ich mich in eins der Volkswehrbataillone, die organisiert wurden, als Soldat wollen einreihen lassen. Aber Anneke riet mir, damit nicht zu eilig zu sein, sondern mich ihm anzuschließen; da er Chef der pfälzischen Artillerie sei, so könne er mir eine meinen Fähigkeiten mehr angemessene Stellung verschaffen. In der Tat brachte er mir ein paar Tage darauf ein Leutnantspatent, das er mir von der provisorischen Regierung erwirkt hatte, und so wurde ich Aide-de-Camp im Stabe des Artilleriechefs. Kinkel fand Verwendung als einer der Sekretäre der provisorischen Regierung. Die pfälzische Artillerie bestand nur aus den Böllern der rheinhessischen Freikorps, aus einem halben Dutzend ähnlicher kleiner Kanonen, von denen man sagte, sie würden im Gebirgskriege recht nützlich sein, und aus einer später von der badischen provisorischen Regierung erstandenen Sechspfünderbatterie. Das Wirkungsfeld des Artilleriechefs und seines Stabes war also ein sehr beschränktes, und ich ließ mir's gefallen, bis zum Ausbruch der Feindseligkeiten auch in politischen Angelegenheiten beschäftigt zu werden. So hatte ich zuweilen bei Volksversammlungen mitzuwirken, welche man zur Anfeuerung des patriotischen Eifers veranstaltete; und einmal wurde mir sogar der Auftrag, als Kommissar der provisorischen Regierung die Verhaftung eines katholischen Pfarrers zu bewerkstelligen, der seinen Einfluß in seiner Gemeinde — einem großen Bauerndorf von etwa 3000 Einwohnern — offen dazu benützte, die jungen Leute von dem Eintritt in die Volkswehr abzuhalten. Dies galt nun für eine Art von Hochverrat an der neuen Ordnung der Dinge. Da der Pfarrer für desperat genug gehalten wurde, sich dem Verhaftsbefehl der provisorischen Regierung gegenüber zur Wehr zu setzen, so wurde mir eine Abteilung Volkswehr von etwa 50 Mann mitgegeben, um mir bei der Ausführung meines Auftrags Hülfe zu leisten. Diese bewaffnete Macht sah allerdings nicht sehr achtunggebietend aus. Der sie kommandierende Leutnant war in gewöhnlichen Zivilkleidern, aber mit einem befiederten Kalabreserhut, einer schwarz-rot-goldenen Schärpe und einem Säbel ausgestattet. Bei der Mannschaft gab es nur eine einzige militärische Uniform, und zwar die eines französischen Nationalgardisten, der aus Straßburg herübergekommen war, um das Revolutionsvergnügen in der Pfalz mitzumachen. Die übrigen Leute trugen ihre bürgerlichen Kleider etwa mit einem Federschmuck auf dem Hut. Musketen fanden sich in der Truppe weniger als ein Dutzend; darunter einige mit alten Feuersteinschlössern. Der Rest der Bewaffnung bestand aus Spießen und geradegestellten Sensen. Ich selbst zeichnete mich als Regierungskommissar durch eine über Schulter und Brust geworfene schwarz-rot-gelbe Schärpe und einen Schleppsäbel aus. Außerdem trug ich im Gürtel eine Pistole ohne Munition. So ausgerüstet, marschierten wir über Land dem Dorfe zu, in dem der hochverräterische Pfarrer sein Unwesen trieb. In der Nähe des Dorfes angelangt, machten wir Halt, und da unter meinen Leuten niemand war, der in dem Dorfe Bescheid wußte, so wurden drei Mann ohne Waffen vorausgeschickt, um die Lage des Pfarrhauses auszukundschaften. Zwei von ihnen sollten, um es zu beobachten, dort bleiben, und der dritte zu uns zurückkehren, um der Expedition als Wegweiser zu dienen. So geschah es.

Als ich an der Spitze meiner bewaffneten Macht in das Dorf einmarschierte, fand ich die Straßen wie ein Bild stillen Friedens. Es war ein schöner, sonniger Sommernachmittag. — Die männliche Bewohnerschaft, Ackerbauer, arbeitete auf dem Felde. Nur einige alte Leute und kleine Kinder ließen sich an den Türen der Häuser oder an den Fenstern sehen, unsern abenteuerlichen Aufzug mit blöder Verwunderung anstarrend. Ich muß gestehen, daß ich mir einen Augenblick recht sonderbar vorkam. Aber meine amtliche Pflicht ließ mir keine Wahl. Rasch wurde mit einer Abteilung meiner Truppe das Pfarrhaus umzingelt, damit mir mein Hochverräter nicht etwa durch eine Hintertür entwischen könne. Die Hauptmacht blieb in Reih und Glied auf der Straße stehen. Ich selbst klopfte an die Tür des Hauses und befand mich bald in einer einfachen, aber behaglich ausgestatteten Stube dem Pfarrer gegenüber. Er war ein noch junger Mann, etwa 35 Jahre alt, kräftige untersetzte Gestalt, wohlgebildeter Kopf mit lebhaften, klug blitzenden Augen. Ich suchte eine strenge, martialische Miene anzunehmen und machte ihn sofort in kurzen Worten mit meinem Auftrag bekannt, legte ihm, wie ich gehört und gelesen hatte, daß es beim Verhaften üblich sei, die Hand auf die Schulter und nannte ihn meinen Gefangenen. Zu meinem Erstaunen brach er in ein helles Lachen aus, das echt schien.

„Mich verhaften wollen Sie?" rief er. „Das ist nicht übel. Sie sind offenbar Student. Ich bin auch Student gewesen. Ich kenne das. Die ganze Geschichte ist ja nur ein Witz. Trinken Sie eine Flasche Wein mit mir." Dabei öffnete er die Stubentür und rief einem Dienstmädchen zu, sie möge Wein bringen.

Es verdroß mich, daß er in mir sogleich den Studenten entdeckt hatte, und daß ihm der Ausdruck amtlicher Autorität in meinen Mienen nicht imponieren wollte. „Machen Sie sich fertig, Herr Pastor", entgegnete ich in möglichst strengem Ton. „Dies ist kein Spaß. Sie haben in Ihrer Gemeinde die Organisation der Volkswehr verhindert. Solch verräterisches Treiben kann die provisorische Regierung nicht dulden. Im Namen der provisorischen Regierung habe ich Sie verhaftet. Sie müssen mit. Machen Sie keine Umstände. Ihr Haus ist von Soldaten umzingelt. Zwingen Sie mich nicht, Gewalt zu brauchen!"

„Gewalt! Das möchte ich sehn!" rief er, und in seinen Augen flammte etwas auf wie Zorn und Herausforderung. Aber er bezwang sich und fuhr in ernstem, aber ruhigem Ton fort: „So große Eile hat es doch wohl nicht, daß Sie nicht noch ein Wort anhören könnten. Da kommt das Mädchen mit dem Wein, und wenn ich doch fort muß, erlauben Sie mir noch ein Glas mit Ihnen zu trinken, auf Ihr Wohl. Es ist ja richtig; ich habe meine armen Bauernburschen nicht in die Volkswehr wollen eintreten lassen, um sich für nichts und wieder nichts totschießen zu lassen. Sie denken doch auch nicht, daß dieser kopflose Aufstand gewinnen kann. In wenigen Tagen werden die Preußen Ihre provisorische Regierung über die Grenze gejagt haben. Wozu denn dieser Unsinn, der noch vielen Leuten das Leben kosten kann?" Dabei zog er den Pfropfen aus der Flasche und schenkte zwei Gläser voll. Ich hatte nicht Zeit zu überlegen, ob ich, durstig wie ich war, mit meinem Gefangenen trinken sollte oder nicht, als ich die Glocke des nahen Kirchturms heftig anschlagen hörte, und dann immer heftiger und rascher. Das konnte nichts anderes sein als Sturmgeläute. Hatten die Bauern von der ihrem Pastor drohenden Gefahr Wind bekommen und rief diese Sturmglocke sie zu seinem Schutz zusammen? Der Pfarrer schien die Sache sogleich zu verstehen. Ein schlaues Lächeln flog über seine Züge.

„Wie viel Mann haben Sie denn da draußen?" fragte er.

„Genug", antwortete ich.

Ich öffnete das Fenster und sah, wie von allen Seiten Bauern herbeikamen mit Dreschflegeln, Heugabeln und Knütteln bewaffnet. Meine Leute standen noch in Reih und Glied auf der Straße. Einige von ihnen fingen an, sich ein wenig ängstlich nach den herbeieilenden Bauern umzusehen. Ich befahl dem Leutnant, unsere Mannschaft mit dem Rücken gegen das Haus zu stellen und niemanden herein zu lassen. Im Falle eines Angriffs solle er die Tür bis aufs äußerste verteidigen. Ich wies ihn an, denselben Befehl den Leuten zu schicken, welche die Hintertür des Pfarrhauses bewachten. Die Menge der herzueilenden Bauern schwoll immer mehr an. Drohende Ausrufe ließen sich hören. Die Situation wurde offenbar bedenklich. Ob die Handvoll Volkswehrleute dem großen Haufen fanatischer Bauern gewachsen sein würde, schien sehr fraglich.

Der Pfarrer lächelte noch immer. „Meine Pfarrkinder lassen sich für mich totschlagen", sagte er. „Es scheint mir, daß Ihre bewaffnete Macht in der Gewalt dieser Bauern ist.

Da schoß mir ein glücklicher Gedanke durch den Kopf. „Jedenfalls sind Sie, Herr Pastor, in meiner Gewalt", antwortete ich, indem ich meine Pistole aus dem Gürtel zog und den Hahn spannte. Der Pfarrer würde noch mehr gelächelt haben, hätte er gewußt, daß die Pistole nicht geladen war. Er hielt sie offenbar für gefährlich und sein Lächeln verschwand plötzlich. „Was wollen Sie von mir?" fragte er.

„Ich will", sagte ich mit einer äußerlichen Kaltblütigkeit, die ich innerlich nicht fühlte, „ich will, daß Sie unverzüglich an dieses Fenster treten und Ihre Bauern recht eindringlich ermahnen, sofort ruhig nach Hause zu gehen. Sie werden hinzusetzen, daß Sie mit der Regierung Geschäfte im Interesse Ihrer Gemeinde haben, daß Sie in Beleitung Ihres Freundes hier, das bin ich, nach der Stadt gehen werden, um diese Geschäfte abzumachen, und daß diese bewaffneten Volkswehrmänner dazu gekommen sind, Sie unterwegs gegen alle Gefahr und Belästigung zu schützen. Während Sie diese Rede an die Bauern halten, stehe ich mit dieser Pistole hinter Ihnen. Machen Sie Ihre Sache gut, Herr Pastor. Die provisorische Regierung wird es Ihnen anrechnen."

Der Pfarrer sah mich einen Augenblick verdutzt an und lächelte wieder; aber es war ein verlegenes Lächeln. Die Pistole in meiner Hand gefiel ihm augenscheinlich nicht. Dann trat er wirklich ans Fenster und wurde von den Bauern mit lauten Ausrufen empfangen. Er gebot Ruhe und sagte genau das, was ich ihm vorgeschrieben hatte. Er machte seine Sache vortrefflich. Die Bauern gehorchten ihm ohne Zaudern, und es wurde still auf der Straße. Der Pfarrer und ich tranken nun unsere Flasche Wein in aller Gemütlichkeit. Bei eintretender Dämmerung verließen wir das Haus durch die Hintertür und wanderten miteinander über Land der Stadt zu, wie zwei alte Freunde, in heiterem

Gespräch, die bewaffnete Macht ein paar hundert Schritte hinter uns. Unterwegs spielte ich mit meiner Pistole, indem ich sie in die Luft warf und mit der Hand wieder auffing. „Nehmen Sie sich doch in acht", sagte der Pfarrer, „die Pistole könnte losgehen."

„Unmöglich, Herr Pastor", antwortete ich. „Sie ist ja gar nicht geladen."

„Was", rief er, „nicht geladen? Und ich — na, das ist ein kapitaler Spaß!"

Wir blickten einander an und brachen beide in helles Gelächter aus. Ich berichtete der provisorischen Regierung, wie der Pfarrer mir und meinen Leuten aus der Patsche geholfen, und er wurde sehr glimpflich behandelt und bald wieder nach Hause geschickt. Man hatte auch an viel wichtigere Dinge zu denken.

Der Angriff, den die fröhlichen Pfälzer, wenigstens viele davon, so lange für unwahrscheinlich gehalten hatten, kam nun wirklich. Am 12. Juni rückte eine Abteilung preußischer Truppen über die Grenze. Wären die Flüche, die das sonst so gutmütige Völkchen den Preußen entgegenschleuderte, alle Kanonenkugeln gewesen, so hätte das preußische Korps schwerlich standhalten können. Aber die wirklichen Streitkräfte, über welche die provisorische Regierung der Pfalz gebot, waren so gering und befanden sich in einem so wenig schlagfertigen Zustande, daß an eine erfolgreiche Verteidigung des Landes nicht zu denken war. Man mußte daher ein Zusammentreffen mit den Preußen vermeiden; und so kam es, daß die erste militärische Operation, an der ich teilnahm, in einem Rückzug bestand.

Einige Tage vorher hatte mein Chef, der Oberstleutnant Anneke, mich instruiert, zu jedem Augenblick marschbereit zu sein, was mir nicht schwer fiel, da mein Gepäck sehr bescheiden war. Es wurde mir auch ein Pferd zugewiesen, ein hübsches, hellbraunes Tier; und da ich das Reiten noch nicht verstand, so schickte mich Anneke in eine Reitbahn, wo ein Reitmeister mich aufsitzen hieß, mir in kurzen Worten den Schluß mit den Beinen und die Handgriffe der Führung erklärte, worauf er mit seiner Peitsche auf das Pferd einhieb, das in ziemlich wilden Sätzen mit mir umhersprang, bis ich seiner mächtig wurde. „So", sagte der Reitmeister, „jetzt haben Sie genug für diese Gelegenheit. Das andere lernen Sie schon auf dem Marsch." Ich wurde auch mit einer Kavalleriereithose ausgestattet, die so schwer mit Leder besetzt war, daß sich nur mit Mühe darin zu Fuß gehen ließ. Der Reitmeister hatte Recht gehabt. Die fortwährende Übung im aktiven Dienst machte mich bald zu einem sattelfesten und nicht ungeschickten Reiter.

Obgleich der Einmarsch der Preußen und der Befehl zum Rückzuge der pfälzischen Truppen von den Wohlunterrichteten schon mehrere Tage erwartet worden, so hatten diese Ereignisse doch die Wirkung, die gemütliche Verwirrung, die seit dem Ausbruch des Aufstandes in Kaiserslautern geherrscht hatte, bedeutend zu erhöhen und zu einer recht ungemütlichen zu machen. Des Befehlens und Anordnens und Widerrufens von Befehlen war kein Ende, und das Durcheinander wuchs von Stunde zu Stunde, bis es endlich zum wirklichen Aufbruch kam. Wenn ich nicht irre, war es in der Nacht vom 13. auf den 14. Juni. Mit unserer Artillerie gab's allerdings nicht viel Schwierigkeit, da sie, wie schon erzählt, aus sehr wenigen Stücken bestand. Um zwei Uhr nachts stiegen wir zu Pferde. Ein Nachtmarsch ist fast immer eine trübselige Geschichte, besonders aber ein Nachtmarsch rückwärts. Doch muß ich gestehen, daß mich das dumpfe Rollen der Räder auf der Straße, das summende und schnurrende Geräusch der Marschkolonne, das leise Schnauben der Pferde und das Klirren der Säbelscheiden in der Finsternis als etwas besonders Romantisches berührte. Darin fand ich viel Sympathie bei der Frau meines Chefs, Mathilde Franziska Anneke, einer noch jungen Frau von auffallender Schönheit, vielem Geist, großer Herzensgüte, poetisch feurigem Patriotismus und ausgezeichneten Charaktereigenschaften, die ihren Mann auf diesem Zuge zu Pferde begleitete. Ich erinnere mich noch des gemeinsamen Entzückens, als wir in jener Nacht bei einem Wirtshause an der Straße vorüberritten, wo einige Freischärler, bärtige Gesellen in schwarzen befiederten Filzhüten und phantastisch ausgeschmückten Blusen, die Kugelbüchsen über die Schultern gehängt, sich bei dem matten Schein einer Kerze um die Wirtin drängten, die ihnen Wein einschänkte. Das Bild hätte eine Illustration zu Schillers Räubern vorstellen können. Überhaupt gab es unter unsern Kriegsvölkern malerische Effekte in Fülle. Da der bei weitem größte Teil der pfälzischen Volkswehr nicht uniformiert war und jeder Soldat mit Ausnahme der Waffen, so ziemlich für seine eigene Ausstattung zu sorgen hatte, so fand der individuelle Geschmack verführerischen Spielraum. Manche der Leute bestrebten sich, als Krieger möglichst wild und schreckhaft auszusehen, und so ließen sie nicht allein dem Bartwuchs alle erdenkliche Freiheit, sondern bedeckten ihre Hüte mit Federn, unter denen die roten besonders beliebt waren, trugen Überwürfe in schreienden Farben, und steckten, wenn sie deren habhaft werden konnten, mörderisch blinkende Dolche oder Jagdmesser in ihre Gürtel. So gab es denn unter uns Wallensteinslagergestalten genug, die fürchterlich erschienen wären, hätten sie nicht gar so gutmütige Gesichter gehabt.

Mit Sonnenaufgang nach diesem ersten Nachtmarsch fanden wir uns bei Frankenstein in einem scharf eingeschnittenen Tal zwischen mittelhohen Bergrücken, wo wir quer über die Straße nach Neustadt eine Defensivstellung einnahmen. Ein kalter Morgen bringt unter solchen Umständen ein Gefühl durchaus unromantischer Nüchternheit mit sich, und ich machte die Erfahrung, daß dann ein warmer Trunk, sei der Kaffee auch noch so dünn, und ein Stück Brot zu den großen Wohltaten des Lebens gehört. Die Preußen drängten nicht scharf nach, und wir blieben den Tag über durchaus ungestört bei Frankenstein im Biwak. Am 15. und 16. Juni wurden die pfälzischen Truppen bei Neustadt an der Hardt und Edesheim zusammengezogen. In dieser reichen Gegend bezeugte uns die Dorfbevölkerung ihre freundliche Gesinnung vorzüglich damit, daß sie an den Türen vieler Häuser große Eimer voll Wein und dabei blecherne Schöpflöffel aufstellte, damit die vorüberziehenden Truppen sich daran laben möchten. Der geleerte Eimer wurde gewöhnlich sofort durch einen vollen ersetzt. Dort sah ich auch zum erstenmal den damaligen Freischarenführer und Obristen Blenker, der später in der ersten Periode des Rebellionskrieges in den Vereinigten Staaten als Brigadegeneral viel von sich reden machte. Er war eine ausnehmend stattliche, martialische Gestalt und vortrefflicher Reiter, und wie er, glänzend ausstaffiert, an der Spitze seines Stabes daher sprengte, imponierte er mir gewaltig. Der Anblick mehrerer wohlbewaffneter Bataillone erfrischte einigermaßen den durch den Rückzug getrübten Mut unserer Truppen, und es erscholl hier und da der Ruf, daß man nun die „sakermentschen Preußen" erwarten solle. Aber der Rückzug wurde doch fortgesetzt und die Pfalz ohne Schwertstreich gänzlich aufgegeben. Am 19. Juni gingen wir, etwa 7 bis 8000 Mann stark, bei Knielingen über den Rhein auf badisches Gebiet und marschierten nach Karlsruhe.

Unser Einzug in die saubere, geschniegelte Hauptstadt des Großherzogtums Baden brachte unter den Einwohnern eine Sensation hervor, die dem pfälzischen Korps von Freiheitskämpfern keineswegs schmeichelhaft war. Die an das schmucke großherzogliche Militär gewöhnten Karlsruher Bürger schienen das Malerische und Romantische in dem Aussehen der pfälzischen Truppen durchaus nicht zu würdigen, sondern eher geneigt zu sein, ihre Türen und Läden zu schließen und ihre Habseligkeiten in Sicherheit zu bringen, wie man sich vor einer Räuberbande zu retten sucht. Wenigstens trugen die Gesichter vieler der Leute, die unsern Einmarsch beobachteten, unverkennbar den Ausdruck entschiedenen Widerwillens und ängstlicher Besorgnis. Wir trösteten uns mit dem Gedanken, der auch recht kräftigen Ausdruck fand, daß die Einwohnerschaft dieser Residenzstadt hauptsächlich aus Hofgesinde und Beamtenvolk bestehe und daß sie im Grunde des Herzens gut großherzoglich gesinnt sei und die Revolution grimmig hasse, wenn auch manche davon in den letzten Wochen die Republikaner gespielt hätten. Übrigens war der Wunsch der Karlsruher, die pfälzischen Gäste möglichst bald los zu sein, so groß, daß man diesen nicht einmal Gelegenheit gab, den furchtsamen Seelen zu beweisen, was für ehrliche und friedliebende Menschen unter diesen wilden

Bärten, roten Federbüschen und dolchgespickten Gürteln versteckt waren. Noch an demselben Tage wurden uns Lager außerhalb der Stadt angewiesen und schon am 20. Juni marschierten wir nordwärts zur Unterstützung der badischen Armee, die unterdessen ins Gedränge gekommen war.

Diese badische Armee hatte die Nordgrenze des Großherzogtums gegen den Reichsgeneral Peuker verteidigt. Gerade beim Ausbruch der Feindseligkeiten erhielt auch sie ihren Polen, den General Mieroslawski, zum Oberkommandeur. Er war ein noch junger Mann, hatte im letzten polnischen Aufstand Fähigkeit und Bravour bewiesen, besaß aber keine Kenntnis der örtlichen Verhältnisse und konnte nicht deutsch sprechen. Jedenfalls war er dem alten Sznayde weit vorzuziehen. Am 20. Juni gingen die Preußen bei Philippsburg von der Pfalz aus über den Rhein und kamen so der badischen Armee in den Rücken. Mieroslawski wendete sich mit einer raschen Bewegung gegen sie, hielt sie durch einen entschlossenen Angriff bei Waghäusel fest und führte dann einen geschickten Flankenmarsch aus, welcher ihn zwischen den Preußen und den Peukerschen Reichstruppen durchführte und mit dem pfälzischen Korps und den vom Oberlande herankommenden badischen Reserven in Verbindung brachte. Das Gefecht bei Waghäusel war für die badischen Truppen keineswegs ein unrühmliches. Wir hörten den Kanonendonner, als wir über Bruchsal heranmarschierten, und bald gingen auch Gerüchte von einem großen über die Preußen erfochtenen Siege um. Die weitere Nachricht, daß Mieroslawski auf dem Rückzuge sei, die württembergische Grenze entlang, und daß wir seine Flanke zu decken hätten, störte uns wenig in dem Glauben an den „Sieg bei Waghäusel", dessen Früchte, wie es hieß, durch den „Verrat" des Dragonerobersten, der den geschlagenen Feind verfolgen sollte, verloren gegangen seien. Am 23. Juni rückten wir nach Ubstadt vor, und dort empfingen wir die Kunde, daß wir am nächsten Morgen mit dem preußischen Vortrab zusammentreffen und uns zu schlagen haben würden. Die Aufträge, die ich von meinem Chef empfing, hielten mich bis nach Einbruch der Dunkelheit zu Pferde, und es war spät, als ich mein Quartier im Wirtshaus zu Ubstadt erreichte. Mein Chef hatte sich schon zur Ruhe gelegt. Von allen Seiten hörte ich das Schnarchen der Schlafenden. Nur die Wirtstocher, eine stramme Jungfrau von 25 Jahren und sehr resolutem Wesen, schien noch geschäftig zu sein. Ich bat sie um einen Bissen Brod und eine Lagerstätte und erhielt beides mit einem kräftigen Sprüchlein über die „verfluchten Preußen", die in dem „badischen Ländle" nichts zu tun hätten, und die wir tüchtig durchklopfen und dann heimschicken sollten. Nun erwartete ich die feierliche Stimmung „am Abend vor der Schlacht", von der ich hier und da gelesen hatte. Aber sie kam nicht. Ich schlief sogleich ein, nachdem ich mich auf mein Lager hingestreckt.

Auch am andern Morgen, dem „Morgen vor der Schlacht", wollte mir nicht feierlich zumute werden. Es schien mir fast, als ob über solche „Stimmungen" sehr viel Unwirkliches phantasiert würde. In meinem späteren Leben habe ich die Erfahrung gemacht, daß sie allerdings vorkommen, aber doch nur ausnahmsweise. Gewöhnlich wenden sich die Gedanken am Morgen vor der Schlacht einer Menge von Dingen prosaischer Natur zu, unter denen das Frühstück eine nicht unwichtige Stelle einnimmt. So ging es uns auch an jenem Morgen in Ubstadt. Wir waren beizeiten im Sattel und sahen bald in einiger Entfernung vor unserer Front blinkende Lanzenspitzen auftauchen, die sich uns mit mäßiger Schnelligkeit näherten. Dies bedeutete, daß die Preußen eine oder mehrere Schwadronen Ulanen als Plänkler vorgeschickt hatten, denen die Infanterie und Artillerie demnächst zum Angriff folgen würden. So verschwanden denn die Ulanen, nachdem sie aus ihren Karabinern einige Schüsse abgegeben, die von unserer Seite erwidert wurden, und dann entwickelte sich immer lebhafter das Geknatter des Infanteriefeuers. Bald wurden auch auf beiden Seiten Geschütze aufgefahren und die Kanonenkugeln flogen mit ihrem eigentümlichen Sausen herüber und hinüber, ohne viel Schaden zu tun. Anfangs war meine Aufmersamkeit gänzlich in Anspruch genommen durch die Befehle, die mein Chef mir zu überbringen oder auszuführen gab. Aber nachdem unsere Artillerie postiert war und wir ruhig zu Pferde in ihrer Nähe hielten, hatte ich Muße genug, mir meine Gedanken und Gefühle zum Bewußtsein kommen zu lassen. Ich erlebte da wieder eine Enttäuschung. Ich war zum erstenmal „im Feuer“. Ganz ruhig fühlte ich mich nicht. Die Nerven waren in nicht gewöhnlicher Erregung. Aber diese Erregung war weder die der heroischen „Kampfesfreude“, noch die der Furcht. Da die feindlichen Geschütze zunächst ihr Feuer auf unsere Artillerie richteten, so sauste eine Kanonenkugel nach der andern dicht über unsere Köpfe, wo wir standen. Ich fühlte zuerst eine starke Neigung, wenn ich dies Sausen recht nahe über mir hörte, mich zu ducken; aber es fiel mir ein, daß sich dies für einen Offizier nicht schicke, und so blieb ich denn stramm aufrecht. Ebenso zwang ich mich, nicht zu zucken, wenn eine Musketenkugel dicht bei meinem Ohr vorbeipfiff. Die Verwundeten, die vorübergetragen wurden, erregten mein lebhaftes Mitgefühl; aber der Gedanke, daß mir im nächsten Augenblick ähnliches passieren könne, kam mir nicht in den Sinn. Ich sah ein Volkswehrbataillon, welches gegen eine feindliche Batterie geführt worden war, in Unordnung zurückkommen und sprengte, einem plötzlichen Impuls gehorchend, hinüber, um das Bataillon ordnen und wieder vorführen zu helfen, — war aber auch ganz zufrieden, als ich bemerkte, wie der Bataillonsführer dies selbst besorgte. Als nun später mein Chef mich wieder mit Befehlen hin- und herschickte, verging mir das bewußte Empfinden ganz, und ich dachte an nichts als den auszuführenden Auftrag und den Gang des Gefechts, wie ich ihn beobachten konnte. Kurz, ich fühlte wenig oder nichts von jenen stürmischen, unwiderstehlichen Erregungen, die ich mir als unzertrennlich von einer Schlacht gedacht hatte, glaubte jedoch die Überzeugung gewonnen zu haben, daß ich mich unter ähnlichen Umständen immer werde anständig benehmen können.

Übrigens war das Gefecht bei Ubstadt eine verhältnismäßig geringfügige Affäre, — von unserer Seite nur dazu bestimmt, den Feind eine kurze Weile in seinem Vormarsch aufzuhalten, bis sich die badische Armee wieder in unserem Rücken geordnet haben könne, und uns langsam auf diese zurückzuziehen. Bei Ubstadt wurde diese Instruktion in ziemlich ordentlicher Weise ausgeführt. Daß sich solche Dinge nicht mit hastig zusammengerafften und schlecht disziplinierten Volkswehren ebenso regelrecht vollbringen lassen, wie mit geschulten Linientruppen, versteht sich von selbst. Am nächsten Tage hatten wir ein ansehnliches Gefecht mit der preußischen Vorhut bei Bruchsal, welches wieder mit einem Rückzuge endete, diesmal aber nicht in gleicher Ordnung. Wie das bei Volksaufständen nicht selten ist, fingen die aufgeregten Leute an, den unglücklichen Verlauf des Unternehmens dem „Verrat" irgend eines Führers zuzuschreiben, und bei dieser Gelegenheit erhob sich dieser Schrei gegen den armen General Sznayde, der auf dem Rückzug bei Durlach plötzlich von einer Rotte meuterischer Freischärler umringt und vom Pferde gerissen wurde. Er verschwand dann vom Schauplatze der Aktion, und die pfälzischen Truppen wurden dem badischen Armeekommando unterstellt.

An der Murglinie, den linken Flügel an die Festung Rastatt angelehnt, nahm das vereinigte badisch-pfälzische Heer seine letzte Defensivstellung und schlug sich am 28., 29. und 30. Juni teilweise recht brav, wenn auch erfolglos. Am Nachmittag des 30. Juni schickte mich mein Chef mit einem Auftrage, Artilleriemunition betreffend, in die Festung Rastatt und instruierte mich, ihn im Fort B, einer der großen Bastionen, von denen man das Gefechtsfeld draußen übersah, zu erwarten; er werde bald nachkommen. Ich entledigte mich meines Auftrags, begab mich an den von Anneke bestimmten Platz, band mein Pferd an die Laffete eines Festungsgeschützes und setzte mich auf den Wall nieder, wo ich, nachdem ich das Gefecht eine Zeitlang beobachtet hatte, trotz dem Kanonendonner fest einschlief. Als ich erwachte, war die Sonne am Untergehen. Ich fragte die umstehenden Artilleristen nach Anneke, aber niemand hatte ihn gesehen. Ich wurde unruhig und bestieg mein Pferd, um die Stadt zu verlassen und meinen Chef draußen aufzusuchen. Am Tore angekommen, empfing ich von dem wachhabendem Offizier die Nachricht, daß ich nicht mehr hinaus könne; unser Hauptkorps sei gegen Süden zurückgedrängt worden und die Festung von den Preußen vollständig eingeschlossen. Ich galoppierte nach dem Hauptquartier des Festungskommandanten auf dem Schloß und erfuhr dort die Bestätigung des Gehörten. Der Gedanke, in der Stadt bleiben zu müssen und Preußen ringsumher, traf mich wie ein unheilvolles Schicksal. Ich konnte mich nicht darein ergeben und fragte immer wieder, ob denn da gar kein Ausweg sei, bis endlich ein dabeistehender Offizier mir sagte: „Mir ist gerade so zu Mut, wie Ihnen. Ich gehöre auch nicht hierher und habe an allen Punkten versucht, durchzubrechen, aber es war umsonst. Wir müssen uns eben fügen und hier bleiben." Von Anneke fand ich keine Spur. Er hatte entweder die Stadt längst verlassen oder war vielleicht gar nicht hereingekommen.

Nachdem ich alle Hoffnung des Entkommens aufgegeben, meldete ich mich bei dem Gouverneur der Festung, Oberst Tiedemann. Er war ein schlanker, hochgewachsener Mann mit feinen, regelmäßigen Zügen und einem kühnen, entschlossenen Gesichtsausdruck. Sohn des Geheimrats Tiedemann, eines berühmten Professors der Medizin an der Heidelberger Universität, hatte er eine gute Erziehung genossen. Schon früh war er seiner Neigung zum Soldatenleben gefolgt und Offizier in der griechischen Armee geworden. Die badische Revolution fand ihn zu Hause und die provisorische Regierung vertraute ihm das Kommando der Festung Rastatt an. Er empfing mich freundlich und attachierte mich seinem Stab. Es wurde mir bei einem Konditor namens Nusser, dessen Haus am Marktplatz stand, Quartier angewiesen. Mein Wirt und seine Gattin, offenbar Bürgersleute vortrefflichen Charakters, großer Herzensgüte und guter Lebensart, hießen mich herzlich willkommen, stellten mir ein freundliches Schlafzimmer zur Verfügung und baten mich, Gast an ihrem Tisch zu sein. Auch mein Bursche Adam, ein junger pfälzischer Volkswehrmann, der glücklicherweise mir in die Festung gefolgt, darin zurückgeblieben und mit mir zusammengetroffen war, fand im Hause behaglich Platz.

Alles dies ließ sich angenehm genug an. Aber als mein Wirt und Adam mich allein gelassen hatten und ich in der Stille meines Zimmers mir meine neue Lage ruhig überdachte, wurde mir das Herz recht schwer. Daß unsere Sache, wenn nicht ein Wunder geschah, verloren war, konnte ich mir nun nicht mehr verhehlen. Und was ein solches Wunder hätte sein mögen, konnte selbst meine jugendliche Hoffnungsfreudigkeit sich nicht mehr vorstellen. Übergehen der preußischen Landwehren zum Volksheer? Das wäre nur möglich gewesen am Anfange des Feldzuges, wenn überhaupt. Nach einer Reihe von Niederlagen war diese Möglichkeit geschwunden. Ein großer Sieg der Unsrigen im Oberlande? Undenkbar, da der Rückzug von der Murglinie unzweifelhaft unsere Streitmacht mehr durch Demoralisation schwächen mußte, als sie durch Zuzug verstärkt werden konnte. Große Siege der Ungarn im Osten? Aber die Ungarn waren weit entfernt und die Russen im Anzuge gegen sie. Eine neue Volkserhebung in Deutschland? Aber der revolutionäre Impuls hatte sich offenbar erschöpft. Da saßen wir denn in einer Festung, von den Preußen eingeschlossen. Eine längere Verteidigung der Festung konnte unserer Sache nicht mehr dienen, — oder nur insofern, als sie bewies, daß ein Volksheer auch Mut besitzen und der militärischen Ehre Rechnung tragen kann. Aber unter allen Umständen konnte die Festung sich nur eine beschränkte Zeit halten. Und dann? Kapitulation. Und dann? Wir würden den Preußen in die Hände fallen. Nun war der Oberbefehlshaber der preußischen Truppen in Baden der „Prinz von Preußen", in welchem damals niemand den später so populären und gefeierten Kaiser Wilhelm I. vermutete. Er galt zu jener Zeit für den schlimmsten Feind aller freiheitlichen Bestrebungen. Das allgemein geglaubte Gerücht, daß er es gewesen sei, der am 18. März 1848 in Berlin den Befehl gegeben habe, auf das Volk zu schießen, hatte ihm im Volksmunde den Titel „der Kartätschenprinz" eingetragen. Die Aufregung der Massen gegen ihn war während jener Märztage in der Tat so stark, daß der König für gut hielt, ihn auf einige Zeit nach England zu schicken, und daß diese Reise in einer Weise ausgeführt wurde, die einer sehr eiligen Flucht nicht unähnlich sah. Daß er im Jahre 1849, als seinem Bruder Friedrich Wilhelm IV. die deutsche Kaiserkrone angeboten wurde, zu denen gehörte, die eine günstige Erwägung dieses Anerbietens empfahlen, und daß, wäre er statt seines Bruders König von Preußen gewesen, die Krisis wahrscheinlich eine den deutschen Einheitsbestrebungen ersprießlichere Lösung gefunden haben würde, wußte man damals noch nicht. Auch würde eine solche Kunde schwerlich geglaubt worden sein, denn man hielt den Prinz von Preußen für einen ehrlichen und durchaus unverbesserlichen Absolutisten, der standhaft daran glaubte, daß die Könige von Gott eingesetzt und nur Gott Rechenschaft schuldig seien; daß das Volk nichts mit den Geschäften der Regierung zu tun haben dürfe; daß eine Auflehnung gegen die Königsgewalt einer direkten Beleidigung Gottes gleichkomme, und daß es eine gebieterische Pflicht der Gewalthaber sei, über ein solches Verbrechen die erdenklich schwerste Strafe zu verhängen. So erschien der Prinz von Preußen dem Volke auch als ein fanatischer Soldat, dem die preußische Armee ein Herzensidol war — der in ihr das Schwert Gottes, das Bollwerk der Weltordnung sah; in dessen Augen ein preußisches Landeskind, das gegen die preußische Armee kämpfte, ein unsühnbares, dem Elternmorde an Fluchwürdigkeit nicht nachstehendes Verbrechen beging, und von dem ein solcher Verbrecher keine Gnade erwarten dürfe. Wir geborenen Preußen hatten also, wenn wir in die Hände des Prinzen Wilhelm fielen, die beste Aussicht, standrechtlich erschossen zu werden — besonders diejenigen, die, wie ich, gerade in den militärdienstpflichtigen Jahren standen. Und dabei erinnerte ich mich, daß ich kurz vor der Siegburger Affäre vor der königlichen Aushebungskommission hatte erscheinen müssen, welche, indem sie meine Eingabe um Zulassung als „Einjährig-Freiwilliger" willkürlich übersah, mich für ein Kürassierregiment bestimmte, mit Aussicht auf baldige Einberufung. Für mich würde es also gewiß keine Nachsicht geben. — Mit diesen schweren Gedanken ging ich zu Bette. Aber dennoch schlief ich gesund und wachte nicht auf bis am hellen Morgen.

Die Pflichten, die der Gouverneur mir zuwies, als ich mich wieder bei ihm meldete, waren nicht schwer. Ich hatte zu gewissen Stunden oben auf der höchsten Galerie des Schloßturmes mit einem Fernrohr versehen den Feind zu beobachten und von dem, was ich sah, Meldung zu machen. Dann sollte ich periodisch gewisse Wälle und Tore abgehen und die Wachtposten inspizieren, schließlich noch solche Dinge tun, die der Gouverneur, wenn ich eben zur Hand war, mir auftragen mochte. Um mir das nötige äußere Ansehen zu geben, wurde ich mit der Uniform eines regulären badischen Infanterieleutnants ausgestattet, die den abenteuerlich kostümierten pfälzischen Freischärler in einen recht anständig erscheinenden Offizier verwandelte und mir ein bis dahin kaum geahntes militärisches Gefühl gab.

Es gelang dem Obersten Tiedemann in der teils aus Volkswehren, teils aus regulären badischen Soldaten bestehenden Garnison ziemlich gute Zucht zu halten. Nur einmal, soviel ich mich erinnern kann, beobachtete ich eine ernstliche Störung der Ordnung. Einige Soldaten glaubten, einen Spion entdeckt zu haben, und bald stürzte eine wütenden Rotte hinter dem armen Menschen her, der sich durch die Flucht zu retten suchte, aber nach wenigen Schritten unter Steinwürfen und Säbelhieben zusammenstürzte. Das Ganze war das Werk eines Augenblicks. Die Offiziere, die zufällig herzukamen, darunter auch ich, konnten allerdings die Soldaten bald wieder zur Ruhe bringen, aber das Opfer nicht mehr retten.

Die Belagerung sollte uns auch größere Aufregungen bringen. Eines Morgens, kurz nach Tagesanbruch, wurde ich durch einen starken Knall auf der Straße dicht unter meinem Fenster geweckt. Indem ich aufsprang, kam mir der Gedanke, die Preußen möchten während der Nacht in die Stadt gedrungen sein, und es gäbe nun einen Straßenkampf. Ein zweiter Knall gerade über dem Hause und das prasselnde Geräusch schwerer Körper, die auf das Dach fielen, belehrte mich, daß die Festung beschossen werde, und daß eine Granate soeben den Schornstein meines Quartiers umgestürzt habe. So kam denn auch Schuß auf Schuß und Explosion auf Explosion, bald von dem Donner der Festungsgeschütze beantwortet. Ich eilte schnell nach dem Hauptquartier auf dem Schloß, und da bot sich meinen Augen ein jämmerlicher Auftritt. Der Schloßhof füllte sich schnell mit Bürgersleuten, darunter sehr viele Frauen und Kinder, die instinktiv in der Nähe des Befehlshabers vor dem drohenden Unheil Schutz suchten. Die meisten von den Erwachsenen und sogar einige der Kinder schleppten Betten oder Kisten oder allerlei Hausgerät auf ihren Köpfen oder unter den Armen. So oft nun eine Granate schnurrend über den Schloßhof flog oder in der Nähe explodierte, warfen die armen Menschen, von jähem Schreck überwältigt, alles, was sie trugen, zu Boden und drängten sich schreiend und händeringend den Gebäuden zu. Trat dann ein Augenblick der Ruhe ein, so nahmen sie ihre Habseligkeiten wieder auf; aber sobald eine neue Granate dahersauste, wiederholte sich die Szene. Da gab es denn viel für die Stabsoffiziere des Gouverneurs zu tun, um die Leute zu beruhigen und, so weit es ging, sie zeitweilig in den bombenfesten Kasematten unterzubringen. Unterdessen erschollen die Kirchenglocken und eine Menge von Frauen mit ihren Kindern, auch nicht wenige Männer, rannten über den Markt nach der Hauptkirche, wo sie unter lautem Weinen und jammervollem Händeringen Gott um Schutz anflehten.

Die Beschießung war übrigens nicht sehr ernstlich gemeint, dauerte nur wenige Stunden und richtete nicht viel Schaden an. Einige von ihr verursachte Feuersbrünste wurden schnell gelöscht. Die Preußen beabsichtigten wahrscheinlich nur, uns anzudeuten, daß die Übergabe der Festung nicht gar zu lange aufgeschoben werden dürfe, wollten wir größere Unannehmlichkeiten vermeiden. So wurden wir nur aus Feldgeschützen und einigen Mörsern beschossen. Das schwere Belagerungsgeschütz sollte wohl erst kommen, wenn es nötig würde, mit den wirksamsten Gewaltmitteln die Festung zur Übergabe zu zwingen. Der Gouverneur und die Besatzung zogen vor, sich fürs erste noch zu wehren; und so wurde am nächsten Tage ein Ausfall gemacht, um die Beschießungsbatterie zu vertreiben, und die den Ausfall kommandierenden Offiziere berichteten uns nachher, daß die Mörser wirklich von den Unsrigen genommen und vernagelt worden seien.

Sonst ereignete sich wenig von Bedeutung. Mit den höheren Offizieren der Garnison kam ich als Mitglied des Stabes wohl in Berührung, aber da ich noch ein sehr junger Mensch war, so wurde diese Berührung doch keine intime. Die Hauptfiguren, deren ich mich erinnere, waren Oberst Biedenfeld, ein strammer alter Soldat, wenn ich nicht irre früher badischer Hauptmann, der nun in der Festung die reguläre Infanterie kommandierte; Oberst Böhning, ein alter, weißlockiger, ehrwürdig aussehender Freischärler, der einen Teil der Volkswehren unter sich hatte; Major Heilig, der Artilleriechef, ein etwa $6^{1}/_{2}$ Fuß großer, schlanker Mann von höchst gewinnendem, ehrlich-gutmütigem Gesichtsausdruck; Oberstleutnant Otto von Corvin, ein auffallend hübscher Mann von einigen dreißig Jahren, ehemaliger preußischer Leutnant, der, wie ich glaube, ebenfalls nur durch Zufall in der Festung zurückgehalten worden war, und Major Maler, ehemaliger badischer Leutnant, ein junger, lustiger Infanterieoffizier, der, wie es das Schicksal später fügte, nach Jahren in Amerika unter meinem Kommando für die Union kämpfen und bei Gettysburg fallen sollte.

Die liebste meiner Pflichten war die Observation von der Höhe des Schloßturms aus. Ich hatte von dort einen herrlichen Ausblick, — nach Osten tief in die Berge hinein, in welchen Baden-Baden liegt: über das lachende Rheintal mit seinen üppigen Feldern und Weingärten, seinen schattigen Wäldern und den Kirchtürmen seiner unter Obstbäumen verborgenen Dörfer, — nach Süden das blühende Tal vom Schwarzwald begrenzt, nach Norden in die sich breit ausdehnende Ebene hinunter, nach Westen bis ins Elsaß jenseits des Rheins mit blauen Berglinien in der Ferne. Wie schön war dies alles! Die Natur, wie liebevoll in ihrer reichen, freigebigen Güte! Und da lag nun in all dieser scheinbar so friedlichen Herrlichkeit „der Feind", der uns eng und fest umzingelt hielt. Da sah ich seine Postenketten regelmäßig abgelöst und seine Reiterpatrouillen emsig hin und her schwärmend, und uns so scharf beobachtend, damit nur ja kein Menschenkind von uns da drinnen ihnen entschlüpfen möchte. Da sah ich des Feindes

Batterien bereit auf uns Tod und Verderben zu speien. Da sah ich seine Lager wimmelnd von vielen Tausenden von Menschen, von denen viele, ja wahrscheinlich eine große Mehrheit, so dachten wie wir und dasselbe wünschten wie wir, vielleicht Nachbarskinder aus meinem heimatlichen Dorfe darunter — und doch alle auf der Obern Geheiß jede Stunde bereit, uns die tödliche Kugel in die Brust zu schießen. Und auf alles dies floß in jenen Sommertagen des Himmels schönes Sonnenlicht so warm und friedlich strahlend herab als wäre da nichts als Glück und Harmonie. Alles dies so grausam unnatürlich und doch so wahr!

Das war ein sonderbares Leben in der belagerten Festung. Da es mit Ausnahme des einen Ausfalls keine Kampfaufregung gab, so machten wir Soldaten mechanisch Tag für Tag unsere Dienstroutine durch und die Bürgersleute gingen den Geschäften nach, die ihnen dieser fremdartige Zustand noch übrig gelassen, alle in dumpfer Besorgnis das Schicksal erwartend, das nicht abgewendet werden konnte. Die Welt da draußen lag weit, weit von uns in unermeßlicher Entfernung. Da saßen wir zwischen unsern Mauern und Wällen abgeschlossen von der ganzen Menschheit, als hätten wir nicht zu ihr gehört. Kein Ton von ihr drang zu uns herein, als nur etwa ein ferner Trommelschall oder Trompetensignale des uns umzingelnden Feindes. Wohl tauchten zuweilen geheimnisvolle Gerüchte unter uns auf, von denen niemand wußte, woher sie kamen. Unsere Truppen, hieß es einmal, sollten einen großen Sieg im Oberlande erfochten haben und die Preußen vor sich her treiben. Dann war in Frankreich eine neue Revolution ausgebrochen und habe ganz Deutschland in frische Bewegung gesetzt. Dann hatten die Ungarn die vereinigten österreichischen und russischen Armeen aufs Haupt geschlagen und waren bereit, ihre siegreichen Heere mit den deutschen Revolutionären zu verbinden. Ja, einmal drängten sich gar die höheren Offiziere unserer Besatzung auf den Observationsturm, weil man wirklich in der Richtung des Oberlandes anhaltenden Kanonendonner gehört habe, der sich beständig nähere; und nun wollten sie die Staubwolken unserer heranmarschierenden Kolonnen erspähen. Aber der eingebildete Kanonendonner verstummte, alles blieb still, und mar sank in das dumpfe Gefühl des dem Schicksal Verfallenseins zurück. Zuweilen versuchte man auch, sich zu vergnügen und versammelte sich in den Weinstuben — denn die Festung war noch immer mit Wein versehen. Dann gab es wohl einen Anlauf zur Lustigkeit, aber es blieb bei dem Anlauf, denn es war, als stände hinter jedem Stuhle das dunkle Gespenst der unabwendbar nahenden Katastrophe.

Da kam eines Tages — es war in der dritten Woche der Belagerung — ein preußischer Parlamentär in die Festung, der mit einer Aufforderung zur Übergabe zugleich die Nachricht brachte, daß die badisch-pfälzische Armee längst auf schweizerisches Gebiet übergetreten sei und damit aufgehört habe, zu existieren; daß kein bewaffneter Insurgent mehr auf deutschem Boden stehe, und daß das preußische Oberkommando irgend einem Vertrauensmann, den die Besatzung von Rastatt hinausschicken möchte, um sich von diesen Tatsachen zu überzeugen, zur Ausführung dieses Auftrages Freiheit der Bewegung und sicheres Geleit gewähren wolle. Dieses Ereignis verursachte gewaltige Aufregung. Sofort versammelte der Gouverneur in dem Hauptsaale des Schlosses einen großen Kriegsrat, bestehend, wenn ich mich recht erinnere, aus allen Offizieren der Besatzung vom Kapitän aufwärts. Nach stürmischer Beratung wurde beschlossen, das Anerbieten des preußischen Oberkommandos anzunehmen, und Oberstleutnant Corvin empfing den Auftrag, die Lage der Dinge draußen zu erforschen und, falls er sie den Angaben des preußischen Parlamentärs entsprechend fände, um eine möglichst günstige Kapitulation für die Besatzung von Rastatt zu unterhandeln.

Der Saal im Schloß, in welchem jener große Kriegsrat gehalten worden, war mir während der Belagerung immer zugänglich gewesen, und eines der großen, mit gelbem Seidendamast überzogenen Sofas, die den Hauptteil seiner Möblierung ausmachten, war mein gewöhnlicher Ruheplatz, wenn ich, von meiner Observation auf dem Schloßturm oder von meiner Runde durch die Festungswerke ermüdet, zurückkam. Ich hatte mir dieses Sofa ausgewählt, weil ich von ihm einen besonders günstigen Blick auf ein Deckengemälde genoß, das für mich ein eigentümliches Interesse hatte. Es war eine allegorische Darstellung, in welcher wahrscheinlich irgend ein Zähringer, ein Vorfahr der badischen Fürstenfamilie, als Jupiter, oder Mars, oder Apollo figurierte. Der Gegenstand des Bildes zog mich daher nicht an. Aber ich fand darin eine weibliche Figur, irgend eine Göttin, deren Gesicht mich lebhaft an Betty erinnerte; und wenn ich von meinem Sofa hinaufschaute, so blickten mich Bettys Augen gütig an. Kein Wunder also, daß ich mich auf diesem Sofa gern ausstreckte und mich, unsere schlimme Lage zeitweilig vergessend, in wachen Träumen wiegte, bis mir die Augen im Schlaf zufielen.

So kam ich auch am zweiten Morgen nach Corvins Abreise, nachdem ich während der vorhergehenden Nacht die Runde gemacht, im grauen Dämmerlicht in den Saal und legte mich auf mein gelbdamastenes Sofa zu kurzer Ruhe. Ich hatte wohl nur wenig geschlafen, als ich von dem Geräusch schwerer Schritte, rasselnder Säbel und verworrener Stimmen geweckt wurde. Aus dem was ich sah und hörte, schloß ich, daß Corvin von seiner Sendung zurückgekehrt war, und daß der große Kriegsrat sich wieder versammelte. Der Gouverneur trat ein, gebot Ruhe und ersuchte Corvin, der an seiner Seite stand, vor der ganzen Versammlung seinen Bericht mündlich abzustatten. Corvin erzählte also, er sei, von einem preußischen Offizier begleitet, bis an die Grenze der Schweiz gefahren und habe sich an Ort und Stelle überzeugt, daß es in Baden keine Revolutionsarmee, ja keinen Widerstand irgendwelcher Art gegen die preußischen Truppen mehr gäbe. Die Revolutionsarmee sei auf das schweizerische Gebiet übergetreten und habe natürlich an der Grenze ihre Waffen und ihre ganze kriegerische Ausrüstung abgeben müssen. Auch im übrigen Deutschland sei, wie er sich durch die Zeitungen unterrichtet habe, keine Spur von revolutionärer Bewegung mehr übrig. Überall Unterwerfung und Ruhe. Selbst die Ungarn seien durch die russische Intervention in große Bedrängnis geraten und würden bald unterliegen müssen. Kurz, die Besatzung von Rastatt sei gänzlich verlassen und könne von keiner Seite auf Entsatz hoffen. Und schließlich, setzte Corvin hinzu, sei ihm im preußischen Hauptquartier angekündigt worden, daß das preußische Oberkommando die Übergabe der Festung auf Gnade oder Ungnade verlange und sich auf keinerlei Bedingungen einlassen werde.

Eine tiefe Stille folgte dieser Rede. Jeder der Zuhörer fühlte, daß Corvin die Wahrheit gesprochen. Endlich nahm jemand — ich erinnere mich nicht, wer — das Wort und stellte einige Fragen. Dann gab es ein Gewirre von Stimmen, in welchem man einige Hitzköpfe von „Sterben bis zum letzten Mann" und dergleichen sprechen hörte, bis der Gouverneur einem ehemaligen preußischen Soldaten, der in der Pfalz Offizier geworden war, Gehör verschaffte. Dieser sagte, er sei so bereit wie irgendeiner, unserer Sache seinen letzten Blutstropfen zu opfern, und wir Preußen, wenn wir in die Hände der Belagerungsarmee fielen, müßten wahrscheinlich so wie so sterben. Aber er rate die sofortige Übergabe der Festung an. Tue man's heute nicht, so werde man es morgen tun müssen. Man solle nicht die Bürger der Stadt mit ihren Weibern und Kindern auch noch einer Hungersnot und einer weitern Beschießung aussetzen, und alles dies umsonst. Es sei Zeit ein Ende zu machen, was auch mit uns geschehen möge. — Es ging ein Gemurmel durch den Saal, daß dieser Mann vernünftig gesprochen; und so wurde denn der Beschluß gefaßt, daß Corvin noch einmal versuchen solle, für die Offiziere und Mannschaften der Besatzung im preußischen Hauptquartier günstige Bedingungen zu erwirken. Wenn er aber nach gemachtem Versuch die Unmöglichkeit einsehe, solche Bedingungen zu erhalten, so solle er für die Übergabe auf Diskretion die nötigen Bestimmungen abschließen. Als wir den Saal verließen, fühlten wohl die meisten von uns, daß an etwas anderes als an eine Kapitulation auf Gnade oder Ungnade kaum zu denken sei.

Es war ein schöner Sommertag Nachmittags stieg ich noch einmal auf den Observationsturm, auf welchem ich so manche Stunde zugebracht hatte. Die herrliche Landschaft lag still vor mir im heitern, warmen Sonnenschein. Sie erschien mir sogar schöner als je zuvor. Es war mir, als müßte ich von ihr einen letzten Abschied nehmen. „Wir Preußen müssen ja wahrscheinlich so wie so sterben." Diese Worte klangen mir in den Ohren, und ich war von ihrer Wahrheit überzeugt. Und zu diesen Preußen gehörte auch ich. Ich erinnere mich noch lebhaft der Gedanken, welche mir da auf dem Schloßturm durch den Kopf gingen. Eine Erinnerung drängte sich mir immer wieder auf, wie vor einigen Jahren mein Vater in Köln mit mir den Professor Pütz besuchte, dessen Liebling ich war; wie der Professor seine Hand auf meine Schulter legte und lächelnd zu meinem Vater sagte: „Ein hoffnungsvoller Junge!" — und wie stolz dann mein Vater mit dem Kopf nickte und mich ansah. „Mit dem hoffnungsvollen Jungen ist es jetzt wohl aus", sagte ich nun zu mir selbst. Viele der kühnen Träume von großer, segensreicher Wirksamkeit, denen ich mich früher hingegeben, fielen mir wieder ein, und es schien mir doch recht hart, aus der Welt gehen zu müssen, ehe ich etwas Tüchtiges und Würdiges darin geleistet hätte. Ein Gefühl tiefen Bedauerns kam über mich — nicht meinethalben allein, sondern auch für meine Eltern, die so viel von mir erwartet, denen ich die Stütze ihres Alters sein sollte, und die nun all ihre Hoffnungen zertrümmert sähen. Schließlich blieb mir nichts übrig als der Vorsatz, wenn es denn zu Ende gehen müsse, dem Schicksal mit Mut und Würde ins Auge zu sehen.

Ich blieb auf dem Geländer der Turmgalerie sitzen, bis die Sonne untergegangen war, als hätte ich zu guter Letzt noch an der schönen Welt mich satt sehen wollen. Dann stieg ich hinab und meldete mich beim Gouverneur, ob er noch Befehle für die Nacht habe. „Heute nacht sollte jeder meiner Offiziere auf den Wällen sein", sagte er. „Ich fürchte, die Leute wissen, daß wir uns morgen ergeben, und werden ihre Posten verlassen. Das sollte nicht sein." Ich war froh, etwas zu tun zu haben, das meine Gedanken beschäftigte. Auf den Wällen war allerdings viel Geräusch und Verwirrung. Viele der Leute hielten es für überflüssig, sich noch um den Dienst zu kümmern, da morgen doch alles vorbei sein werde. Es gab auch viel Lärmens in den Schänken der Stadt, denn der Soldat wollte sich zuletzt noch einmal ein Gutes antun. Aber die Ermahnungen, welche die Offiziere den umherlaufenden oder zechenden Leuten werden ließen, fanden doch keine böswillige Widersetzlichkeit. Die Zahl derjenigen, die ihre Pflicht taten, war groß genug, um den nötigsten Dienst zu versehen und die Ordnung leidlich aufrecht zu erhalten.

Gegen Tagesanbruch streckte ich mich, von Müdigkeit übermannt, im großen Schloßsaal noch einmal auf mein gewohntes Sofa, und nach einigen Stunden tiefen Schlafs wachte ich mit dem Gedanken auf: „Heute wirst du gefangen und vielleicht morgen schon totgeschossen." Ich nahm von der Betty im Deckengemälde Abschied und ging dann nach dem Hauptquartier, wo ich hörte, daß Corvin nichts habe ausrichten können, und daß die Übergabe auf Gnade oder Ungnade beschlossen sei. Um 12 Uhr mittags sollten die Truppen aus den Toren marschieren und draußen auf dem Glacis der Festung vor den dort aufgestellten Preußen die Waffen strecken. Die Befehle waren bereits ausgefertigt. Ich ging nach meinem Quartier am Marktplatz, um meinen letzten Brief an meine Eltern zu schreiben. Ich dankte ihnen darin für alle Liebe und Sorge, die sie mir erwiesen und bat sie, mir zu verzeihen, wenn ich ihnen ihre Ergebenheit jemals übel vergolten oder ihre Hoffnungen getäuscht hätte. Ich sagte ihnen, ich habe meiner ehrlichen Überzeugung folgend, für die Sache des Rechts und des deutschen Volks die Waffen ergriffen, und daß, wenn es mein Los sein sollte, sterben zu müssen, es ein ehrenhafter Tod sein werde, dessen sie sich nicht zu schämen brauchten. Diesen Brief übergab ich dem guten Herrn Nusser, meinem Wirt, der mir mit Tränen in den Augen versprach, ihn der Post zu übergeben, sobald die Stadt wieder offen sein werde.

Unterdessen nahte die Mittagsstunde. Ich hörte bereits die Signale zum Antreten auf den Wällen und in den Kasernen, und ich machte mich fertig, zum Hauptquartier hinauf zu gehen. Da schoß mir plötzlich ein neuer Gedanke durch den Kopf.

Ich erinnerte mich, daß ich vor wenigen Tagen auf einen unterirdischen Abzugskanal für das Straßenwasser aufmerksam gemacht worden war, der bei dem Steinmauerer Tor aus dem Innern der Stadt unter den Festungswerken durch ins Freie führte. Er war wahrscheinlich ein Teil eines unvollendeten Abzugssystems. Der Eingang des Kanals im Innern der Stadt befand sich in der Fortsetzung eines Grabens oder einer Gosse, nahe bei einer Gartenhecke, und draußen mündete er in einem von Gebüsch überwachsenen Graben an einem Welschkornfelde. Sobald diese Umstände zu meiner Kenntnis gekommen waren, hatte ich daran gedacht, daß, wenn die inneren und äußeren Mündungen dieses Kanals nicht scharf bewacht würden, Kundschafter sich durch ihn ein- und ausschleichen könnten. Ich machte Meldung davon, aber sogleich darauf kam die Unterhandlung mit dem Feinde, die Sendung Corvins und die Aufregung über die bevorstehende Kapitulation, die mir die Kanalangelegenheit aus dem Sinne trieben. Jetzt im letzten Moment vor der Übergabe kam mir die Erinnerung wie ein Lichtblitz zurück. Würde es mir nicht möglich sein, durch diesen Kanal zu entkommen? Würde ich nicht, wenn ich so das Freie erreichte, mich bis an den Rhein durchschleichen, dort einen Kahn finden und nach dem französischen Ufer übersetzen können? Mein Entschluß war schnell gefaßt — ich wollte es versuchen.

Ich rief meinen Burschen, der zum Abmarsch fertig geworden war. „Adam", sagte ich, „Sie sind ein Pfälzer und ein Volkswehrmann. Ich glaube, wenn Sie sich den Preußen ergeben, so wird man Sie bald nach Hause schicken. Ich bin ein Preuße, und uns Preußen werden sie wahrscheinlich totschießen. Ich will daher versuchen davonzukommen, und ich weiß wie. Sagen wir also Adieu!"

„Nein", rief Adam, „ich verlasse Sie nicht, Herr Leutnant. Wohin Sie gehen, gehe ich auch." Die Augen des guten Jungen glänzten von Vergnügen. Er war mir sehr zugetan.

„Aber", sagte ich, „Sie haben nichts dabei zu gewinnen, und wir werden vielleicht große Gefahr laufen." „Gefahr oder nicht", antwortete Adam entschieden, „ich bleibe bei Ihnen."

In diesem Augenblicke sah ich draußen einen mir bekannten Artillerieoffizier namens Neustädter vorübergehen. Er war wie ich in Rheinpreußen zu Hause und hatte früher in der preußischen Artillerie gedient.

„Wo gehen Sie hin, Neustädter?“ rief ich ihm durchs Fenster zu.

„Zu meiner Batterie“, antwortete er, „um die Waffen zu strecken.“

„Die Preußen werden Sie totschießen“, entgegnete ich. „Gehen Sie doch mit mir und versuchen wir, davon zu kommen.“

Er horchte auf, kam ins Haus und hörte meinen Plan, den ich ihm mit wenigen Worten darlegte. „Gut“, sagte Neustädter, „ich gehe mit Ihnen.“ Es war nun keine Zeit zu verlieren. Adam wurde sofort ausgeschickt, um einen Laib Brot, ein paar Flaschen Wein und einige Würste zu kaufen. Dann steckten wir unsere Pistolen unter die Kleider und rollten unsere Mäntel auf. In dem meinigen, einem großen, dunkeln, mit rotem Flanell gefütterten Radmantel, den ich erst kürzlich aus geliefertem Zeug mir hatte machen lassen, verbarg ich einen kurzen Karabiner, den ich besaß. Die Flaschen und Eßwaren, die Adam brachte, wurden auch so gut es ging verpackt. Unterdessen begann die Besatzung in geschlossenen Kolonnen über den Markt zu marschieren. Wir folgten der letzten Kolonne eine kurze Strecke, schlugen uns dann in eine Seitengasse und erreichten bald die innere Mündung unseres Kanals. Ohne Zaudern schlüpften wir hinein. Es war zwischen ein und zwei Uhr nachmittags am 23. Juli.

Der Kanal war eine von Ziegelsteinen gemauerte Röhre, etwa 4—4½ Fuß hoch und 3—3½ Fuß breit, so daß wir uns darin in einer unbehaglichen gehuckten Stellung befanden und, um uns fort zu bewegen, halb gehen, halb kriechen mußten. Das Wasser auf dem Boden reichte uns bis über die Fußgelenke. Als wir weiter in das Innere des Kanals vordrangen, fanden wir in regelmäßigen Entfernungen enge Luftschachte, oben mit eisernen Gittern und Rosten verschlossen, durch die das Tageslicht herabkam und den sonst finsteren Kanal fleckweise erhellte. An solchen Stellen ruhten wir einen Augenblick und streckten uns aus, um das Rückrat wieder in Ordnung zu recken. Wir hatten unserer Berechnung nach ungefähr die Mitte der Länge des Kanals erreicht, als ich mit dem Fuße an ein kurzes im Wasser liegendes Brett stieß, das sich quer zwischen die Wände des Kanals einklemmen ließ, so daß es uns als eine Art von Bank zum Niedersitzen dienen konnte. Auf dieser Bank, die unsere Lage ein wenig behaglicher machte, drückten wir uns zusammen zu längerer Ruhe.

Bis dahin hatte die beständige Bewegung, zu der wir genötigt gewesen, uns kaum zur Besinnung kommen lassen. Jetzt, auf der Bank sitzend, hatten wir Muße, unsere Gedanken zu sammeln, und über das, was nun weiter zu tun sei, Kriegsrat zu halten. Ich hatte während der Belagerung oft Gelegenheit gehabt, mir die unmittelbare Umgebung der Festung genauer anzusehen, und kannte daher das Terrain, in welchem der Kanal draußen mündete, ziemlich gut. Ich schlug meinen Genossen vor, daß wir auf der Bank bis gegen Mitternacht sitzen bleiben sollten, um dann den Kanal zu verlassen und zuerst die Deckung eines nahen mit Welschkorn bepflanzten Feldes zu suchen. Von da würden wir, wenn der Himmel klar wäre, einen kleinen Teil des Weges nach Steinmauern, einem etwa eine Stunde von Rastatt entfernten am Rhein gelegenen Dorfe überblicken können — wenigstens hinreichend, um uns zu vergewissern, ob wir uns ohne unmittelbare Gefahr aus dem Welschkornfelde herauswagen dürften. Und so würden wir denn, von Zeit zu Zeit Deckung suchend und den Weg vor uns rekognoszierend, hoffen können, lange vor Tagesanbruch Steinmauern zu erreichen und dort einen Kahn zu finden, der uns auf das französische Ufer hinüberbrachte. Dieser Plan wurde von meinen Genossen gutgeheißen.

Während wir so miteinander zu Rate gingen, hörten wir über uns allerlei dumpfes Getöse wie das Rollen von Fuhrwerken und den dröhnenden Tritt großer Menschenmassen — woraus wir schlossen, daß nun die Preußen in die Festung einzögen und die Tore und Wälle besetzten. Als es etwas stiller geworden war, vernahmen wir den Klang einer Turmuhr, welche die Stunden schlug. Unsere Bank befand sich nämlich in der Nähe eines der Luftschachte, so daß das Geräusch der obern Welt unschwer zu uns drang. Gegen neun Uhr abends fing es an zu regnen, und zwar so stark, daß wir das Klatschen des herabströmenden Wassers deutlich unterscheiden konnten. Zuerst schien uns das schlechte Wetter der Ausführung unseres Fluchtplanes günstig zu sein. Bald aber kam uns die Sache in einem ganz anderen Lichte vor. Wir fühlten nämlich, wie das Wasser in unserm Kanal stieg und bald mit großer Heftigkeit, wie ein Gießbach, hindurchschoß. Nach einer Weile überflutete es die Bank, auf welcher wir saßen, und reichte uns in unserer sitzenden Stellung bis an die Brust. Auch gewahrten wir lebendige Wesen, die mit großer Rührigkeit um uns her krabbelten. Es waren Wasserratten. „Wir müssen hinaus", sagte ich zu meinen Genossen, „oder wir werden ertrinken." So verließen wir denn unser Brett und drangen vorwärts. Kaum hatte ich ein paar Schritte getan, als ich in der Finsternis mit dem Kopf gegen einen harten Gegenstand stieß. Ich betastete ihn mit den Händen und entdeckte, daß das Hindernis in einem eisernem Gitter bestand. Sofort kam mir der Gedanke, daß dieses Gitter dort angebracht worden sei, um während einer Belagerung alle Kommunikation durch den Kanal zu verhindern. Dieser Gedanke, den ich meinen Gefährten sofort mitteilte, brachte uns der Verzweiflung nahe. Aber als ich das Gitter mit beiden Händen ergriff, wie wohl ein Gefangener an den Eisenstäben seines Kerkerfensters rüttelt, gewahrte ich, daß es sich ein wenig hin- und herbewegen ließ, und eine weitere Untersuchung ergab, daß es nicht ganz bis auf den Boden reichte, sondern etwa anderthalb bis zwei Fuß davon abstand. Wahrscheinlich war es so eingerichtet, daß es aufgezogen und heruntergelassen werden konnte, um so den Kanal zum Reinigen zu öffnen und dann wieder zu schließen. Glücklicherweise hatte während der Belagerung niemand von diesem Gitter gewußt oder daran gedacht, und so war uns die Möglichkeit des Entkommens geblieben. Freilich mußten wir, um unter dom Gitter durchzuschlüpfen, mit dem ganzen Körper durch das Wasser kriechen; aber das hielt uns nicht ab. So drangen wir denn rüstig vor, und als wir glaubten, nahe bei der Mündung des Kanals angekommen zu sein, hielten wir einen

Augenblick an, um unsere Kraft und Geistesgegenwart für den gefährlichen Moment des Hinaustretens ins Freie zu sammeln.

Da schlug ein furchtbarer Laut an unsere Ohren. Dicht vor uns, nur wenige Schritte entfernt, hörten wir eine Stimme „Halt Werda!" rufen, und sogleich antwortete eine andere Stimme. Wir standen still wie vom Donner gerührt. In kurzer Zeit vernahmen wir ein anderes „Halt Werda!" in etwas größerer Entfernung. Dann wieder und wieder denselben Ruf immer entfernter. Es war offenbar, daß wir uns unmittelbar bei der Mündung des Kanals befanden, daß draußen eine dichte Kette von preußischen Wachtposten stand, und daß soeben eine Ronde oder Patrouille bei dieser Kette vorüber passiert war. Leise, mit angehaltenem Atem, schlich ich noch ein paar Schritte vorwärts. Da war den wirklich die Ausmündung des Kanals, von so dichtem Gebüsch überwachsen, daß sie in der dunkeln Regennacht fast so finster blieb wie das Innere. Aber mich geräuschlos aufrichtend, konnte ich doch die dunkeln Gestalten eines preußischen Doppelpostens dicht vor mir erkennen, so wie auch das Feuer von Feldwachen in einiger Entfernung. Hätten wir nun auch, was unmöglich schien, unbemerkt ins Freie gelangen können, so wäre doch offenbar der Weg nach Steinmauern uns verschlossen gewesen.

Leise, wie wir gekommen, duckten wir uns in unsern Kanal zurück und suchten dort für den Augenblick Sicherheit. Glücklicherweise hatte der Regen aufgehört. Das Wasser war freilich noch hoch, aber es stieg doch nicht mehr. „Zurück zu unserer Bank!" flüsterte ich meinen Gefährten zu. Wir krochen unter dem Gitter durch und fanden unser Brett wieder. Da saßen wir denn, dicht aneinandergedrängt. Unsere Beratung über das, was nun zu tun sei, hatte eine gewisse Feierlichkeit. Der Worte gab es wenige, des ernsten Nachdenkens viel. Ins Feld hinaus konnten wir nicht — das war klar. Längere Zeit im Kanal bleiben auch nicht, ohne die Gefahr, bei mehr Regen zu ertrinken. Es blieb also nichts übrig, als in die Stadt zurückzukehren. Aber wie konnten wir in die Stadt zurück, ohne den Preußen in die Hände zu fallen? Nachdem wir diese Gedanken flüsternd ausgetauscht, trat eine lange Pause ein. Endlich unterbrach ich das Schweigen: „Essen und trinken wir etwas; vielleicht kommt dann Rat.“ Adam packte unsere Vorräte aus, und da wir seit der Frühstückszeit des vorigen Tages — denn Mitternacht war längst vorüber — nichts genossen hatten, so fehlte es nicht an Hunger und Durst. Unser Brot war allerdings naß geworden, aber es schmeckte uns doch; ebenso die Würste. Wir erinnerten uns beizeiten, daß wir nicht den ganzen Vorrat aufzehren durften, denn wir wußten ja nicht, woher sonst die nächste Mahlzeit kommen würde. Übrigens quälte uns auch der Durst mehr als der Hunger. Seit ungefähr zwölf Stunden waren unsere Füße im Wasser gewesen und daher eisig durchkältet. Dieser Umstand, verbunden mit der Aufregung, hatte uns das Blut zu Kopf getrieben. Adam öffnete nun eine der beiden Flaschen, die er für uns gekauft, und es fand sich, daß sie Rum statt Wein enthielt. Ogleich ich gegen alles, was Branntwein hieß, immer eine starke Abneigung gehabt, so trank ich doch wie auch meine Gefährten, in gierigen Zügen, und es schien, als bliebe das Gehirn völlig klar dabei.

Nachdem wir unsere Mahlzeit beendigt, nahm Adam das Wort. „In der Stadt habe ich eine Base“, sagte er. „Ihr Haus ist nicht weit vom Eingang des Kanals. Um dahin zu kommen, brauchen wir nur durch ein paar Gärten zu gehen. Wir könnten uns da in der Scheune verbergen, bis sich etwas Besseres findet.“

Dieser Vorschlag fand Beifall, und wir beschlossen, den Versuch zu machen. In demselben Augenblicke stieg in mir ein höchst niederschlagender Gedanke auf. Ich erinnerte mich, daß wir während der Belagerung dicht bei dem Eingang des Kanals einen Wachtposten gehabt hatten. War dieser Posten von den Preußen ebenfalls besetzt worden, so saßen wir in dem Kanal zwischen zwei feindlichen Schildwachen. Ich teilte meinen Gefährten meine Befürchtung mit. Was war zu tun? Vielleicht hatten die Preußen diesen Posten noch nicht besetzt. Vielleicht konnten wir uns vorbeischleichen. Auf alle Fälle — nichts blieb uns übrig als der Versuch durchzuschlüpfen.

Als wir unsere Bank verließen, um den Rückmarsch anzutreten, hörten wir die Turmuhr draußen drei schlagen. Ich ging voraus und erreichte bald den letzten Luftschacht. Ich nahm die Gelegenheit wahr, um mich aufzurichten und ein wenig zu strecken, wobei mir etwas geschah, das auf den ersten Augenblick ein Unglück schien. Ich hatte meinen kurzen Karabiner bei dem gebückten Gehen durch den Kanal als eine Art von Krücke gebraucht. Indem ich mich aufrichtete, fiel mir der Karabiner ins Wasser und machte ein großes Geräusch. „Holla!" rief eine Stimme just über mir. „Holla! In diesem Loch steckt was! Kommt hierher!" Und in demselben Augenblicke kam ein Bajonett, wie eine Sondiernadel, von oben herunter durch das Gitter, welches das Luftloch deckte. Ich hörte es, wie es an die eisernen Stäbe des Gitters anstieß, und wich der Spitze desselben durch rasches Bücken aus. „Nun schnell hinaus!" flüsterte ich meinen Genossen zu, — „oder wir sind verloren." Mit wenigen hastigen Schritten erreichten wir das Ende des Kanals. Ohne uns umzusehen, sprangen wir über eine Hecke in den nächsten Garten und gewannen in schnellem Lauf einen zweiten Zaun, der ebenso übenstiegen wurde. Atemlos blieben wir dann in einem Felde hoher Gartengewächse stehen, um zu horchen, ob uns jemand folge. Wir hörten nichts. Es ist wahrscheinlich, daß das Fallen meines Karabiners ins Wasser die Aufmerksamkeit der Wachtposten in der unmittelbaren Umgebung auf sich gezogen und von der Mündung des Kanals abgewendet hatte. So mag unser Entrinnen durch den zuerst unglücklich aussehenden Zufall erleichtert worden sein.

Als Adam sich an unserm Halteplatz orientierte, fand er, daß wir uns dicht bei dem Hause seiner Base befanden. Wir setzten über einen Zaun, der uns noch von dem zu diesem Hause gehörenden Garten schied, wurden aber da von dem lauten Gebell eines Hundes begrüßt. Um ihn zu besänftigen, opferten wir den letzten Rest unserer Würste. Das Tor der Scheune fanden wir offen, gingen hinein, streckten uns auf dem an der einen Seite aufgehäuften Heu aus und fielen bald in tiefen Schlaf.

Aber diese Ruhe sollte nicht lange währen. Ich wachte jählings auf und hörte die Turmuhr sechs schlagen. Es war heller Tag. Adam hatte sich bereits erhoben und sagte, er wolle nun ins Haus zu seiner Base gehen, um anzufragen, was sie für uns tun könne. Nach wenigen Minuten kehrte er zurück und die Base mit ihm. Ich sehe sie noch vor mir — eine Frau von etwa dreißig Jahren, mit blassem Gesicht und weit geöffneten, angstvollen Augen. „Um Gotteswillen", sagte sie, „was macht ihr hier. Hier könnt ihr nicht bleiben. Heute Morgen kommen preußische Kavalleristen als Einquartierung. Die werden gewiß in der Scheune nach Futter und Streu für ihre Pferde suchen. Dann finden sie euch und wir sind allesamt verloren." „Aber nehmt doch Vernunft an, Base", sagte der gute Adam. „Wo können wir denn jetzt hin? Ihr werdet uns doch nicht ausliefern!"

Aber die arme Frau war außer sich vor Angst. „Wenn ihr nicht geht", antwortete sie entschieden, „so muß ich es den Soldaten sagen, daß ihr da seid. Ihr könnt nicht verlangen, daß ich mich und meine Kinder für euch unglücklich mache."

Es wurde noch mehr geredet, aber umsonst. Wir hatten keine Wahl — wir mußten die Scheune verlassen. Aber wohin? Die Frau zeigte uns durch das geöffnete Scheunentor einen von hohem und dichtem Gebüsch überwachsenen Graben auf der andern Seite des Hofes, in welchem wir uns verstecken könnten. Unsere Lage wurde verzweifelt. Da standen wir, alle drei in badischer Uniform, sofort als Soldaten der Revolutionsarmee zu erkennen. Und nun sollten wir keinen andern Zufluchtsort haben als das einen Graben deckende Gebüsch, mitten in einer Stadt, die von feindlichen Truppen wimmelte! Natürlich zögerten wir, die Scheune zu verlassen, obgleich das auch ein gefährlicher Aufenthalt war; doch bot sie uns ein Dach über dem Kopf, und vielleicht ließ sich darin ein gutes Versteck finden. Noch hofften wir, die Base werde sich erbitten lassen. Sie ging ins Haus, da sie die Ankunft der Einquartierung jeden Augenblick erwartete. Nach etwa einer halben Stunde kehrte sie zurück und sagte, die Kavalleristen seien gekommen und säßen gerade beim Frühstück. Jetzt könnten wir den Hof passieren, ohne von ihnen gesehen zu werden. Sie bestand mit solcher Entschiedenheit darauf, daß wir uns in unser Schicksal ergeben mußten. So liefen wir denn über den Hof nach dem überwachsenen Graben, der an der entgegengesetzten Seite durch einen hohen Bretterzaun von einer Straße geschieden war Es regnete wieder in Strömen und in der unmittelbaren Umgebung schien sich niemand zu regen. So konnten wir denn mit einiger Sicherheit unsern neuen Zufluchtsort untersuchen. Wir fanden, daß an dem Ende des Grabens, nach dem Garten zu, Brennholz über Mannshöhe aufgestapelt war, ein hohles an der uns zugekehrten Seite offenes Viereck bildend. Bis zu diesem Viereck konnten wir durch den von dem Gebüsch gedeckten Graben schleichen, und in dem so geschlossenen Raum waren wir so ziemlich vor den Blicken derjenigen geschützt, die etwa vorübergehen mochten. Dort setzten wir uns auf Holzblöcken nieder.

Aber was sollte nun aus uns werden? Das Unbehagen unserer erbärmlichen Lage, wie wir, bis auf die Haut durchnäßt, da saßen, würden wir schon gern ertragen haben, hätte sich nur die geringste Aussicht des Entkommens geboten. Der treue Adam, sonst so gutmütig, war heftig aufgebracht über das Benehmen seiner Base. Neustädter sah unsere Lage für hoffnungslos an und fragte, b es nicht besser sei, unserer Not damit ein Ende zu machen, daß wir uns freiwillig bei den Soldaten im Hause als Gefangene meldeten. Und ich muß gestehen, daß auch mein sonst so sanguinisches Temperament eine harte Probe zu bestehen hatte. Doch raffte ich meinen Mut zusammen, und wir beschlossen dann, bis aufs äußerste auszuhalten und dem Glück zu vertrauen. So saßen wir denn, eine Stunde nach der andern auf das Schicksal wartend, im beständig herabströmenden Regen, auf unsern Holzblöcken, wahre Jammergestalten. Gegen Mittag hörten wir Schritte im Garten nahe bei unserm Versteck. Vorsichtig blickte ich aus der offenen Seite des Brennholzvierecks heraus und sah vom Hause herkommend einen Mann mit einer Säge in der Hand. Nach seinem Aussehen und der Säge, die er trug, schloß ich, daß er ein Arbeiter sei; und da die Arbeiter durchweg der revolutionären Sache günstig waren, so zauderte ich nicht, ihm zu vertrauen. Ich warf einen Holzspan nach ihm, der ihn am Arme traf, und als er stillstand, zog ich seine Aufmerksamkeit auf mich mit einem leisen Husten. Er sah mich und trat zu uns. In aller Schnelligkeit erklärte ich ihm unsere Lage und bat ihn, uns ein sicheres Unterkommen zu schaffen und auch etwas zu essen, da unser letzter Bissen verzehrt sei. Mein Vertrauen hatte mich nicht getäuscht. Er versprach zu tun, was nötig sei. Dann ging er fort, kehrte aber schon in einer halben Stunde zurück und zeigte uns hart bei dem aufgeschichteten Brennholz einen großen offenen Schuppen. An dem Ende des Schuppens, der uns am nächsten lag, befand sich ein kleiner geschlossener Verschlag, in welchem wahrscheinlich die Arbeiter ihre Werkzeuge verwahrten, und über diesem Verschlag unter dem Dach des Schuppens ein kleiner mit Planken verkleideter Söller. „Ich will eine dieser Planken losbrechen", sagte der Arbeitsmann. „Ihr könnt dann über das Brennholz unters Dach hineinsteigen und euch dort niederlegen. Ich werde bald wiederkommen und euch etwas zu essen bringen."

Wir folgten seinem Rat, und es gelang uns, unbemerkt in den kleinen Raum unter dem Dach hineinzuschlüpfen. Unser Gemach war gerade groß genug, daß wir drei bequem darin nebeneinander liegen konnten. Der Boden, auf dem wir uns ausstreckten, war gedielt und mit zollhohem weißem Staube bedeckt. In diesem Staub lagen wir nun mit unsern nassen Kleidern. Aber wir fühlten uns wenigstens vorläufig sicher. Es war ungefähr ein Uhr nachmittags, als wir unser neues Asyl bezogen. Wir warteten ruhig, bis unser Freund uns den nötigen Mundvorrat bringen würde, um dann mit ihm weitere Rettungspläne zu überlegen. Nun hörten wir die Turmuhr zwei Uhr schlagen, und drei, und vier, aber unser Mann kam noch immer nicht zurück. Kurz nach vier Uhr wurde es in dem Schuppen unter uns sehr lebhaft. Aus dem Sprechen und Rufen und Poltern, das wir hörten, schlossen wir, daß ein Trupp Reiter gekommen und damit beschäftigt sei, den Schuppen zur zeitweiligen Unterbringung von

Kavalleriepferden einzurichten. Die Pferde kamen bald an und auf allen Seiten schwärmte es von Soldaten. Durch die Ritzen der Bretterwände unseres Dachraumes konnten wir sie deutlich sehen. Unsere Lage wurde nun wieder eine äußerst kritische. Wäre es einem der Soldaten eingefallen, den Verschlag zu untersuchen und nachzusehen, was es in dem Dachraum geben möchte, so war unsere Entdeckung unvermeidlich. Irgend ein Geräusch, ein Husten oder Niesen unsererseits würde uns verraten haben. Wir gaben uns Mühe, möglichst leise zu atmen und sehnten uns nach der Nacht. Die Nacht kam, und wir waren noch unentdeckt, aber der Freund, auf dessen Beistand wir rechneten, hatte sich noch immer nicht wieder gezeigt.

Wir fingen an, recht hungrig und durstig zu werden und hatten weder einen Bissen noch einen Schluck. Der Rest unseres Branntweins war auf dem eiligen Lauf von dem Kanal nach dem Hause der Base verloren gegangen. Nun lagen wir still wie Tote. Nach und nach wurde es ruhiger im Schuppen, und bald hörten wir einige Leute schnarchen, andere von Zeit zu Zeit umhergehen, — wahrscheinlich die Stallwache. Wir fürchteten uns, selbst zu schlafen, obgleich wir sehr erschöpft waren; schließlich aber verständigten wir uns mit leisem Geflüster dahin, abwechselnd zu schlafen und zu wachen und den jeweiligen Schläfer zu wecken, wenn er zu schwer atmete. So ging die Nacht vorüber und der Morgen brach an, aber unser Helfer kam noch immer nicht. Mittag, Nachmittag, Abend — der ganze zweite Tag dahin —, aber von unserm Freunde keine Spur. Da lagen wir still und steif, von feindlichen Soldaten umgeben, und mit jedem Augenblick schien die Aussicht auf Hülfe immer mehr zu schwinden. Der Durst fing an, uns sehr zu quälen. Glücklicherweise setzte während der Nacht wieder ein starker Regen ein. Über meinem Kopf befand sich im Dache ein gebrochener Ziegel und durch das Loch, klein wie es war, tröpfelte das Regenwasser herab. Ich fing etwas davon in der hohlen Hand auf und gewann so einen erquickenden Trunk. Meine Gefährten folgten meinem Beispiel. Wieder wurde es Morgen und unsere Hoffnung auf die Rückkehr unseres

Freundes sank und sank. Die Turmuhr schlug Stunde nach Stunde, und keine Hülfe. Unsere Glieder begannen von dem starren Liegen zu schmerzen, und doch konnten wir kaum wagen, unsere Lage zu ändern. Drei Tage und zwei Nächte waren wir nun ohne Nahrung gewesen und ein ungewohntes Gefühl der Schwäche trat ein. So kam die dritte Nacht. Alle Hoffnung auf das Kommen unseres Freundes war nun dahin. Wir erkannten die Notwendigkeit, selbst einen neuen Versuch zu unserer Rettung zu machen, ehe unsere Kräfte gänzlich schwanden. Wir sannen und sannen, ohne ein Wort zu sprechen, als höchstens: „Er kommt nun nicht mehr."

Endlich tauchte in mir ein neuer Gedanke auf. Als wir während dieser dritten Nacht die Soldaten unter uns kräftig schnarchen hörten, flüsterte ich meinem Nachbar zu, indem ich meinen Mund seinem Ohr nahe brachte:

„Neustädter, haben Sie nicht, als wir über das Brennholz kletterten, ein kleines Häuschen bemerkt, das etwa fünfzig Schritt von hier steht?" „Ja", sagte Neustädter.

„Da muß ein armer Mann wohnen", fuhr ich fort, — „wahrscheinlich ein Arbeiter. Einer von uns muß zu ihm ins Haus gehen und zusehen, ob er uns helfen kann. Ich würde gern selbst hingehen, aber ich müßte über Sie wegklettern — Neustädter lag der Öffnung in der Bretterwand am nächsten — und das möchte Geräusch geben. Sie sind ohnehin der Kleinste und Leichteste von uns. Wollen Sie es versuchen?"

„Ja".

Ich hatte noch etwas Geld; man hatte uns nämlich kurz vor der Kapitulation unsere Löhnung ausbezahlt. „Nehmen Sie meinen Geldbeutel", flüsterte ich, „und geben Sie dem Mann, der in dem Häuschen wohnt, zehn Gulden davon, oder soviel er will. Sagen Sie ihm, er solle uns etwas Brot und Wein, oder auch nur Wasser schaffen und sich so bald als möglich erkundigen, ob die preußische Postenkette noch um die Festung herum steht. Sind die Posten eingezogen, so können wir morgen nacht noch einmal den Versuch machen, durch den Kanal fortzukommen. Gehen

Sie jetzt und bringen Sie uns ein Stück Brot mit, wenn Sie können."

„Gut."

In einer Minute war Neustädter leicht und leise wie eine Katze durch das Loch in der Bretterwand verschwunden. Mein Herz schlug fast hörbar während seiner Abwesenheit. Ein falscher Tritt, ein zufälliges Geräusch konnte ihn verraten. Nach weniger als einer halben Stunde kam er zurück, ebenso leicht und lautlos wie er gegangen war, und streckte sich neben mir aus.

„Es ist alles gut gegangen", flüsterte er. „Hier ist ein Stück Brot — alles was sie im Hause hatten. Und hier ist auch ein Apfel, den ich im Vorbeigehen von einem Baum gepflückt habe. Aber ich glaube, er ist noch grün."

Das Brot und der Apfel waren schnell unter uns verteilt und mit Gier verzehrt. Dann berichtete Neustädter mit seinem Mund an meinem Ohr, er habe in dem kleinen Häuschen einen Mann und dessen Frau gefunden; der Mann, dem er die zehn Gulden gegeben, habe ihm fest versprochen, uns Nahrung und auch die gewünschte Kunde über den Stand der Dinge außerhalb der Festung zu bringen.

Das erfrischte unsere Lebensgeister, und beruhigt schliefen wir abwechselnd bis zum hellen Morgen. Nun erwarteten wir jeden Augenblick unseren Befreier. Aber eine Stunde nach der andern verging und er kam nicht. Waren wir wieder getäuscht? Endlich gegen Mittag hörten wir jemanden in dem Verschlage dicht unter uns geräuschvoll herum rumoren, als schöbe er schwere Gegenstände von einer Ecke in die andere; dann ein leichtes Husten. Im nächsten Augenblick erschien ein Kopf in der Öffnung unserer Bretterwand und ein Mann stieg zu uns herein. Er war unser neuer Freund. Er schob einen Korb vor sich her, der anscheinend mit Handwerkszeug gefüllt war, aus dessen Tiefe aber bald zwei Flaschen Wein, ein paar Würste und ein großer Laib Brot hervorgelangt wurden. „Da ist etwas für Hunger und Durst", sagte unser Freund leise. „Ich bin auch um die Stadt herum gewesen. Die preußischen Wachtposten sind nicht mehr draußen. Ich will euch gern helfen. Sagt mir nur, was ich tun soll."

Ich bat ihn nun, nach Steinmauern zu gehen und sich dort nach einem Kahn umzusehen, der uns in der kommenden Nacht über den Rhein bringen könne. Dann solle er gegen Mitternacht in dem Welschkornfelde nahe bei dem Steinmauerner Tor uns erwarten. Das Signal werde ein Pfiff sein, den er beantworten solle, um dann mit uns zusammenzutreffen und uns nach der Stelle zu führen, wo der Kahn liege. Seiner Frau sollte er sagen, daß sie um 11 Uhr nachts etwas zu essen für uns bereit haben möge.

Ich gab dem Manne noch etwas mehr Geld; er versprach alles zu tun, was ich verlangt, und verschwand wieder wie er gekommen war. Nun hielten wir ein königliches Mahl, während dessen unsere gute Laune es uns sehr schwer machte, die nötige Stille zu bewahren. Um so länger schienen uns die folgenden Stunden. Sie waren so voll von Hoffnung und Besorgnis. Gegen zwei Uhr hörten wir das Knattern einer Gewehrsalve in einiger Entfernung.

„Was ist das?" flüsterte Neustädter. „Da erschießen sie wohl einen."

Mir schien es auch so. Wir nahmen es als eine Andeutung des Schicksals, das uns bevorstände, wenn wir gefangen würden. In der Tat aber begann, wie wir später erfuhren, das Erschießen erst einige Tage nachher.

Gegen drei Uhr erhob sich ein geräuschvolles Getriebe in dem Schuppen unter uns. Die Reiter machten sich offenbar zum Abzuge bereit. Aber kaum waren sie fort, als eine andere Truppe von dem Schuppen Besitz nahm. Wie wir aus den zu uns heraufdringenden Gesprächen schließen konnten, war es eine Abteilung Husaren. Gegen Abend schien sich eine große Menge zu versammeln, und wir unterschieden auch weibliche Stimmen darunter. Dann erklang eine Trompete, die Walzerweisen spielte, wozu die lustige Gesellschaft tanzte. Dies war uns nicht unlieb, denn wir erwarteten, daß nach einem solchen Vergnügen, bei dem es nicht ohne tapferes Trinken abging, unsere Husaren nur um so tiefer schlafen würden. Gegen neun Uhr zerstreute sich die Menge und es würde alles still geworden sein, hätte nicht einer der Husaren eine Rastatter Maid auf dem Platze zurückgehalten. Das Pärchen stand oder saß dicht bei unserm Versteck und jedes der gewechselten Worte konnten wir verstehen. Die Unterhaltung war sehr gefühlvollen Charakters. Er beteuerte ihr, daß sie reizend sei, daß sie sogleich beim ersten Blick sein Herz in Flammen gesetzt habe, und daß er sie liebe. Sie antwortete, er möge sie mit seinen schlechten Späßen in Ruhe lassen; aber er merkte vielleicht, daß sie wirklich nicht in Ruhe gelassen sein wollte, und so fuhr er fort, dasselbe Thema in allerlei kühnen und blumenreichen Redewendungen zu variieren. Endlich schien sie denn auch geneigt, alles zu glauben, was er ihr sagte. Gerne würden wir gelacht haben, hätten wir lachen dürfen. Als aber dieses sonst so interessante Gespräch gar kein Ende nehmen wollte, fing ich an besorgt zu werden, es möge bis Mitternacht dauern, und so werde uns die Husarenliebe einen bedenklichen Strich durch die Rechnung machen. Es war uns also eine große Erleichterung, als das Paar endlich gegen zehn Uhr davonging, und wir wünschten ihm den Segen des Himmels.

Nun zählten wir die Minuten, da der entscheidende Augenblick nahte. Mit dem Glockenschlage elf kroch Neustädter aus der Öffnung in der Plankenwand, trat auf das aufgeschichtete Brennholz und erreichte mit einem leichten Sprung den Boden. Ich folgte ihm. Meine Beine waren durch das viertägige, bewegungslose Liegen sehr steif geworden, und als ich meinen Fuß auf den Holzhaufen setzte, fielen mehrere Scheite mit großem Geräusch zur Erde. Einen Augenblick später hörte ich in geringer Entfernung den Tritt einer Patrouille. Ich hatte noch eben Zeit, meinem treuen Adam zuzuflüstern, daß er zurück bleiben solle, bis die Patrouille vorübergegangen sei, um uns dann zu folgen. Es gelang mir, zur Erde zu springen und mich zu verbergen, ehe die Patrouille um die Gasse bog. Ich fand Neustädter in dem Häuschen und Adam kam nach einigen Minuten. „Die

Patrouille ging ruhig vorüber," sagte er. „Im Schuppen wurde so laut geschnarcht, daß man kaum ein anderes Geräusch hören konnte."

Die Frau unseres Freundes in dem Häuschen hatte eine köstliche Rindfleischsuppe mit Reis für uns bereit. Nachdem diese, das gesottene Fleisch und gebratene Kartoffeln unsere Kräfte gestärkt, machten wir uns auf den Weg durch die Gärten nach dem Kanal. Es war eine helle Mondnacht und wir hielten uns vorsichtig im Schatten der Hecken, um nicht gesehen zu werden. Dies gelang, bis wir an dem Graben hart bei der Mündung des Kanals ankamen. Da erwartete uns ein neuer Schrecken. Ein Wachtposten marschierte auf und ab jenseits der Mündung, kaum dreißig Schritt davon entfernt. Wir hielten an und duckten uns hinter der Hecke. Hier war nur eins zu tun. Wie der Mann uns den Rücken kehrte und nach der andern Seite ging, schlüpfte einer von uns vorsichtig in den Kanal. Die beiden anderen gerade so nachher. In wenigen Minuten waren wir dort versammelt. Wir krochen behutsam vorwärts und stießen auch wieder auf unsere alte Bank, wo wir ein wenig ausruhten. Dann unseren Weg verfolgend, fanden wir das Gitter in seinem alten Zustande, krochen durch und sahen bald vor uns einen hellen Schein durch dunkles Blätterwerk dringend, der uns zeigte, daß der Ausgang ins Feld vor uns lag. Wir standen nochmals still, um unsere Pistolen fertig zu machen — ob sie nach der Durchnässung hätten abgefeuert werden können, ist fraglich —, denn nach allem, was wir gelitten, waren wir nun nötigenfalls zum Äußersten entschlossen, um uns den Weg zu bahnen. Aber der Ausgang war frei, die Postenkette verschwunden. Das Welschkornfeld lag vor uns. Ein leiser Pfiff von unserer Seite wurde sogleich beantwortet, und unser Mann trat aus dem Korn hervor.

Er berichtete uns, daß die Bahn frei sei. Wir schritten rüstig vorwärts, und in weniger als einer Stunde hatten wir das Dorf Steinmauern erreicht. Unser Freund führte uns an das Rheinufer und zeigte uns einen Kahn, in dem ein Mann fest schlafend lag. Er wurde schnell geweckt und unser Freund kündigte ihm an, wir seien die Leute, die über den Rhein gesetzt werden sollten. „Das kostet fünf Gulden", sagte der Bootsmann, der sich auf meine Frage, wo er her sei, als einen Koblenzer zu erkennen gab. Ich reichte ihm den verlangten Lohn und bot auch noch etwas Geld unserem braven Führer an. „Ihr habt mir schon genug gegeben", sagte dieser. „Was ihr noch habt, braucht ihr wohl selbst. Ich heiße Augustin Löffler. Vielleicht sehen wir uns im Leben noch einmal wieder. Gott behüt euch!" Damit schüttelten wir einander die Hände zum Abschied. Wir Flüchtlinge stiegen in den Kahn, und unser Freund wanderte nach Rastatt zurück. Viele Jahre später, als ich Minister des Innern in der Regierung der Vereinigten Staaten war, empfing ich eines Tages von Augustin Löffler einen Brief aus einem kleinen Ort in Kanada. Er schrieb mir, er sei nicht lange nach der Revolutionszeit aus Deutschland ausgewandert, und es gehe ihm gut in seiner neuen Heimat. Er habe in einer Zeitung gelesen, ich sei einer von den drei jungen Leuten, die er in jener Julinacht 1849 von Rastatt an den Rhein geführt habe. Ich antwortete ihm, drückte meine Freude über den Empfang seines Briefes aus, und bat ihn, wieder zu schreiben, habe aber seither nichts wieder von ihm gehört.

Nach kurzer Wasserfahrt setzte uns der Bootsmann in einem dichten Weidengebüsch ans Land. Es war zwischen zwei und drei Uhr morgens, und da das Gebüsch unwegsam schien, so beschlossen wir, auf alten Baumstumpen sitzend, dort das Tageslicht zu erwarten. In der Morgendämmernng brachen wir auf, um das nächste elsässische Dorf zu suchen. Bald aber entdeckten wir, daß wir auf einer Insel gelandet waren. Wir fanden ein kleines Haus, das ungefähr in der Mitte der Insel stand, und das Häuschen eines badischen Zollwächters zu sein schien. So waren wir also noch in „Feindesland", und der Bootsmann aus Koblenz hatte uns getäuscht. Das Häuschen war dicht verschlossen, die Fensterläden sowohl wie die Türe. Wir horchten, aber drinnen rührte sich nichts. Ein rascher Lauf über die kleine Insel überzeugte uns, daß diese, uns drei ausgenommen, menschenleer sei. Wir begaben uns nun an das dem Elsaß zugekehrte Ufer und, als eben die Sonne aufging, sahen wir drüben zwei Männer einhergehen, die wir bald als französische Douaniers erkannten. Wir riefen ihnen übers Wasser zu, daß wir Flüchtlinge seien und dringend wünschten, hinüber geholt zu werden. Ohne sich lange bitten zu lassen, bestieg einer der Douaniers, ein biederer Elsässer, einen kleinen Nachen und brachte uns auf elsässischen Boden. Unsere Waffen gaben wir den Zollbeamten ab und versicherten ihnen unter beiderseitigem Lachen, daß wir sonst nichts Steuerpflichtiges aus Rastatt mitgebracht hätten. Als ich mich nun wirklich in Freiheit und Sicherheit wußte, war mein erster Impuls, nach dem viertägigen Schweigen oder Flüstern, einmal laut zu schreien. Meinen Schicksalsgenossen war es ebenso zumute, und so schrien wir denn nach Herzenslust, zum großen Erstaunen der Douaniers, die uns für toll halten mochten.

Wir waren bei einem kleinen Dorf, Münchhausen genannt, gelandet. Die Douaniers sagten uns, daß sich in dem nahen Städtchen Selz viele deutsche Flüchtlinge befänden, und dahin wendeten wir unsere Schritte. Unterwegs blickten wir einander im hellen Sonnenlichte an und fanden, daß wir schauderhaft aussahen. Vier Tage und Nächte hatten wir mit durchnäßten Kleidern in Wasser, Schlamm und Staub gewatet und gelegen. Unsere Haare waren von Schmutz aneinander geklebt und unsere Gesichter kaum zu erkennen. Am nächsten Bach genossen wir dann den unbeschreiblichen Luxus einer Wäsche, und so, zu menschlicher Erscheinung hergestellt, erreichten wir bald das Wirtshaus in Selz.

Die dort anwesenden Flüchtlinge aus Baden, von denen keiner in Rastatt gewesen war, hießen uns willkommen und wollten unsere Abenteuer hören. Aber vorerst stand unser Verlangen nach einem Zuber warmen Wassers, einem Frühstück und einem Bett. Alles dies erhielten wir. Ich schlief vierundzwanzig Stunden mit geringer Unterbrechung. Dann machte ich die Flüchtlingsgesellschaft im Wirtshause mit den Umständen unseres Entkommens aus der Festung bekannt. Von ihnen erfuhr ich dann auch zum erstenmal, daß Kinkel in einem der Gefechte bei Rastatt vor dem Beginn der Belagerung von den Preußen gefangen worden sei. Er hatte sich, nachdem wir die Pfalz verlassen und er also in Verbindung mit der pfälzischen provisorischen Regierung nicht mehr tätig sein konnte, einem Volkswehrbataillon angeschlossen und als gemeiner Soldat die Muskete in die Hand genommen. Als Kämpfender wollte er das Schicksal des Revolutionsheeres teilen. In einem Gefechte an der Murglinie wurde er durch eine feindliche Kugel am Kopfe verwundet, stürzte zu Boden und fiel den angreifenden Preußen in die Hände. Nun, hieß es, habe man ihn mit der gefangenen Besatzung in eine der Rastatter Kasematten gesteckt, um ihn von einem Kriegsgericht aburteilen und dann erschießen zu lassen. Diese Nachricht erschütterte mich tief, so daß ich der wiedergewonnenen Freiheit kaum froh werden konnte.

Am Tage nach unserer Ankunft in Selz erschien im Wirtshause ein Gendarm im Auftrage des Maire, um unsere Namen zu erfahren und auch, ob wir zu bleiben, oder, wenn nicht, wohin wir zu gehen beabsichtigten. „Wir wollen nach Straßburg gehen“, antwortete ich aufs Geratewohl. Der Maire fertigte uns darauf eine Art von Laufpaß aus mit der Anweisung, daß wir uns in Straßburg sofort auf der dortigen Präfektur melden sollten. Ein drückendes Gefühl kam über mich, daß ich nun wirklich ein Heimatloser, ein Flüchtling sei und unter polizeilicher Überwachung stehe. Nachdem ich meinen Eltern geschrieben und ihnen meine Rettung mitgeteilt hatte, machten wir uns ohne weiteren Aufenthalt nach Straßburg auf den Weg. Mein eigentliches Reiseziel war die Schweiz, wo, wie ich hörte, Anneke, Techow, Schimmelpfennig und andere Freunde sich befanden.

Wäre ich ein paar Tage länger in Selz geblieben, so würde ich in demselben Wirtshaus, in dem ich eingekehrt, meinen Vater gesehen haben. Dies ging so zu: Wie bereits erwähnt, schrieb ich am Tage der Übergabe von Rastatt, in der Erwartung, daß ich mit der Besatzung würde gefangen werden, einen Brief an meine Eltern, den ich meinem Hauswirt zur Besorgung anvertraute. Dieser Brief traf meine Eltern wie ein Donnerschlag und sofort machte mein Vater sich auf, um wo möglich seinen Sohn noch einmal zu sehen. In Rastatt angekommen, meldete er sich bei dem preußischen Kommandanten der Festung, von dem er hoffte, über mein Schicksal Kunde zu erhalten. Der Kommandant empfing ihn freundlich genug, wußte ihm aber nach einiger Nachfrage nichts weiteres zu sagen, als daß mein Name nicht auf den Listen der Gefangenen stehe. Erstaunt darüber, bat mein Vater um die Erlaubnis, die Kasematten, in denen die Gefangenen gehalten wurden, nach mir zu durchforschen. Diese Erlaubnis erhielt er, und ein Offizier begleitete ihn auf der angstvollen Suche. Von Kasematte zu Kasematte gingen sie, drei Tage lang, und Mann für Mann fragten sie die Gefangenen nach mir, aber alles umsonst. Mich fanden sie nicht, und obgleich manche sich meiner erinnerten, wußte doch niemand über mich Auskunft zu geben. Niemand hatte mich bei der Waffenstreckung gesehen. Auch auf Kinkel traf mein Vater im Gefängnis. „Was?" rief dieser aus. „Auch Karl hier? O weh, ich glaubte ihn sicher in der Schweiz!" In stillem Schmerz drückten die Männer sich die Hände.

Nachdem mein Vater so vergeblich nach mir geforscht, dämmerte ihm eine Hoffnung auf, ich möchte doch vielleicht entkommen sein. Von Bürgersleuten in Rastatt hörte er, es seien mehrere Flüchtlinge aus Baden drüben überm Rhein in Selz. Von diesen möchte einer imstande sein, über mich Nachricht zu geben. Wenige Stunden später war mein Vater in dem Wirtshaus in Selz, in dem die Flüchtlinge verkehrten. Dort nannte er seinen Namen; und nun erfuhr er die ganze Geschichte meiner Flucht, und wie ich noch vor wenigen Tagen in Selz gewesen und nach Straßburg abmarschiert sei, mit der Absicht, von dort sofort weiter zu gehen, wohin, wisse man nicht, wahrscheinlich nach der Schweiz. Mein Vater brach in Freudentränen aus und rief ein übers andre Mal: „Der Schwerenotsjunge! Nun muß ich schnell heim, um es der Mutter zu erzählen." Und da er kaum hoffen durfte, mich in Straßburg noch zu finden, und erwartete, bald aus der Schweiz von mir zu hören, so kehrte er ohne Verzug nach Bonn zurück. Einer der badischen Flüchtlinge, die meinen Vater im Wirtshause zu Selz gesehen und ihm die Auskunft über mich gegeben hatten, erzählte mir dies alles einen Monat später in der Schweiz, und er konnte sich dann noch selbst seiner Rührung kaum erwehren, als er mir die Freude meines Vaters beschrieb.

Siebentes Kapitel.

Von Selz nach Straßburg wanderten wir zu Fuß. Es war ein herrlicher Sommersonntag. Eine Zeitlang konnten wir von unserer Straße aus die Türme von Rastatt in der Ferne sehen. Der Anblick des großen Gefängnisses, dem wir entkommen, würde das Vollgefühl unserer Freiheit zu lustigem Übermut entfesselt haben, hätte uns nicht der Gedanke an die unglücklichen Freunde gedrückt, die dort, eines dunklen Schicksals harrend, in der Gewalt ihrer Feinde saßen. Da wir noch unsere Uniformen trugen — andere Kleider hatten wir nicht —, so wurden wir in den elsässischen Dörfern, durch die uns unsere Straße führte, sofort als flüchtige deutsche Revolutionssoldaten erkannt und nicht selten von den Dorfleuten angehalten, die mit wohlwollender Neugier wissen wollten, wie wir davongekommen seien. So gab es denn mehrfache Rasten mit Wein und Imbiß und lustigen Gesprächen, bis wir spät abends Straßburg erreichten. Dort kehrten wir im „Rebstöck'l" ein, einem Gasthaus, dessen Wirt wegen seiner deutschen Sympathien weit bekannt war. Er nahm uns äußerst freundlich auf und pflegte uns, nachdem er die Hauptzüge unserer Geschichte gehört, mit besonderer Sorge. Am nächsten Tage hatten wir uns mit unserm Laufpaß beim Präfekten zu melden. Dieser eröffnete uns, daß die französische Regierung beschlossen habe, die Flüchtlinge zu „internieren"; es sei daher weder in Straßburg noch irgendwo anders in der Nähe der Grenze lange unseres Bleibens; wir müßten so bald wie möglich zwischen einigen Städten im Innern Frankreichs, die er uns nannte, unsere Auswahl treffen, um dahin befördert zu werden; auch nach der Schweiz könne er uns keine Pässe geben. Aber gerade nach der Schweiz wollten wir und beschlossen daher insgeheim, auch ohne obrigkeitliche Bewilligung, dahin unsere Reise fortzusetzen.

Es war unterdessen die Nachricht angelangt, daß die pfälzischen und badischen Soldaten und Volkswehrmänner, die in die Hände der Preußen gefallen waren, und die sich nichts anderes als bloßen Dienst in der Revolutionsarmee hatten zuschulden kommen lassen, ohne weitere Strafe nach Hause geschickt werden sollten. Nur die Offiziere und sonstige besondere Übeltäter wurden zurückbehalten. Es stand also der Rückkehr Adams in seine Heimat nichts mehr entgegen, und ich ermahnte ihn, er solle diese Möglichkeit sofort benutzen. Adam drückte mir noch einmal seine Anhänglichkeit aus, an der ich gewiß keine Ursache hatte zu zweifeln. Aber er sah doch ein, daß mein Rat gut war, und entschloß sich, ohne Verzug zu den Seinigen in der Pfalz zurück zu wandern. Ich gab ihm einen Teil meiner Barschaft, und wir schieden voneinander mit aufrichtiger Rührung und mit dem Versprechen, gelegentlich einander zu schreiben. Erst als Adam schon fort war, fiel mir ein, daß ich seinen Familiennamen nie gekannt hatte, so daß ich ihm nicht schreiben konnte; und ich habe von meinem braven Gefährten seit jenem Abschiedstage auch nie wieder gehört.

Nachdem ich einige Stunden damit zugebracht hatte, das Straßburger Münster zu beschauen, rüsteten Neustädter und ich uns zur Abreise. Wir kauften uns leichte Staubröcke, die wir über unsere badischen Uniformen tragen konnten und nahmen dann einen Eisenbahnzug nach Basel, stiegen aber, kurz ehe wir die Schweizer Grenze erreichten, an einer Wegestation aus, deren Namen ich vergessen habe. Es war gegen Abend. Wir gingen in das nahe Dorf und fanden ein kleines Wirtshaus, durch dessen offene Tür wir eine Frau am Herde beschäftigt sahen. Wir traten ein und fragten die Frau, ob sie uns zu essen geben könne, und aus langen Verhandlungen, ihrerseits in der uns schwer verständlichen elsässischen Mundart geführt, ging hervor, daß sie uns wohl einen Eierkuchen mit Speck zu bieten imstande sei. Während der Kuchen in der Pfanne zischte und duftete, trat der Wirt ein. Sein biederer Gesichtsausdruck erweckte Vertrauen, und ich hielt es für das beste, ihn offen mit unserer Lage bekannt zu machen sowie mit unserm Wunsche, die Grenze der Schweiz zu passieren, ohne auf einen Beamten zu stoßen, der uns nach einem Paß oder einer sonstigen Legitimation fragen möchte. Das lebhafte Interesse und die genaue Sachkenntnis, die der Wirt uns entwickelte, ließen vermuten, daß dem Biedermann die Schleichwege der Grenzschmuggler durchaus nicht fremd seien. Nach eingetretener Dunkelheit begleitete er uns eine Strecke und gab uns dann eine sehr klare Beschreibung der Fußpfade, auf denen wir alle Grenzwächter vermeiden und nach nicht gar langer Wanderung das schweizerische Dörfchen Schönebühl erreichen würden. Dort bezeichnete er uns eine am Wege stehende Scheune, die wir wahrscheinlich offen finden, und in der wir uns auf gutem Heulager bis zum Morgen würden ausruhen können. Genau folgten wir seinen Anweisungen, und es mochte etwa Mitternacht sein, als wir uns in der bezeichneten Scheune auf duftigem Heulager zum Schlafe ausstreckten.

Mit Sonnenaufgang waren wir wieder auf den Füßen und erfragten uns von den Bauern, die zu ihrer Arbeit gingen, den Weg nach Bern, — denn ich hatte in Straßburg erfahren, daß Anneke und die übrigen Freunde, denen ich mich anschließen wollte, sich in Bern aufhielten. Die Straße führte uns zuerst durch fruchtbare Talgründe. Es war ein sonniger Tag. Die Felder wimmelten von Landleuten, mit der Ernte beschäftigt. Ich erinnere mich noch deutlich der Empfindungen, die mich auf jenem Marsche bewegten. Ich freute mich an dem Bilde heitern Friedens, aber immer stieg mir wieder der Gedanke auf: „Wie viel glücklicher sind doch diese da als du. Wenn sie ihre schwere Arbeit getan haben, so kehren sie nach Hause zurück. Sie haben eine Heimat; du hast keine mehr.“ Ich konnte diese trüben Reflexionen nicht los werden, bis wir ins Münstertal eintraten, jenen großartig wilden Spalt im Juragebirge, den eine gewaltige Erdrevolution aufgerissen zu haben schien. Nachdem wir geruht, konnte ich das Verlangen nicht bezähmen, sogleich die Alpen zu sehen.

So stiegen wir denn jenseits von Moutiers den etwa 4000 Fuß hohen Monto hinauf, und da stand dann in klarer Ferne die wunderbare Erhabenheit der Schneehäupter vor uns. Es war mir ein seltsam stärkender, ermutigender Anblick.

In einem tiefen Tal auf der andern Seite des Monto kehrten wir in einer kleinen Schenke ein, in der wir einen intelligent aussehenden Mann mit einem Knaben fanden, die sich an Trunk und Imbiß erquickten. Als wir uns bei dem Manne nach dem Wege und den Entfernungen erkundigten, gab er uns freundliche Auskunft und erzählte uns weiter, er wohne in Bern und habe die Stadt erst vor wenigen Tagen verlassen, um mit dem Knaben, seinem Sohn, eine Fußreise zum Vergnügen zu machen. Auf weitere Fragen erfuhren wir, daß er viele von den deutschen Flüchtlingen kannte, unter andern auch meine Freunde, und daß diese sich allerdings in Bern eine Zeitlang aufgehalten hatten, aber vor wenig mehr als einer Woche von dort abgereist und nach Dornachbruck bei Basel gezogen seien, wo ich sie jetzt finden könne. Das war mir eine verdrießliche Nachricht. Um zu ihnen zu stoßen, mußte ich also den Weg wieder zurückgehen, den ich gekommen war. Ich entschloß mich sofort dazu. Neustädter aber, der meine Freunde nicht kannte, und der in der Stadt Bern irgendwelche Beschäftigung zu finden hoffte, zog vor, seine Reise dahin fortzusetzen. So trennten wir uns denn in der kleinen Schenke im Tal, und ich sah Neustädter erst achtzehn Jahre später in St. Louis am Mississippi wieder, wo er eine bescheidene, aber geachtete Stellung einnahm, und wo wir die Erinnerung an unser gemeinsames Jugendabenteuer mit Behagen auffrischten.

Meine Ankunft in Dornachbruck brachte mir eine neue Enttäuschung. Im Gasthause des Dorfes erfuhr ich, daß Anneke und andere meiner Freunde allerdings vor wenigen Tagen dagewesen, aber nach kurzem Aufenthalt nach Zürich abgereist seien. Gern wäre ich sofort weiter gewandert, aber ich wußte nicht, ob nicht die, welche ich suchte, auch nicht schon wieder von Zürich abgezogen waren. Auch war meine Barschaft fast gänzlich erschöpft, und überdies fühlte ich mich sehr ermüdet. So beschloß ich denn, vorläufig in

Dornachbruck zu bleiben, ließ mir im Gasthofe ein Zimmer anweisen, schrieb nach Hause um etwas Geld und zurückgelassene Kleider, und legte mich zu Bett. Die großen Aufregungen und Strapazen der letzten Tage fingen nun an, ihre Wirkung zu üben. Ich war sehr abgespannt und kam mir äußerst einsam und verlassen vor. Selbst der Schlaf erquickte mich wenig. Trübselig ging ich im Dorf und der Umgebung umher und brachte manche Stunde in dem verfallenen Turm einer Burgruine, auf einem benachbarten Hügel im Grase liegend oder auf Mauertrümmern sitzend zu. Die Wirtstochter, eine kräftige Jungfrau von etwa 25 Jahren, die dem Hauswesen vorstand, war die einzige menschliche Seele, die meine krankhafte Stimmung zu bemerken schien, und die sich meiner mitfühlend annahm. In der furchtbaren Mundart des Basellandes, die mir nur schwer verständlich war, redete sie mir Trost und Mut zu, bereitete mir ihre besten Leckerbissen und gab mir auch ihr bestes Buch zu lesen. Es war „Stifters Studien", ein Buch, das mir zuerst für ihren Begriffskreis zu hoch scheinen wollte. Aber ich fand bald, daß diese junge Schweizerin einen recht guten Schulunterricht genossen hatte und trotz ihrer basellädischen Sprache in der deutschen Literatur nicht unbewandert war. Aber meine Schwermut wurde immer düsterer; die Zukunft lag wie eine dunkle Wolke vor mir. Ich bildete mir zuletzt ein, ich sei ernstlich krank, und brachte den größten Teil des Tages in halbträumendem Zustande auf dem Bette liegend zu. Ich mochte wohl zehn Tage lang in Dornachbruck gewesen sein, als ich eines Morgens eine auffallend laute Stimme auf dem Hausflur meinen Namen nennen hörte. „Das ist ja der leibhaftige Strodtmann!" rief ich aus, indem ich vom Bette aufsprang. Er war es in der Tat, und im nächsten Augenblicke stand er vor mir. Er war von Bonn herangereist, um mir einen Brief von meinen Eltern und Dutzende von meinen Universitätsfreunden zu bringen; auch einen Beutel voll Geld, und was ich sonst bedurfte. Mein Entkommen aus Rastatt hatte in Bonn die freudigste Aufregung hervorgebracht, die in den Briefen sehr lebhaften Ausdruck fand, und von der mir Strodtmann nicht genug erzählen konnte. Nun war meine elegische Stimmung auf einmal verschwunden. Ich fühlte mich plötzlich wieder vollkommen wohl; und nachdem wir unser Wiedersehen mit der besten Mahlzeit, die das Gasthaus in Dornachbruck leisten konnte — Strodtmann war nämlich ein Feinschmecker —, passend gefeiert hatten, beschlossen wir, am nächsten Tage unsere Reise nach Zürich anzutreten, wo Strodtmann einige Zeit bei mir zu bleiben versprach.

So zogen wir denn los in lustiger Studentenweise, kehrten häufig ein und wanderten wieder vorwärts mit gesteigerter Heiterkeit. An der Aar, im Angesicht der Ruine Habsburg, nicht weit von dem Fleck, wo vor Jahrhunderten Kaiser Albrecht von Johann von Schwaben erschlagen worden war, lagerten wir uns ins Gras verloren uns in geschichtlichen Betrachtungen und poetischen Ergüssen und schliefen ein. Es war Abend, als ein schweizerischer Gendarm uns weckte. Wir fanden im nächsten Wirtshaus Nachtquartier, und am Tag darauf nahmen wir Plätze auf der Postkutsche nach Zürich, da es uns anständiger schien, so dort anzukommen, und da unser Kassenbestand uns solchen Luxus erlaubte. Das war meine letzte Studentenfahrt. Als wir nun oben auf der Kutsche sitzend in Zürich einfuhren — was sollte ich sehen? Da standen am Halteplatz des Postwagens, als hätten sie meine Ankunft erwartet, Anneke, Techow, Schimmelpfennig und Beust, die Freunde, die ich so lange auf meiner Irrfahrt gesucht. Aber ihre Überraschung war nicht geringer als die meinige. Als ich so plötzlich unter sie sprang, trauten sie ihren Augen nicht. Von meinem Entkommen aus Rastatt hatten sie in der Schweiz nichts vernommen. Auch hatten sie meinen Namen nicht in den Zeitungen gefunden, die über die in Rastatt gefangenen Revolutionsoffiziere berichteten. Von niemand hatten sie über mich Nachricht empfangen. So hatten sie dann geglaubt, ich sei auf irgend eine Weise verloren gegangen, vielleicht im letzten Gefecht, vielleicht bei einem Versuch, durch die preußischen Linien zu dringen. Als sie mich nun lebendig und in unzweifelhafter Gestalt vor sich sahen, war der Ausrufe des Erstaunens kein Ende.

Sogleich wurde für meine Einrichtung gesorgt. Ehe es Abend wurde, hatte ich schon ein kleines Schlafzimmer bei der Bäckerswitwe Landolt im Dorfe Enge, einer kleinen Vorstadt von Zürich, gemietet mit dem Recht, einen anstoßenden großen mit einem langen Tisch und zwei Bänken möblierten Raum zu benutzen. Strodtmann nahm eine Stube im benachbarten Wirtshaus. Meine Freunde wohnten zusammen in der Nähe beim Schulmeister von Enge. Alles ließ sich gemütlich genug an. Solange Strodtmann bei mir war, bewegten sich meine Gedanken noch meist in den alten Verhältnissen, und mein Aufenthalt in Zürich hätte als ein Abschnitt einer studentischen Vergnügungsreise gelten können. Aber nach etwa zehn Tagen kehrte der liebe gute Freund nach Bonn zurück, und nun begann für mich das Flüchtlingsleben in seiner wahren Gestalt. Ich war noch nicht zu dessen klarer Erkenntnis gekommen, als die Krankheit, die sich schon in Dornachbruck gemeldet hatte und dann durch die frohe, durch Strodtmanns Kommen hervorgebrachte Aufregung unterbrochen worden war, sich zu einem heftigen Fieber entwickelte, das mich ein paar Wochen im Bett hielt. Der Arzt von Enge, sowie die gute Witwe Landolt und ihre Tochter sorgten treulich für mich, und ich genas. Aber als ich wieder aufstand, fand ich mich in einer fremden Welt. Es kam mir zum Bewußtsein, daß ich absolut nichts zu tun hatte. Mein erster Impuls war, mir eine regelmäßige Beschäftigung zum Lebensunterhalt zu suchen. Ich überzeugte mich bald, daß für einen jungen Menschen meiner Art, der etwa Unterricht im Lateinischen, Griechischen und der Musik hätte geben können, bei einer Bevölkerung, welche die massenhaft eingeströmten Flüchtlinge keineswegs gern sah, an eine lohnende Erwerbstätigkeit nicht zu denken sein werde, wenigstens nicht auf einige Zeit hinaus. Die andern Flüchtlinge waren in derselben Lage, aber viele von ihnen blickten auf solche Bestrebungen, solange das mitgebrachte Geld nicht erschöpft war, mit einer gewissen vornehmen Geringschätzung herab. Es stand bei ihnen durchaus fest, daß in naher Zukunft in den politischen Verhältnissen des Vaterlandes ein neuer Umschwung eintreten müsse.

Niemand übt die Kunst, sich selbst mit den windigsten Illusionen zu täuschen, so geschickt, geschäftsmäßig und unverdrossen aus wie der politische Flüchtling. In jeder Zeitung gelang es uns, Nachrichten zu finden, die auf den unvermeidlichen und baldigen Ausbruch einer neuen Revolution klar hindeuteten. Es war gewiß, daß wir bald triumphierend in das Vaterland zurückkehren und dann als die Vorkämpfer und Märtyrer unserer siegreichen Sache die Helden des Tages sein würden. Warum sollte man sich da Sorge um die Zukunft machen? Wichtiger schien es, für die kommende Aktion die Rollen zu verteilen. Mit tiefem Ernste erörterte man, wer bei der bevorstehenden Umwälzung Mitglied der provisorischen Regierung, Minister, militärischer Führer werden sollte, und wer nicht. Man saß über den Charakter, die Fähigkeiten und besonders die „revolutionäre Gesinnungstüchtigkeit" aller, die dabei in Betracht kommen konnten, scharf zu Gericht, und wenige vergaßen dabei die Stellung, zu welcher sie sich selbst berechtigt hielten. Kurz, man disponierte über die zukünftige Herrlichkeit, als hätte man das Heft der Macht tatsächlich in der Hand. Dieser Geist war wohl geeignet, die Entwicklung eines leichtsinnigen Wirtshauslebens zu fördern, dem sich viele unserer Schicksalsgenossen denn auch nach Kräften hingaben. Ich hörte nicht selten Flüchtlinge mit einer Art vornehmen Hochgefühls sagen, daß das Vaterland auf uns als die Helfer und Führer blicke; daß wir unser Leben dieser hohen Pflicht ungeteilt widmen müßten, und daß wir daher unsere Zeit und Kräfte nicht mit alltäglichen, spießbürgerlichen Beschäftigungen zersplittern und vergeuden dürften. Zur Verhütung solches Zersplitterns war es denn am besten, sich mit Gleichgesinnten über die Interessen der Freiheit und des Vaterlandes zu besprechen und sich in dieser patriotischen Arbeit höchstens die Erholung einer Partie Domino oder Kegel oder eines Ausfluges nach einem nahen Vergnügungsorte zu gönnen.

Ich muß zugestehen, daß ich die Illusion über das Bevorstehen einer neuen revolutionären Erhebung treuherzig teilte. Aber das Wirtshaus hatte für mich nicht den geringsten Reiz, und bald fing das Flüchtlingsleben an, mich wie eine fürchterliche Öde anzustarren. Es befiel mich wie wahrer Hunger nach einer geregelten und nützlichen geistigen Arbeit. Zuerst schloß sich dieses Verlangen an die Aufgaben an, die ich als junger Mann in den vorausgesehenen neuen Kämpfen in Deutschland zu erfüllen haben würde. Mit meinen nächsten Freunden, die fast alle preußische Offiziere gewesen und vortreffliche Lehrer waren, ging ich die militärischen Operationen in Baden auf einer eigens dazu gezeichneten Karte kritisch durch. Daran knüpfte sich dann eine Reihe von militärischen Studien, taktischen und strategischen Charakters, zu denen mir meine Freunde das Material und die nötige Unterweisung lieferten, und die ich mit großem Eifer betrieb. Ich ahnte damals nicht, daß die so gesammelten Kenntnisse mir dereinst auf einem von Deutschland sehr entfernten Operationsfelde zugute kommen könnten und daß einer meiner Lehrer, Schimmelpfennig, einmal als Brigadekommandeur unter meinen Befehlen stehen würde.

Aber diese Arbeit tat mir nicht Genüge. Meine alte Liebe zu historischen Studien war ungeschwächt, und da es mir gelang, zu einer ziemlich wohlausgestatteten Bibliothek Zutritt zu erhalten, in der ich Rankes Werke und manche andere Bücher von Wert fand, so war ich bald wieder in die Geschichte der Reformationszeit vertieft. Als der Winter kam, wurde meine von der guten Witwe Landolt gemietete Stube mangelhafter Heizung wegen unbehaglich. Ich bezog also mit einem pfälzischen Revolutionsgenossen, einem alten Oberförster namens Emmermann, ein bequemes Quartier in der Wohnung eines Kaufmanns namens Dolder, im dritten Stock eines ansehnlichen Hauses am Schanzengraben. Mein Stubenkamerad Emmermann war ein Fünfziger und hatte das typische alte Oberförstergesicht jener Zeit — wettergebräunt, von scharfen Augen beleuchtet, von einem Netz tiefer Furchen und Fältchen durchzogen, und mit einem riesenhaften, ins Graue spielenden Schnurrbart geschmückt. Er war ein alter Junggeselle, eine gute, liebenswürdige, menschenfreundliche Seele, und wir lebten in heiterem Frieden und ungetrübter Freundschaft zusammen. Er erzählte mir oft, sein Forsthaus habe in der Nähe eines Ortes gelegen, der Tronegg geheißen und in grauer Vorzeit der Sitz des finstern Helden des Nibelungenliedes, Hagen von Tronje, gewesen sei. Etwa zwanzig Jahre später starb mein Freund Emmermann als Forstbeamter des Herrn von Planta in Graubünden, in dessen Dienste er getreten war, als die neue Revolution in Deutschland immer nicht kommen wollte.

Unser Hausherr, der Kaufmann Dolder, an dessen Tisch wir auch unsere Mahlzeiten nahmen, war ein Mann von der durchschnittlichen schweizerischen Bildung, die bei dem vortrefflichen Unterrichtswesen im Kanton Zürich eben nicht niedrig steht. Er nahm an allen Zeitereignissen ein lebhaftes und intelligentes Interesse und war besonders stolz darauf, im Sonderbundskriege als Major im eidgenössischen Heer gedient zu haben. Seine einzige „Schlacht" war allerdings nur ein kleines Gefecht bei Lunnern gewesen, aber obgleich man bei dieser Affäre auch nur wenige Schüsse gewechselt hatte, so erzählte er doch gern davon. Auch besaß er eine kleine Sammlung militärischer Bücher, die er mir bereitwillig zur Verfügung stellte; und wenn ich sonst wissenschaftliches Material bedurfte, so bemühte er sich eifrig, mir dazu zu verhelfen. Mit warmer Dankbarkeit gedenke ich auch seiner Gattin, einer Frau in mittleren Jahren, weder schön noch geistreich, aber in hohem Grade verständig und von einer edlen Mütterlichkeit des Wesens. Sie erinnerte mich nicht selten so lebhaft an meine eigene Mutter, daß es mir in ihrer Nähe fast heimatlich zumute wurde.

So lebte ich in angenehmen häuslichen Verhältnissen und setzte meine militärischen und geschichtlichen Studien emsig fort. Obgleich ich das Bierhausleben vermied, so schloß ich mich doch keineswegs von dem Verkehr mit den Flüchtlingen im größeren Kreise ab. Wir hatten einen politischen Klub, der sich wöchentlich versammelte und an dessen Verhandlungen ich regen Anteil nahm. Dieser unterhielt eine Korrespondenz mit gewissen Gesinnungsgenossen im Vaterlande, unterrichtete sich über die Volksstimmung und alles, was als Vorzeichen der kommenden neuen Revolution gelten konnte, und suchte hier und da nachzuhelfen, — eine Tätigkeit, von der ich erst später einsehen lernte, wie illusorisch sie war In der Tat kam mir schon damals der Gedanke, die Revolution möchte etwas länger, als wir geglaubt, auf sich warten lassen, und ich fing an, für mich selbst Zukunftspläne zu machen. Es ging das Gerücht, daß die schweizerische Bundesregierung beabsichtige, in Zürich eine große eidgenössische Universität zu errichten. An dieser Universität dachte ich im Laufe der Zeit, wenn die neue deutsche Revolution gar zu lange auf sich warten lassen sollte, mich als Privatdozent der Geschichte etablieren und mir dann nach und nach eine Professur erobern zu können. Vorläufig engagierte ich mich, der von meinem Freunde Dr. Hermann Becker, dem „roten Becker", redigierten Zeitung in Köln Korrespondenzen und Artikel gegen Honorar zu liefern, und mich so bei meinen äußerst bescheidenen Bedürfnissen bis zur Erlangung eines festen Erwerbes über Wasser zu halten. So glaubte ich denn, im Nebel der Zukunft einige Lichtblicke zu sehen.

Meine merkwürdigste Bekanntschaft in jenen Tagen war die von Richard Wagner, der infolge seiner Beteiligung an den revolutionären Ereignissen in Dresden auch in Zürich als Flüchtling lebte. Er hatte schon einige seiner bedeutendsten Werke geschaffen, aber seine Größe war nur in einem engen Kreise erkannt worden. Unter seinen damaligen Schicksalsgenossen war er keineswegs beliebt. Er galt als ein äußerst anmaßender, herrischer Geselle, mit dem niemand umgehen könne, und der seine Gattin, eine recht stattliche, gutmütige, aber geistig nicht hervorragend begabte Frau, sehr schnöde behandelte. Wer uns damals seine großartige Laufbahn prophezeit hätte, würde wenig Glauben gefunden haben. Ich, ein unbedeutender und schüchterner junger Mensch, kam ihm natürlich auch nicht nahe. Obgleich ich mehrmals mit ihm zusammengetroffen bin und mit ihm gesprochen habe, hat er mich schwerlich jemals hinreichend bemerkt, um sich später meiner zu erinnern.

Es würde mir wahrscheinlich im Laufe der Zeit gelungen sein, mir, wenn auch nicht an der großen eidgenössischen Universität in Zürich, deren Einrichtung wohl nicht ernstlich beabsichtigt wurde, aber doch an irgend einer andern Anstalt eine Lehrstelle zu gewinnen, wäre nicht die stille Geschäftigkeit meiner Existenz von einem Ereignis unterbrochen worden, das meinen Lebenslauf in eine andere Richtung zu drängen bestimmt war. Das unglückliche Schicksal meines Freundes Kinkel erregte mein Mitgefühl in so hohem Grade, daß ich einem Ruf um Hilfe, der an mich erging, nicht widerstehen konnte. Kinkel war, wie schon erwähnt, unmittelbar vor der Einschließung von Rastatt in einem Gefechte am Kopf verwundet und von den Preußen ergriffen worden. Man brachte ihn zuerst nach Karlsruhe und dann, nachdem durch die Übergabe von Rastatt der Aufstand sein Ende erreicht hatte, in diese Festung, wo er mit den übrigen gefangenen Notabilitäten der pfälzisch-badischen Erhebung kriegsgerichtlich abgeurteilt werden sollte. Am 4. August erschien Kinkel vor dem Kriegsgericht, das aus preußischen Offizieren bestand. Todesurteile waren damals an der Tagesordnung, und es unterliegt wohl keinem Zweifel, daß vom Armeekommando sowohl wie von der preußischen Regierung Kinkels Verurteilung zum Tode gewünscht und erwartet wurde. Aber Kinkel führte seine Verteidigung zum Teil selbst, und dem Zauber seiner wunderbaren Beredsamkeit konnten sich auch die an den blutigen Geist des Kriegsrechts und den strengsten Glauben an die absolute Königsgewalt gewöhnten Offiziere, die seine Richter waren, nicht entziehen. Anstatt zum Tode verurteilten sie ihn zu lebenslänglicher Festungshaft.

Den Freunden Kinkels, den Verehrern des Dichters, ja, ich darf sagen einer großen Mehrheit des deutschen Volkes erschien dieser Urteilsspruch immer noch grausam genug. Aber die preußische Regierung gab sofort ihre Unzufriedenheit mit diesem Spruche zu erkennen, weil er zu milde sei. Es kam ein Gerücht in Umlauf, daß das Erkenntnis vorgekommener Formfehler wegen bei Seite gesetzt, und daß Kinkel vor ein neues Kriegsgericht gestellt werden solle. Wochenlang hatte der Arme mit Bangen und Hoffen auf die Bestätigung oder Verwerfung des Urteils zu warten, bis endlich am 30. September folgende Bekanntmachung erschien:

„Warnung. Der ehemalige Professor und Wehrmann in den Freischaren, Johann Gottfried Kinkel aus Bonn, wurde, weil er unter den badischen Insurgenten mit den Waffen in der Hand gegen preußische Truppen gefochten, durch das zu Rastatt angeordnete Kriegsgericht zu dem Verlust der preußischen Nationalkokarde und, statt zur Todesstrafe, nur zu lebenslänglicher Festungsstrafe verurteilt. Zur Prüfung der Gesetzlichkeit wurde dies Urteil von mir dem königlichen Generalauditoriate, und von demselben als ungesetzlich Sr. Majestät dem König zur Aufhebung überreicht. Allerhöchstdieselben haben jedoch aus Gnaden die Bestätigung des Erkenntnisses mit der Maßgabe zu befehlen geruht, daß der p. Kinkel die Festungsstrafe in einer Zivilanstalt verbüße. Diesem allerhöchsten Befehl gemäß ist von mir das kriegsgerichtliche Erkenntnis dahin bestätigt, daß der p. Kinkel wegen Kriegsverrats mit dem Verlust der preußischen Nationalkokarde und einer zu verbüßenden Festungsstrafe zu bestrafen, und zum Vollzug des Erkenntnisses die Abführung des Verurteilten nach dem Zuchthause angeordnet worden, was hiermit zur öffentlichen Kenntnis gebracht wird.

Hauptquartier Freiburg, 30. September 1849.

Der kommandierende General des ersten Armeekorps
der königl. preußischen Operationsarmee am Rhein
v. Hirschfeld."

Dieses unerhörte Verfahren rief selbst bei vielen von denen, die Kinkels politische Meinungen nicht teilten und seine Handlungen mißbilligten, die tiefste Entrüstung hervor. Das in aller Form gefällte Erkenntnis eines Kriegsgerichts wurde ungesetzlich genannt, nur weil es nicht auf den Tod lautete. Es wurde ein Akt der Gnade genannt, daß der König, das als „ungesetzlich" erkannte Urteil des Kriegsgerichts dennoch annehmend, die Festungsstrafe in Zuchthausstrafe verwandelte. Was war Festungsstrafe? Einsperrung in eine Festung unter militärischer Bewachung, bei welcher der Gefangene immerhin die Zeichen seiner bürgerlichen Identität, seinen Namen, seine Kleider, seinen Charakter als Mann behielt, eine dieses Charakters nicht unwürdige Behandlung seitens seiner Wächter empfing, ja wo ihm nicht selten seine gewohnten geistigen Beschäftigungen verblieben, — eine Haft, aber keine Beschimpfung, keine Marter. Und was war Zuchthausstrafe? Einsperrung in eine Strafanstalt der gemeinen Verbrecher, wo der Gefangene mit dem Diebe, dem Fälscher, dem Raubmörder gleichgestellt, wo sein Haupthaar geschoren, seine bürgerliche Kleidung mit der Zuchthausjacke vertauscht wurde, — wo er seinen Namen verlor und statt dessen eine bloße Nummer empfing, wo er im Falle eines Disziplinarfehlers mit Stockschlägen gezüchtigt werden durfte, wo er sein ganzes geistiges Leben aufzugeben hatte, um dafür geisttötende Zwangsarbeit zu verrichten. Nicht etwa von einem Todesurteil, denn ein solches war nicht gefällt, — sondern von jener Festungshaft zu dieser Zuchthausstrafe wurde Kinkel „begnadigt", — er, der Kunstgelehrte, der so manchem jungen Geiste das Reich des Schönen aufgeschlossen, der Dichter, der so manches deutsche Herz erfreut und erhoben, der liebenswürdige, weichmütige, lebensfrohe Mensch, den nur seine Begeisterung für Freiheit und Vaterland und sein warmes Gefühl für das aufstrebende Volk zu dem geführt hatte, was man als sein Verbrechen ansehen mochte. Selbst wenn er nach dem Kampfe, den er verloren, dem Gesetze nach einer Strafe verfallen war, so empörte sich doch der gesunde Sinn selbst vieler Andersdenkenden gegen die grausame Willkür, die ihn über den Wahrspruch des Kriegsgerichts hinaus nicht allein bestrafen, sondern beschimpfen und unter den Auswurf der Menschheit verweisen wollte. Selbst der Tod, der ihm doch seine Manneswürde gelassen hätte, würde weniger grausam erschienen sein, als solche „Gnade".

Kinkel wurde nun zuerst in das badische Gefängnis in Bruchsal gebracht, um bald darauf in das Zuchthaus zu Naugard in Pommern übergeführt zu werden. Man wollte ihn offenbar vom Rheinlande, dem Herde der Sympathie für ihn, möglichst weit entfernen. Geschorenen Hauptes, in graue Züchtlingsjacke gekleidet, hatte er seine Tage mit Wollespulen zu verbringen. An den Sonntagen mußte er seine Zelle scheuern. Von aller geistigen

Tätigkeit wurde er so viel wie möglich abgeschnitten. Seine Nahrung war diejenige der im Zuchthause eingesperrten Verbrecher. Vom Tage seiner Ankunft in Naugard, dem 8. Oktober 1849, bis zum April 1850, erhielt er nur ein Pfund Fleisch. Doch scheint er das Herz des Direktors des Zuchthauses bald gewonnen zu haben, denn seine Behandlung nahm nach und nach einen etwas rücksichtsvolleren Charakter an; und es wurden ihm kleine Vergünstigungen gewährt. Man gestattete ihm eine etwas häufigere Korrespondenz mit seiner Gattin, — wobei freilich alle Briefe immer offen durch die Hände des Direktors gingen; er wurde von dem sonntäglichen Scheuern seiner Zelle dispensiert; ein kleines Geschenk von Zuckerwerk, welches seine Familie ihm zu Weihnachten schickte, wurde ihm überliefert. Aber Wollespulen mußte er noch immer, und als unser guter Strodtmann, damals noch Student in Bonn, durch ein Gedicht: „Das Lied vom Spulen", für Kinkel an das Volksherz appellierte, wurde der junge Dichter sofort von der Universität ausgestoßen.

Unterdessen gingen in Köln die Vorbereitungen für die Prozessierung derjenigen vor sich, die im Mai 1849 sich an dem Zuge von Bonn nach Siegburg beteiligt hatten, und im Anfang des Jahres 1850 verbreitete sich das Gerücht, daß die Regierung beabsichtige, im Frühling Kinkel von Naugard nach Köln zu bringen, um auch ihn wegen der Siegburger Sache vor Gericht zu stellen und weiter bestrafen zu lassen.

Es war im Februar 1850, daß ich einen Brief von Frau Kinkel empfing. In brennenden Farben schilderte sie mir die entsetzliche Lage ihres Mannes und den Jammer der Familie. Aber die geistvolle und energische Frau sprach keineswegs zu mir in dem Tone jener ohnmächtigen Verzweiflung, die nur die Hände ringt und sich dem übermächtigen Schicksal schwachmütig unterwirft. Der Gedanke, daß es möglich sein müsse, Mittel und Wege zur Befreiung ihres Mannes zu finden, beschäftigte sie Tag und Nacht. Schon seit Monaten hatte sie mit Freunden korrespondiert, in deren Gesinnung sie Vertrauen setzte, und deren Tatkraft sie anzuregen hoffte. Einige hatten auch Befreiungspläne mit ihr beraten, andere ihr Summen Geldes zur Verfügung gestellt. Aber, schrieb sie mir, niemand habe sich bereit gezeigt, selbst das Wagestück zu unternehmen. Was not tue, sei ein Freund, der Mut, Ausdauer und Geschick habe, und der seine ganze Kraft dem Befreiungswerk widmen wolle, bis es gelungen sei. Sie selbst würde den Versuch machen, müßte sie nicht fürchten, durch ihr Erscheinen in der Nähe ihres Mannes sofort Verdacht zu erregen und die ihn umgebende Wachsamkeit noch zu verschlimmern. Aber es müsse schnell gehandelt werden, ehe die nagende Qual des Gefängnislebens Kinkels geistige und körperliche Kraft völlig zerstört hätte. Dann teilte sie mir mit, daß Kinkel, dem Gerücht gemäß, im April wegen der Siegburger Affäre in Köln vor das Geschworenengericht gestellt werden solle, und daß sich dann vielleicht günstige Gelegenheit für einen Befreiungsversuch bieten möchte. Sie bat mich nun um meinen Rat, da sie sowohl meiner Freundschaft wie meinem Urteil vertraue.

Die Nacht nach der Ankunft dieses Briefes lag ich lange wach. Zwischen den Zeilen hatte ich darin die Frage gelesen, ob ich nicht selbst das Wagnis unternehmen wolle. Diese Frage ließ mich nicht schlafen. Ich sah Kinkel in seiner Züchtlingsjacke am Spulrade beständig vor mir, und ich konnte den Anblick kaum ertragen. Als Freund war ich ihm von Herzen zugetan. Auch glaubte ich, daß er berufen sein möchte, mit seinen Geistesgaben, seinem Enthusiasmus und seiner seltenen Beredsamkeit der Sache des Vaterlandes und der Freiheit noch große Dienste zu leisten. Der Wunsch, ihn, wenn ich könnte, Deutschland und seiner Familie wiederzugeben, wurde mir unwiderstehlich. Ich entschloß mich, es zu versuchen, und beruhigt von diesem Entschluß schlief ich ein.

Am nächsten Morgen fing ich an, mir die Sache im einzelnen zu überlegen. Ich erinnere mich jenes Morgens noch sehr klar. Zwei Bedenken beschäftigten mich ernstlich. Das eine war, ob ich fähig sei ein so schwieriges Unternehmen zu glücklichem Ende zu führen. Ich sagte mir, Frau Kinkel, die doch am meisten zu gewinnen und zu verlieren habe, schiene mich doch für fähig zu halten, und dann gezieme es sich mir nicht, ihrem Vertrauen gegenüber meine Fähigkeit in Zweifel zu stellen. Würden aber diejenigen, deren Mitwirkung bei einem so gefährlichen Streich gewonnen werden müßte, einem so blutjungen Menschen, wie ich war, dasselbe Vertrauen entgegenbringen? Ich konnte es mir vielleicht durch festes und besonnenes Auftreten erwerben. Auch sagte ich mir, daß ich als junger, unbedeutender und wenig gekannter Mensch weit eher unbemerkt bleiben würde als ein älterer und mehr bekannter Mann, und daß ich mich daher mit geringerer Gefahr in den Rachen des Löwen wagen könne. Und schließlich, — würden ältere, erfahrene, an genaues Abwägen der Chancen gewöhnte Männer, sich überhaupt willig finden, alles das zu tun, was die Lösung der Aufgabe erfordern möchte? Vielleicht nicht. Kurz, dies war, alles bedacht, ein Stück Arbeit für einen jungen Menschen, und meine Jugend erschien mir zuletzt eher im Lichte eines Vorzuges als eines Nachteils.

Mein zweites Bedenken betraf meine Eltern. Konnte ich es ihnen gegenüber verantworten, nachdem ich soeben einem furchtbaren Schicksal entgangen war, Leben und Freiheit nochmals aufs Spiel zu setzen? Würden sie es billigen? Eines war mir klar: ich durfte meine Eltern in diesem Falle nicht um ihre Einwilligung fragen, denn ich hätte dann mit ihnen über mein Vorhaben korrespondieren müssen, und eine solche allen möglichen Zufällen unterworfene Korrespondenz hätte leicht zur Entdeckung und gänzlichen Vereitelung des Planes führen können. Nein, sollte das Unternehmen gelingen, so mußte es ein tiefes Geheimnis bleiben, von dem nur die Mitwirkenden wissen durften, und auch diese womöglich nur teilweise. Selbst den Meinigen durfte ich es nicht einmal mündlich anvertrauen, denn ein Gespräch unter ihnen, zufällig von Unberufenen gehört, könnte es verraten. Ich mußte mir also die Frage der Einwilligung meiner Eltern selbst beantworten, und ich beantwortete sie schnell. Sie waren warme Bewunderer Kinkels und ihm in herzlicher Freundschaft ergeben. Sie waren gute Patrioten. Meine Mutter, so dachte ich, die mir im vorigen

Jahre, als ich auszog, selbst meinen Säbel gereicht, würde mir sagen: „Geh und rette Deinen Freund." Somit waren alle Bedenken überwunden.

An demselben Tage schrieb ich an Frau Johanna, sie würde meiner Meinung nach wahrscheinlich das Los ihres Mannes nur erschweren, wenn sie einen Befreiungsversuch in Köln bei Gelegenheit des Siegburger Prozesses erlaubte, weil die Behörden dann unzweifelhaft darauf bedacht sein würden, die umfassendsten Vorsichtsmaßregeln zu treffen. Sie solle ihre Mittel zusammenhalten und, ohne an baldige Unternehmungen zu denken, geduldig und schweigend warten, bis sie wieder von ihrem Freunde höre. Mein Brief war so abgefaßt, daß sie ihn verstehen konnte, während er meine Absicht nicht verraten haben würde, wäre er in falsche Hände gefallen. Da sie auch meine Handschrift kannte, so unterschrieb ich ihn mit einem andern Namen und dirigierte die Aufschrift an eine dritte Person, welche sie mir angegeben hatte. Ich faßte sogleich den Plan, sie persönlich in Bonn aufzusuchen und dort mit ihr mündlich das weitere zu verabreden, statt es dem Papier anzuvertrauen.

Ohne Aufschub begann ich meine Vorbereitungen. Ich schrieb meinem Vetter Heribert Jüssen in Lind bei Köln, dessen Signalement in allen wesentlichen Punkten mit dem meinigen übereinstimmte, er solle sich von der Polizeibehörde einen Reisepaß für das In- und Ausland geben lassen und ihn mir schicken. Wenige Tage darauf war der Paß in meinen Händen, und ich konnte nun wie ein gewöhnliches unverdächtiges Menschenkind ohne Schwierigkeit reisen, wo man mich nicht persönlich kannte. Nun galt es, für mein Vorhaben aus meiner Verbindung mit der Flüchtlingschaft möglichst viel Vorteil zu ziehen, ohne meine Freunde auf die Fährte meines Planes zu bringen. So gab ich denn dem Vorstande unseres Klubs zu verstehen, ich sei bereit, als Emissär verschiedene Plätze in Deutschland zu besuchen, um dort geheime Zweigklubs zu organisieren und diese mit dem Komitee in der Schweiz in Verbindung zu setzen. Diese Andeutung wurde mit großem Vergnügen aufgenommen, und ich empfing mit ausführlichen Instruktionen eine lange Liste von zuverlässigen Personen in Deutschland. Nun war alles für meine Abreise bereit und da ich als Emissär auf eine geheime Expedition auszog, so fanden meine Freunde es natürlich, daß ich gegen Mitte März plötzlich ohne Abschied aus Zürich verschwand.

Achtes Kapitel.

Es ist später erzählt worden, ich habe damals Deutschland in einer mich unkenntlich machenden Verkleidung durchreist Dies war keineswegs der Fall. Ich suchte und fand meine Sicherheit darin, daß ich in der Gestalt erschien, die mir natürlich war, und daß ich mich in Gesellschaft anderer Menschen möglichst unbefangen bewegen konnte. Freilich zeigte ich mich nicht mehr als nötig war, und vermied es, die Aufmerksamkeit anderer auf mich zu ziehen. So durchfuhr ich von Basel aus das Großherzogtum Baden an Rastatt vorbei, dessen Schloßturm, auf dem ich so manche Stunde verbracht, ich von dem Fenster meines Eisenbahnwagens sehen konnte. Meine erste Reisestation war Frankfurt, wo mehrere der von dem Vorstand unseres Klubs in Zürich bezeichneten Vertrauenspersonen wohnten. Diese besuchte ich, ließ mir von ihnen Aufschluß über den Stand der Dinge in diesem Teile von Deutschland geben und berichtete das Gehörte meinen Auftraggebern in der Schweiz. Überhaupt führte ich die mir von diesen gegebenen Instruktionen getreulich aus, und es gelang mir, den Eindruck in bezug auf den Zweck meiner Reise, den ich in Zürich zurückgelassen, so vollständig aufrecht zu erhalten. So besuchte ich denn eine Reihe von Städten, Wiesbaden, Kreuznach, Birkenfeld, Trier, wo ich Gesinnungsgenossen fand und neue Verbindungen anknüpfte. Überall gab es noch Leute, die hofften, durch Geheimbünde eine neue revolutionäre Umwälzung herbeiführen zu können. Es ist dies eine gewöhnliche Nachwehe fehlgeschlagener Volkserhebungen. Ich reiste die Mosel hinunter nach Koblenz, wo ich mich des

Tages über still hielt, um von dort die Nachtpostkutsche nach Bonn zu nehmen. Alles dies gelang mir, ohne daß ich durch ein zufälliges Zusammentreffen mit andersgesinnten Bekannten in Gefahr gekommen wäre. Wie ich mich meiner Heimat näherte, fing meine Fahrt jedoch an, bedenklicher zu werden. Gegen zwei Uhr morgens kam ich in Godesberg an, wo ich die Postkutsche verließ. Dann machte ich den Rest des Weges nach Bonn zu Fuß. Wie schon erwähnt, lag das Haus meiner Eltern außerhalb der Stadt auf der Koblenzer Straße. Ich ereichte es gegen drei Uhr morgens. Zufällig besaß ich den Hausschlüssel noch, den ich als Student gebraucht hatte, und der eine Hintertür öffnete. So gelangte ich in das Haus und stand plötzlich in dem Schlafzimmer meiner Eltern. Sie schliefen beide tief. Nachdem ich eine Weile still auf einem Stuhl gesessen, und als schon das Frühlicht durch das Fenster dämmerte, weckte ich sie. Ihr Erstaunen, mich zu sehen, war unbeschreiblich. Einige Augenblicke konnten sie sich nur schwer überzeugen, daß ich es auch wirklich sei. Dann ging ihre Überraschung in die lebhafteste Freude über. Meine Mutter fand, daß ich zwar etwas ermüdet, aber sonst doch vortrefflich aussah und wollte sogleich für ein Frühstück sorgen. Nachdem ich über mein Kommen die notdürftigste Auskunft gegeben, wollte mein Vater, der unmäßig stolz auf mich war, von mir wissen, wen ich denn im Laufe des Tages sehen möchte. Ich hatte Mühe, ihn zu überzeugen, daß vor allem meine Gegenwart mit der größten Sorgfalt geheim gehalten werden müsse, und daß ich daher mit niemandem als den allervertrautesten und zuverlässigsten Personen in Berührung kommen dürfe.

Glücklicherweise traf es sich, daß Frau Johanna Kinkel an demselben Morgen, wie sie das oft zu tun pflegte, meine Eltern besuchte, und ich konnte mit ihr ein Gespräch unter vier Augen haben. Ich sagte ihr, daß ich bereit sei, mich der Befreiung Kinkels zu widmen, wenn sie das Unternehmen ganz in meine Hände legen, sich niemandem anders darüber anvertrauen, niemandem meinen Namen nennen und von mir nicht mehr Berichte über den Fortgang der Unternehmens verlangen wolle, als ich ihr freiwillig geben werde. Mit rührender Begeisterung dankte sie mir für meine Freundschaft und versprach alles. Nachdem wir uns darüber verständigt, was vorläufig zu tun und zu unterlassen sei, gab ich ihr das in Zürich von mir empfangene Rezept einer „Zaubertinte“, mit welcher wir die Korrespondenz, die zwischen uns nötig sein möchte, führen konnten. Es war eine chemische Lösung mit der man ein Blatt Papier beschrieb, ohne daß die Schrift sichtbar wurde. Dann wurde ein Brief, unverfängliche Dinge enthaltend, mit gewöhnlicher Tinte darüber geschrieben. Der Empfänger trug dann mit einem Pinsel oder Schwamm eine andere chemische Lösung auf das Papier, die das mit gewöhnlicher Tinte Geschriebene verschwinden machte. Darauf wurde das Blatt am Ofen oder einer Lampe erwärmt, worauf die mit der „Zaubertinte“ geschriebene Mitteilung leserlich erschien. Kinkels ältester Sohn, Gottfried, damals ein kleiner Knabe, erzählte später, daß er gesehen, wie seine Mutter dann und wann Blätter Papier gewaschen und am Ofen oder über dem Lampenschirm getrocknet habe. Das waren meine Briefe

Nachdem ich Frau Johanna gesehen, war mein wichtigstes Geschäft in Bonn beendigt, und ich konnte mich einige Tage oder so lange, als ich hoffen durfte, unentdeckt zu bleiben, der Freude des Zusammenseins mit den Meinigen hingeben. Einige meiner vertrautesten Freunde unter den Studenten sah ich in der Wohnung eines von ihnen und traf dort auch einen jungen Mediziner, Abraham Jacobi, einen eifrigen Gesinnungsgenossen, der sich in Amerika im späteren Leben einen so bedeutenden Namen als Arzt und medizinischer Schriftsteller gewann, daß ihm, obgleich er politisch geächtet gewesen, die seltene Ehre eines Rufes an die Berliner Universität zuteil wurde. Seine Freundschaft habe ich bis zu dem Augenblicke, da ich dieses schreibe, beständig genossen und immer höher schätzen lernen. In der Dunkelheit der Nacht ging ich auch ein paarmal aus, um meine gewohnten Wege noch einmal zu betreten; und auf einer solchen nächtlichen Gespensterfahrt konnte ich es nicht unterlassen, auch an Bettys Fenster vorüber zu wandern, um vielleicht einen Lichtschein zu erhaschen, der durch die Läden fallen möchte. Es war jedoch alles dunkel. Am nächsten Morgen aber empfing ich mehr als einen nächtlichen Lichtschein. Einer meiner besten Freunde, der auch Betty kannte, kam zum Hause meiner Eltern und brachte mir einen Blumenstrauß. „Diesen Strauß“, sagte er, „schickt Dir ein Mädchen, dem ich mit voller Sicherheit sagen durfte, daß Du hier seiest.“ Ich wurde über und über rot, als ich die Blumen annahm und meinen Dank aussprach. Weitere Fragen scheute ich mich zu stellen; ich zweifelte nicht, wer die Geberin war.

Nach wenigen Tagen waren so viele Freunde von meiner Anwesenheit unterrichtet worden, und die Gefahr, durch eine zufällige Unterhaltung zwischen ihnen verraten zu werden, trat mir so nahe, daß ich es für nötig hielt, von Bonn zu verschwinden. Auf meinen Wunsch kam mein Vetter Heribert Jüssen, derselbe, dessen Paß und Namen ich führte, mit seinem Fuhrwerk nach Bonn herüber, um mich während der Nacht nach Köln zu bringen. Der Abschied von meinen Eltern und Geschwistern war hart, aber sie sahen mich doch guten Mutes von dannen ziehen. Ich ließ sie wie meine Freunde in der Schweiz, in dem Glauben, daß ich ausschließlich im Auftrage des Züricher Komitees in Deutschland sei. Doch hatten wir oft über Kinkels entsetzliches Schicksal gesprochen, und meine Eltern hatten wiederholt und nachdrücklich den Wunsch geäußert, es möge sich doch jemand dazu finden, einen Rettungsversuch zu unternehmen. Obgleich sie dabei wahrscheinlich nicht an mich dachten, so hielt ich mich doch überzeugt, daß sie meinen Entschluß billigen würden. Aber wie gern ich es auch getan hätte, ich teilte ihnen nichts davon mit, da ich das tiefste Geheimnis für eine Bedingung des Gelingens ansah. So wußte denn, als ich Bonn verließ, niemand von meinem Vorsatz als Frau Johanna Kinkel selbst.

In Köln wurde ich im obersten Stock einer Restauration, die von einem eifrigen Demokraten geführt wurde, bequem und sicher einquartiert. Mein Freund, „der rote Becker“, Redakteur der demokratischen Zeitung, war dort mein besonderer Beschützer und Vertrauter. Ich hatte ihn auf der Universität kennen lernen. Er war zwar nicht mehr Student; seine juristischen Examina hatte er längst hinter sich, aber er liebte es noch immer, als „bemoostes Haupt", oder als angehender „alter Herr", mit seiner ehemaligen Burschenschaft, der Allemannia, in studentischer Weise zu verkehren. Und niemand besaß einen lustigeren Humor und eine unverwüstlichere Ausdauer beim Gelage. Jeder kannte und liebte ihn. Seinen Spitznamen „der rote Becker" hatte er der Eigentümlichkeit seiner Erscheinung zu verdanken. Er hatte dünnes goldrotes Haar und einen dünnen goldroten Vollbart. Dazu waren seine Augenlider chronisch entzündet, so daß die Augen rot eingefaßt schienen. Nicht allein seine liebenswürdige Gemütsart und sein sprudelnder Witz, sondern auch sein scharfer, kritischer Geist und seine umfassenden Kenntnisse machten ihn zu einem höchst angenehmen und sehr gesuchten Gesellschafter. Doch würde man damals schwerlich vorausgesetzt haben, daß dieser lustige Kumpan, dem ein wochenlanges „Bummeln" mit seiner alten Burschenschaft noch so große Befriedigung gewährte, während er schon in verhältnismäßig jungen Jahren die Seltsamkeiten eines unverbesserlichen alten Junggesellen in hoher Entwicklung zeigte, sich einst als Verwaltungsbeamter auszeichnen und als Oberbürgermeister der Stadt Köln und Mitglied des preußischen Herrenhauses sterben werde.

Mich hatte politische Gesinnungsgenossenschaft mit ihm zusammengeführt und eng verbunden. Er war zurzeit nicht allein Redakteur des demokratischen Blattes, sondern auch Führer des demokratischen Vereins in Köln, und ich konnte mit Sicherheit darauf rechnen, daß, wenn irgend eine Absicht gehegt würde, Kinkel während des Siegburger Prozesses zu befreien, er gewiß davon unterrichtet sei. Becker erzählte mir denn auch mit der größten Offenherzigkeit, was man alles darüber geredet und geplant habe, und daß alle Welt davon spreche, „etwas müsse getan werden". Es war mir klar, daß, da alle Welt davon sprach, ein solcher Versuch unmöglich gelingen könne, und ich freute mich zu hören, daß Becker diese Überzeugung entschieden teilte. Ich war also darüber beruhigt, daß man in Köln nichts tun werde, das geeignet war, spätere Versuche zu erschweren.

Bald wurde das Geheimnis meiner Anwesenheit von meinen nächsten Freunden mit echt kölnischer Gemütlichkeit so vielen anderen mitgeteilt, und man wollte mich so oft zum Besuch öffentlicher Vergnügungsorte am hellen Tage bereden, daß ich glaubte, das Weite suchen zu müssen. So reiste ich denn mit einem Nachtzuge über Aachen nach Brüssel und von dort nach Paris. Meine Absichten in bezug auf Kinkel hatte ich auch in Köln niemandem anvertraut. Becker wußte nicht besser, als daß ich nach Paris gereist sei, um mit den dort lebenden deutschen Flüchtlingen Verbindungen anzuknüpfen, um über die dortige Situation für seine Zeitung Korrespondenzen zu schreiben, und vielleicht um geschichtlicher Studien halber längere Zeit in der französischen Hauptstadt zu verweilen. In der Tat war es mir hauptsächlich darum zu tun, an einem sichern Platz still zu sitzen, bis der Siegburger Prozeß in Köln mit seinen Aufregungen vorüber und Kinkel nach Naugard oder einer anderen Strafanstalt transportiert sein würde, so daß ich ihn an einem bestimmten Orte finden und dort die vielleicht langwierige Arbeit beginnen könnte.

Die Eindrücke, die ich am Tage meiner Ankunft in Paris empfing, werden mir immer gegenwärtig bleiben. Die neuere Geschichte Frankreichs mit ihren welterschütternden Revolutionen war mir geläufig. Ich hatte sie seit den Märztagen 1848 mit besonderem Interesse studiert, indem ich hoffte, dadurch das, was um mich her vorging, besser verstehen und beurteilen zu lernen. Und nun war ich auf dem Schauplatze ihrer großen revolutionären Aktionen angekommen, in denen die Elementarkräfte der Gesellschaft in wilder Entfesselung das Alte gestürzt und dem Neuen die Bahn geöffnet hatten. Die Nacht hatte ich, in einem gefüllten Bahncoupé sitzend, fast schlaflos zugebracht. Vom Bahnhofe ging ich in das nächste kleine Hotel, ließ mir ein Zimmer anweisen und streckte mich auf dem Bette aus, um die verlorene Nachtruhe nachzuholen. Aber der Gedanke, daß ich nun wirklich in Paris sei, ließ den Schlaf nicht kommen. Ich stand auf und wanderte, mit einem Stadtplan bewaffnet, hinaus. Mit Begierde las ich die Straßennamen an den Ecken. Da waren sie denn, diese Schlachtfelder der neuen Ära, die meine erregte Phantasie sofort mit den historischen Gestalten bevölkerte, — hier der Platz der Bastille, wo das Volk seinen ersten Sieg erfocht; da der Temple, wo die königliche Familie gefangen gewesen; da das Faubourg St. Antoine, welches an den Tagen großer Entscheidung die Massen der Blusenmänner auf den Kampfplatz geschickt; da das Karree St. Martin, wo die ersten Barrikaden des Februar gestanden; da das Hotel de Ville, wo die Kommune gesessen und Robespierre mit blutendem Kopf auf einem Tisch gelegen; da das Palais Royal, wo Camille Desmoulins, auf einem Stuhl stehend, seine feurige Rede gehalten und ein grünes Blatt als Kokarde an seinen Hut gesteckt; da der Karrussellplatz, wo an dem berühmten 10. August das Königtum Ludwigs XVI. fiel.

Mehrere Stunden war ich so wie in einem Traum befangen umhergewandert, als ich an einem Schaufenster eines Ladens zwei Männer miteinander deutsch sprechen hörte. Dies weckte mich aus meinen Phantasien auf, und es fiel mir ein, daß ich mich wohl nach den deutschen Flüchtlingen umsehen sollte, deren Adressen ich besaß. Ich redete also die deutsch sprechenden Männer an, indem ich sie fragte, wo eine gewisse Straße sei. Ich empfing höflichen Bescheid und befand mich bald in der Wohnung meines Freundes, den ich in der Pfalz kennen gelernt, — des sächsischen Flüchtlings von Zychlinski. Dieser besorgte mir ein möbliertes Zimmer in der Nähe der Kirche St. Eustache und unterwies mich schnell in der Kunst, in Paris für wenig Geld ziemlich gut zu leben.

Mein Aufenthalt in der französischen Hauptstadt dauerte etwa vier Wochen. Meine erste Sorge war, mich in der Landessprache zu üben. Ich hatte nämlich in Brüssel schon bemerkt, daß der französische Unterricht, den ich auf dem Gymnasium genossen, mich kaum in den Stand setzte, mir ein Frühstück zu bestellen. So fing ich denn sofort an, mit einem Wörterbuch in der Hand Zeitungen zu lesen, die Anzeigen einbegriffen, um dann jede Gelegenheit zu benützen, um im Gespräch mit dem Concierge meines Hauses, oder dem Kellner, der mich im Restaurant bediente, oder mit irgend jemandem, dessen ich habhaft werden konnte, die gewonnenen

Worte und Redensarten zu verwerten. Schon nach wenigen Tagen fand ich, daß ich mir in alltäglichen Lebensangelegenheiten einigermaßen durchhelfen konnte. Doch werde ich auf meine Methode fremde Sprachen zu erlernen, später noch ausführlicher zurückkommen. Bedeutende Bekanntschaften machte ich damals in Paris nicht. Allerdings sah ich die leitenden Männer des gesetzgebenden Körpers, aber nur in der Entfernung von der Galerie aus. Mitflüchtlinge brachten mich mit einzelnen Franzosen zusammen, die durchweg der extremrevolutionären Richtung angehörten. Da vernahm ich denn wenig mehr als die landesüblichen Tiraden gegen Louis Napoleon, der damals noch Präsident der Republik war, aber deutliche Zeichen eines über diese Stellung hinausgehenden Ehrgeizes blicken ließ. In den Kreisen, in denen ich mich bewegte, stand es nun fest, daß diese napoleonische Wirtschaft unmöglich lange dauern könne, und daß die den Präsidenten stürzende neue Revolution sich unfehlbar wieder über den größten Teil von Europa verbreiten werde. Obgleich ich mir redliche Mühe gab, die Lage der Dinge in Frankreich richtig zu erkennen, und obgleich ich zu diesem Ende eifrig die Journale der Parteien las und auch meine Bekannten mit den eingehendsten Fragen auszuforschen suchte, so konnten sich doch meine Schlüsse nicht dem Einflusse meiner Wünsche und Illusionen entziehen, und es würde mir sehr unwillkommen sein, die Korrespondenzen, die ich damals in gutem Glauben für Beckers Zeitung schrieb, jetzt im Lichte der geschichtlichen Ereignisse wieder lesen zu müssen. Die Irrtümer, die ich damals beging, und die ich weniger als zwei Jahre darauf einsehen lernte, sind mir eine unvergeßliche und heilsame Lehre gewesen.

Einen großen Teil meiner Zeit brachte ich damit zu, die in Paris aufgehäuften Kunstschätze zu sehen, die mir eine bis dahin ungeahnte Welt eröffneten.

Ich erinnere mich aus jener Zeit eines Vorfalles, der, wie an sich unbedeutend er auch war, mir doch später wieder häufig im Gedächtnis aufstieg und mich zum Nachdenken anregte. Ich pflegte mit Zychlinski und einigen anderen Deutschen nach Tisch in einem gewissen Café im Quartier Latin zusammenzukommen. Eines Abends suchte ich meine Freunde dort vergebens. Dies war mir um so verdrießlicher, als ich Zychlinski bitten wollte, mir aus einer augenblicklichen Verlegenheit zu helfen. Eine Geldanweisung von Becker für verdientes Honorar, die schon vor drei Tagen hätte ankommen sollen, war nämlich zu meiner Verwunderung ausgeblieben, und meine Barschaft bestand nur noch aus den wenigen Sous, die hinreichten, um für eine Tasse Kaffee zu bezahlen und dem Kellner das übliche Trinkgeld zu geben. Ich setzte mich nieder und ließ mir, wie gewöhnlich, eine Tasse Kaffee geben mit der zuversichtlichen Hoffnung, daß der eine oder andere meiner Freunde bald erscheinen werde. Ich trank meinen Kaffee möglichst langsam, aber als ich die Tasse geleert hatte, war noch keiner von den Erwarteten da. Ich warf meinen übriggebliebenen Zucker in ein Glas Wasser und bereitete mir so mein eau sucrée, wie das die ökonomischen Gäste in den Cafés des Quartier Latin nicht selten taten; ich las ein Journal nach dem andern, indem ich mein Zuckerwasser mit peinlicher Langsamkeit fast tropfenweise schlürfte, — noch immer niemand. Ich mochte wohl zwei Stunden da gesessen haben und es wurde spät. Die dame du comptoir, der man Zahlung zu leisten hatte, fing an zu gähnen und selbst Monsieur Louis, der Billardmarkör, der schon eine halbe Stunde unbeschäftigt gewesen, schien schläfrig zu werden. Ich sehe den flinken Monsieur Louis noch vor mir, wie er von Zeit zu Zeit die Bälle auf dem Billard mit den Fingern umherrollte und dann zu mir herüberblickte. Ich fühlte, als wäre die ganze Wirtschaft auf die lange Zeit, die ich bei meiner Tasse Kaffee verbracht, aufmerksam geworden. Das war mir höchst unangenehm, und ich beschloß, mit meinen letzten Sous zu zahlen und nach Hause zu gehen.

Aber als ich von meinem Stuhl aufstand, begegnete mir ein Unglück. Durch eine ungeschickte Bewegung stieß ich die Kaffeetasse von dem kleinen Tisch auf die Steinplatten des Fußbodens hinunter, und sie zerbrach. Natürlich dachte ich, ich müßte für die zerbrochene Tasse auch zahlen. Für den Kaffee, den ich getrunken, hatte ich Geld genug; für die zerbrochene Tasse aber nicht. Ich fing einen raschen Blick der dame du comptoir auf und einen von Monsieur Louis. Mir war, als bohrten beide in die Tiefe meines schuldigen Gewissens. Was tun? In diesem Augenblicke traten mehrere frische Gäste ein, französische Studenten, von denen zwei oder drei mit der dame du comptoir scherzhafte Gespräche begannen. Konnte ich nun in diese Gruppe treten und in meinem holperigen Französisch der Dame das Geständnis meiner fatalen Lage machen? Würde ich mich nicht so dem Gespött und Gelächter der ganzen Gesellschaft aussetzen? In der Aufregung des Augenblicks faßte ich einen verwegenen Entschluß. Ich sagte mir selbst, daß ebenso wie andere Gäste auch einige meiner Freunde noch zu so später Stunde kommen könnten. Ich bestellte mir noch eine Tasse Kaffee, setzte mich nieder, und nahm wieder ein Journal auf. Aber lesen konnte ich nicht mehr. Ich litt die Qualen des bösen Gewissens. Mit angstvoller Erwartung blickte ich Elender jeden Augenblick von der Zeitung auf nach der Türe. Lange wartete ich — aber nicht vergebens. Zychlinski kam wirklich noch. Eine Zentnerlast fiel von meiner Seele. Ich mußte an mich halten, um nicht einen Freudenschrei auszustoßen. Ich erzählte ihm meine Geschichte, und wir lachten herzlich darüber, aber es war mir doch nicht wohl dabei zumute. Zychlinski lieh mir Geld, so daß ich meine eigene Zeche bezahlen konnte. Als wir nun aufbrachen, und ich fragte die dame du comptoir, was die zerbrochene Tasse koste, erwiderte sie mit huldvoll herablassendem Lächeln, in diesem Café nehme man nie Bezahlung für zufällig zerbrochenes Geschirr. Meine Angst war also durchaus überflüssig gewesen. Und in meinem Quartier angelangt, fand ich einen Brief von Becker, welcher die so heißersehnte Anweisung auf einen Pariser Bankier enthielt.

Dieses kleine Abenteuer ist im späteren Leben noch oft in meiner Erinnerung aufgestiegen, und ich habe hin und wieder in mir die Frage erörtert, ob ich recht gehandelt habe, als ich mir die zweite Tasse Kaffee bestellte. Als Resultat dieser Überlegung möchte ich nun meinen Nachkommen, die diese Geschichte lesen, den ernstlichen Rat geben, unter ähnlichen Umständen nicht meinem Beispiel zu folgen und nie auf die Chance des Zufalls hin der alten Schuld eine neue unnötige ohne Zahlungsfähigkeit der alten hinzuzufügen. Es war eben ein Fall falscher Scham, — jener falschen Scham, die schon so manchen sonst gut angelegten und ursprünglich ehrlichen Menschen auf die abschüssigsten Bahnen des Unheils gedrängt hat. Mancher ist zum Lügner, zum Meineidigen, zum Fälscher, zum Dieb, ja zum Mörder geworden, dessen verbrecherische Laufbahn damit anfing, daß er nicht den sittlichen Mut besaß, sich lieber einer Beschämung auszusetzen, als einen Schritt von zweifelhafter Ehrlichkeit zu riskieren.

Während meines Aufenthalts in Paris ging nun in Köln der Prozeß gegen die an dem Zuge nach Siegburg Beteiligten vor sich. Früh am 12. April wurde Kinkel in Begleitung von drei Polizeibeamten von Naugard fortgeführt, und schon am 13. langte er in Köln an. Auf der Reise, die man mit großer Heimlichkeit machte, ließ man ihn einen Paletot und einen kleinen schwarzen Hut tragen. Sobald er im Zuchthause zu Köln abgeliefert war, mußte er wieder die graue Züchtlingsjacke anlegen. Einige Tage später erhielt Frau Kinkel die Erlaubnis, ihren Gatten im Zuchthause zu besuchen, freilich nur in Gegenwart von Gefängnisbeamten. Sie nahm ihren kleinen sechsjährigen Sohn Gottfried mit sich, der in dem kahlgeschorenen, abgehärmten, durch die Züchtlingskleidung entstellten Mann den Vater nicht wiedererkannte, bis er seine Stimme hörte. Die öffentliche Prozedur vor dem Geschworenengericht begann am 29. April. Zehn Personen waren angeklagt, „ein Attentat verübt zu haben, dessen Zweck war, die bestehende Verfassung umzustürzen, die Bürger oder Einwohner des Staats aufzureizen, sich gegen die königliche Gewalt zu bewaffnen, sowie einen Bürgerkrieg dadurch zu erregen, daß man die Bürger oder Einwohner des Staats gegeneinander bewaffnete oder verleitete, sich gegeneinander zu bewaffnen.“ Von den Angeklagten waren Gottfried Kinkel, Anselm Unger, Ludwig Meier und Johann Bühl in den Händen der Regierung, — die sechs anderen, Friedrich Anneke, Joseph Gerhards, Friedrich

Kamm, Mathias Rings, Franz Joseph Klinker und Karl Schurz auf flüchtigem Fuße.

Unter der Bevölkerung von Köln herrschte fieberhafte Aufregung. Schon mit Anbruch des Tages, an dem der Prozeß beginnen sollte, drängte sich um das Gerichtsgebäude eine ungeheure Menge, die Kinkel, den gefangenen Freiheitsmann, den zum Zuchthaus begnadigten Dichter, noch einmal sehen und ihm ihre Sympathie bezeugen wollte. Die Behörden hatten ihrerseits große Vorbereitungen getroffen, um jeden Befreiungsversuch zu vereiteln. Der Wagen, der Kinkel von dem Zuchthause zum Gerichtshofe führte, war von einer starken Kavallerietruppe mit gezogenen Säbeln begleitet. Die Straßen, die er passieren mußte, sowie alle Zugänge des Justizgebäudes, starrten von Bajonetten. Auf dem Vorplatz waren zwei Kanonen mit einem Munitionswagen aufgefahren; die Artilleristen standen dabei fertig zum Dienst. Als Kinkel erschien, wurde er trotz alledem von den versammelten Volksmassen mit donnernden Hochrufen empfangen. Man hatte den Züchtling wieder in bürgerliche Kleidung gesteckt. Auf der Fahrt hatte er stumpf und teilnahmslos geschienen. Der Anblick und Zuruf des Volkes gab ihn sich selbst wieder. Das geschorene Haupt kühn und stolz erhoben, schritt er von dem Wagen zwischen den festgeschlossenen Reihen der Soldaten grüßend hindurch in den Gerichtssaal. Dort hatte Frau Johanna sich schon frühmorgens einen Platz gesichert, den sie auch jeden Tag während der Dauer des Prozesses einnahm. Für Kinkel beantragte der Staatsanwalt die Todesstrafe. Die Verhandlungen gingen den gewöhnlichen Gang; die Aussagen der zahlreichen Zeugen konstatierten den bereits erzählten Tatbestand ziemlich klar; der öffentliche Ankläger und die Advokaten der Angeklagten plädierten mit kühler Geschicklichkeit, Ludwig Meyer hielt eine mannhafte Rede, und endlich am 2. Mai ergriff Kinkel selbst zu seiner Verteidigung das Wort.

Die Erwartung der Versammelten, ja, des ganzen Volks, war aufs höchste gespannt. „Was wird er sagen?" fragte man sich. „Wird er sich demütig und reuevoll beugen? Wird er das Bild eines gebrochenen und hinfort ungefährlichen Mannes darstellen, um sich so Gnade zu erkaufen? Oder wird er der Gewalt Trotz bieten, indem er sich kühn zu all dem bekennt, was er gewollt und getan, und so den letzten Anspruch auf eine Milderung seines furchtbaren Schicksals verscherzen?" Man würde es dem schwer getroffenen Mann gern verziehen haben, hätte er durch eine nachgiebige Haltung eine Milderung seines entsetzlichen Loses bewirkt.

Die Antwort, die Kinkels Verteidigungsrede auf diese Frage gab, war im höchsten Grade imponierend und rührend zugleich. Er begann mit einer gedrängten Schilderung der politischen Lage in Deutschland nach der Märzrevolution von 1848. Das Volk habe damals die Souveränität errungen. Diese Souveränität des Volks sei verkörpert worden in den aus allgemeinem Wahlrecht hervorgegangenen konstituierenden Versammlungen, der preußischen Konstituante in Berlin sowohl wie dem Nationalparlament in Frankfurt. Alle Welt habe es so verstanden. Das Nationalparlament sei mit Mäßigung vorgegangen. Es habe eine Magna Charta der Volksrechte und eine Reichsverfassung geschaffen und den König von Preußen, denselben Fürsten, der sich im März 1848 an die Spitze der Einheitsbewegung gestellt, als Schirmherrn der Magna Charta zum Kaiser gewählt. Die Durchführung dieses Gedankens sei die letzte Rettung für die großen Hoffnungen der Nation gewesen. Aber der König von Preußen habe sich geweigert, durch die Annahme der Kaiserkrone das nationale Einheitswerk zu vollenden. Er habe die preußische Kammer, die ihn zur Annahme drängte, aufgelöst und damit die Möglichkeit einer Verständigung vernichtet und so auch alle Hoffnung auf die Verwirklichung sozialer Reformen. Nichts sei übrig geblieben, als ein Appell an die Waffen. Auch er, der Angeklagte, habe die Waffen ergriffen, und er erkläre jetzt seinen Richtern gegenüber, er glaube Recht getan zu haben. Er bekenne sich noch heute zu seiner Handlungsweise vom vorigen Mai; was er getan, habe er g tan als ein Mann von Ehre.

Er ging noch weiter in seinem Bekenntnis. Er nannte sich einen Sozialisten, obgleich er ein Sozialist in dem uns jetzt geläufigen Parteisinne des Wortes eigentlich nie gewesen. Er war kein Anhänger eines jener Systeme, die eine gänzliche Umwälzung der hergebrachten Gesellschaftsordnung bedingen. Wenn er sich einen Sozialisten nannte, so bedeutete das nur, daß „sein Herz sich zu den Armen und Unterdrückten in seinem Volke gehalten und nicht zu den Reichen und Gewaltigen dieser Welt.“ Es war der Gefühlsdrang, der so viele Herzen erfaßt hatte und den Parteinamen wählte, der ihm am genehmsten klang. „Und weil ich Sozialist bin“, fuhr Kinkel fort, „darum bin ich Demokrat, denn ich glaube, daß seine eigenen tiefen Wunden nur das Volk selbst zu empfinden, zu reinigen und zu heilen vermag. Weil ich aber Demokrat bin, weil ich den demokratischen Staat für die einzige und gewisse Möglichkeit halte, das Elend aus der Welt fortzuschaffen, darum glaube ich auch, daß, wenn einmal ein Volk demokratische Einrichtungen erobert hat, dieses Volk das Recht nicht allein, sondern auch die Pflicht besitzt, diese Einrichtungen bis auf den letzten Mann und mit allen Waffen, also auch mit der Kugel und dem scharfen Stahl zu verteidigen. In diesem Sinne bekenne ich mich für das Prinzip der Revolution, für welches seitdem auch mein Blut geflossen ist, und noch heute, ganz der Gewalt des Gegners hingegeben, noch heute bekenne ich mit den bleichen Lippen des gefangenen Mannes mich zu diesem Prinzip. Und darum auch glaube ich, daß ich damals samt den Freunden an meiner Seite recht gehandelt habe, als ich den Kampf aufnahm und ihm die höchsten Opfer brachte. Denn uns winkte ein großes Ziel. Hätten wir gesiegt, so retteten wir unserem Volk den Frieden mit sich selber, die Einheit des Vaterlandes, diesen Grundgedanken der deutschen Revolution, und in ihr den Schlüssel zu allen künftigen Eroberungen von Glück und Größe. Meine Herren, wir haben nicht gesiegt. Das Volk hat diesen Kampf nicht durchgesetzt, hat uns, welche ihm voraufgingen, verlassen. Die Folgen fallen auf unser Haupt.“

Nun erklärte er, wie in diesem Kampf er sich nicht gescheut habe, mit Leuten ohne Bildung und von zweifelhaftem Ruf sich zu verbinden, denn nie sei „eine Weltidee dadurch geschändet worden, daß die Zöllner und Sünder sich zu ihr bekannten.“ Dann führte er aus, daß die Strafbestimmungen des Code Napoleon, der damals im Rheinlande das herrschende Gesetz war, auf die Staatsverhältnisse von 1849 keine Anwendung fänden; daß dieser Code einer militärisch absoluten Monarchie zum Gesetz gegeben worden; daß der Deutsche nach der Revolution von 1848 die Volksbewaffnung mit freier Wahl der Führer besaß; daß dieses den Zweck hatte, das Volk zu befähigen zum Schutze seiner Rechte gegen Eingriffe von oben." Man sagt zu uns: Ihr wolltet die bestehende Verfassung umstürzen. Welche Verfassung meint man? Die neue preußische? Wem von uns ist das eingefallen? Oder die Frankfurter? Diese zu schützen, zogen wir aus. Bei Ihrem Gewissen, meine Herren, sind wir es gewesen, die Attentate auf die Verfassungen gemacht haben? Aber den Bürgerkrieg wollten wir entzünden!? Wer wagt das zu behaupten? Wer will es leugnen, daß durch eine Erhebung des ganzen Volks in Waffen, aber eine großartig=feierliche Erhebung, die Krone auch ohne Bürgerkrieg auf den Weg des Fortschritts gedrängt werden konnte? Ja, wenn das alles wahr wäre, was die Anklageakte uns Schuld gibt, wenn wir uns verschworen hätten, der Gewalt die Gewalt entgegen zu setzen, wenn wir uns bewaffnet hätten, ein Zeughaus zu stürmen, wenn wir den Bürgern Waffen gegeben hätten zu einer solchen Erhebung, dann, selbst dann würden wir nach einer Niederlage Unglückliche sein, aber Strafbare keineswegs. Wir hätten es getan, nicht um eine Verfassung umzustürzen, sondern eine wankende zu halten; wir hätten es getan, nicht um den Bürgerkrieg zu wecken, sondern um den Bürgerkrieg zu hindern, den gräßlichen Bürgerkrieg, der die Iserlohner Landwehr in den Tod trieb gegen die deutschen Schützen auf dem Turme von Durlach, der in seinen Folgen Dortu zur Kugel, Corvin zum Spinnrade verurteilte. Wie es geworden ist im Vaterlande, weil wir nicht siegten, das wissen Sie. Hätten wir aber gesiegt in diesen Kämpfen, bei Gott, meine Herren, statt des Fallbeils, mit dem heute ein rheinischer Staatsanwalt im Bunde mit dem Gesetz des französischen Tyrannen uns bedroht, würden wir aus Ihren Händen heute die Bürgerkrone fordern für unser Haupt."

Dieser Teil der Rede wurde von allen Versammelten im Saale mit Erstaunen, von vielen mit Bewunderung gehört. Der präsidierende Richter fand es schwer, den Beifallssturm zu unterdrücken, der sich zuweilen entfesseln wollte. Doch fühlten alle, daß dieser Angeklagte, welcher der herrschenden Gewalt so kühn und stolz die Stirne bot, wenn er auch einer neuen Verurteilung entging, von nun an alle Hoffnung auf eine Milderung der ihm bereits auferlegten Strafe verwirkt habe. Aber was nun folgte, überwältigte die Zuhörer in ungeahnter Weise. In wenigen Sätzen wies Kinkel auf die Widersprüche und schwachen Punkte in den Zeugenaussagen hin und fuhr dann fort:

„Das einzige, wovon ein Schein übrig bleibt, ist, daß ich Bürger zur Bewaffnung aufgereizt hätte. Ich will es Ihnen sagen, wie es mit dieser Aufreizung ging. Ich sage es Ihnen gerne, weil in meinem Handeln dies eine zweideutig scheinen könnte, daß ich von einem Unternehmen, in das ich selbst mich stürzte, andere eher abzuhalten suchte. Mit voller Schärfe steht jener 10. Mai noch vor mir; denn dieser Tag, an dem ich, bis dahin ein hochbeglückter Mann, von all meinem Lebensglück schied, er ist mit den glühenden Nadeln des Schmerzes in meine Seele gegraben. Der Sturm jener drangvollen Zeit riß mir Stück um Stück vom Herzen weg; doch um 5 Uhr stand in mir noch kein Entschluß fest. Ich ging in die Universität, ich hielt ruhig und gelassen wie immer meine Vorlesung; es war meine letzte. Um 6 Uhr trafen die Nachrichten ein aus Elberfeld und Düsseldorf; sie schlugen zündend in meine Brust. Ich fühlte, daß für mich die Stunde da sei, wie die Ehre gebot, zu handeln. Aus der Versammlung ging ich in meine Wohnung, um Abschied zu nehmen. Ich nahm Abschied von dem Frieden meines Hauses, von dem Amte, das zwölf Jahre mich beglückt, das ich zwölf Jahre, wie ich glaube, treu verwaltet hatte; nahm Abschied von dem Weibe, an dessen Besitz ich schon einmal meine Existenz gesetzt, Abschied von meinen schlafenden Kindern, die nicht träumten, daß sie in dieser Minute ihren Vater verloren. Aber als ich nun über die Schwelle trat in die dunkelnde Straße, da sprach ich zu mir: „Du durftest diesen Entschluß fassen, denn welches auch die Folgen sein mögen, du weißt es, daß der Trost der Idee und der Überzeugung dich niemals verlassen kann. Aber einen andern Gatten, einen andern Vater hast du kein Recht mit fortzureißen in den gleichen furchtbaren Entschluß." In dieser Stimmung betrat ich die Rednerbühne, in dieser Stimmung mahnte ich jeden ab, dessen Herz nicht fest war wie das meinige — und aus dieser Rede macht die Anklage eine unmittelbare Aufreizung! Glauben Sie nicht, meine Herren, als wollte ich durch Rührung Sie überwältigen und Ihr Mitleid erwecken. Ja, ich weiß es, und die Begnadigungen des Jahres 1849 haben mich darüber belehrt, daß Ihr „Schuldig" ein gewisses Todesurteil in sich schließt; aber trotzdem begehre ich Ihr Mitleid nicht. Nicht für meine Mitangeklagten, denn diesen sind Sie nicht Mitleiden, sondern eine Genugtuung schuldig für die lange unverdiente Haft. Nicht für mich, denn so unschätzbar mir Ihre Teilnahme als Bürger und Männer ist, so wenig hat Ihr Mitleiden für mich Wert. Die Leiden, die ich trage, sind so furchtbar, daß Ihr Spruch mich nicht schrecken kann. Man hat über das Maß der mir zuerkannten Strafe hinaus meine Haft gesteigert, durch die grauenvolle Einsamkeit der Isolierzelle, in deren öde Stille kein Trompetenton der kämpfenden Welt draußen, kein Liebesblick treuer Freunde dringt. Man hat einen deutschen Schriftsteller und Lehrer, der in mehr als einer Brust die Flamme des Geistes und der Schönheit entzündet, man hat ein mitteilsames Herz dazu verdammt, in seelenloser Zwangsarbeit, in Versagung aller geistigen Hülfsmittel, langsam hinzusterben. Der Giftmischerin, dem entsetzlichen, gräulichen Verbrecher, sobald einmal über seinem Haupte das Wort der Begnadigung erscholl, wird es vergönnt, die Luft seines Rheinlandes zu atmen, das Wasser seines grünen Stromes zu trinken — diese vierzehn Tage haben es mich gelehrt, welche Seligkeit schon Luft und Licht der Heimat sind! — Mich aber hält der ferne, trübe, kalte Nord, und nicht einmal hinter dem Gitter ist es mir vergönnt, die Tränen meines Weibes zu sehen und in die Aurikelaugen meiner Kinder zu blicken! Ich begehre Ihr Mitleid nicht, denn wie scharf Ihr Spruch, wie blutig dieses Gesetzbuch sei, Sie können mein Los nicht gräßlicher machen als es ist. Der Mann, den man vor diesen Schranken der Feigheit zu zeihen wagte, hat im letzten Jahre dem Tode in seinen verschiedensten Gestalten so oft, so nahe, so kaltblütig ins Auge gesehen, daß auch die Guillotine ihn nicht besonders mehr erschüttert. Ich will Ihr Mitleid nicht; aber mein Recht verlange ich von Ihnen; mein Recht wälze ich auf Ihr Gewissen, und weil ich weiß, daß Sie, Bürger Geschworene, Ihrem rheinischen Mitbürger sein Recht nicht versagen können, darum erwarte ich mit der ruhigsten Zuversicht aus Ihrem Munde das „Nichtschuldig". Ich habe gesprochen; nun richten Sie."

Der Eindruck, welchen diese Worte hervorbrachten, ist mir von Augenzeugen geschildert worden. Zuerst lauschte die Zuhörerschaft mit fast atemloser Stille, aber es währte nicht lange, bis die Richter auf ihren erhöhten Sitzen, die Geschworenen, die dicht gedrängten Bürger im Saal, der Staatsanwalt, der die Anklage geführt, die Gendarmen, welche die Angeklagten bewachten, die Soldaten, deren Bajonette an der Türe blinkten, in Schluchzen und Tränen ausbrachen. Erst mehrere Minuten, nachdem Kinkel seine Rede geschlossen, fand der Gerichtspräsident seine Fassung und seine Stimme wieder, um die Prozedur weiter zu führen. Die Geschworenen brachten sofort ihren Wahrspruch ein; er lautete: „Nichtschuldig." Da erhob sich im Saal ein donnernder Jubelruf, der von der draußen versammelten Volksmenge aufgenommen in den Straßen der Stadt weithin widerhallte. Frau Johanna drängte sich auf ihren Mann zu, um ihn zu umarmen. Ein Polizeibeamter befahl den Kinkel umgebenden Gendarmen, sie zurückzuhalten. Aber Kinkel, sich hoch aufrichtend, rief mit gebietender Stimme: „Komm, Johanna! Gib Du Deinem Mann einen Kuß! Das soll Dir niemand wehren!" Wie von einer höheren Macht überwältigt, traten die Gendarmen zurück und öffneten eine Gasse für die Frau, die sich in die Arme ihres Mannes warf.

Die andern Angeklagten konnten nun frei ihres Weges gehen. Nur Kinkel, der noch die ihm früher zuerkannte Strafe abzubüßen hatte, wurde wieder rasch von Bewaffneten umschlossen, nach dem Wagen gebracht und unter den Hochrufen des Volks und den Trommelwirbeln der Soldaten ins Gefängnis zurückgeführt.

Wie vorauszusehen gewesen, hatten die Behörden jede mögliche Vorsichtsmaßregel ergriffen, um einem Befreiungsversuch in Köln aufs wirksamste vorzubeugen. Die Regierung hatte auch unterdes beschlossen, Kinkel nicht wieder in das Zuchthaus zu Naugard, sondern in das zu Spandau zu bringen, wahrscheinlich weil in Naugard, wie in Pommern überhaupt, sich warme Sympathien für den Unglücklichen offenbart hatten. Und um Kinkels Freunde irrezuführen und alle Schwierigkeiten unterwegs zu verhüten, wurde angeordnet, daß Kinkel nicht, wie das Publikum allgemein erwartete, auf der Eisenbahn, sondern in einer Kutsche, von zwei Gendarmen begleitet, die Reise machen sollte. Die Abfahrt bewerkstelligte man am Tage nach dem Schluß des Prozesses mit aller Heimlichkeit. Aber gerade diese Vorkehrungen machten einen Fluchtversuch möglich, den Kinkel auf eigene Faust, ohne äußere Hülfe, unternahm, und den er mir später so erzählte:

Eines Abends ließen die Gendarmen die Kutsche an dem Wirtshause eines westfälischen Dorfes halten, wo sie und ihr Gefangener zu Abend essen sollten. Kinkel wurde in ein Zimmer des oberen Stockwerks geführt, wo ein Gendarm bei ihm blieb, während der andere hinunter ging, um einige Anordnungen zu treffen. Kinkel bemerkte, daß die Türe des Zimmers nur angelehnt war, und daß der Schlüssel draußen im Schloß steckte. Der Gedanke, diesen Umstand zu seiner Flucht zu benutzen, schoß ihm durch den Kopf. Am Fenster stehend, suchte er die Aufmerksamkeit des ihn bewachenden Gendarmen, der an der Türe saß, auf ein Geräusch zu lenken, das sich drunten auf der Straße hören ließ. Sobald der Gendarm die Nähe der Türe verlassen hatte, um an das Fenster zu treten, sprang Kinkel mit einem raschen Satz aus der Tür und drehte draußen den Schlüssel um. Nun lief er, so schnell er konnte, die Treppe hinunter, durch eine Hintertür in den Hof, dann in den Garten und in der Richtung, die ihm eben offenstand, querfeldein. Es war unterdessen ganz dunkel geworden. Bald hörte der Flüchtige Stimmen hinter sich und, sich umwendend, sah er in der Entfernung Lichter, die sich hin und her bewegten. Kinkel rannte mit rasender Eile vorwärts, von der Verfolgung angespornt, die ihm augenscheinlich auf den Fersen war. Plötzlich stieß er mit der Stirn gegen einen harten Gegenstand und stürzte nieder, von dem Schlage betäubt.

Die Verfolgung hatte mittlerweile auch mit Schwierigkeiten zu kämpfen. Der Gendarm, dem Kinkel aus dem Zimmer entwischt war, sprang nach der Tür, die er verschlossen fand. Er eilte nach dem Fenster zurück, aber in der Aufregung des Augenblicks gelang es ihm nicht, es so schnell, wie er wünschte, zu öffnen. Nun zertrümmerte er mit kräftigem Faustschlag die Scheiben und schrie auf die Gasse hinaus, der „Spitzbube" sei entkommen. Das ganze Haus kam sofort in Alarm. Die Gendarmen sagten dem Wirte und den Dienstboten, der Entflohene sei einer der berüchtigtsten und gefährlichsten Verbrecher des Rheinlandes, und wer ihn wieder einfinge, würde einer Belohnung von hundert Talern sicher sein. Natürlich glaubten die Dorfleute alles, was ihnen gesagt wurde. Der Postillon, der die Kutsche gefahren und der keine Ahnung davon hatte, daß sein Passagier Kinkel gewesen, zeigte sich besonders tätig. Schnell wurden Laternen herbeigeschafft, um die Spur des Flüchtigen, der aus dem Hause und Hofe unbemerkt entwischt war, draußen aufzusuchen. Bald entdeckte der Postillon die Spur; doch hatte Kinkel durch diese Verzögerungen einen ansehnlichen Vorsprung gewonnen. Aber sein Anrennen gegen einen aufgestapelten Holzhaufen, von dem ein herausstehendes Scheit ihn an der Stirne traf, hatte diesen Vorteil wieder zunichte gemacht. In weniger als einer Viertelstunde wurde er, immer noch in betäubtem Zustande, von dem Postillon, der wirklich glaubte, einen Straßenräuber vor sich zu haben, aufgefunden und den herbeieilenden Gendarmen zurückgeliefert. Diese verdoppelten nun ihre Wachsamkeit, bis das Tor des Zuchthauses in Spandau sich hinter dem Unglücklichen schloß.

Nachdem die durch die Prozeßepisode verursachte Aufregung sich gelegt und Kinkel, still im Spandauer Zuchthause sitzend, zeitweilig aufgehört hatte, die öffentliche Aufmerksamkeit in Anspruch zu nehmen, reiste ich von Paris nach Deutschland zurück. Ich hatte unterdessen neue Instruktionen von dem Züricher Komitee erhalten, die ich getreulich ausführte. Zu diesem Zwecke besuchte ich mehrere Plätze im Rheinland und in Westfalen und wohnte sogar einer Zusammenkunft demokratischer Führer bei, die im Juli in Braunschweig stattfand. Dort machte ich die Bekanntschaft des mecklenburgischen Abgeordneten Moritz Wiggers, mit dem ich später in interessante Beziehungen kommen sollte. Auf diesen Reisen schien mir nur einmal eine Gefahr recht nahe zu treten. Ich war auf ein paar Stunden im Posthause zu Hamm eingekehrt, und saß im Restaurationszimmer, auf eine bestellte Speise wartend. Mit einem preußischen Leutnant, der an demselben Tische mir gegenüber sitzend eine Tasse Kaffee trank, knüpfte ich ein harmloses Gespräch an, — wie ich denn gewöhnlich an öffentlichen Plätzen mich womöglich an Militärs oder Beamte, auf den Bahnhöfen vorzugsweise an die Polizisten hielt, um mich so als ein ganz unbefangenes und unverdächtiges Individuum zu beweisen. Während ich nun im Posthause zu Hamm mit dem Leutnant über gleichgültige Dinge sprach, bemerkte ich plötzlich, durchs Fenster blickend, eine sonderbare Bewegung. Ein Wagen hielt und ein ältlicher Herr in hellem Reiseüberrock stieg aus; mit ihm zwei Gendarmen, von denen einer an der Haustüre stehen blieb, während der andere mit dem Herrn im hellen Reiseüberrock herein kam und sich auf dem Flur an der Treppe postierte. Der Herr trat ins Gastzimmer, und ich bemerkte, wie aus dem zugeknöpften Überrock ein dunkelroter Uniformkragen hervorsah. Der Herr war also ein Beamter — wahrscheinlich ein Polizeibeamter. Er fragte nach dem Wirt, und sobald dieser herzugetreten war, eröffnete sich zwischen beiden ein angelegentliches Gespräch in leisem Tone geführt. Dieser Umstand beunruhigte mich. Unterdessen kam das Beefsteak, das ich bestellt hatte, und ich bezeichnete dem Kellner einen leeren Tisch an einem Fenster, das auf den Hof des Gasthauses hinausging. Dort wünschte ich zu essen. Um an diesen Tisch zu gelangen, schritt ich an dem Herrn im Überrock und dem Wirt möglichst dicht vorüber und suchte ein Wort aufzufangen, das mir über den Gegenstand der eifrigen Unterhaltung Aufschluß geben könnte. Ich hörte den Beamten die Worte aussprechen: „blonde Haare und Brille", worauf der Wirt ziemlich laut antwortete: „Ich glaube, das muß er sein." Dies konnte auf mich passen, und es wurde mir ziemlich schwül zumute. Indes ging ich an den Tisch, auf dem mein Beefsteak mich erwartete, schob meinen Stuhl ans Fenster und fragte zwei in der Nähe sitzende Herren, ob es ihnen unangenehm sein werde, wenn ich das Fenster öffnete, da die Luft im Zimmer drückend warm sei. Ich erhielt die gewünschte Erlaubnis und rekognoszierte durch das geöffnete Fenster den Hof, ob ich eine Chance des Entkommens haben würde, wenn ich den Sprung durchs Fenster wagen müßte. Der Ausblick war sehr zweifelhaft. Dann setzte ich mich nieder und beschäftigte mich mit dem Beefsteak.

Der Wirt hatte unterdessen mit dem Beamten das Gastzimmer verlassen. Nach einigen Minuten traten sie wieder ein, und sogleich entstand um sie her ein Gemurmel, aus welchem die Worte: „Sie haben ihn", herausklangen. Bald darauf kam der Wirt in die Nähe meines Tisches, und ich fragte ihn, was da los sei? Da hörte ich denn, ein junger Mann sei morgens früh angekommen, habe sich ein Zimmer geben lassen und sich auch seine Mahlzeiten aufs Zimmer bestellt. Soeben sei er verhaftet worden. Er sei Postsekretär in einem nicht weit entfernten Städtchen und habe die Postkasse um 300 Taler bestohlen, um damit nach Amerika zu gehen. „Der arme Kerl!" setzte der Wirt verächtlich hinzu. „Es war mir gleich auffallend, daß er sich sein Mittagessen ins Zimmer bestellte, statt zur Table d'hote zu kommen. Und dann nur 300 Taler!" Ich fühlte mich sehr erleichtert und konnte mich nicht enthalten, von dem Tisch, an dem der geheimnisvolle Beamte sich zu einem Imbiß und einem Schoppen Wein niedergelassen hatte, mir ein Zündhölzchen zu holen, um mir zur Tasse Kaffee eine Zigarre anzuzünden.

Anfangs August kehrte ich nach Köln zurück und hatte dort noch eine Zusammenkunft mit Frau Kinkel. Sie berichtete mir, daß die für die Befreiung ihres Gatten verfügbare Summe um ein ansehnliches gewachsen sei, und freute sich zu hören, daß ich diese Summe für hinreichend hielt, um nun ans Werk zu gehen. Wir verabredeten, daß das Geld an eine vertraute Person in Berlin geschickt werden sollte, von der ich es nach Bedarf in Empfang nehmen könne. Auch erzählte sie mir, daß sie eine Methode gefunden habe, Kinkel auf unverfängliche Weise Nachricht zu geben, wenn etwas für seine Befreiung geschähe. Sie habe ihm über ihre musikalischen Studien geschrieben und in ihren Briefen spielten lange Auseinandersetzungen über die „Fuge" eine große Rolle. Kinkel habe ihr nun in einer ihr verständlichen, aber den Gefängnisbeamten, welche die Briefe revidierten, unverständlichen Weise angedeutet, daß er die Bedeutung des Wortes „Fuge" (lateinisch „fuga", deutsch „Flucht") sich gemerkt habe und begierig sei, über dieses Thema mehr zu hören. Frau Johanna versprach mir, mit ihren Briefen an Kinkel vorsichtig zu sein und ihn nicht in unzeitige Aufregung zu versetzen — auch selbst nicht ungeduldig zu werden, wenn sie von mir nur selten hören sollte. So schieden wir und ich ging nach dem Schauplatz meines Unternehmens ab.

Auf dem Bahnhofe traf ich meinen Freund Jacobi, der auf dem Wege nach Schleswig-Holstein war, um dem kämpfenden Brudervolk seine Dienste als Mediziner zu widmen. Einen Teil des Weges konnten wir zusammen reisen. Dies war eine angenehme Überraschung. Eine um so unangenehmere war es, daß wir in dem Coupé, in dem wir Platz nahmen, den Professor Lassen von der Bonner Universität, der mich kannte, uns gerade gegenüber fanden. Wir stutzten beide einen Augenblick. Auch sah Lassen mich zuerst eine Weile verdutzt an. Aber da Jacobi und ich nun begannen, scheinbar unbefangen und lustig zu lachen und zu schwatzen, wie auch andere junge Leute das getan haben würden, so dachte der gute Orientalist wahrscheinlich, er müsse sich geirrt haben, und ich könne unmöglich der Übeltäter sein, dem ich ähnlich sähe.

Am 11. August kam ich in Berlin an. Da mein auf Heribert

Jüssen lautender Paß in bester Ordnung war, so ließ mich die Polizei, die sonst alle Reisenden scharf beobachtete, ohne Schwierigkeit in die Stadt ein. Zunächst suchte ich einige meiner Universitätsfreunde auf, die von Bonn nach Berlin übergesiedelt waren. Ihnen vertraute ich mich an — d. h. meine Person; nicht das Geheimnis meines Planes. Bei zweien von ihnen, Müller und Rhodes, ehemaligen Mitgliedern der Bonner Frankonia, die nun in Berlin studierten und ein Quartier auf der Markgrafenstraße bewohnten, fand ich Obdach und herzliches Willkommen. Mit ihnen ging ich aus und ein, so daß die Polizisten, die in jenem Bezirk Dienst hatten, mich für einen der Berliner Universität angehörenden Studenten hielten. Und wie es damals in Berlin Sitte war, und vielleicht teilweise noch ist, daß der Einwohner eines Miethauses nicht selbst einen Hausschlüssel führt, sondern, wenn er nachts nach Hause kommt, sich vom Nachtwächter der Straße das Haus aufschließen läßt, so rief auch ich, wenn ich spät von meinen Gängen zurückkehrte, den Nachtwächter herbei, damit er mir das gastliche Haus öffne. Daß ich, der steckbrieflich Verfolgte, der Flüchtling, von der Berliner Polizei, die für so allwissend galt, so willig bedient wurde, gab uns häufig Stoff zum Lachen und war in der Tat scherzhaft genug. Es ist daher nicht zu verwundern, daß ich unter solchen Umständen ein wenig übermütig wurde und einige leichtsinnige Dinge tat, die mir hätten teuer zu stehen kommen können. Während ich Verbindungen anknüpfte und Anstalten traf, welche die Befreiung Kinkels vorbereiteten, und von denen ich später genauer erzählen werde, konnte ich mich der Versuchung der von der Hauptstadt gebotenen Genüsse nicht ganz entziehen, und unter diesen Genüssen war einer, der mir besonders kostbar, aber auch besonders gefährlich wurde.

Die berühmte französische Schauspielerin Rachel befand sich damals in Berlin, um dort ihr klassisches Repertoire dem hauptstädtischen Publikum vorzuführen. Sie hatte zu jener Zeit den Höhepunkt ihres Ruhmes erreicht. Ihre Lebensgeschichte wurde wieder und wieder von den Zeitungen erzählt — wie dieses Kind armer elsässischer Juden, geboren im Jahre 1820 in einem kleinen

Wirtshause im schweizerischen Kanton Aargau, ihre Eltern auf ihren Hausiertouren in Frankreich begleitet hatte; wie sie Pfennige erworben hatte, indem sie mit einer ihrer Schwestern auf den Straßen von Paris zur Harfe sang; wie ihre Stimme vielfache Aufmerksamkeit auf sich zog und sie darauf im Konservatorium aufgenommen wurde; wie sie vom Singen zum Deklamieren und zu schauspielerischen Versuchen überging; wie ihr phänomenales Genie, plötzlich hervorstrahlend, sie sofort den berühmtesten histrionischen Künstlern der Zeit voranstellte. Wir revolutionären jungen Leute erinnerten uns auch mit besonderem Interesse an die kurz nach der Februarrevolution des Jahres 1848, als König Louis Philipp geflohen und die Republik proklamiert worden war, von Paris gekommenen Berichte, wie die Rachel auf einer Bühne in Paris die Marseillaise halb singend und halb sprechend rezitiert und damit in ihren Zuhörern einen wunderbaren Paroxysmus von patriotischer Begeisterung entflammt habe.

Einige meiner jungen Freunde in Berlin, die ihrer ersten Aufführung dort beigewohnt, kamen zu mir mit überaus enthusiastischen Erzählungen. Natürlich wünschte ich sehr, das auch zu genießen. Freilich konnte ich das nicht ohne Gefahr. Aber meine Freunde meinten, die Polizeispitzel würden schwerlich im Theater sich nach Staatsverbrechern umsehn, und ich würde in einem Schwarm von Rachelenthusiasten ziemlich sicher sein. Ich könnte mich ja in irgend einer dunkeln Ecke des Parterre aufhalten ohne Gefahr, einem feindlichen Blick zu begegnen — wenigstens einen Abend. Mit dem Leichtsinn der Jugend entschloß ich mich dann zu dem Wagnis.

So sah ich die Rachel. Es war einer der überwältigendsten Eindrücke meines Lebens. Ich hatte die meisten der Tragödien Racines, Corneilles und Voltaires gelesen und getraute mich wohl, dem Dialog folgen zu können. Aber ich hatte nie an diesen Stücken viel Gefallen gefunden. Die darin dargestellten Empfindungen waren mir gekünstelt erschienen, die Leidenschaften unecht, die Sprache stelzenhaft, die alexandrinische Versform mit ihrer unerbittlichen Cäsur über die Maßen steif und langweilig.

Ich hatte mich immer gewundert, wie solche Stücke auf der Bühne packend dargestellt werden könnten. Das sollte ich nun erfahren. Als die Rachel auf die Szene trat — nicht mit dem bekannten affektierten Kothurnschritt, sondern mit einer ihr eigentümlichen Würde und majestätischen Anmut, gab es zuerst einen Moment schweigenden Erstaunens und dann einen rauschenden Ausbruch von Beifall. Einen Augenblick stand sie still, in den Falten ihres klassischen Gewandes wie eine antike Statue frisch von der Hand des Phidias, — das Gesicht ein langes Oval; eine schön gewölbte Stirn beschattet von schwarzem welligem Haar; unter hoch geschwungenen gewitterdunkeln Brauen zwei Augen, die wie schwarze Sonnen in tiefen Höhlen brannten und leuchteten; die Nase fein und leicht gebogen mit offenen, zuckenden Nüstern; über einem energischen Kinn eine strenge, vornehme Linie der Lippen mit leicht abwärts geneigten Mundwinkeln, wie wir uns den Mund der tragischen Muse vorstellen mögen; die Gestalt, — zuweilen groß, zuweilen klein scheinend, sehr mager und doch voll Kraft; die schlanke, sprechende Hand mit ihren feinen Fingern von seltener Schönheit — der bloße Anblick versetzte den Zuschauer in einen Zustand des Erstaunens und der geheimnisvollen Erwartung.

Nun begann sie zu sprechen. In tiefen Tönen, wie aus den innersten Höhlen der Brust, ja, wie aus dem Bauche der Erde, kamen die ersten Sätze hervor. War das die Stimme eines Weibes? Eines fühlte man gewiß, — eine solche Stimme hatte man nie gehört, — nie einen Ton zuweilen so hohl und doch so voll, so gewaltig und doch so weich, so übernatürlich und doch so wirklich. Aber diese erste Überraschung mußte bald neuen und größeren weichen. Diese Stimme, in so tiefen Tönen beginnend, flog und rollte nun im wechselnden Spiel der Empfindungen oder Leidenschaften die Tonleiter auf und ab, — eine Oktave oder zwei, wie die Noten eines musikalischen Instrumentes von scheinbar unbegrenztem Umfang und endloser Mannigfaltigkeit der Tonfarbe. Wo war nun die Steifheit der Alexandriner geblieben? Wo die langweilige Einförmigkeit der Cäsur? Diese wunderbare Stimme und die Wirkungen, die sie auf den Hörer hervorbrachte, lassen sich kaum beschreiben ohne die Hülfe scheinbar übertriebener Metapher.

Wie ein stiller Strom durch grüne Gefilde floß die Rede dahin: oder sie hüpfte munter spielend wie ein Bach über Kieselgeröll; oder sie stürzte rauschend herab wie ein Bergwasser von Fels zu Fels. Aber wenn die Leidenschaft losbrach, wie schwoll und wogte und brauste diese Stimme gleich der vom Sturm gejagten Brandung der Meeresflut stürzend gegen den Strand; oder sie rollte und krachte und schmetterte wie der Donner nach dem Zischen des nah einschlagenden Blitzes, der uns in Schrecken auffahren macht. Die elementaren Kräfte der Natur und alle Gefühle und Erregungen der menschlichen Seele schienen entfesselt in dieser Stimme, um darin ihre beredteste, ergreifendste, durchschauerndste Sprache zu finden. Jetzt kam ein Ton der Rührung, und die Tränen schossen uns jählings in die Augen; nun eine scherzende oder einschmeichelnde Wendung, und ein glückliches Lächeln flog über alle Gesichter; nun eine Note der Trauer oder der Verzweiflung und die Herzen aller Zuhörer zitterten vor Wehmut; aber dann einer jener furchtbaren Ausbrüche der Leidenschaft, und man griff unwillkürlich nach dem nächsten Gegenstand, um sich festzuhalten gegen den Orkan. Die wunderbaren Modulationen dieser Stimme würden allein, ohne sichtbare Gestalt, hingereicht haben, die Seele des Zuhörers mitzureißen durch alle Phasen der Empfindung, der Freude, des Schmerzes, der Liebe, des Hasses, der Verzweiflung, der Eifersucht, der Verachtung, des unbändigen Zornes, der wütenden Rachesucht.

Aber wer kann den Zauber der Geste beschreiben und das Spiel der Augen und der Gesichtszüge, mit denen die Rachel den Zuschauer überwältigte, so daß die gesprochenen Worte zuweilen fast überflüssig schienen? Das war nicht allein kein Umherschwenken der Arme, kein Durchsägen der Luft, keine der armseligen mechanischen Künste, von denen Hamlet spricht. Rachels Gestikulation war sparsam und einfach. Aber wenn diese schöne Hand mit ihren schlanken, fast durchsichtigen Fingern sich erhob oder senkte, so sprach sie, und jedem Zuschauer war diese Sprache eine Offenbarung. Breiteten diese Hände sich offen in erklärender Weise aus und verharrten einen Augenblick in dieser Stellung — einer Stellung die das Genie des Bildhauers sich nicht schöner hätte träumen können —, so eröffneten sie das vollste, befriedigendste Verständnis. Streckten diese Hände sich nach dem Freunde, dem Geliebten aus, und begleitete sie diese Bewegung mit einem Lächeln — dem Lächeln, das in ihrer Aktion selten war, aber wenn es kam, die Umgebung bestrahlte wie ein freundlicher Sonnenblick aus einem wolkigen Himmel —, so flog etwas wie ein glückliches Beben über das Haus. Wenn sie ihren edeln Kopf mit dem majestätischen Stolz der Autorität erhob, als beherrschte sie die Welt, so mußte jeder sich vor ihr beugen. Wer würde gewagt haben, den Gehorsam zu verweigern, wenn sie, mit königlicher Macht auf ihrer Stirn, die Hand erhob zum Zeichen des Befehls? Und wer hätte aufrecht vor ihr stehen können gegen den steinig stieren Blick der Verachtung in ihrem Auge, und gegen das höhnisch vorgestoßene Kinn, und den wegwerfenden Schwung ihres Armes, der den Elenden vor ihr in das Nichts zu schleudern schien?

Es war in der Darstellung der bösen Leidenschaften und der wildesten Empfindungen, daß sie ihre ungeheuersten Wirkungen erreichte. Nichts Furchtbareres kann die Phantasie sich ausmalen, als ihren Anblick in den größten Steigerungen des Ausdrucks. Wolken von unheimlich drohender Finsternis sammelten sich auf ihren Brauen. Ihre Augen, von Natur tief liegend, schienen hervor zu quellen und funkelten und blitzten mit wahrhaft höllischem Feuer. Ihr Gesicht verwandelte sich in ein Gorgonenhaupt, und man fühlte, als sähe man die Schlangen sich in ihren Haaren winden. Ihr Zeigefinger schoß hervor wie ein vergifteter Dolch auf den Gegenstand ihrer Verwünschung. Oder ihre Faust ballte sich, als wollte sie die Welt mit einem einzigen Schlage zerschmettern. Oder ihre Finger krallten sich, wie mörderische Tigerklauen, um das Opfer ihrer Wut zu zerreißen, — ein Anblick so grauenvoll, daß der Zuschauer, schaudernd vor Entsetzen, sein Blut erstarren fühlte und, nach Atem ringend, unwillkürlich stöhnte: „Gott steh uns bei!"

Dies alles mag wie eine wilde Übertreibung klingen, wie ein extravagantes Phantasiebild, geboren aus der erhitzten Einbildung eines von der Theatergöttin bezauberten jungen Menschen. Ich muß gestehen, daß ich zuerst meinen eigenen Empfindungen mißtrauen wollte. Ich habe daher, damals sowohl wie zu späteren Zeiten, Personen reifen Alters, welche die Rachel gesehen hatten, nach den Eindrücken gefragt, die sie empfangen, und ich habe gefunden, daß diese Eindrücke sich fast nie von den meinen wesentlich unterschieden. In der Tat, ich habe oft grauköpfige Männer und Frauen, Personen von künstlerischer Erfahrung, gebildetem Geschmack und ruhigem Urteil über die Rachel sprechen hören mit derselben unbeherrschbaren Begeisterung, die mich zurzeit überwältigt hatte.

Ich kann in Wahrheit sagen, daß in meiner Bewunderung der Rachel nichts war von der oft vorkommenden Schwärmerei eines romantischen Jünglings für eine Schauspielerin. Wenn jemand mir angeboten hätte, mich bei der Rachel persönlich einzuführen, so würde nichts mich bewogen haben, die Einladung anzunehmen. Die Rachel war mir ein Dämon, ein übermenschliches Wesen, eine geheimnisvolle Naturkraft, — nur kein Weib, mit dem man frühstücken, oder über alltägliche Dinge sprechen, oder im Park spazieren fahren könnte. Meine Bezauberung war von durchaus geistiger Art. Aber die Anziehungskraft ihres Genies war so stark, daß ich ihr nicht widerstehen konnte, und so ging ich denn ins Theater, um sie zu sehen, so oft der Zweck, zu dessen Erreichung ich in Berlin war, und der häufige nächtliche Besuche in Spandau erforderte, mir dazu Zeit ließ. Dabei vergaß ich allerdings nicht ganz die Gefahr, der die Theaterbesuche mich aussetzten. Ich nahm mir immer einen Sitz im Parterre möglichst nahe beim Ausgang. Bei offenem Vorhang durfte ich darauf rechnen, daß aller Augen auf die Szene geheftet blieben. In den Zwischenakten aber, wenn manche der Zuschauer sich umdrehten, um sich das Publikum anzusehen, hatte ich stets mein Opernglas vor den Augen, auf die Leute in den Logen gerichtet, und gelegentlich hielt ich mein Taschentuch vors Gesicht, als ob ich Zahnweh hätte. Und sobald nach dem letzten Akte der Vorhang fiel, eilte ich möglichst schnell hinaus, um das Gedränge zu vermeiden.

Aber eines Abends, als die Schlußszene mich noch mehr als gewöhnlich gefesselt hatte, war ich doch nicht schnell genug. Ich geriet unter die Menge der Hinausströmenden, und plötzlich wandte sich mir in diesem Gedränge ein Gesicht zu, dessen Anblick mich erschreckte. Es war das eines Menschen, der nach der Märzrevolution im Jahre 1848 in Bonn studiert und unserem demokratischen Verein angehört hatte, aber durch einige sonderbare Vorkommnisse unter den Verdacht gefallen war, der Polizei als Spion zu dienen. Ich hatte von seiner Anwesenheit in Berlin gehört, und auch dort wurde er als eine verdächtige Persönlichkeit gemieden. Nun befand ich mich in diesem Menschenknäuel ihm dicht gegenüber, und er blickte mir gerade in die Augen mit einem Ausdruck, als sei er überrascht, mir dort zu begegnen. Ich sah ihn fest an, als wunderte ich mich, von einem unbekannten Menschen so fixiert zu werden. So standen wir einige Augenblicke Angesicht zu Angesicht, ohne uns bewegen zu können. Dann lockerte sich das Gedränge, und ich machte mich eiligst davon. Das war mein letzter Rachelabend in Berlin.

Aber ich habe sie doch später wiedergesehen, im nächsten Jahre in Paris und noch später in Amerika. In der Tat, ich habe sie zu verschiedenen Zeiten in all ihren großen Rollen gesehen, in einigen davon mehrere Male, und der Eindruck war immer der gleiche, selbst auf ihrer amerikanischen Tour, als ihre Lungenkrankheit schon stark bemerklich war und es hieß, ihre Kräfte seien sehr auf der Neige. Ich habe oft versucht, mir über diese Eindrücke Rechenschaft zu geben, und mich zu diesem Ende gefragt: „Aber ist dies nun wirklich der Spiegel der Natur? Hat wirklich je ein Weib in solchen Tönen gesprochen? Haben solche Wesen, wie die Rachel uns vorführt, jemals wirklich gelebt?“ Nie konnte ich eine andere Antwort finden, als daß solche Fragen müßig und eitel seien. Wenn die Phädra, die Roxane je gelebt haben, so mußten sie so gewesen sein und nicht anders. Aber die Rachel stellte nicht nur individuelle Menschen dar; in ihren verschiedenen

Charakteren war sie die ideale Verkörperung des Glücks, der Freude, des Schmerzes, des Elends, der Liebe, der Eifersucht, des Hasses, des Zornes, der Rache; und alles dies in plastischer Vollendung, in höchster poetischer Gewalt, in gigantischer Wahrheit. Dies mag keine besonders klare oder genaue Definition sein, aber sie ist so klar und genau, wie ich sie geben kann. Man sah, man hörte, und man war überwunden, unterjocht, zauberhaft, unwiderstehlich. Die Schauer des Entzückens, der Angst, des Mitgefühls, des Entsetzens, mit denen die Rachel ihre Zuschauer übergoß, entzogen sich aller Analyse. Die Kritik tastete in hülfloser Verlegenheit umher, wenn sie unternahm, die Leistungen der Rachel zu klassifizieren, oder sie mit irgend einem herkömmlichen Maßstabe zu messen. Die Rachel stand ganz allein in ihrer Eigentümlichkeit. Der Versuch, sie mit irgend andern Schauspielern oder Schauspielerinnen zu vergleichen, schien sinnlos, denn die Verschiedenheit zwischen ihr und den andern war nicht eine bloße Verschiedenheit zwischen Graden der Vortrefflichkeit, sondern eine Verschiedenheit der Art, des Wesens. Einige Schauspielerinnen jener Periode mühten sich ab, die Rachel nachzuahmen; aber wer das Original gesehen, hatte nur ein Achselzucken für die Kopie. Es war der bloße Mechanismus ohne den göttlichen Hauch. Ich habe seither nur drei Künstlerinnen höheren Ranges gesehen, die Ristori, die Wolter und Sara Bernhardt, die dann und wann mit einer Geste oder einer besondern Intonation der Stimme an die Rachel erinnerten, aber nur in flüchtigen Momenten. Im ganzen war der Unterschied doch unverkennbar. Es war der Unterschied zwischen dem wahren Genie, das unwiderstehlich überwältigt, und vor dem wir uns unwillkürlich beugen, und dem großen Talent, das wir bloß bewundern. Die Rachel ist mir daher eine alles überschattende Erinnerung geblieben. Und wenn in späteren Jahren dann und wann in meinem Freundeskreise von großen Bühnenleistungen die Rede war und sich ein besonderer Enthusiasmus über eine lebende Theatergröße laut machte, so habe ich selten die Bemerkung zurückhalten können, — in der Tat, ich fürchte, ich habe sie oft genug bis zur Langweiligkeit wiederholt: „Alles recht schön, aber ihr hättet die Rachel sehen sollen!“

Wenige Tage nach meiner Begegnung mit dem Polizeispion traf mich ein wirkliches Unglück. Ich ging mit meinen Freunden Rhodes und Müller in ein öffentliches Badehaus. In der Zelle, in welcher ich mich nach dem Bade wieder ankleidete, glitt ich auf dem nassen Fußboden aus und verletzte durch den Fall meine linke Hüfte dergestalt, daß ich nicht aufzustehen vermochte. Ich wurde nun von meinen Freunden unter großen Schmerzen in eine Droschke gepackt und nach meinem Quartier in der Markgrafenstraße geschafft, wo zwei herbeigerufene junge Ärzte, von denen einer, Dr. Tendering, mein Universitätsgenosse in Bonn gewesen, zurzeit aber Kompagniechirurg in einem Infanterieregiment war, den Schaden untersuchten. Da ich sehr litt, so wurde ich, zum erstenmal in meinem Leben, unter Chloroform gesetzt. Ich erinnere mich noch sehr deutlich des Traumes, den das Chloroform hervorbrachte. Mir war, als säße ich auf einer rosafarbenen Wolke, die sich langsam mit mir von der Erde erhob, aber mein linker Fuß war an der Erde festgebunden und das Hinaufsegeln der Wolke verursachte eine etwas schmerzhafte Spannung. In der Tat waren die beiden Ärzte damit beschäftigt, mein linkes Bein zu ziehen und hin und her zu drehen. Sie fürchteten nämlich, ich hätte den linken Schenkelhals gebrochen. Aber ich litt nur, wie die Ärzte sich überzeugten, an einer sehr starken Quetschung, die mich längere Zeit ans Bett zu fesseln drohte. Da lag ich denn, unbeweglich und hülflos, während die Stadt von Polizeiagenten wimmelte, denen der Fang eines pfälzisch-badischen Freischärlers, der noch dazu wegen sonstiger politischer Untaten verfolgt und jetzt in sehr sträflichen Dingen engagiert war, ein besonderes Vergnügen gewesen sein würde. Mein Invalidentum dauerte über zwei Wochen. Sobald ich mich wieder hinauswagen konnte, ging ich mit verdoppeltem Eifer an die Aufgabe, von deren Lösung ich nun einen zusammenhängenden Bericht geben werde.

Neuntes Kapitel.

Sogleich nach meiner Ankunft in Berlin setzte ich mich mit mehreren Personen in Verbindung, die mir teils von Frau Kinkel, teils von demokratischen Gesinnungsgenossen als zuverlässig bezeichnet worden waren. Ich brachte einige Zeit damit zu, sie möglichst sorgfältig zu studieren, da ich den wahren Zweck meiner Anwesenheit in Berlin niemandem anvertrauen wollte, von dem ich nicht überzeugt sein durfte, daß er zur Erreichung dieses Zweckes wesentlich helfen werde. Nach dieser Umschau teilte ich nur einem mein Geheimnis mit, dem Doktor Falkenthal, einem Arzt, der in der Vorstadt Moabit wohnte, dort einen Junggesellenhaushalt führte, und der mir seinem Charakter und seinen Umständen nach am geeignetsten schien, an dem beabsichtigten Wagestück teilzunehmen. Auch hatte er schon mit Frau Kinkel in Briefwechsel gestanden. Falkenthal hatte eine ziemlich ausgedehnte Bekanntschaft in Spandau und brachte mich dort mit dem Gastwirt Krüger zusammen, für den er sich als einen durchaus vertrauenswerten und tatkräftigen Mann verbürgte. Herr Krüger nahm in Spandau eine sehr geachtete Stellung ein. Er hatte seiner Gemeinde mehrere Jahre als Ratsherr würdig gedient, führte das beste Gasthaus in der Stadt, war wegen seines ehrenhaften Charakters und seiner Leutseligkeit allgemein beliebt und auch in seinen Vermögensverhältnissen gut gestellt. Obgleich er viel älter war als ich, so entwickelte sich doch zwischen ihm und mir bald ein Gefühl wahrhafter Freundschaft. Ich fand in ihm nicht nur ein mir sehr sympathisches Wesen, sondern einen ungemein klaren Verstand, große Diskretion, festen Mut und eine edle, opferwillige Hingebung an Zwecke, die er für gut erkannte. Er bot mir sein Haus an zum Hauptquartier meines Unternehmens.

Ich zog es jedoch vor, nicht in Spandau zu wohnen, da die Anwesenheit eines Fremden in einer so kleinen Stadt nicht lange geheim bleiben konnte. Der Aufenthalt in dem großen Berlin schien mir weniger gefährlich, wenigstens während der voraussichtlich langwierigen Vorbereitungen zu dem Schlußakt. Um von Berlin nach Spandau und von da nach Berlin zurückzufahren, bediente ich mich nicht der Eisenbahn, da auf dem Berliner Bahnhofe die Paßkarte eines jeden Reisenden, selbst auf den Lokalzügen, visitiert wurde und mein auf Heribert Jüssen lautender rheinischer Paß, obgleich er äußerlich in bester Ordnung war, durch häufiges Wiedererscheinen zwischen Berlin und Spandau doch einem wachsamen Polizeibeamten hätte verdächtig werden können. Wenn ich also nach Spandau wollte, so passierte ich, gewöhnlich mit Einbruch der Nacht, das Brandenburger Tor zu Fuß und nahm mir dann in Moabit oder Charlottenburg ein Lohnfuhrwerk, aber jedesmal ein anderes.

Herr Krüger war über das innere Getriebe des Spandauer Zuchthauses wohl unterrichtet, und was er nicht wußte, das konnte er durch seine Bekanntschaft mit den Beamten der Anstalt leicht erfahren. Die erste zu erwägende Frage war, ob es möglich sein werde, Kinkel mit Gewalt zu befreien. Ich überzeugte mich bald, daß es eine solche Möglichkeit nicht gebe. Die bewaffnete Besatzung des Zuchthauses bestand zwar nur aus einer Handvoll Soldaten und den wachthabenden Gefängnisbeamten. Es wäre daher einer nicht gar großen Zahl entschlossener Leute möglich gewesen, das Zuchthaus mit gewalttätiger Hand zu stürmen, hätte es nicht inmitten einer starken, mit Soldaten gefüllten Festung gelegen, wo das erste Alarmsignal eine überwältigende Macht augenblicklich auf den Platz gebracht haben würde. Ein solches Beginnen war also hoffnungslos. Nun wußten wir von Fällen, in denen selbst noch schärfer bewachte Gefangene vermittelst Durchsägen von Gitterstäben und Durchbrechen von Mauern aus ihren

Kerkern entkommen und dann von helfenden Freunden in Sicherheit gebracht worden waren. Aber auch gegen einen solchen Plan erhoben sich große Bedenken, unter denen Kinkels Ungeübtheit in handlichen Verrichtungen nicht das geringste war. Auf alle Fälle schien es geraten, zuerst zu versuchen, ob nicht eine oder mehrere der Zuchthausbeamten zur Mithülfe gewonnen werden konnten.

Es wurden nun auf Krügers Rat und durch seine Vermittlung noch zwei ihm wohlbekannte junge Männer, die mit einigen der Zuchthausbeamten in freundlichem Verkehr standen, ins Vertrauen gezogen. Der eine hieß Poritz, der andere Leddihn, gesunde, kräftige, treuherzige Naturen, bei so gutem Werk, zu jedem Dienste willig. Mit ihnen wurde verabredet, daß sie mir denjenigen der Zuchthausbeamten vorführen sollten, von dem sie glaubten, daß er am leichtesten zugänglich sei. Dieser Teil des Geschäftes war mir sehr zuwider; aber was hätte ich nicht tun mögen, um den so schmählich mißhandelten Freund und Freiheitskämpfer aus den Banden tyrannischer Willkür zu retten? So brachten sie mir denn einen Gefangenenwärter, den ich Schmidt nennen will, nach einer Schenke, in der ich in einem kleinen Zimmer allein saß, und überließen es mir, mich mit ihm zu verständigen. Er war, wie fast alle seiner Kollegen, Unteroffizier in der Armee gewesen und hatte eine ziemlich zahlreiche Familie von einem sehr kleinen Gehalt zu ernähren. Poritz und Leddihn hatten sich bei ihm für meine Diskretion verbürgt, und er hörte ruhig an, was ich ihm zu sagen hatte. Ich stellte mich ihm als einen in Geschäften Reisenden vor, der mit der Familie Kinkel eng verbunden sei. Ich beschrieb ihm den Jammer der Frau und der Kinder um den Gatten und Vater, der bei der ärmlichen Lebensweise der Züchtlinge körperlich und geistig verelenden werde. Würde es nicht möglich sein, Kinkel zuweilen etwas kräftige Kost, ein Stück Fleisch, einen Schluck Wein zukommen zu lassen, um ihn wenigstens einigermaßen bei Kräften zu erhalten, bis des Königs Gnade sich seiner erbarme?

In der Tat, meinte Schmidt, es würde wohl ein gutes Werk

sein, — vielleicht nicht unmöglich, aber gefährlich. Er wolle zusehen, was sich tun lasse.

Dann schob ich Schmidt eine Zehntalernote in die Hand mit der Bitte, damit für Kinkel etwas Stärkendes zu kaufen, das er ihm ohne Gefahr zustellen könne. Ich müsse jetzt meiner Geschäfte wegen Spandau verlassen, werde aber in wenigen Tagen zurückkehren, um zu hören, was für einen Bericht er mir dann über den Zustand des Gefangenen geben könne. Meiner Dankbarkeit dürfe er gewiß sein.

So trennten wir uns. Nachdem drei Tage vergangen, fuhr ich abends wieder nach Spandau und sah Schmidt in derselben Weise wie früher. Er erzählte mir, es sei ihm gelungen, Kinkel eine Wurst und einen kleinen Laib Brot zuzustecken, und er habe den Gefangenen in guter Verfassung gefunden. Er sei auch bereit, in ähnlicher Art noch mehr zu tun. Natürlich wollte ich nicht, daß er sich selbst deshalb in Unkosten stürzen sollte, und gab ihm daher eine zweite Zehntalernote. Diese aber begleitete ich mit dem Wunsche, daß Schmidt einen kleinen Zettel von mir in Kinkels Hände liefern und diesen mit einem Worte von Kinkel mir zurückbringen sollte. Auch dies versprach Schmidt auszuführen. Ich schrieb also auf ein Stückchen Papier ein paar Worte ohne Unterschrift, etwa wie folgt: „Deine Freunde sind treu. Halte Dich aufrecht." Es war mir weniger darum zu tun, Kinkel von mir Nachricht zu geben, als mich davon zu überzeugen, ob Schmidt meinen Auftrag wirklich erfüllt habe, und ob ich mit ihm weitergehen könne.

Ich verließ also Spandau wieder und kehrte nach wenigen Tagen zurück. In derselben Weise wie früher stellte Schmidt sich ein und brachte mir auch meinen Zettel wieder, der ein Wort des Dankes in Kinkels Handschrift trug. Schmidt hatte also sein Versprechen gehalten, damit aber auch einen Schritt getan, der ihn schwer kompromittierte. Nun schien es mir an der Zeit, eingehender mit ihm zu reden. So sagte ich ihm denn, der Gedanke sei mir durch den Kopf gegangen, daß es ein sehr löbliches Werk sein werde, Kinkel gänzlich aus seiner entsetzlichen Lage zu befreien, und ehe ich nach dem Rheinlande zurückkehrte, hielte ich es für meine Pflicht, ihn, Schmidt, zu fragen, ob diese Befreiung mit seiner Hülfe nicht ins Werk gesetzt werden könne. Schmidt fuhr auf und fiel mir sogleich ins Wort. Das sei unmöglich, sagte er. Mit einem solchen Versuche dürfe und wolle er nichts zu tun haben.

Die bloße Andeutung hatte ihm offenbar einen Schrecken eingejagt, und ich erkannte deutlich, daß dies der Mann nicht sei, den ich brauchte. Jetzt galt es, ihn los zu werden und mich zugleich seines Schweigens zu versichern. Ich drückte mein Bedauern über seine Ablehnung aus und setzte hinzu, daß, wenn er, der mir als ein mitleidiger und zugleich mutiger Mann bezeichnet worden sei, den Versuch für hoffnungslos halte, ich seine Meinung annehmen und die Sache aufgeben müsse. Ich werde also ohne Verzug nach dem Rheinlande abreisen und nicht wieder zurückkehren. Dann erging ich mich in einigen dunklen Redensarten, die durchblicken ließen, daß es eine geheimnisvolle Macht gebe, die, wenn sie auch Kinkel nicht zu befreien vermöchte, doch denen furchtbar werden könnte, die an ihm zum Verräter würden. Es gelang mir wirklich, Schmidt so sehr in Angst zu setzen, daß er mich inständig bat, ihm nicht übel zu wollen. Ich versicherte ihm, daß, wenn er das Geschehene in Schweigen begraben wolle, er sich desselben von mir zu versehen habe. Er dürfe sogar auf meine weitere Erkenntlichkeit rechnen, wenn er auch nach meiner Abreise fortfahren wolle, Kinkel von Zeit zu Zeit mit kräftigenden Nahrungsmittel beizustehen. Dies versprach er mir mit großer Wärme. Dann händigte ich ihm noch eine Zehntalernote ein und sagte ihm für immer Lebewohl.

Der erste Versuch war also mißglückt. Ich lag dann einige Tage still, bis Krüger, Leddihn und Poritz, die mittlerweile das Zuchthauspersonal sorgfältig überwachten, mir ihre Überzeugung mitteilen konnten, daß Schmidt nicht geschwatzt habe. Darauf führten meine Spandauer Freunde mir einen zweiten Gefangenenwärter vor. Ich verfuhr mit ihm in derselben Weise wie mit dem ersten, und alles ging nach Wunsch, bis ich ihm die entscheidende Frage stellte, ob er willig sei, zu einem Befreiungsversuche die Hand zu bieten. Dazu zeigte der zweite nicht mehr

Mut als der erste, worauf ich auch für ihn verschwand. Ein dritter Mann wurde herangebracht, der aber schon nach dem ersten Schritt wankte und es zu der entscheidenden Frage gar nicht kommen ließ.

Nun schien es mir geraten, die Angelegenheit ruhen zu lassen, wenigstens bis wir ganz gewiß sein konnten, daß die drei beunruhigten Gemüter im Zuchthaus reinen Mund gehalten. Auch begann mein Aufenthalt in Berlin, wo unterdessen die bereits erzählten Dinge geschehen waren, mir unbehaglich zu werden. Die Zahl der Freunde, die um meine Anwesenheit in der Hauptstadt wußten, war etwas zu sehr angewachsen, und die Frage, was ich denn eigentlich dort vorhabe, begegnete mir zu häufig. Einer meiner Freunde erhielt nun den Auftrag, den andern für mich Lebewohl zu sagen. Ich reiste ab, um nicht wiederzukommen, — wohin, wußte niemand. In der Tat fuhr ich auf ein paar Wochen nach Hamburg. Dort traf ich meinen treuen Adolph Strodtmann, der mich sicher unterbrachte. Er setzte mich auch mit einigen gesinnungsverwandten Menschen in Verbindung, die in dem kleinen Freistaat einen vielseitig tätigen und nützlichen Gemeinsinn pflegten, und von denen ich lernen konnte, wie viel unter freien Staatseinrichtungen die bürgerliche Initiative zu leisten vermag. Aber die angenehme Gesellschaft konnte mich nicht lange halten. Vor Ende September kehrte ich zu meiner Arbeit zurück, schlug jedoch nicht in Berlin selbst, sondern in der Vorstadt Moabit bei Dr. Falkenthal mein Quartier auf.

In Spandau wurde mir berichtet, daß dort alles ruhig geblieben sei. Überhaupt war mein Geheimnis gut bewahrt worden. Meinen Freunden in Berlin war ich in unbekannte Fernen verschwunden. Nur einer davon, ein Student der Jurisprudenz, namens Dreyer, traf mich einmal zufällig in Moabit. Er ahnte, was mein Geschäft war, aber auf seine Diskretion konnte ich mich fest verlassen. Später haben viele Personen, die mir ganz fremd waren, erzählt, sie seien damals mit mir zusammengetroffen und in meinem Vertrauen gewesen, aber das war bloße Einbildung. Selbst Dr. Falkenthal und Krüger kannten zu jener Zeit meinen wahren Namen nicht. Ihnen war ich, wie mein Reisepaß besagte, Heribert Jüssen, und unter Dr. Falkenthals Nachbarn in Moabit, die mich zuweilen sahen, galt ich als ein junger Mediziner, der dem Doktor bei seinen Studien assistierte. Um diesen Glauben zu bestärken, trug ich eine kleine Tasche mit chirurgischen Werkzeugen, wie die Ärzte sie häufig bei sich führen, mit mir herum. Von Moabit machte ich meine nächtlichen Fahrten nach Spandau wie vorher.

Aber auch nach meiner Rückkehr von Hamburg wollte es mir nicht sogleich glücken, unter den Zuchthausbeamten den richtigen Mann zu finden. Ein vierter wurde mir vorgeführt, doch auch dieser wollte sich zu nichts mehr verstehen, als Kinkel einige Lebensmittel und etwa Briefe zuzuführen. Ich fing an, die Ausführbarkeit des bis dahin verfolgten Planes ernstlich zu bezweifeln, denn die Liste der Unterbeamten des Zuchthauses mußte nahezu erschöpft sein. Da fand ich plötzlich, was ich so lange vergeblich gesucht hatte. Meine Spandauer Freunde machten mich mit dem Gefangenenwärter Brune bekannt.

Im ersten Augenblick empfing ich von Brune einen Eindruck sehr verschieden von dem, den seine Kollegen mir gegeben hatten. Auch er war Unteroffizier gewesen; auch er hatte Frau und Kinder und ein spärliches Gehalt wie die andern. Aber in seinem Wesen war nichts von der unterwürfigen Demut der Subalternnatur. Als ich ihm von Kinkel sprach und von meinem Wunsche, daß sein Elend wenigstens durch kräftigere Nahrung etwas erleichtert werde, machte Brune nicht das kläglich verlegene Gesicht eines Menschen, der zwischen seinem Pflichtgefühl und einer Zehntalernote mit sich unterhandelt. Brune trat fest auf wie ein Mann, der sich dessen nicht schämt, was er zu tun willig ist. Er sprach frei davon, ohne auf meine schrittweise vorgehenden Andeutungen zu warten. „Gewiß will ich dem Mann helfen, so viel ich kann", sagte er. „Es ist eine Gottesschande, daß ein so gelehrter und tüchtiger Herr unter gemeinen Hallunken im Zuchthause sitzt. Ich würde ihm selbst heraushelfen, wenn ich nicht für Frau und Kinder zu sorgen hätte." Seine Entrüstung über die Behandlung, die Kinkel erfahren, schien so ehrlich, und die ganze Art des Mannes drückte so viel Mut und Entschlossenheit aus, daß ich dachte, auch ohne die gewöhnlichen Umwege mit ihm zum Ziele zu kommen. So sagte ich ihm denn ohne weiteres, daß, wenn der Lebensunterhalt seiner Familie sein größtes Bedenken sei, ich wohl imstande sein werde, dafür zu sorgen. Wenn dies geschähe, würde er dann, fragte ich, bereit sein, zur Befreiung Kinkels hülfreiche Hand leisten? „Wenn es gemacht werden kann", antwortete er. „Aber Sie sehen ein, es ist eine schwierige und gefährliche Sache. Ich will mir's überlegen, ob und wie es gelingen kann. Geben Sie mir drei Tage Bedenkzeit."

„Gut", sagte ich. „Überlegen Sie sich's."

„Nach ihrer Sprache sind Sie ein Westfale", setzte ich hinzu.

„Ja, bei Soest zu Hause."

„Dann sind wir ja nicht entfernte Nachbarn. Ich bin ein Rheinländer. In drei Tagen also, Landsmann."

Das waren lange drei Tage, die ich in Dr. Falkenthals Quartier zubrachte. Ich beschwichtigte meine Ungeduld damit, daß ich Dumas' „Drei Musketiere" und einen großen Teil von Lamartines „Geschichte der Girondisten" las. Aber das Buch sank mir nicht selten in den Schoß und meine Gedanken schweiften abseits.

Am Abend des dritten Tages fuhr ich wieder nach Spandau, und es fiel mir eine schwere Last vom Herzen, als ich Brunes erstes Wort hörte. „Ich habe mir's überlegt", sagte er. „Ich glaube, es wird gehen."

Ich hätte ihm um den Hals fallen mögen. Brune setzte mir nun auseinander, wie in einer Nacht, wenn er die Wache in den oberen und ein gewisser anderer Beamter die Wache in den unteren Räumen des Zuchthauses habe, er sich die nötigen Schlüssel verschaffen und Kinkel an das Tor des Gebäudes bringen wolle. Der Plan, den er mir darlegte, und auf dessen Einzelheiten ich zurückkommen werde, schien ausführbar. „Aber", setzte Brune hinzu, „es wird noch einige Zeit dauern, bis alles in rechter Ordnung ist. In der Nacht vom 5. auf den 6. November sind die Nachtwachen, wie sie sein sollen."

„Gut", antwortete ich. „Auch ich brauche noch einige Zeit für nötige Einrichtungen."

Dann eröffnete ich Brune, was ich für seine Familie zu tun imstande sei. Es stand mir eine Summe Geldes zur Verfügung, die teils von deutschen Parteigenossen, teils von persönlichen Freunden oder Bewunderern Kinkels, darunter die russische Baronin Brüning, von der noch mehr die Rede sein wird, zusammengesteuert worden war. Diese Summe erlaubte mir, Brune einen anständigen Vorschlag in bezug auf die Versorgung seiner Familie zu machen. Brune war damit zufrieden. Die Frage, ob es nicht am besten sein werde, ihn mit den Seinigen nach Amerika zu befördern, verneinte er sofort, — sei es, daß er hoffte, als Helfer bei dem Unternehmen unentdeckt zu bleiben, oder daß er vorzog, im Falle der Entdeckung seine Strafe zu erdulden und seine Familie im Vaterlande zu behalten.

Wir waren also einig. Nun ging es an die unmittelbaren Vorbereitungen. Frau Kinkel hatte mich angewiesen, die zur Verfügung stehende Summe in Berlin bei einer ihr befreundeten Dame, einer Verwandten des berühmten Felix Mendelssohn Bartholdy, persönlich abzuholen. Es war gegen Abend, als ich an dem mir bezeichneten Hause ankam. Ich wurde von einem feierlichen Diener, dem ich meinen Namen, Heribert Jüssen, gab, in einen großen Salon gewiesen, in welchem alles, Möbel, Bilder, Bücher, musikalische Instrumente, ein elegantes Behagen atmete. Ich hatte eine Weile zu warten, und der Kontrast zwischen meinem wilden Geschäft und dieser Umgebung wurde mir recht fühlbar. Endlich trat eine in Schwarz gekleidete Dame ein, deren Züge ich im Dämmerlicht eben unterscheiden konnte. Sie war nicht mehr jung und auch nicht gerade schön, aber ihre Erscheinung strahlte Anmut aus. In ihrer Hand trug sie eine große Brieftasche.

„Sie bringen mir Grüße von einer Freundin aus dem Rheinland?" sagte sie fragend mit einer wohltuenden Altstimme.

„Herzliche Grüße", antwortete ich. „Und diese Freundin schickt mich, um Sie um ein Paket mit wertvollen Papieren zu bitten, das sie zu gütiger Aufbewahrung in Ihre Hand niedergelegt hat."

„Ich wußte, daß Sie um diese Zeit kommen würden", entgegnete die Dame. „In dieser Brieftasche finden Sie alles. Ich kenne Ihre Pläne nicht, aber sie müssen gut sein. Sie haben meine aufrichtigsten Wünsche. Gott schütze und segne Sie."

Damit reichte sie mir ihre vornehme, schlanke Hand mit warmem Druck, und ich fühlte, nachdem ich sie verlassen, als wäre ihr Segen schon zur Wirklichkeit geworden.

Das Geld war mir eine schwere Sorge. Niemals hatte ich für fremdes Eigentum eine solche Verantwortlichkeit getragen. Um diese kostbare Summe keinem Zufalle auszusetzen, führte ich sie in einer Brusttasche, die ich sorgfältig zunähte, beständig mit mir herum.

Die schwierigste Aufgabe, die ich vor der entscheidenden Stunde noch zu lösen hatte, bestand darin, für Transportmittel nach einem sicheren Zufluchtsort zu sorgen. Wohin sollten wir uns wenden, nachdem die Befreiung des Gefangenen gelungen sein würde? Die Grenzen der Schweiz, Belgiens und Frankreichs waren zu weit entfernt. Die lange Landreise konnten wir nicht wagen. Es blieb also nichts übrig, als irgendwo die Seeküste zu gewinnen und dann zu Schiff nach England zu fliehen. Nach kurzer Überlegung kam ich zu dem Schluß, daß die Regierung Anstalt treffen werde, in den Häfen von Bremen und Hamburg jedes abgehende Fahrzeug mit Argusaugen zu bewachen. Es schien mir daher geboten, einen anderen Hafenplatz zu wählen, und so wendete ich mich nach Mecklenburg. In Rostock hatten wir in dem hervorragenden Advokaten und Präsidenten des Abgeordnetenhauses Moritz Wiggers, den ich auf dem Demokratenkongreß in Braunschweig persönlich hatte kennen lernen, einen einflußreichen und treuen Freund. Auch war Rostock zu Wagen am schnellsten zu erreichen — denn den Eisenbahnen durften wir uns nicht anvertrauen — und die Reise dahin bot noch den Vorteil, daß, wenn wir Spandau um Mitternacht verließen, wir hoffen durften, vor Tagesanbruch die mecklenburgische Grenze zu erreichen und so der unmittelbarsten Verfolgung durch preußische Polizei zu entgehen. Auch hatte ich auf meiner Liste zuverlässiger Personen eine ansehnliche Zahl von Mecklenburgern, an die ich mich um Hülfe wenden konnte.

Nun unternahm ich es, die Route, die ich zu nehmen gedachte, entlang zu reisen und mit den Gesinnungsgenossen, die ich auf ihr, oder rechts und links davon, finden würde, für die entscheidende Nacht und den darauf folgenden Tag Verabredungen für Relais von Pferden und Wagen zu treffen. Natürlich durften das nur Privatfuhrwerke sein, womöglich von den Eigentümern selbst kutschiert. Bis dahin war es gelungen, mein Geheimnis auf einen sehr kleinen Kreis zu beschränken. Nun aber wurde es nötig, eine größere Zahl von Personen ins Einverständnis zu ziehen, und damit wuchs die Gefahr. Was ich am meisten fürchtete, war nicht böswilliger Verrat, sondern übergroßer und indiskreter Eifer. Überall kam man mir mit biederer Herzlichkeit entgegen, und diese Herzlichkeit beschränkte sich nicht auf die politischen Glaubensbrüder. Davon hatte ich ein merkwürdig überraschendes Beispiel. Im Innern von Mecklenburg wurde mir ein Mann von hervorragender Stellung, dessen Name jedoch nicht auf meiner Liste stand, als besonders vertrauenswert und hülfsbereit von meinen demokratischen Freunden bezeichnet. Ich besuchte ihn und wurde sehr freundlich empfangen. Auch sagte er mir bei der Aufstellung der Relais seine Mitwirkung ohne Umstände zu. Dann kamen wir auf Politik zu sprechen und zu meinem größten Erstaunen erklärte mir mein neuer Freund, daß er unsere demokratischen Ideen für gutgemeinte, aber eitle Phantastereien halte. Mit großem Behagen setzte er mir auseinander, wie seiner Meinung nach die menschliche Gesellschaft am schönsten aussehe und auch am glücklichsten fahren werde, wenn sie recht bunt sei in ihrer Ständegliederung mit Fürsten, Rittern, Kaufleuten, Handwerkszünften, Bauern, Geistlichen und Laien, mit verschiedenen Rechten und Pflichten. Sogar die Klöster hätte er erhalten mögen mit ihren Äbten und Äbtissinnen, Mönchen und Nonnen. Kurz, von allen Phasen der menschlichen Zivilisation schien ihm die des Mittelalters als die erquicklichste. „Sie sehen", setzte er gemütlich hinzu, „ich bin so was man einen Vollblutreaktionär nennt, und an euere Freiheit und Gleichheit glaube ich nicht. Aber daß man den Kinkel, einen Dichter und Gelehrten, wegen seiner idealistischen Hirngespinste ins Zuchthaus gesteckt hat, das ist ein empörender Skandal, und, obgleich ein gut konservativer Mecklenburger, bin ich jederzeit bereit, ihm fortzuhelfen." So schieden wir denn voneinander im besten Einverständnis. Aber so ganz geheuer war mir doch nicht dabei, und ich sprach nachher mit meinen demokratischen Freunden in Mecklenburg von den sonderbaren Reden dieses Mannes und meiner Besorgnis. „Darüber können Sie sich beruhigen", war die Antwort. „Er ist allerdings ein kurioser Heiliger und schwätzt wunderliches Zeug. Aber wenn es eine gute Tat zu tun gibt, so ist er treu wie Gold." Und so bewies er sich auch.

Nach einer Rundreise von einigen Tagen waren meine Relais angeordnet und ich durfte hoffen, daß eine Fahrt von weniger als dreißig Stunden uns nach Rostock bringen würde. Dort konnten wir uns dann unseren Freunden anvertrauen, bis eine sichere Fahrgelegenheit zur See bereit sein würde. Um uns von Spandau bis zum ersten Relais zu bringen, wandte Krüger sich an einen in der Nähe wohnenden Gutsbesitzer namens Hensel, der besonders schnelle Pferde besaß und sie uns mit seinem Wagen und sich selbst als Kutscher gern zur Verfügung stellte.

Am 4. November nahm ich von Dr. Falkenthal Abschied. Er war mit meinem Plane im allgemeinen bekannt, aber ich hatte es nicht nötig gefunden, ihm alle Einzelheiten mitzuteilen. So wußte er nicht genau, in welcher Nacht der Befreiungsversuch gemacht werden sollte, und er war auch diskret genug, nicht mit Fragen in mich zu dringen. Aber beim Lebewohl schenkte er mir ein paar Pistolen, die mir dienen sollten, wenn ich ins Gedränge käme. Nachdem ich am Abend des 4. November in Spandau angelangt war, hatte ich noch eine Unterredung mit Brune, in welcher wir alle Details unseres Planes wiederum durchsprachen, um uns zu vergewissern, daß nichts vernachlässigt worden sei. Alles, so schien es, war in Ordnung.

„Nun noch eine Sache, von der ich nicht gern spreche", sagte Brune, als wir mit dem Hauptgeschäft zu Ende gekommen waren.

Ich horchte auf. „Was ist es?"

„Ich vertraue Ihnen durchaus", fuhr Brune fort. „Was Sie versprochen haben, für meine Familie zu tun, das werden Sie redlich tun, wenn Sie können."

„Freilich kann ich. Ich habe die Mittel in meinem Besitz."

„Das meine ich nicht", warf Brune ein. „Wenn alles gut geht morgen nacht, dann bin ich des Geldes so sicher, als wenn ich es jetzt schon in meiner Tasche hätte. Das weiß ich. Aber es mag auch morgen nacht nicht alles gut gehn. Die Sache ist gefährlich. Der Zufall kann sein Spiel haben. Ihnen kann etwas Menschliches passieren und mir auch, uns Beiden. Und was wird dann aus meiner Frau und meinen Kindern?"

Er schwieg, und ich einen Augenblick auch. „Nun, was wollen Sie weiter sagen?" fragte ich dann. „Wenn Sie sich die Sache richtig bedenken", antwortete Brune langsam, „so werden Sie selbst einsehen, daß das Geld in den Händen meiner Familie sein muß, ehe ich meinen Kopf wage." „Sie meinen selbst, daß ich mir die Sache bedenken soll", sagte ich nach einigem Zaudern. „Ich will mir also überlegen, wie es zu machen ist und Ihnen sobald wie möglich Bescheid geben. Wollen Sie unterdessen alles der Abrede nach fertig machen?"

„Verlassen Sie sich drauf."

Damit sagten wir uns gute Nacht.

Die Stunde, die ich dann in der Einsamkeit meines Zimmers im Krügerschen Gasthause mit mir selbst zu Rate gehend zubrachte, werde ich nie vergessen.

Das Geld, eine nach meinen Begriffen sehr große Summe, war mir für einen bestimmten Zweck anvertraut worden. Ging es verloren, ohne daß dieser Zweck erfüllt wurde, so war es um Kinkel geschehen, denn eine solche Summe ließ sich schwerlich zum zweitenmal für ihn aufbringen. Meine persönliche Ehre war auch verloren, denn ich hatte dann den Verdacht der Unredlichkeit auf mir, — oder im besten Falle den Vorwurf sträflichen Leichtsinns. Und war es nicht wirklich sträflicher Leichtsinn, einem mir unbekannten Menschen, auf ein bloßes Versprechen hin, ohne weitere Garantie, das mir anvertraute Geld auszuliefern? Was wußte ich von Brune? Nichts, als daß sein Gesicht und seine äußere Haltung auf mich einen günstigen Eindruck gemacht hatten, und daß er bei seinen Bekannten in gutem Rufe stand. Und diese Bekannten hatten mir gesagt, sie würden mir Brune zu allererst zugeführt haben, hätten sie nicht gedacht, daß ein Mann wie Brune sich schwerlich auf mein Ansinnen einlassen würde. Freilich hatten sie hinzugesetzt, daß, wenn er das täte, man sich auf ihn am zuversichtlichsten würde verlassen können. Aber war nicht für einen Menschen in seiner Stellung die Gelegenheit, sich eine solche Summe Geldes anzueignen und dann seine Amtstreue durch meine Auslieferung an die Behörden zu beweisen, im höchsten Grade verführerisch? Und würde nicht derjenige, der einen solchen Verrat im Sinne führte, genau so handeln wie Brune? Würde er nicht durch die bestimmtesten Versprechen und scheinbare Vorbereitung mich auf den Gipfel der Hoffnung geführt haben, um mir unter irgend einem schlauen Vorwande das Geld abzulocken und mich dann um so leichter zu verderben?

Auf der andern Seite — konnte Brune denn eigentlich anders handeln, auch wenn er es ehrlich meinte? Konnte er seine Frau und seine Kinder der Laune des Zufalls preisgeben? Mußte er nicht, um die Seinigen sicherzustellen, das Geld im voraus verlangen? Würde ich nicht in seiner Lage gerade so handeln wie er?

Ferner, sah Brune aus wie ein Verräter? Konnte ein Verräter mir so in die Augen blicken und so zu mir sprechen, wie Brune? War sein gerades, offenes, biederes, ja stolzes Wesen das eines Menschen, der einen andern in einen Hinterhalt lockt, um ihn zu berauben? Unmöglich.

Und schließlich, wie konnte ich hoffen, zu gewinnen, wenn ich nicht wagen wollte? Sollte ich die Befreiung meines Freundes aufgeben, weil ich Brune eine Forderung zu bewilligen zauderte, die jeder andere unter denselben Umständen an mich stellen würde?

Es war klar, wollte ich Kinkel seinem furchtbaren Schicksal entreißen, so mußte ich auch meine Ehre aufs Spiel setzen.

Der Gedanke, das Geld für Brune in dritter Hand zu hinterlegen, war mir natürlich auch gekommen, aber ich verwarf ihn, teils, weil das zu neuen Verwicklungen hätte führen können, teils auch, weil ich, wenn nun einmal gewagt werden mußte, in einer Weise zu wagen vorzog, die von Brune als ein Beweis meines Vertrauens in seine Ehrlichkeit genommen werden mußte.

Ich erinnere mich, daß der Krieg in Schleswig-Holstein, damals auf deutscher Seite nur von der schleswig-holsteinischen Armee geführt, noch im Gange war. In diese Armee, dachte ich, könnte ich unter irgend einem Namen als Freiwilliger eintreten und auf dem Schlachtfelde mein Schicksal suchen, wenn mein Unternehmen in Spandau fehlschlüge und das Geld verloren ginge, ich persönlich aber davonkäme. Meine Freunde würden dann wenigstens an meine Ehrlichkeit glauben. Dies war der Gang meiner Überlegung, die mich zu dem Entschlusse führte, Brune das Geld vor der Erfüllung seines Versprechens in die Hand zu geben. Ich war eben mit mir selbst darüber einig geworden, als Herr Krüger anklopfte und sagte, Poritz und Leddihn seien unten; ob ich noch etwas zu bestellen hätte. „Ja", antwortete ich, „ich möchte sie bitten, mir Brune in einer Viertelstunde noch einmal auf den Heinrichsplatz zu bringen."

In einer Viertelstunde fand ich Brune dort mit meinen Freunden. Ich nahm ihn abseits.

„Herr Brune", sagte ich, „ich wollte Sie nicht mit einem Zweifel zu Bett gehen lassen. Wir sprachen von dem Geld. Das Geld ist mir anvertrautes Gut. Meine Ehre hängt daran. Ich vertraue Ihnen ganz, Geld, Ehre, Freiheit, alles. Sie sind ein braver Mann. Ich wollte Ihnen heute nacht noch sagen, daß ich Ihnen morgen abend um fünf Uhr das Geld in Ihre Wohnung bringen werde."

Brune schwieg einen Augenblick. Endlich atmete er auf und sagte: „Ich hätt's auch wirklich ohne das getan. Morgen um Mitternacht ist Ihr Freund Kinkel ein freier Mann."

Ich schlief die Nacht in Spandau und brachte den größten Teil des folgenden Tages damit zu, daß ich mit Krüger, Leddihn und Poritz jede mögliche Chance des Unternehmens durchsprach, um für alle bis dahin noch nicht vorgesehenen Fälle Vorsorge zu treffen. Endlich brach die Dunkelheit ein. Ich packte das Geld für Brune wohlgezählt in eine kleine Zigarrenkiste und ging nach seiner Wohnung. Ich fand ihn in seiner ärmlichen, aber sauberen Stube allein, händigte ihm die Zigarrenkiste ein und sagte: „Hier ist es; zählen Sie es."

„Da kennen Sie mich schlecht", antwortete er. „Wenn's bei uns nicht aufs Wort ginge, hätten wir nichts miteinander anfangen sollen. Was von Ihnen kommt, zähle ich nicht nach."

„Ist irgend etwas an unserm Plane zu ändern?"

„Nichts."

„Auf Wiedersehen also heute nacht!"

„Auf Wiedersehen und gut Glück!"

In der Tat hatten wir guten Grund, das Gelingen unseres Planes mit Zuversicht zu erwarten, wenn uns nur der Zufall keinen Strich durch die Rechnung machte. Das Zuchthaus lag in der Mitte der Stadt — ein großes, kasernenartiges Gebäude, dessen kahle Wände von einem Tor und einer Menge enger Fensterluken durchbrochen waren —, auf allen vier Seiten von Straßen umgeben. Nach der Hauptstraße zu befand sich das Tor, durch das man zunächst in einen großen Torweg trat. Innerhalb des Torwegs gab es auf der rechten Seite eine Tür, die in die Amtswohnung des Gefängnisdirektors, und auf der linken eine andere, die in die Soldatenwachtstube führte. Am Ende des Torwegs öffnete sich eine dritte Tür auf einen innern Hof. Eine steinerne Treppe, die in den Torweg mündete, verband das Erdgeschoß mit den oberen Stockwerken. Auf dem zweiten Stockwerke über dem Erdgeschoß lag Kinkels Zelle. Sie hatte ein Fenster nach der Rückseite des Gebäudes. Dieses Fenster war durch einen Blechkasten verwahrt, der, an der unteren Seite fest an die Mauer geschlossen, sich nach oben schief öffnete, so daß das Tageslicht von oben einfiel und von der Zelle aus nur ein kleines, quadratisch abgegrenztes Stückchen Firmament, von der irdischen Umgebung aber gar nichts sichtbar war. Außerdem hatte das Fenster starke Eisenstäbe, ein enges Drahtgitter und einen hölzernen Laden, der nachts verschlossen wurde, — kurz, all die Vorkehrungen, die gewöhnlich angewandt werden, um einen Gefangenen von aller Verbindung mit der Außenwelt abzuschließen. Außerdem war die Zelle durch ein starkes vom Fußboden bis zur Decke reichendes Lattengitter mit ebenso starken Querriegeln in zwei Abteilungen geschieden. In der einen stand Kinkels Bett; in der andern hatte er während des Tages seine Arbeit zu verrichten. Die beiden Abteilungen waren durch eine Tür im Lattengitter verbunden, die abends verschlossen wurde. Der Eingang der Zelle von dem Treppenflur aus war mit zwei schweren, mit mehreren Schlössern versehenen Türen verwahrt. Auf der Straße, nach welcher Kinkels Zelle hinaus sah, stand Tag und Nacht eine Schildwache. Ein anderer Posten bewachte während des Tages das Tor des Gebäudes an der Hauptstraße, wurde aber des Nachts auf den inneren Hof versetzt — eine Einrichtung, die uns in der Folge sehr wichtig wurde. Die Zelle, Türen, Schlösser und Gitter wurden mehrmals während der vierundzwanzig Stunden von wachthabenden Beamten revidiert.

Die Schlüssel zu Kinkels Zelle, sowie zu der Tür des Lattengitters in deren Innern wurden des Nachts, nachdem Kinkel in der innern Abteilung eingeschlossen worden, in einem Spinde verwahrt, das sich in der Stube der Inspektoren des Zuchthauses, der sogenannten Revierstube, befand. Da Brune des Nachts zur Revierstube nicht Zutritt hatte und der Schlüssel dazu einem andern, höhern Beamten anvertraut war, so verschaffte er sich von diesem Schlüssel, der während des Tages im Schlosse stak, gelegentlich einen Wachsabdruck, nach welchem meine Spandauer Freunde ein Duplikat anfertigten, das sie Brune zustellten, um ihm den nächtlichen Eintritt in die Revierstube zu ermöglichen. Der Schlüssel zu dem Spinde, das Kinkels Zellenschlüssel verwahrte, wurde, wie Brune wußte, des Abends immer auf das Spinde selbst gelegt, so daß er ohne Schwierigkeit sich der Zellenschlüssel bemächtigen konnte. So glaubte sich also Brune in den Stand gesetzt, Kinkel aus seiner Zelle herauszubringen. Nun war verabredet, daß Brune, der in der Nacht vom 5. auf den 6. November auf Kinkels Korridor die Wache hatte, Kinkel, nachdem er ihn aus der Zelle geholt, die Treppe herunter über den Korridor des ersten Stockwerks und dann weiter herunter in den Torweg führen sollte. Auf dem ersten Stockwerk hatte in jener Nacht der Gefangenenwärter Beyer die Aufsicht. Brune nahm es auf sich, Kinkel ungefährdet an Beyer vorüber zu bringen. Ob er diesen auch ins Interesse ziehen, oder in irgend einer Weise zur Zeit anderwärtig beschäftigen und so seine Aufmerksamkeit ablenken wollte, sagte Brune mir nicht. Er versicherte mir nur, ich könne mich darauf verlassen, daß es damit keine Schwierigkeit haben werde. Sobald nun Kinkel in den Torweg herunter geführt war, sollte ich ihn dort in Empfang nehmen. In einem der Flügel des großen Tors, das sich nach der Hauptstraße öffnete, befand sich ein kleines Pförtchen zum Zweck der Erleichterung des Personenverkehrs. Von dem Schlüssel zu diesem Pförtchen hatten wir uns ebenfalls einen Wachsabdruck verschafft und danach einen Nachschlüssel angefertigt. Meine Aufgabe war es nun, kurz nach Mitternacht, nachdem der Nachtwächter — denn in Spandau gab es damals noch Nachtwächter mit Schnarre und Spieß — auf der Straße vorbeipassiert sein würde, das Pförtchen von der Straße aus zu öffnen, mich in das Innere des Torwegs zu begeben, dort Brune und Kinkel zu erwarten, Kinkel eine Hülle umzuwerfen, ihn durch das Pförtchen ins Freie zu führen und mit ihm nach Krügers Gasthaus zu eilen, wo er die für ihn bereitgehaltenen Kleider anlegen und dann mit mir in Hensels zur Flucht fertig stehenden Wagen steigen sollte.

Ich hatte Kinkel schon vor einiger Zeit durch Brune mit kräftigenden Speisen versehen lassen, um ihn in gutem körperlichen Zustande zu halten. Aber, um lange Aufregung zu vermeiden, wurde ihm erst am Abend des 5. November durch Brune eröffnet, daß etwas für ihn unmittelbar im Werke sei; er solle um die gewöhnliche Zeit zu Bett gehen, doch kurz vor Mitternacht wieder aufstehen, sich ankleiden und bereit sein, seinen Kerker zu verlassen.

An demselben Tage hatten Leddihn nnd Poritz ein paar handfeste Freunde ins Vertrauen gezogen, um mit ihnen während der Nacht die nächsten Straßenecken zu besetzen, und sie im Falle der Not zur Hülfe zu haben.

Um Mitternacht waren meine Leute auf ihren Posten, und nachdem der Nachtwächter die Straße hinunter passiert war, näherte ich mich dem Tor des Zuchthauses. Ich hatte Gummischuhe über die Stiefel gezogen, um meinen Schritt unhörbar zu machen. Ein zweites Paar Gummischuhe für Kinkel führte ich bei mir. Im Gürtel unter dem Rock trug ich die Pistolen, die Falkenthal mir gegeben hatte. In einer Tasche hatte ich ein scharfes Jagdmesser, und in einer andern einen fußlangen Lederstock mit schwerem Bleiknopf, einen sogenannten Totschläger, um Kinkel für den Fall der Not damit zu bewaffnen. Um die Schultern hatte ich einen weiten Mantel mit Ärmeln geworfen, der Kinkel als erste Verhüllung dienen sollte. So ausgerüstet öffnete ich leise das Pförtchen und trat in den Torweg des Gefängnisses. Das Pförtchen ließ ich angelehnt und den Schlüssel draußen im Schloß stecken. Der Torweg war durch eine von der Decke herabhängende Laterne matt erhellt. Rechts sah ich die Tür, die in das Quartier des Zuchthausdirektors Jeserich führte; links die Tür der Wachtstube. Es war mein Geschäft, das Öffnen dieser Türen von innen zu verhindern, indem ich mit einer starken Schnur die äußeren Türklinken an die Schellenzüge festband. Nichts regte sich. Mein Blick war auf das gegenüberliegende Ende des Torwegs geheftet, wo Brune mit Kinkel erscheinen sollte.

So wartete ich. Eine Minute nach der andern verging — alles blieb totenstill. Ich mochte bereits eine Viertelstunde gewartet haben — noch immer regte sich nichts. Was bedeutete das? Aller Berechnung nach hätten sie längst herunter sein können. Meine Lage fing an mir sehr bedenklich zu scheinen. War Brune doch untreu? Ich zog eine meiner Pistolen aus dem Gürtel und hielt sie schußfertig in der linken Hand, mein Jagdmesser in der rechten. Doch nahm ich mir vor, auf meinem Posten zu bleiben, bis ich mir sagen könnte, die letzte Chance des Gelingens sei vorüber. Es mochte schon eine halbe Stunde vergangen sein, und noch alles still wie das Grab. Plötzlich hörte ich eine leise Bewegung, und an dem andern Ende des Torwegs sah ich eine dunkle Gestalt erscheinen, als wäre sie, wie ein Gespenst, aus der Mauer herausgetreten. Meine Hände schlossen sich fester um meine Waffen. Im nächsten Augenblick erkannte ich im matten Licht Brune. Da war er endlich, aber allein. Er legte den Finger auf den Mund und näherte sich mir. Ich erwartete ihn, auf alles gefaßt.

„Ich bin unglücklich", flüsterte er kaum hörbar mir zu. „Ich habe alles versucht. Es ist mißlungen. Die Schlüssel waren nicht in dem Spinde. Kommen Sie morgen zu mir und holen das Geld wieder."

Ich antwortete nichts, sondern löste schnell die Schnüre an den Türklinken und trat dann durch das Pförtchen zurück, schloß es ab und steckte den Schlüssel in die Tasche. Kaum war ich auf der Straße, als Leddihn und Poritz zu mir eilten. Mit wenigen Worten erzählte ich ihnen im Davongehen was geschehen war. „Wir fürchteten schon, es wäre Ihnen etwas passiert", sagte Leddihn. „Sie blieben so lange drinnen, daß wir auf dem Punkte waren, Ihnen nachzukommen um Sie herauszuholen."

Bald hatten wir Krügers Gasthaus erreicht, wo Hensel mit seinem Wagen bereit stand, Kinkel und mich hinweg zu führen. Die Enttäuschung, die meinem Bericht folgte, war entsetzlich.

„Aber es gibt diese Nacht noch etwas zu tun", sagte ich. „Meine Relais stehen auf der Landstraße bis tief nach Mecklenburg hinein. Die müssen wir abbestellen."

Ich stieg in den Wagen, eine offene Kalesche mit Kappe über dem Hintersitz Hensel ergriff die Zügel, und so rollten wir davon. Es war eine traurige Reise. Wir mochten etwas über drei Stunden in der finsteren Novembernacht gefahren sein, als wir auf dem Kutscherbock eines Fuhrwerks, das uns entgegen kam, Funken sprühen sahen. Ich hatte Stahl und Stein bei der Hand und schlug ebenfalls Funken. Dies war das Erkennungssignal, das ich mit den Mecklenburger Freunden verabredet hatte. Der uns entgegenkommende Wagen hielt an, der unsrige auch.

„Ist das der Richtige?" fragte eine Stimme von drüben. — Dies war die verabredete Frage.

„Es ist der Richtige", antwortete ich. „Aber die Sache ist mißlungen. Bitte, fahren Sie zurück und sagen es dem nächsten Relais, und ersuchen Sie unsern Freund da, die Nachricht so weiter zu bringen. Aber um Gotteswillen, im übrigen tiefes Stillschweigen, sonst ist alles verloren." „Versteht sich. Aber das ist eine verfluchte Geschichte. Wie ging denn das zu, daß es mißlungen ist?"

„Ein andermal, und gute Nacht!"

Die beiden Wagen drehten um. Wir fuhren wieder auf Spandau zu, aber recht langsam, fast wie ein Leichenzug. Beide saßen wir schweigend und hingen unsern Gedanken nach. Ich machte mir schwere, quälende Vorwürfe. Hätte nicht dem unglücklichen Zufall, der unsern Plan durchkreuzt, leicht vorgebeugt werden können? Hätten wir nicht ebensogut wie von dem Schlüssel zum Tor und zu der Revierstube, uns auch von den Zellenschlüsseln Duplikate verschaffen können? Gewiß. Aber warum war es nicht geschehen? Warum hatte Brune nicht daran gedacht? Aber wenn Brune nicht daran dachte, war es nicht meine Pflicht gewesen, daran zu denken? So hatte ich meine Pflicht versäumt. Mein, mein war die Schuld an diesem entsetzlichen Fehlschlag. Mein die Verantwortlichkeit dafür, daß Kinkel nicht jetzt ein freier Mann war und hinter schnellen Pferden der Seeküste zueilte. Die Frucht monatelanger und gefahrvoller Arbeit war durch mich gedankenlos, leichtsinnig verscherzt worden. Würde ich jemals imstande sein, die zerrissenen Fäden wieder anzuknüpfen? Und wenn auch — war es nicht wahrscheinlich, daß durch die Unvorsichtigkeit irgend eines Beteiligten Gerüchte von dem Geschehenen entstehen und Kinkel mit strengeren Vorsichtsmaßregeln umgeben oder gar in eine andere und sicherere Strafanstalt versetzt werden würde? Und wenn auch dieses nicht — wo war das mir anvertraute Geld? Nicht mehr in meinem Besitz — in eines anderen Menschen Hand, der es behalten konnte, wenn er nur wollte — und ich ganz machtlos, es wieder zu erlangen. Und somit mochte Kinkels grauenvolles Schicksal durch meine Schuld für immer besiegelt sein. So marterte mich mein Gewissen in jener furchtbaren Nacht.

Endlich unterbrach Hensel das Schweigen. „Wie wär's, wenn wir in Oranienburg auf ein paar Stunden einkehrten?" sagte er. „Wir könnten dort die Pferde füttern lassen, ein wenig schlafen und dann in aller Gemütlichkeit weiterfahren." Ich war's zufrieden. Ich fing an, mich sehr ermattet zu fühlen; und dann, sollte von den Ereignissen der Nacht in Spandau etwas laut geworden sein und somit irgendwelche Gefahr drohen, so dachte ich, der kluge und wachsame Krüger würde uns jemanden entgegenschicken, um uns zu warnen.

Es war noch tief dunkel, als wir in Oranienburg an einem Herrn Hensel bekannten Gasthause abstiegen. Nachdem ich mich von meinen Gedanken noch eine Zeitlang hatte quälen lassen, schlief ich endlich ein. Als ich erwachte, schien der helle Tag durchs Fenster meines Zimmers. Mit mir erwachte auch wieder das Bewußtsein der ganzen Schwere unseres Mißgeschicks, jetzt mit noch größerer Klarheit als während der vergangenen Nacht. Solch ein Erwachen gehört zu den unglücklichsten Momenten des menschlichen Lebens.

Wir frühstückten spät, und es war bei dieser Gelegenheit, daß ich meinen Begleiter, den Gutsbesitzer Hensel, zum erstenmal in hellem Tageslicht ins Auge fassen konnte. Ich hatte ihn bei Krüger und auf unserer Fahrt nur in der Dunkelheit gesehen. Die stattliche breitschultrige Gestalt und der lange dunkle Vollbart waren mir damals schon aufgefallen; aber jetzt erst konnte ich ihm in die klaren, klugen und zugleich kühn blitzenden Augen blicken und den Gesichtsausdruck unterscheiden, der Willenskraft sowohl wie Aufrichtigkeit und Herzensgüte aussprach. Hensel sah wohl, wie mir zumute war; er versuchte heiter auszusehen und mich darüber zu beruhigen, daß all unsere Freunde in Spandau nicht allein treu, sondern auch diskret seien, und daß die Gefängnisbeamten in ihrem eigenen Interesse schweigen würden; ein neuer Versuch würde also bald wieder möglich sein. Ich stimmte ihm gern zu. In der Tat erfüllte mich schon der Gedanke an das, was nun zu tun sei, der Gedanke, der stets der wirksamste Trost für vergangenes Unglück ist. Ich habe im Leben oftmals die Erfahrung gemacht, daß, wenn uns ein recht schwerer Schlag trifft, wir nichts Besseres tun können, als uns im Geiste zuerst alle, auch die schlimmsten Seiten des Unheils möglichst klar vorzuführen und so den Becher der Bitternis bis auf den letzten Tropfen zu trinken, dann aber die Gedanken der Zukunft zuzuwenden und ganz mit dem zu beschäftigen, was getan werden muß, um den Schaden wieder gut zu machen, oder das unwiederbringlich Verlorene durch anderes Wünschenswertes zu ersetzen. Das ist sichere und rasche Heilung — es sei denn, daß das Verlorene ein sehr teurer Mensch war.

Mit der Rückfahrt nach Spandau hatten wir keine Eile. Wir hielten es sogar für geraten, erst mit dem Abenddunkel dort einzutreffen, und so setzten wir uns denn erst nachmittag in langsamem Trab in Bewegung. In Spandau angekommen, erfuhr ich von Krüger, daß alles ruhig geblieben war. Sofort ging ich zu Brunes Wohnung. Ich fand ihn in seiner Stube. Er hatte mich offenbar erwartet. Das Zigarrenkistchen stand auf dem Tisch.

„Das war eine verdammte Geschichte letzte Nacht", sagte er. „Ich konnte nicht dafür. Alles war in der schönsten Ordnung, aber als ich das Spinde in der Revierstube aufschloß, fand ich die Schlüssel zur Zelle nicht. Ich suchte und suchte, aber sie waren nicht da. Heut morgen hörte ich, daß der Inspektor Semmler sie ganz zufällig, statt sie in das Spind zu legen, aus Vergeßlichkeit in der Tasche mit nach Hause genommen hatte."

Er schwieg einen Augenblick.

„Da ist das Geld", fuhr er fort, auf das Zigarrenkistchen deutend. „Nehmen Sie es mit, oder zählen Sie es erst. Es fehlt kein Taler daran."

Ich konnte nicht umhin, dem Mann die Hand zu drücken und ihm im Herzen meine Zweifel abzubitten.

„Was von Ihnen kommt", antwortete ich, seine gestrigen Worte wiederholend, „wird nicht nachgezählt."

„Aber was nun? Ich gebe nicht auf. Müssen wir warten bis Sie wieder die Nachtwache haben?"

„Wir könnten warten", versetzte er, „und uns mittlerweile all die Schlüssel nachmachen lassen, so daß uns nicht mehr eine so dumme Geschichte passiert. „Aber", setzte er hinzu, „ich habe mir heute die Sache bedacht — bei Gott, es ist eine Schande, daß der Mann da noch einen Tag länger sitzen soll —, ich will versuchen, ihm diese Nacht herauszuhelfen, wenn er Mut zu einem halsbrecherischen Stück hat."

„Was? diese Nacht?"

„Ja, diese Nacht. Hören Sie mir nur ruhig zu." Nun erzählte mir Brune, der Beamte, der in der kommenden Nacht die Wache auf dem oberen Stockwerk habe, sei krank geworden, und er, Brune, habe sich erboten, den Dienst für ihn zu versehen. Darauf habe er sich überlegt, er könne Kinkel ohne besondere Schwierigkeit auf den Söller unter dem Dachstuhl bringen und ihn dann mit einem Seil aus der Dachluke auf die Straße herunterlassen. Dazu brauche er allerdings die Zellenschlüssel wieder, aber nachdem gestern abend der Inspektor diese in der Zerstreutheit mit sich nach Hause genommen, würde er sie diese Nacht gewiß an dem gewöhnlichen ordnungsmäßigen Platz niederlegen. Ich sollte nur dafür sorgen, unten die Straße frei zu halten, während Kinkel vom Dach heruntergelassen würde, und ihn dann prompt in Empfang nehmen und fortschaffen.

„Es ist eine etwas halsbrechende Geschichte", setzte Brune hinzu. „Von der Dachluke bis auf die Straße mag's wohl sechzig Fuß sein. Aber wenn der Herr Professor Mut dazu hat, so glaube ich, daß es gehen wird."

Für Kinkels Mut konnte ich einstehen. Was wagt ein Gefangener nicht für seine Freiheit?

Die Einzelheiten waren bald besprochen und festgestellt. Ich übernahm es, Brune sofort das nötige Seil zu schaffen. Er wollte es sich dann unter seinem Überrock um den Leib wickeln und so mit ins Zuchthaus nehmen. Ich sollte dann zur Mitternachtsstunde in der tiefen Türnische eines dem Tor des Zuchthauses schräg gegenüberliegenden Hauses stehen und nach den Dachluken des Gebäudes hinaufblicken. Wenn ich in einer Luke den Schein einer in senkrechter Linie auf und ab bewegten Laterne sähe, so würde das ein Zeichen sein, daß oben alles gut stehe und Kinkel bereit sei, heruntergelassen zu werden. Wenn ich dann, in meiner Türnische stehend, mit Stahl und Stein Funken schlüge, so würde Brune das als ein Signal verstehen, daß unten auf der Straße alles in Ordnung sei, um Kinkel zu empfangen.

Mit herzlichem Händedruck nahm ich von Brune Abschied und eilte nach Krügers Gasthaus. Poritz und Leddihn, die ich rasch herbeiholen ließ, besorgten sofort ein Seil von gehöriger Stärke und Länge und trugen es nach Brunes Wohnung. Aber wie sollten wir Kinkel fortschaffen? Ich hatte keine Relais von Pferden und Wagen mehr auf der Landstraße. In der vergangenen Nacht hatte alles so vortrefflich geklappt. Aber was nun? Zum Glück fand ich Hensel noch bei Krüger. Auf die Nachricht, was nun in wenigen Stunden geschehen solle, brach er in lauten Jubel aus.

„Ich fahre Sie, so weit meine Pferde laufen können", rief er aus.

„Unser nächster Freund wohnt in Neustrelitz", entgegnete ich. „Das ist mehrere Poststationen von hier. Werden Ihre Pferde es bis dahin aushalten können?"

„Der Teufel hole sie, wenn sie's nicht tun!" sagte Hensel.

Wir mußten es daraufhin wagen und uns dem Schicksal anvertrauen.

Ein kurzes Gespräch mit Poritz und Leddihn folgte über die Maßregeln, die nötig waren, um die Straße gegen unwillkommene Eindringlinge zu sichern, während Kinkel seinen Seilschwung machte. Die Vorkehrung war einfach. Die Straßenecken auf beiden Seiten sollten meine Freunde mit ihren handfesten Genossen von der vorigen Nacht besetzen und, wenn sich etwa ein verspäteter Nachtwandler zeigte, sich angetrunken stellen und den Unwillkommenen mit munteren Schnurren zurückhalten und von dem verbotenen Wege ablenken. Im Notfalle sollte auch Gewalt gebraucht werden. Leddihn und Poritz verbürgten sich für die Ausführung.

„Köstliches Zusammentreffen", schmunzelte Krüger. Heute abend wird hier im Hause Geburtstag gefeiert und mehrere Zuchthausbeamte werden dabei sein. Es gibt eine Bowle Punsch. Ich werde den Punsch besonders gut machen."

„Und Sie werden die Beamten festhalten?"

„Ob ich sie festhalten werde! Von denen kommt Ihnen keiner in die Quere."

Dieses Bild versetzte uns in die heiterste Laune, und wir hatten ein gemütliches kleines Souper zusammen. Unsere Gedanken waren jedoch beständig auf die Zufälle gerichtet, die uns wieder einen bösen Streich spielen könnten, und zur rechten Zeit fiel uns noch ein wichtiger Umstand ein.

Wenn Kinkel an dem Seil aus der Dachluke herunterkäme und das Seil über die Kante schnurrte, so konnte es leicht Dachschiefer oder gar Mauerziegel loslösen, die dann herunterfallen und ein lautes Geklapper machen würden. Wir verabredeten daher, daß Hensel mit seinem Wagen kurz nach zwölf langsam die Potsdamerstraße entlang am Zuchthause vorbeifahren sollte, um mit dem Rasseln des Wagens auf dem schlechten Pflaster alles andere Geräusch zu übertäuben.

Um Mitternacht stand ich, ausgerüstet wie in der vorigen Nacht, wohlverborgen in der tiefen, dunklen Türnische dem Zuchthause gegenüber. Die Straßenecken zur Rechten und Linken waren der Abrede gemäß besetzt, aber die Leute hielten sich abseits. Ein paar Minuten später kam der Nachtwächter in gemächlichem Schritt die Straße herab. Gerade vor mir drehte er seine Schnarre und rief die zwölfte Stunde aus. Dann schlurfte er ruhig weiter und verschwand. Was hätte ich um ein tüchtiges Unwetter mit Sturmgebraus und klatschendem Regen gegeben! Aber die Nacht war umheimlich still. Mein Auge war fest auf das Dach des Gefängnisses gerichtet, auf dem ich die Luken in der Dunkelheit kaum unterscheiden konnte. Die spärlichen Straßenlichter flimmerten matt. Plötzlich erschien oben ein heller Schein, der mich den Rahmen einer Dachluke erkennen ließ. Der Schein bewegte sich dreimal auf und ab. Das war das gehoffte Signal. Ich warf einen schnellen Blick auf die Straße rechts und links. Nichts näherte sich. Rasch gab ich mit Stahl und Stein sprühende Funken schlagend, meinerseits das vereinbarte Zeichen. Eine Sekunde später verschwand das Licht aus der Dachluke und dann gewahrte ich einen dunklen Körper, der sich langsam über die Mauerkante herunterbewegte. Mein Herz klopfte heftig, und der Schweiß trat mir auf die Stirn. Da geschah, was ich befürchtet hatte. Dachschiefer und Mauerziegel, von dem rutschenden Seile gelöst, regneten mit lautem Geklapper auf das Pflaster. Nun, gütiges Schicksal, steh uns bei! In demselben Augenblick kam Hensels Wagen auf dem holperigen Pflaster rasselnd herangerollt. Man hörte das Geräusch der fallenden Ziegel nicht mehr. Aber werden diese nicht Kinkels Kopf treffen und ihn betäuben? Nun hatte der dunkle Körper beinahe den Boden erreicht. Mit wenigen Sprüngen war ich zur Stelle. Jetzt faßte ich ihn an; es war mein Freund, und da stand er lebendig auf seinen Füßen. „Das ist eine kühne Tat!" war das erste Wort, das er mir sagte.

„Gott sei Dank!" antwortete ich. „Nun schnell das Seil ab und dann fort!"

Ich bemühte mich umsonst, den Knoten des Seils, das um seinen Leib geschlungen war, zu lösen.

„Ich kann Dir nicht helfen", flüsterte Kinkel. „Das Seil hat mir beide Hände furchtbar zerschunden."

Ich zog mein Jagdmesser und mit großer Anstrengung schnitt ich das Seil durch. Das lange Ende wurde, sobald es frei war, schleunigst nach oben gezogen. Während ich Kinkel meinen Mantel umwarf und ihm die Gummischuhe anzog, blickte er besorgt um sich. Hensels Kalesche hatte sich umgedreht und kam langsam zurück.

„Was ist das für ein Wagen?" fragte Kinkel.

„Unser Wagen."

Dunkle Gestalten zeigten sich an den Straßenecken und näherten sich uns.

„Um Himmelswillen, was für Leute sind das?"

„Unsere Freunde."

In einiger Entfernung hörten wir Männerstimmen singen: „Wir sitzen so fröhlich beisammen."

„Was ist denn das?" fragte Kinkel, während wir durch eine Seitengasse Krügers Hotel zueilten.

„Deine Kerkermeister bei einer Bowle Punsch."

„Famos", sagte Kinkel.

Bei Krüger traten wir durch eine Hintertür ein und befanden uns bald in dem Zimmer, in welchem Kinkel die für ihn bestimmten Kleider anlegen sollte. Es war ein schwarzer Tuchanzug, ein großer Bärenpelz und eine Kappe, wie sie von preußischen Forstbeamten getragen wird. Von einem nahen Zimmer her erschollen noch die Stimmen der Zechenden. Krüger, der einige Minuten zugesehen hatte, wie Kinkel die Züchtlingsuniform gegen seine neue Bekleidung austauschte, entfernte sich plötzlich mit einem ihm eigenen Lächeln. Bald trat er wieder ein, einige gefüllte Gläser tragend. „Herr Professor", sagte er, „daneben sind einige Ihrer Gefängnisbeamten bei einer Bowle Punsch. Ich habe sie eben gefragt, ob sie mir nicht ein Glas erlauben wollten für ein paar Berliner Freunde, die gerade angekommen wären. Sie hatten nichts dagegen. Nun, Herr Professor, trinken wir Ihr erstes Wohl aus der Bowle Ihrer Kerkermeister!"

Es war uns schwer, nicht vor Vergnügen über den Humor der Situation laut aufzulachen.

Kinkels Umkleidung war schnell vollendet und seine vom Seil zerrissenen blutigen Hände mit Taschentüchern verbunden. Er dankte den aufopfernden Freunden mit wenigen Worten, die sie schluchzen machten. Dann sprangen wir in Hensels Wagen. Die Zuchthausbeamten saßen und jubelten noch immer bei ihrer Bowle.

Es war angeordnet, daß unser Wagen durch das Potsdamer Tor, das auf die Straße nach Hamburg führt, aus Spandau hinausfahren und dann baldmöglichst in eine andere Richtung abbiegen sollte, um etwaige Verfolger irre zu führen. So rasselten wir denn in schnellem Trabe durch das Potsdamer Tor, und diese

List gelang so gut, daß, wie wir später erfuhren, wir am nächsten Tage auf den Bericht des Torwächters hin wirklich in der Richtung von Hamburg verfolgt wurden. Ehe wir das Städtchen Nauen erreichten, bogen wir nach rechts in einen Landweg und dann in die Berlin-Strelitzer Chaussee beim Sandkruge. So scharf die Braunen traben konnten, ging es vorwärts.

Erst als ihm auf der schnellen Fahrt die kalte Nachtluft ins Gesicht wehte, schien Kinkel zum klaren Bewußtsein des Geschehenen aufzuwachen.

„Ich möchte gern Deine Hand in der meinigen halten", sagte er, „aber es geht nicht. Meine Hände sind zu arg geschunden."

Er legte dann seinen Arm um meinen Nacken und drückte mich ein übers anderemal an sich.

Ich wollte ihn nicht dazu kommen lassen, seine Dankbarkeit in Worten auszusprechen, sondern erzählte ihm, wie in der vorherigen Nacht alles so vortrefflich eingerichtet gewesen, wie unser Plan durch einen unglücklichen Zufall vereitelt worden, und was für eine traurige Fahrt ich in demselben Wagen vor vierundzwanzig Stunden gemacht habe.

„Das war wohl die entsetzlichste Nacht meines Lebens", sagte Kinkel. „Nachdem Brune mich angewiesen, ich solle mich bereit halten, erwartete ich mit der zuversichtlichsten Hoffnung die angesagte Stunde. Vor zwölf Uhr stand ich fertig. Ich horchte, wie nur ein in langer Isolierhaft geübtes Ohr horchen kann. Zuweilen hörte ich ein entferntes Geräusch von Schritten in den Gängen, aber sie wollten nicht näherkommen. Ich hörte aufmerksam die Stunden schlagen. Als Mitternacht mehr als eine Viertelstunde vorbei war, stieg mir zum erstenmal der Gedanke auf: „Ist es möglich, daß dies fehlschlägt?" Minute nach Minute verging und alles blieb still. Da faßte mich eine Angst, die ich nicht beschreiben kann. Der Schweiß tropfte mir von der Stirn. Bis um ein Uhr hatte ich noch ein wenig Hoffnung. Als aber auch dann Brune nicht kam, gab ich alles verloren. Die grauenvollsten Bilder stiegen in meiner Einbildung auf. Der ganze Anschlag war gewiß entdeckt worden. Du warst in den Händen der Polizei und auch auf viele Jahre eingekerkert. Ich sah mich selbst als einen verelendeten Greis in der Züchtlingsjacke. Meine Frau und meine Kinder gingen vor Jammer zugrunde. Ich rüttelte an den Stäben des Lattengitters in meiner Zelle wie ein Toller. Dann fiel ich erschöpft auf meinen Strohsack. Ich glaube, ich war dem Wahnsinn nahe."

„Nun, und diese Nacht?"

„O, diese Nacht!" rief Kinkel aus. „Ich konnte kaum meinen Augen und Ohren trauen, als Brune mit einer Laterne in der Hand in meine Zelle trat und mir durchs Lattengitter zuflüsterte: „Schnell auf, Herr Professor! Jetzt sollen Sie heraus!" Das war wie ein elektrischer Schlag. Im Nu war ich auf den Beinen. Aber weißt Du, daß auch diese Nacht ums Haar wieder alles in die Brüche gegangen wäre?"

Ich war aufs Äußerste gespannt, und wieder und wieder lief mir's kalt über, als Kinkel seine Geschichte erzählte.

Schon um halb zwölf war Brune in Kinkels Zelle. Er hatte diesmal die Schlüssel in dem Spinde gefunden und damit die Zellentüren geöffnet. Nachdem er Kinkel geweckt, schickte er sich an, mit einem dritten Schlüssel die Tür im Lattengitter aufzuschließen. Er versuchte und versuchte, aber umsonst. Der Schlüssel paßte nicht. — Bei den späteren Untersuchungen stellte es sich heraus, daß der Schlüssel, mit dem Brune umsonst sich anstrengte, die Lattentür zu öffnen, für das Schloß des Fensterladens bestimmt war, daß aber einer der Schlüssel für die Zellentüren auch das Lattengitter öffnete, — daß also Brune den richtigen Schlüssel in der Hand hielt, ohne es zu wissen oder ohne in der Aufregung daran zu denken.

So standen denn Kinkel auf der einen, Brune auf der andern Seite des festen Lattengitters, verblüfft und einen Augenblick ratlos. Dann ergriff Kinkel mit der Kraft der Verzweiflung eine der starken Latten und versuchte, die ganze Wucht seiner Körperschwere dagegen werfend, sie loszubrechen. Umsonst. Brune arbeitete hart mit seinem Säbel zu demselben Zweck. Vergebens.

„Herr Professor“, sagte er dann, „Sie sollen heraus und wenn es mich das Leben kostet.“

Er verließ die Zelle und kehrte nach einer Minute zurück mit einer Axt in der Hand. Mit einigen kräftigen Schlägen waren zwei Latten ein wenig von dem untern Querriegel gelöst. Die Axt, als Hebel gebraucht, löste sie noch mehr. Kinkels wütend angestrengte Kraft brach sie noch weiter auseinander und schaffte am Boden eine enge Öffnung, durch die Kinkels breitschulteriger Körper sich mühsam hindurch zu zwängen vermochte.

Aber hatten nicht Brunes Axtschläge das ganze Haus alarmiert? Die Beiden lauschten mit verhaltenem Atem. Nichts regte sich. In der Tat war Brune nicht weniger klug als verwegen gewesen. Bevor er seine Axt schwang, hatte er die beiden dicken Zellentüren sorgfältig hinter sich verschlossen. Der Schall der Schläge, welcher das Innere der Zelle hatte erdröhnen machen, war durch die dicken Zwischenmauern und die schwere Doppeltüre nur sehr gedämpft nach außen gedrungen. Er hatte nicht allein keinen Schläfer geweckt, sondern sogar die Wachenden entweder gar nicht erreicht, oder auf sie den Eindruck gemacht, als wäre das Geräusch von außerhalb gekommen.

Nun verließ Brune mit Kinkel die Zelle, deren Türen er wieder verschloß. Dann hatten sie durch Korridore zu gehen und Treppen zu steigen und, in gedeckter Stellung wartend, sogar einen Nachtaufseher, der nicht im Geheimnis war, an sich vorbei passieren zu lassen. Endlich gelangten sie auf den Söller und an die Dachluke, von welcher die gefährliche Luftfahrt abwärts unternommen werden mußte. Kinkel gestand mir, daß ihn ein schwindelndes Grauen erfaßte, als er von oben auf die tief unten liegende Straße blickte, und dann auf das dünne Seil, das ihn tragen sollte. Aber als er mein Feuersignal aufblitzen sah, das Brune ihm flüsternd erklärte, gewann er schnell seine Fassung wieder und schwang sich über den Abgrund. Sofort begannen die durch das Seil gelockerten Dachschiefer und Mauerziegel ihm um den Kopf zu regnen, aber keiner traf ihn. Nur die Hände, die zuerst das Seil zu hoch gegriffen, und durch die er es mußte rutschen lassen, litten schwer. Aber das war eine leichte Wunde für so harten Kampf und so großen Sieg.

Nachdem Kinkel seine Erzählung beendigt hatte, holte Hensel eine Flasche des köstlichen Rheinweins hervor, mit dem der gute Krüger uns für die Reise versehen hatte, und dann tranken wir auf die „glückliche Wiedergeburt" und auf das Wohl des tapfern Brune, ohne dessen Treue und Unerschrockenheit all unser Planen und Arbeiten umsonst gewesen wäre. Es war ein begeisterter, glücklicher Augenblick, der uns fast vergessen ließ, daß, solange wir uns auf deutschem Boden befanden, die Gefahr nicht vorüber und unser Werk nicht ganz gelungen war.

Zehntes Kapitel.

In scharfem Trabe ging es durch die Nacht dahin. Noch höre ich den kräftigen Ruf, „Boom op!“, den Hensel erschallen ließ, so oft wir eine Chausseezollstätte mit Schlagbaum erreichten. Durch Oranienburg, Teschendorf, Löwenberg flogen wir ohne Aufenthalt. Aber als wir uns dem Städtchen Gransee, acht deutsche Meilen von Spandau, näherten, wurde es nur zu offenbar, daß unsere guten Braunen bald zusammenbrechen würden, wenn wir ihnen nicht kurze Rast und Erfrischung gönnten. So wurde denn an einem Wirtshause bei Gransee eine halbe Stunde gehalten und gefüttert. Dann weiter.

Als das Tageslicht heraufstieg, konnte ich mir Kinkel zum erstenmal genauer anschauen. Wie hatte er sich verändert, den ich noch vor wenig mehr als einem Jahr als jugendfrischen, blühenden Mann gesehen! Das kurzgeschorene Haar war grau gesprenkelt, die Gesichtsfarbe fahl, die Haut pergamentartig, die Wangen mager und schlaff, die Nase spitz und die Züge scharf eingefurcht. Wäre er mir unversehens begegnet, ich würde ihn schwerlich erkannt haben. „Sie haben dir schlimm mitgespielt“, sagte ich.

„Ja“, antwortete er, „es war hohe Zeit, daß du mich herausholtest. Noch ein paar Jahre und ich würde ausgebrannt, verkohlt, an Leib und Seele verheert gewesen sein. Kein Mensch, der es nicht erlitten hat, weiß, was die Isolierhaft bedeutet und die Erniedrigung, wie ein gemeiner Verbrecher behandelt zu werden. Aber nun“, setzte er heiter hinzu, „nun beginnt ja wieder ein menschliches Leben.“

Und dann beschrieb er in seiner launigsten Weise, wie zu dieser Stunde im Zuchthaus zu Spandau die Entdeckung würde gemacht werden, daß Kinkel wie ein Vogel seiner Zelle entflogen sei, und wie ein Aufseher mit verstörtem Gesicht zu dem Direktor Jeserich stürzte, und wie dieser und die Inspektoren und das ganze Beamtenpersonal die Köpfe zusammenstecken und dann nach der höheren Behörde laufen würden; dann würden sie sich bei den Torwächtern erkundigen und von einem Wagen hören, der zwischen zwölf und eins durch das Potsdamer Tor gerasselt sei, und dann würde schleunigst ein Trupp berittener Konstabler zusammengerafft werden, um uns wie toll über Nauen nach Hamburg nachzujagen, während wir unsern Freunden in Mecklenburg Besuch machten. „Ich wünschte nur“, bemerkte Hensel besorgt, „wir kämen etwas schneller vom Fleck.“

Es war schon heller Tag, als wir den mecklenburgischen Grenzpfahl begrüßten. Sicher fühlten wir uns da noch keineswegs, wenn auch ein wenig sicherer als auf preußischem Gebiet, denn in Mecklenburg war die Polizei harmloser. Aber der Trab unserer Pferde wurde langsamer und langsamer. Eines davon schien im höchsten Grade ermattet zu sein. So mußten wir denn am ersten mecklenburgischen Wirtshause, das wir fanden, in Dannenwalde, wieder Rast machen. Hensel wusch die Pferde mit warmem Wasser. Das half ein wenig, aber nur für kurze Zeit. In dem Städtchen Fürstenberg mußten wir zu längerer Ruhe ausspannen, weil die Braunen nicht mehr weiter konnten. Erst nachmittag, nach einer Fahrt von mehr als dreizehn deutschen Meilen, erreichten wir Strelitz, wo wir an dem Stadtrichter Petermann einen begeisterten Freund und Beschützer hatten, der bereits in der vorhergegangenen Nacht an der Aufstellung der Relais beteiligt gewesen war.

Petermann empfing uns mit einer Freude, die mich fürchten ließ, er werde sich nicht enthalten können, das glückliche Ereignis aus den Fenstern den Vorübergehenden zu verkünden. In der Tat vermochte er sich's nicht zu versagen, sofort einige Freunde herbeizuholen. Bald gab's ein reichliches Mahl mit heiterm Gläserklang, währenddessen ein Wagen mit frischen Pferden vorfuhr.

Dann nahmen wir von dem braven Hensel einen herzlichen Abschied. Seine beiden schönen Braunen hatten sich niedergelegt, sobald sie in den Stall kamen — einer, wie wir später erfuhren, um nicht wieder aufzustehen. Ehre seinem Andenken!

Petermann begleitete uns auf der weiteren Fahrt, die nun mit ununterbrochener Schnelligkeit vonstatten ging. In Neubrandenburg sowie in Teterow wechselten wir die Pferde und kurz nach sieben Uhr am nächsten Morgen, dem 8. November, erreichten wir das Gasthaus zum weißen Kreuz an der Neubrandenburger Chaussee bei Rostock. Petermann holte sofort Moritz Wiggers herbei, der nun die ganze Sorge für uns übernahm. Ohne Verzug schickte er uns in Begleitung des Kaufmanns Blume in einer Droschke nach dem zwei Meilen entfernten Hafen- und Badeort Warnemünde, wo wir in dem Wöhlertschen Gasthause abstiegen. Petermann, überglücklich, daß sein Teil der abenteuerlichen Fahrt so gut gelungen war, wendete sich nach Strelitz zurück. Auf der Reise hatten wir uns angewöhnt, Kinkel mit dem Namen Kaiser und mich mit dem Namen Hensel anzureden, und unter diesen Namen wurden wir in der Herberge einquartiert.

Wiggers hatte uns Warnemünde als einen Platz von patriarchalischen Einrichtungen und Sitten geschildert, wo es eine Polizei nur dem Namen nach gäbe, und wo die Ortsobrigkeit, wenn man uns entdecken und die preußische Regierung unsere Verhaftung verlangen sollte, zuerst darauf bedacht sein würde, uns aus der Gefahr zu helfen. Dort meinte er, würden wir sicher sein, bis eine gute Fahrgelegenheit oder ein besseres Asyl bereit sein würde. Von Warnemünde aus sah ich zum erstenmal in meinem Leben das Meer. Ich hatte mich lange danach gesehnt, aber der erste Anblick war mir eine Enttäuschung. Der Horizont erschien mir viel enger und die Wellen, die, vom Nordostwind gepeitscht, weißköpfig heranstürzten, viel kleiner, als ich sie mir in meiner Phantasie vorgemalt hatte. Ich sollte die See noch besser kennen und mit größerer Achtung und höherem Genuß betrachten lernen. Übrigens waren wir auch damals wenig zum Naturgenuß gestimmt. Kinkel hatte zwei, ich drei Nächte im

Wagen auf der Landstraße zugebracht. Wir fühlten uns bis aufs äußerste erschöpft, suchten bald unser Zimmer auf und sanken fast willenlos dem Schlaf in die Arme. Ich hatte noch Bewußtsein unserer Lage genug, um meine Pistolen unters Kopfkissen zu legen, und Herr Bluhme erzählte nachher, ich habe, als er sich während unseres sechsstündigen Schlafes leise in mein Zimmer geschlichen, sofort die Augen geöffnet, „Werda" gerufen und meine Schießgewehre ergriffen, worauf er schleunigst davongegangen sei. Es war wohl so, aber ich erinnerte mich dessen nicht.

Am nächsten Tage traf Wiggers wieder bei uns ein. Er verkündete uns, es liege nur eine Brigg auf der Reede — wir sahen sie vor uns auf den Wellen tanzen — die aber noch nicht segelfertig sei. Sein Freund, der Kaufmann und Fabrikherr Ernst Brockelmann, halte es auch für besser, uns auf einem seiner eigenen Schiffe über See zu schaffen, und bis dieses zur Abfahrt bereit sein werde, uns in seinem eigenen Hause zu beherbergen. So verließen wir denn das Gasthaus, bestiegen die Jolle eines Warnemünder Lootsen und, den scharfen Nordost im Segel, flogen wir über die breite Bucht den Warnowfluß hinauf. An einem Gehölze landeten wir und bei einem nahen Dorfe fanden wir Brockelmannn mit seinem Wagen.

Wir sahen einen hochgewachsenen, kräftigen Fünfziger vor uns, mit grauem Haupthaar und Backenbart, aber frischer Gesichtsfarbe und jugendlich lebhaft in Ausdruck und Bewegung. Er begrüßte uns mit freudiger Herzlichkeit, und nach den ersten Minuten waren wir wie alte Freunde. In ihm erkannten wir das wahre Bild des „selbstgemachten" Mannes im besten Sinne des Wortes, — eines Mannes, der seines eigenen Glückes Schmied gewesen, der mit Selbstgefühl auf das blicken kann, was er geleistet hat, und in seinen Erfolgen die Inspiration weiteren Strebens und eines unternehmenden und opferwilligen Gemeingeistes findet. Seine natürliche Menschenfreundlichkeit, die das Recht eines jeden auf die Anerkennung seines wahren Wertes und auf eine entsprechende Chance des Fortkommens würdigte, hatte ihn von Jugend auf zu einem Liberalen, und nach der achtundvierziger Revolution zu einem Demokraten gemacht. Seine Grundsätze und Theorien hatte er, soweit sich ihm die Möglichkeit bot, praktisch betätigt, und er war daher weit und breit als ein Freund und Fürsprecher der Armen und Bedrückten bekannt, besonders aber von seinen Arbeitern, die er in großer Zahl als Fabrikherr beschäftigte, wie ein Vater verehrt und geliebt. Er konnte, als er uns sein Haus als Zufluchtsort anbot, wohl sagen, daß er Arbeiter genug habe, die sich auf seinen Wunsch im Notfalle für uns schlagen und unser Asyl lange genug halten würden, um uns Zeit zum Entwischen zu geben. Indes würde es dazu nicht kommen, da die Beherbergung der Herren Kaiser und Hensel als Gäste seines vielbesuchten Hauses kein Aufsehen mache, und da, selbst wenn unser Geheimnis von seinen Leuten geahnt würde, es unter diesen keine Verräter gäbe. Kurz, er könne für alles einstehen.

So fuhren wir denn in Brockelmanns Wagen nach seinem in der Mühlentorvorstadt gelegenen Hause. Nun begannen für uns einige Tage der Ruhe und des eigentlichsten Schlaraffenlebens. Brockelmann, seine würdige Gattin, die älteste Tochter, deren vortrefflicher Bräutigam, der Kaufmann Schwarz und der kleine Freundeskreis, der ins Vertrauen gezogen war, überschütteten uns mit den liebenswürdigsten Aufmerksamkeiten. Wie könnte ich die Sorge beschreiben, mit der die Hausfrau Kinkels verwundete Hände wusch, verband und pflegte! Und nun die nach den mecklenburgischen Begriffen von Gastfreundschaft unentbehrlichen ersten Frühstücke, und zweiten Frühstücke, und womöglich noch dritten Frühstücke, und Mittagessen, und Nachmittagskaffees mit Kuchen, und Soupers, und „Bissen vorm Schlafengehen", und „Nachtmützen", die von morgens früh bis zu später Nacht in unglaublich kurzen Zeiträumen aufeinander folgten! Und die Abendgesellschaften mit Strömen von Wein, während deren Wiggers zuweilen mit meisterhafter Hand Beethovensche Sonaten spielte, die Kinkel an die musikalische Sprache seiner Johanna erinnerten. Und die Überraschung, als bei einer unverfänglichen Gelegenheit Brockelmann von einem Musikkorps im Hause die allgemeine Revolutionshymne, die Marseillaise, spielen ließ! Und die Spaziergänge zum Luftschöpfen im Garten bei später Nacht, wenn das Gesinde zu Bett war!

Freilich wurde dabei die sehr ernste Seite unserer Lage nicht vergessen. Brockelmann ließ eines seiner eigenen Fahrzeuge, einen Schoner von etwa 40 Last, der sich als guter Segler erprobt hatte, für uns bereit machen. Die „Kleine Anna“, so hieß der Schoner, empfing eine Ladung Weizen für England, die man möglichst schnell an Bord schaffte, und Sonntag den 17. November wurde als Tag der Abfahrt bestimmt, wenn sich bis dahin der noch immer wehende starke Nordostwind gelegt haben würde. Mittlerweile ging die Nachricht von Kinkels Flucht durch die Zeitungen und erregte allenthalben das größte Aufsehen. Unsere Freunde in Rostock unterrichteten sich mit größter Sorgfalt von allem, was über die Sache gedruckt, gesagt und gerüchtweise gemunkelt wurde. Den von der preußischen Regierung gegen Kinkel erlassenen und in den Blättern veröffentlichten Steckbrief brachten sie uns zum Tee mit, und er wurde unter großer Heiterkeit mit allerlei unehrerbietigen Randglossen vorgelesen. Von meinem Anteil an Kinkels Befreiung wußten damals die Behörden und das Publikum noch nichts. Besonderes Vergnügen machten uns die Zeitungsberichte, die Kinkels Ankunft an den verschiedensten Orten zu gleicher Zeit anzeigten. Der freisinnige Pastor Dulon in Bremen, einem richtigen Instinkt folgend, beschrieb in seinem Blatt mit großer Umständlichkeit, wann und wie Kinkel durch Bremen passiert und zu Schiff nach England gefahren sei. Einige meiner Freunde berichteten sein Eintreffen in Zürich, und in Paris. Eine Zeitung brachte sogar einen ausführlichen Bericht über ein Bankett, das Kinkel von deutschen Flüchtlingen in Paris gegeben worden und von der Rede, die er dabei gehalten habe. So blieb nichts unversucht, um die preußische Polizei zu verwirren und irre zu leiten.

Es kamen aber auch Schreckschüsse beunruhigender Art. So empfing Wiggers am 14. November einen Brief aus der Gegend von Strelitz, ohne Unterschrift und von unbekannter Hand geschrieben, der so lautete: „Beschleunigen Sie die Versendung der

Ihnen anvertrauten Waren; es ist Gefahr im Verzuge.“ Wahrscheinlich war von den Behörden unsere Spur zwischen Spandau und Strelitz entdeckt und von dort weiter verfolgt worden. Dann meldete sich am Freitag den 15. November ein Fremder bei Wiggers, der sich für den Gutsbesitzer Hensel ausgab und fragte, ob Kinkel, den er von Spandau nach Strelitz gefahren, noch in Rostock sei. Wiggers hatte uns zwar von Hensel in Ausdrücken des höchsten Vertrauens sprechen hören, aber er besorgte, der Fremde möge nicht der richtige Hensel, sondern ein Spion sein. So stellte er sich denn erstaunt über die Voraussetzung, daß Kinkel in Rostock sein könne, versprach aber, Erkundigungen einzuziehen und bestellte den Fremden wieder zu sich auf den nächsten Tag. Der Verfall wurde uns sofort berichtet und die Beschreibung des Aussehens des Mannes überzeugte uns, daß der Fremde wirklich der brave Hensel sei. Er war, wie er Wiggers sagte, nach Rostock gekommen, nur um seine Herzensangst um unsere Sicherheit zu beschwichtigen. Kinkel und ich wünschten sehr, ihn zu sehen und dem treuen Freunde noch einmal die Hand zu drücken; aber Wiggers, der durch die Warnung von Strelitz ernstlich besorgt worden war, riet dringend zur äußersten Vorsicht und versprach uns, Hensel, der bis zum 18. in Rostock bleiben wollte, unsere Grüße zu überbringen, nachdem wir die offene See erreicht haben würden.

So fanden wir, trotz aller Gemütlichkeit, doch nicht geringe Beruhigung in der Nachricht, daß der Nordostwind sich gelegt habe, daß die „Anna“ bereits bei Warnemünde vor Anker liege, und daß alles zu unserer Abfahrt am 17. November bereit sei. Wiggers hat im Jahrgange 1863 der Leipziger „Gartenlaube“ diese Abfahrt sehr lebhaft und anziehend beschrieben.

An einem frostigen Sonntagmorgen segelten wir mit unserer bewaffneten Begleitung, die unsere Freunde aus zuverlässigen Leuten zusammengesetzt und so stark gemacht hatten, daß sie, wie Wiggers sagte, „einem nicht ungewöhnlich mächtigen Angriff der Polizei hätte widerstehen können“, in zwei Booten über die Bucht nach dem Ankerplatz der „Anna“. An Bord angekommen, gab

Herr Brockelmann dem Kapitän, der über den so unerwarteten zahlreichen Besuch sehr erstaunt war, seine Instruktionen. „Sie nehmen diese beiden Herren", sagte er, auf Kinkel und mich deutend, „mit nach Newcastle. Bei Helsingör segeln Sie, ohne anzulegen, vorbei und zahlen den Sundzoll auf der Rückreise. Bei ungünstigem Winde setzen Sie lieber das Schiff an der schwedischen Küste auf Strand, als daß Sie nach einem deutschen Hafen zurückkehren. Paßt Ihnen der Wind nach einem andern Hafen der englischen oder schottischen Ostküste besser, als nach Newcastle, so segeln Sie dorthin. Es kommt nur darauf an, daß Sie möglichst schnell nach England kommen. Ich werde es Ihnen gedenken, wenn Sie meine Ordres pünktlich ausführen." Der Kapitän — Niemann war sein Name — mag diese Instruktion mit einiger Bestürzung angehört haben, aber er versprach, sein Bestes zu tun.

Einige unserer Freunde blieben bei uns, bis der kleine Schleppdampfer, welcher der „Anna" vorgespannt war, uns eine kurze Strecke in die offene See hinausbugsiert hatte. Dann kam der Abschied. Wie Wiggers erzählt, warf sich Kinkel schluchzend an seine Brust und sagte: „Ich weiß nicht, soll ich mich freuen über meine Rettung, oder soll ich trauern, daß ich wie ein Verbrecher und Ausgestoßener mein teures Vaterland fliehen muß!" Dann stiegen unsere Freunde in den kleinen Dampfer, und dankbaren Herzens riefen wir ihnen Lebewohl zu. Zum letzten Abschied feuerten sie ein Salut mit ihren Pistolen und dampften dann nach Warnemünde zurück, wo wie Wiggers erzählt, die ganze Gesellschaft das gelungene Rettungswerk mit einem höchst fröhlichen Mahle feierte.

Kinkel und ich blieben an der hintern Schanzkleidung des Schiffes stehen und sahen dem Dampfer nach, der unsere guten Freunde davontrug. Dann ruhten unsere Blicke auf der heimatlichen Küste, bis der letzte Streifen davon in der Abenddämmerung verschwunden war. So nahmen wir stillen Abschied vom Vaterlande. In unserer wortkargen Unterhaltung tauchte mehr als einmal die Frage auf: „Wann werden wir wohl zurückkehren?"

Daß eine siegreiche Volkserhebung uns zurückführen werde, hofften wir beide mit Zuversicht. Es war eine Hoffnung, von heißem Wunsche geboren und von sanguinischen Einbildungen genährt. Was würden wir wohl dem Propheten geantwortet haben, der uns in jenem Augenblicke gesagt hätte, daß ich zuerst, mehr als zehn Jahre später, den deutschen Boden wieder betreten werde, aber dann als Gesandter der Vereinigten Staaten von Amerika auf meiner Rückreise von Spanien nach meinem neuen Vaterlande, und daß Kinkel warten müsse, bis ihm, nach einem Kriege zwischen Preußen und Österreich, der ehemalige Prinz von Preußen, dann König und Präsident des norddeutschen Bundes, das Tor der alten Heimat durch eine Amnestie würde aufgeschlossen haben!

Wir verließen das Deck erst, als es dunkel geworden war. Die Kajüte des Schoners war sehr klein. Ihr erster Anblick schon hatte mir eine Illusion zerstört. Ich hatte vorher nur einmal ein Seeschiff gesehen, — nämlich eine Brigg, die zur Zeit als ich noch das Gymnasium besuchte, von Holland den Rhein heraufgebracht worden war und bei Köln ankerte. Aber dieses Seeschiff konnte ich damals nur von außen anschauen. Meine Vorstellung von dem Innern eines solchen Schiffs hatte ich aus den Seeromanen und Beschreibungen von Seekriegen geschöpft, die ich als Knabe gelesen; und so stand mir die Hauptkajüte eines Schiffs vor Augen als ein geräumiges Gemach, mit Möbeln wohl ausgestattet und die getäfelten Wände mit geschmackvoll gruppierten Flinten, Pistolen und kurzen Handschwertern geschmückt. Von all diesem erblickte ich in der Kajüte der „Kleinen Anna" nichts. Diese maß der Schiffsbreite nach, zwischen den an den Seiten befindlichen Schlafkojen, kaum mehr als acht Fuß, und in der andern Richtung nicht über sechs. Sie war so niedrig, daß Kinkel aufrechtstehend mit dem Scheitel die Decke erreichte. In der Mitte stand ein kleiner, an den Fußboden festgeschraubter Tisch und dahinter ein mit schwarzem Haartuch überzogenes Sofa, das Kinkel und ich nebeneinander sitzend vollständig ausfüllten. Über dem Tische hing eine Lampe von der Decke herab, die nachts den Raum spärlich beleuchtete. Die Schlafkojen, die in der Eile für uns hergerichtet wurden, waren ein paar Fuß über den Boden erhaben, und offen, so daß wir, wenn wir zu Bett lagen, einander sehen konnten. Diese Einrichtungen erschienen allerdings sehr verschieden von denen der stolzen Ostindienfahrer und Fregatten, die ich in meinen Büchern so anschaulich und verlockend beschrieben gefunden; aber nach der ersten Ernüchterung, und als ich bedachte, daß dies doch eigentlich ein sehr kleines Seeschiff sei, fand ich sie ebenso praktisch wie einfach.

Kapitän Niemann, den seines Herrn plötzlicher Befehl so unerwartet aus seiner Winterruhe aufgestört hatte, wußte wohl zuerst nicht recht, was er aus den beiden sonderbaren Gästen auf der „Kleinen Anna" machen sollte. Einer unserer Freunde, die uns an Bord gebracht, hatten ihm durch dunkle Andeutungen Ursache gegeben zu vermuten, daß wir ein paar bankerotte Kaufleute seien, durch unglückliche Umstände gezwungen, das Weite zu suchen. Aber, wie er uns später erzählte, er konnte diese Theorie doch nicht recht zusammenreimen mit der Hochachtung und der warmen, ja enthusiastischen Anhänglichkeit, mit deren Beweisen unsere Begleiter uns überhäuft hatten. Indes er beruhigte sich damit, daß Herr Brockelmann ihm befohlen hatte, für die Herren Kaiser und Hensel alles zu tun, was in seinen und in seiner Leute Kräften stehe, — im Notfalle sogar sein Schiff an irgend einer nichtdeutschen Küste auf den Strand zu setzen. Wäre der Notfall eingetreten, so würde er das auch redlich getan haben. Immerhin sorgte er für uns aufs beste. Die Schiffsmannschaft bestand, außer dem Kapitän, aus sieben Mann, den Steuermann, den Koch und den Schiffsjungen eingerechnet. Frau Brockelmann hatte uns mit Nahrungsmitteln, worunter eine gebratene mit Äpfeln gefüllte Gans sich besonders auszeichnete, reichlich versehen; aber die Fähigkeit des Schiffskochs war äußerst beschränkt. Glücklicherweise waren die Gäste leicht zu befriedigen.

Anfangs ließ sich die Seereise recht lustig an. Eine leichte Brise schwellte die Segel, und das Schiff glitt mit sanfter Bewegung durch die nur wenig erregte Flut. Aber gegen Morgen wurden Wind und See lebhafter, und als es Zeit zum Aufstehen war, meldete sich Kinkel seekrank. Der Wind blies immer heftiger, die See wogte immer höher, und Kinkel wurde immer kränker. Er raffte sich zusammen, um aufs Deck zu steigen, suchte aber bald wieder seine Koje auf. Ich bemühte mich ihn aufzumuntern — umsonst. Nach einigen Stunden argen Leidens wurde er ganz verzweifelt in seiner Qual. Er fühlte, daß er sterben müsse. Er hatte Lust, den Kapitän zu bitten, daß er ihn im nächsten Hafen absetzen möge. Diese Marter erschien ihm unerträglich. War er dem Gefängnisse entronnen, um hier jetzt so elend zu verenden?

Nun ist es eine Eigentümlichkeit der Seekrankheit, daß der Gesunde die Leiden des Kranken nicht würdigt, und der Kranke die behagliche Gleichgültigkeit des Gesunden herzlos und gar empörend findet. So ging es auch uns. Ich fühlte mich vollkommen wohl. Je mehr die „Kleine Anna" sich in dem Wellenschlag hin und her und auf und nieder schwang, um so heiterer war mir zumute. Ich spürte dabei eine Eßlust, die selbst den Leistungen unseres Schiffskochs aufrichtige Anerkennung spendete. Dieses Wohlbehagen konnte ich Kinkel nicht ganz verhehlen, obgleich ich seine Leiden, die wahrscheinlich durch die Schwächung seiner Nerven infolge des langen Gefängnislebens bedeutend erhöht worden waren, innig bedauerte. Ich dachte, ich könne ihn aufrichten, indem ich mich über seine Todesbefürchtungen ein wenig lustig machte. Aber das wollte durchaus nicht fruchten. Da Kinkel allen Ernstes glaubte, es ginge ihm ans Leben, so klangen ihm meine scherzhaften Bemerkungen wie gefühllose Leichtfertigkeit, und ich mußte bald wieder einen ernsteren Ton anschlagen, um ihn zu beruhigen.

In diesem Zustande passierten wir Helsingör, die Sundzollstätte, und damit die letzte Stelle, die uns hätte möglicherweise gefährlich werden können, und liefen ins Kattegatt ein. War die See im Sunde schon wild gewesen, so wurde sie im Kattegatt noch wilder. Der Wind schien abwechselnd aus allen Himmelsgegenden zu blasen, und wir kreuzten zwei Tage lang zwischen der flachen vorspringenden Landzunge von Dänemark, dem Skagen, und den hochaufragenden Felsenküsten von Schweden und Norwegen, bis wir das geräumigere Becken des Skagerrack gewinnen konnten. Aber auch da, und als wir endlich uns in der offenen Nordsee befanden, dauerte das „schmutzige Wetter", wie unsere Seeleute es nannten, beharrlich fort. Zuweilen wurde der Wind so heftig, daß Kapitän Niemann ihn als einen wirklichen Sturm anerkannte. Wie eine Nußschale hüpfte die „Kleine Anna" auf den zornigen Gewässern. Die See wusch beständig über das Deck, und das Schiff ächzte unter den furchtbaren Schlägen der darauf einstürzenden Wogen. Wenn Kinkel meiner nicht bedurfte, hielt ich mich beständig auf dem Deck auf, und um nicht über Bord geschleudert zu werden, ließ ich mich an den hinteren Mast festbinden. So gewann ich denn einen lebhaften Eindruck von der gewaltigen, ewig wechselnden Großartigkeit des Meeres, das mir beim ersten Anblick von Warnemünde aus nicht hatte imponieren wollen. Nun bezauberte mich der Anblick dergestalt, daß ich mich nur schwer davon losreißen konnte, und jede Minute, die ich in der Kajüte zubringen mußte, erschien mir wie ein unersetzlicher Verlust.

Kinkel blieb mehrere Tage seekrank, lernte jedoch nach und nach einsehen, wieviel Seekrankheit ein Mensch vertragen kann, ohne zu sterben. Allmählich verschwand sein Leiden; er stieg mit mir aufs Deck, würdigte die Poesie der Meerfahrt und verzieh mir dann, daß ich an den tödlichen Charakter seiner Seekrankheit nicht hatte glauben wollen.

Das böse Wetter währte unausgesetzt zehn Tage und Nächte lang fort. Zuweilen machte die Wut der Elemente das Kochen unmöglich. Höchstens konnte dann noch etwas Kaffee bereitet werden, und sonst lebten wir von Zwieback, kaltem Fleisch und Häringen. Aber wir blieben guten Mutes und genossen nicht wenig den Humor unserer Lage. Zwei Szenen haben sich mir besonders lebhaft eingeprägt. Die eine wiederholte sich jeden Morgen während der stürmischen Zeit. Kurz nach Tagesanbruch kam der Steuermann in die Kajüte herab, um uns unseren Kaffee zu bringen, während wir noch in den Kojen lagen. Wenn nun die See so recht wütend an die Schiffswände donnerte und auf das Deck niederschmetterte, so daß man sein eigen Wort kaum hören konnte, und wenn dann die „Kleine Anna" wie toll auf und ab sprang und hin und her rollte, so daß wir uns wohl festhalten mußten, um nicht aus den Betten zu fallen, so stand der brave Seemann in seinem Ölanzug, oft von Wasser triefend, entweder vor Kinkel oder vor mir, spreizte die Beine weit aus, faßte mit einer Hand krampfhaft den kleinen am Boden befestigten Tisch, balancierte in der andern mit erstaunlicher Kunst eine große Schale Kaffee, ohne einen Tropfen zu verschütten, und schrie uns aus Leibeskräften an, um uns zu sagen, das Wetter sei immer noch schlecht und heute könne wohl nichts Ordentliches gekocht werden; wir müßten vorliebnehmen. — Dreißig Jahre später, als ich Minister des Innern in der Regierung der Vereinigten Staaten war, besuchte ich während der Präsidentschaftskampagne von 1880 die Stadt Rondout am Hudson, um dort eine Rede zu halten. Nach der Versammlung kreuzte ich den Hudson auf der Dampffähre, um auf der gegenüberliegenden Station Rheinbeck den Eisenbahnzug nach New York zu nehmen. Im Abenddunkel trat auf der Fähre ein Mann zu mir und sprach mich auf Deutsch an.

„Entschuldigen Sie", sagte er, „daß ich Sie anrede. Ich möchte wissen, ob Sie mich noch kennen."

Ich bedauerte, mich nicht zu entsinnen.

„Erinnern Sie sich nicht", sagte er, „des Steuermanns auf der „Kleinen Anna", Kapitän Niemann, auf der Sie und Professor Kinkel im November 1850 von Rostock nach England fuhren?"

„Was?" rief ich aus. „Ob ich mich des Steuermanns erinnere, der morgens immer mit der Kaffeebowle in der Kajüte stand und so köstliche Tänze aufführte?"

„Ja, und Sie machten immer so spaßige Bemerkungen darüber, wenn man sich in dem Spektakel einmal verstehen konnte. Der Steuermann war ich." Ich war sehr erfreut, und wir schüttelten uns kräftig die Hände. Ich fragte, wie es ihm ginge, und er antwortete: „Recht gut."

Ich lud ihn ein, mich einmal in Washington zu besuchen, was er versprach. Ich hätte die Unterhaltung gern fortgesetzt, aber wir waren unterdessen am östlichen Ufer des Hudson angekommen, mein Eisenbahnzug dampfte heran, und in wenigen Minuten war ich auf dem Wege nach New York. Der Steuermann hielt sein Versprechen nicht, mich in Washington zu besuchen, und ich habe ihn nie wiedergesehen.

Das andere mir noch gegenwärtige Bild war ernster in seiner unfreiwilligen Komik. Während wir auf der Nordsee von stürmischen Winden umhergetrieben wurden, war der Himmel stets von dichtem Gewölk bedeckt, so daß keine regelrechte Observation gemacht werden konnte, um zu bestimmen, wo wir uns befänden. Der Kapitän suchte allerdings mit der sogenannten toten Berechnung auszuhelfen, welche auf die Messung der Fahrgeschwindigkeit mit dem Log und Mutmaßung in bezug auf das Abtreiben von der gesteuerten Richtung gegründet ist. Aber nachdem das nun einige Tage so gegangen war, erklärte uns Kapitän Niemann ganz offen, er wisse nicht mehr recht, wo er sei. Nun sahen wir ihn oft sinnend über seiner Seekarte am kleinen Tisch in der Kajüte sitzen, und da uns die Sache auch anging, so versuchten wir, ihm rechnen zu helfen. Da Kinkel, nachdem er seine Seekrankheit überwunden hatte, und ich den ganzen Tag trotz des Unwetters auf dem Deck zubrachten und das Abtreiben des Schiffes von seinem Kurs beobachteten, so bildeten wir uns eine Meinung darüber, die der Kapitän denn auch mit großem Respekt anhörte. So kam der Kapitän oft des Nachts in die Kajüte herunter und breitete unter der Lampe seufzend seine Seekarte aus. Dann steckten Kinkel und ich unsere Köpfe aus den Schlafkojen hervor, indem wir uns krampfhaft an irgend einen festen Gegenstand festklammerten, um nicht herauszufallen; und in dieser Stellung auf die Seekarte blickend diskutierten wir mit dem Kapitän, der mit Zirkel und Bleistift in der Hand auf dem kleinen Sofa eingeklemmt saß, geographische Länge und Breite, Stärke des Windes, Strömung des Wassers usw. Schließlich vereinigten wir uns auf einen Punkt, an dem das Schiff zurzeit sein müsse, und dieser Punkt wurde dann feierlichst auf der Karte mit dem Bleistift verzeichnet. Dann löste der Navigationsrat sich auf, der Kapitän stieg wieder aufs Deck, und Kinkel und ich krochen in unsere Kojen zurück, um zu schlafen.

Nach dem zehnten Tage unserer Fahrt klärte sich endlich der Himmel und die erste regelrechte Observation zeigte, daß unsere Berechnungen nicht gar so falsch gewesen waren, und daß drei oder vier weitere Tage uns an die englische Küste bringen würden. So steuerten wir denn fest auf den Hafen von Newcastle los. Kinkel hatte unterdessen seinen guten Humor ganz wiedergewonnen und ließ sich nicht gern an seine Ausbrüche seekranker Verzweiflung erinnern. Wir waren sehr guter Dinge, freuten uns aber doch von Herzen, als wir den ersten Streifen Land über dem Horizont emporragen sahen. Da warf sich plötzlich der Wind nach Süden, und der Kapitän erklärte, daß wir bei diesem Winde nur durch langwieriges Kreuzen den Hafen von Newcastle erreichen könnten. Der Navigationsrat trat also wieder zusammen, und wir beschlossen, in nördlicher Richtung nach Leith, dem Hafen von Edinburg, zu steuern. Das geschah, und am nächsten Abend erblickten wir die mächtigen Felsen, die den Eingang zum Hafen von Leith bewachen. Da fiel der Wind zu unserem lebhaften Ärger und die Segel hingen schlaff. Kinkel und ich zitierten zu unserem Troste allerlei Verse aus dem Homer, wie die zornigen Götter durch die boshaftesten Streiche den herrlichen Dulder Odysseus von der Erreichung seines geliebten Ithaka abhielten, wie er aber zuletzt, während er schlief, durch sanfte Lüfte dem heimatlichen Gestade zugeführt wurde. So geschah es uns auch. Nachdem wir verdrießlich schlafen gegangen waren, erhob sich eine leichte Brise, die uns mit unmerklicher Bewegung dem ersehnten Hafen zutrieb, und als wir am nächsten Morgen erwachten, lag die „Kleine Anna" vor Anker.

Nun erst erfuhr der gute Kapitän Niemann, was für Passagiere er unter den Namen Kaiser und Hensel übers Meer gebracht hatte. Er gestand uns, die Sache sei ihm von Anfang an etwas unheimlich erschienen, sprach aber in herzlichster Weise seine Freude darüber aus, daß er, wenn auch unwissentlich, das seinige zu Kinkels Entkommen beigetragen habe. Kinkel und ich waren ungeduldig, ans Land zu gehen. Glücklicherweise hatte uns Brockelmann nicht allein an seinen Korrespondenten in Newcastle Briefe gegeben, sondern auch an den in Leith, einen Kaufmann namens Mac Laren. Diesem wünschten wir uns sogleich zu präsentieren. Aber der Kapitän erinnerte uns daran, daß der Tag unserer Ankunft ein Sonntag war, an dem ein schottischer Kaufmann gewiß nicht in seinem Kontor zu treffen sein werde; und er wisse nicht, wie wir das Wohnhaus finden könnten. Das sahen wir ein. Indes hatten wir die „Kleine Anna" mit ihrer winzigen Kajüte und ihrem Teergeruch gründlich satt. Wir beschlossen daher, so gut es ging, Toilette zu machen und ans Land zu steigen, um, wenn wir auch am Sonntag unseren schottischen Freund nicht erreichen könnten, uns wenigstens die Stadt Edinburg anzusehen. Auch hofften wir, in irgend einem Hotel Unterkunft zu finden.

Es war ein schöner, sonniger Wintermorgen. Welche Lust war es, als wir die Hauptstraße von Leith hinaufwanderten, zu fühlen, daß wir nun wieder festen Boden unter den Füßen hatten und als freie Menschen jedem ins Antlitz schauen durften! Endlich alles überstanden, alle Gefahren glücklich vorüber, keine Verfolgung mehr, ein neues Leben vor uns! Es war über alle Beschreibung herrlich. Wir hätten jauchzen und springen mögen, besannen uns aber und wanderten in raschem Gang aus der Hafenstadt in die Straßen von Edinburg hinauf. Diese Straßen sahen recht sonntäglich aus. Die Kaufläden waren geschlossen, kein Fuhrwerk störte die Stille, die Leute gingen schweigend daher, wahrscheinlich zur Kirche. Doch bemerkten wir bald, daß manche der Vorübergehenden uns mit einer Art Verwunderung anblickten, und es währte nicht lange, bis ein Trupp von Knaben sich um uns sammelte und uns mit spöttischem Lachen verfolgte. Wir blickten einander an und wurden gewahr, daß unsere äußere Erscheinung allerdings sonderbar genug gegen die der sauberen Kirchengänger abstach. Kinkel trug seinen großen Bärenpelzrock, der ihm beinahe bis zu den Füßen reichte. Sein Bart, den er, wie früher, voll wachsen lassen wollte, befand sich in dem Stadium der Entwicklung, in welchem er einem rauhen Stoppelfeld ähnlich sah, — und in jener Zeit gehörte in Schottland unter den anständigen Leuten ein Vollbart noch zu den Unmöglichkeiten. Seinen Kopf bedeckte eine Forstbeamtenmütze. Regelrechte Hüte besaßen wir nicht. Ich war in einen langen braunen Überrock mit weiten Ärmeln und einer mit hellblauem Flanell gefütterten Kapuze gekleidet — ein Kleidungsstück, das ich mir in der Schweiz aus meinem großen Soldatenmantel hatte anfertigen lassen. Meine Kopfbedeckung bestand in einer sonderbar geformten schwarzen Samtkappe. Indem wir uns gegenseitig betrachteten kamen wir zu dem Bewußtsein, daß wir an einem Sonntagmorgen auf den Straßen der schottischen Hauptstadt recht seltsame Figuren machten, und über das Erstaunen der frommen Kirchengänger und den Spott der Jugend wunderten wir uns nicht mehr. Indes war der Sache nicht abzuhelfen, und so schlenderten wir ruhig weiter, ohne uns um die Gefühle der Eingeborenen weiter zu kümmern.

Solange nun das frugale Frühstück, das wir noch an Bord der „Kleinen Anna" eingenommen hatten, keinen neuen Hunger aufkommen ließ, unterhielten wir uns vortrefflich. Wir sahen das berühmte Scott-Denkmal und einige imposante Gebäude und gingen dann auf die Burg hinauf, wo uns der erste Anblick von Soldaten in dem prächtigen schottischen Hochlandkostüm zuteil wurde. Auch genossen wir von dort aus nach Herzenslust die wundervolle Aussicht über die Stadt und ihre malerische Umgebung. Kurz, wir fanden Edinburg über die Maßen schön. Unterdessen war aber die Mittagsstunde längst vorübergegangen, und wir begannen zu fühlen, daß das Anschauen auch der herrlichsten Aussicht nicht satt macht. Gebieterisch regte sich das Verlangen nach einer soliden Mahlzeit. So stiegen wir denn von dem Kastell herunter und sahen uns ernstlich nach einem Gasthof oder wenigstens einem Speisehaus um. Aber umsonst. Wir fanden allerdings Gebäude genug, die ihrem Aussehen nach Gasthäuser oder Restaurationen hätten sein können, aber nirgends eine offene Tür. Ein parmal versuchten wir einzutreten, aber vergeblich. Nun kam uns unsere Unkenntnis der englischen Sprache äußerst ungelegen. Weder Kinkel noch ich verstanden das mindeste davon. Wir besannen uns, was für englische Worte wir wohl zur Verfügung haben mochten und fanden nur zwei: „Beefsteak“ und „Sherry“. Einige der Vorübergehenden redeten wir auf Deutsch und auch auf Französisch an, aber alle Gefragten antworteten uns nach langem, erstauntem Anstarren in einer uns durchaus unverständlichen Zunge. Zuweilen jedoch schienen sie, wenn wir unsere beiden englischen Worte „Beefsteak“ und „Sherry“ ausgesprochen hatten, mit den Händen nach der Hafenstadt Leith hinunterzudeuten. Unsere Lage wurde immer bedenklicher. Die Sonne neigte sich bereits dem Untergange zu. Von dem langen Umherwandern waren wir recht müde geworden, und der Hunger fing an, uns ernstlich zu quälen. Es schien uns nichts übrig zu bleiben, als an Bord der „Kleinen Anna“ zurückzukehren und dort eine Mahlzeit und ein Nachtquartier zu suchen.

So wanderten wir denn wieder dem Hafen zu. Plötzlich bemerkten wir in der Hauptstraße von Leith an einem großen Hause, dessen Front mit der Inschrift „Black Bull Hotel“ geschmückt war, eine offene Tür. Sogleich traten wir ein. Unmittelbar von der Türe führte eine Treppe in das obere Stockwerk hinauf. Diese stiegen wir hinan und erreichten einen geräumigen Vorplatz mit verschiedenen Türen, von denen eine halb offen stand. Durch diese blickten wir in einen kleinen von einem Kaminfeuer behaglich erhellten Salon. Ohne langes Bedenken traten wir ein, setzten uns zu beiden Seiten des Kamins in bequeme Armstühle nieder, zogen die Klingelschnur und erwarteten die weiteren Fügungen des Schicksals. Nach wenigen Minuten erschien in der Tür ein Mann in schwarzem Frack mit weißer Halsbinde und einer Serviette über dem Arm — offenbar ein Kellner. Als er die beiden fremdartigen Gestalten am Kamin sitzen sah, durch das rötlich flackernde Licht des Feuers vielleicht noch abenteuerlicher in ihrer Erscheinung gemacht, fuhr er zurück und stand einen Augenblick stumm und unbeweglich da mit großen Augen und halbgeöffnetem Munde. Wir konnten uns des Lachens nicht enthalten, und wie er uns lachen sah, so lächelte er auch, aber mit einem zweifelvoll ängstlichen Gesichtsausdruck. Dann sprachen wir unsere beiden englischen Worte aus: „Beefsteak — Sherry“. Der Kellner stammelte eine

Antwort, die uns durchaus unverständlich war, und zum Zeichen dessen zuckten wir die Achseln. Er schob sich darauf hinterwärts zur Türe hinaus und verschwand.

Bald kam er wieder mit einem andern Manne, auch in Frack und weißer Halsbinde, der uns den Eindruck eines Oberkellners machte, denn es war etwas wie Autorität in seiner Miene. Beide starrten uns an und wechselten einige Worte unter sich. Wir lachten, und der neue Ankömmling lächelte ebenfalls. Dann sagte er uns etwas auf Englisch, das wie eine Frage klang. Wir antworteten ihm auf Deutsch und dann auf Französisch, daß wir ein Mittagessen und ein Nachtquartier wünschten, aber er schüttelte den Kopf wie einer, der nicht verstand. So blieb uns denn nichts übrig als wieder „Beefsteak — Sherry" zu sagen. Darauf nickte der Oberkellner, und beide verließen das Zimmer. Nach einer Weile trat ein dritter Mann ein, der nicht einen Frack, sondern einen schwarzen Gehrock trug. In dem Ausdruck seines Gesichts war noch mehr Autorität, als in dem des Oberkellners, und wir schlossen, das müsse der Wirt sein. Er betrachtete uns mit einer Art von Kennerblick und sprach dann zu uns in offenbar freundlichem Tone. Da wir aber wiederum kein Wort verstanden, so wiederholten wir unsere Rede von Beefsteak und Sherry und machten ihm durch Gebärden verständlich, daß wir hungrig seien. Zugleich hatte Kinkel den glücklichen Einfall, in die Tasche zu greifen und einige Goldmünzen hervorzuholen, die er dem Wirte auf der flachen Hand zeigte. Dieser lächelte schmunzelnd, machte eine kleine Verbeugung und entfernte sich.

Nach einer Weile brachte der Kellner, den wir zuerst gesehen hatten, ein paar brennende Kerzen auf silbernen Leuchtern und breitete ein Tischtuch über den runden Tisch, der in der Mitte des Zimmers stand. Nachdem er in gutem Stil zwei Gedecke gelegt, erschien er wieder mit einer Suppenschüssel, die er vor einem der Gedecke niedersetzte. Nun nahmen wir vergnüglich Platz. Darauf hob der Kellner den silbernen Deckel von der Suppenschüssel mit mächtigem Schwunge auf, deutete mit dem Zeigefinger in die offene Schüssel hinein und sagte langsam und nachdrücklich, indem er bei jeder Silbe dem Inhalt der Schüssel mit dem Finger einen Stoß zu geben schien: „Ox-tail-soup!" Dann blickte er uns triumphierend an und trat hinter Kinkels Stuhl. Dies war meine erste Lektion im Englischen. Nun konnten wir nach der Ähnlichkeit mit den deutschen Wörtern uns wohl denken, was „ox" und was „soup" bedeutete; aber die Bedeutung des Wortes „tail" wurde uns erst klar, als wir den Inhalt der Schüssel auf unsern Tellern erblickten. Wir fanden die Suppe köstlich, und damit war unser englischer Wortschatz um ein wertvolles Stück bereichert. Der Wirt war vernünftig genug gewesen, sich in der Ausführung unseres Wunsches nicht auf „Beefsteak" und „Sherry" zu beschränken, sondern uns ein vollständiges Mittagessen vorsetzen zu lassen, dem wir denn auch nach der langen Seefahrt und dem hungrigen Sonntagsspaziergang in der schottischen Hauptstadt alle Ehre erwiesen.

Wir waren, wieder am Kamin sitzend, mit unseren Nachtischzigarren beschäftigt, als der Wirt seinen Besuch wiederholte und uns mit freundlicher Miene etwas sagte, das wie die Frage klang, ob uns das Mittagessen gut geschmeckt habe, oder, was wir nun weiter wünschten. Durch allerlei sinnreiche Gebärden gaben wir ihm zu verstehen, daß wir Feder, Tinte und Papier haben wollten, um Briefe zu schreiben, und daß es dann unser Wunsch sein werde, zu Bett zu gehen. In allen Dingen wurde uns willfahren. Wir fügten nun den Briefen, die wir während der letzten beiden Tage auf dem Schiff an die Unsrigen in der Heimat geschrieben, noch mehrere hinzu. Es war ein unbeschreiblich glückliches Gefühl, daß wir uns nun den Lieben gegenüber wieder mit voller Freiheit aussprechen durften. Kinkel lud Frau Johanna zu einem Wiedersehen in Paris ein und schrieb dann auch einen langen Brief an meine Eltern, in dem er ihnen allerlei Gutes von mir sagte.

Nachdem wir zu schreiben aufgehört, führte uns der Kellner in ein geräumiges Schlafgemach mit zwei Himmelbetten, deren Größe uns in Erstaunen setzte. Nicht allein der Länge, sondern auch der Quere nach hätten wir Sechsfüßigen ein Übermaß von Platz darin gefunden. Welche Wollust nach den vierzehn Nächten in den sargartigen Kojen der „Kleinen Anna"! Am nächsten Morgen nach einem vortrefflichen Frühstück verabschiedeten wir uns von dem Wirt des Black Bull Hotel mit stummem Lächeln und Händedruck, aber mit aufrichtiger Dankbarkeit, und es blieb uns ein Gegenstand der Verwunderung, was der freundliche Schotte wohl von seinen unheimlich sonderbaren Gästen gedacht haben mag, die so plötzlich, ohne Gepäck und ohne ein anderes verständliches Wort als beefsteak oder sherry, in einem seiner Zimmer auftauchten, und warum er uns nicht sofort die Türe wies.

Nun gingen wir nach der „Kleinen Anna" im Hafen zurück und dann in Begleitung unseres Kapitäns nach dem Geschäftshause des Kaufmanns Mac Laren. In diesem fanden wir einen sehr zuvorkommenden, angenehmen Mann, der geläufig Deutsch sprach. Er war von Brockelmann von allem unterrichtet worden, was er über Kinkel und mich wissen sollte, begrüßte uns mit großer Herzlichkeit, bestand darauf, unser Gepäck sofort von der „Anna" nach seinem Wohnhause bringen zu lassen, und sich uns ganz zu widmen, so lange wir in Edinburg bleiben möchten. Von dem guten Kapitän Niemann nahmen wir in Mac Larens Kontor Abschied. Ich habe ihn nie wiedergesehen, erfuhr aber nach Jahren, daß er auf der Nordsee in einem schweren Wintersturm mit seinem Schiff untergegangen sei.

Nachdem wir uns bei einem Hutmacher und in einem Kleiderladen ein anderen Menschen ähnliches Aussehen verschafft hatten, ließen wir uns von Mr. Mac Laren die Merkwürdigkeiten Edinburgs zeigen, dinierten abends in seiner Familie und fuhren nachts nach London weiter.

Dort waren wir von Brockelmann an das Bankhaus Hambro & Sohn empfohlen, und der Chef des Hauses stellte uns sofort einen seiner Angestellten zur Seite, einen Frankfurter namens Heinrich Verhuven, der uns während unseres Aufenthaltes seine ganze Zeit widmen sollte. Verhuven war ein äußerst gefälliger und angenehmer Begleiter, und in seiner Gesellschaft jagten wir nun mehrere Tage lang, von früh morgens bis spät abends von einer Sehenswürdigkeit zu der andern. Auf diese Weise entgingen wir auch den Besuchern, die in großer Zahl in unserm Hotel, dem London Coffee House, ihre Karten abgaben. Auch die Karte von Charles Dickens fanden wir darunter. Seine Bekanntschaft hätten wir sehr gern gemacht und erwiderten seinen Besuch, leider ohne ihn zu Hause zu finden. Auch bei meiner späteren Anwesenheit in London bin ich ihm nie begegnet.

In jenen Tagen empfing ich auch den ersten Eindruck der englischen Sprache, und zwar einen Eindruck, der mir jetzt, nachdem ich diese Sprache habe besser kennen lernen, kaum noch erklärlich ist. Der berühmte Tragöde Macready gab eine Reihe von Darstellungen Shakespearescher Charaktere. Wir sahen ihn in Macbeth und Heinrich VIII. Obgleich ich die gesprochenen Worte nicht verstand, so war ich doch mit den Stücken hinreichend vertraut, um dem Dialog folgen zu können. Aber ich konnte zu keinem Genuß kommen, denn die unreinen Vokale und die Zischlaute, ja der ganze Klang und Tonfall der englischen Sprache fielen mir so unmusikalisch, so widerlich ins Ohr, daß ich dachte, eine solche Sprache würde ich niemals erlernen. Und in der Tat hat dieser unangenehme erste Eindruck mich, auch als ich später in London wohnte, lange davon abgehalten, ihr Studium ernstlich in Angriff zu nehmen.

Da Kinkel in London einen Brief von Frau Johanna empfing, in dem sie den Tag ihres Eintreffens in Paris bestimmte, so begaben wir uns nach einigen Tagen höchst anstrengenden Vergnügens auf den Weg nach der französischen Hauptstadt. Das Wiedersehen der durch hartes Schicksal so lange getrennten Gatten war mir eine kaum geringere Freude als ihnen selbst. Aber mit dieser Freude brachte unsere Ankunft in Paris mir auch eine schwere Bürde, und diese Bürde bestand in meiner plötzlichen „Berühmtheit“. Obgleich ich schon in Rostock, Edinburg und London im kleinen Freundeskreise Lobsprüche sehr warmer Art empfangen hatte, so setzte mich doch das, was ich in Paris über die durch die Befreiung Kinkels erregte Sensation erfuhr, in Erstaunen und Verlegenheit. Während Kinkel und ich auf dem Meere schwammen und in der Kajüte der „Kleinen Anna“ mit Kapitän Niemann Navigationsrat hielten, war es allgemein bekannt geworden, daß ich, ein junger Student von Bonn, bei Kinkels Erlösung in leitender Weise tätig gewesen sei. Natürlich waren die Einzelheiten des Abenteuers für das große Publikum noch im Dunkeln. Solches Dunkel ist bekanntlich der Sagenbildung günstig; und so überboten sich die freisinnigen Zeitungen in Deutschland in romantischen Geschichten, als deren alleiniger Held ich herhalten mußte. Die beliebteste und am meisten geglaubte dieser Geschichten ließ mich, wie einst Blondel vor dem Kerkerturm des Richard Löwenherz, durch Gesang — diesmal nicht mit der Laute des Troubadours, sondern mit einer Drehorgel begleitet — die Aufmerksamkeit meines gefangenen Freundes auf mich ziehen und so das Fenster seiner Zelle entdecken und dann auf wunderbare Weise sein Entkommen bewirken. Eine andere Sage brachte mich mit einer preußischen Prinzessin in Verbindung, die auf geheimnisvolle und für sie selbst gefährliche Weise meinem Unternehmen Vorschub geleistet habe. Manche Blätter legten ihren Lesern meine Biographie vor, die natürlich zum großen Teil aus phantastischen Ausschmükkungen bestand, da es von meinem jungen Leben fast gar nichts zu erzählen gab. Ich wurde sogar zum Gegenstand dichterischer Ergüsse gemacht, die meine „Tat" in allen Tonarten verherrlichten. Über meine Eltern ergoß sich, wie sie mir schrieben, eine Flut von Glückwünschen, die zum großen Teil von ganz unbekannten Personen kamen.

Nun war das Lob, das meine Eltern mir spendeten, und die Dankbarkeit, die Frau Kinkel mir in ihrem und ihrer Kinder Namen aussprach, mir eine wirkliche und große Genugtuung. Aber die Überschwenglichkeiten, die ich in den deutschen Blättern zu lesen und in unserm ausgedehnten und täglich wachsenden Bekanntenkreise in Paris zu hören bekam, beunruhigten mich ernstlich. Das, was ich getan hatte, war mir nie als etwas gar so Absonderliches vorgekommen, daß es all diesen Lärm verdient hätte. Dann war mir auch stets der Gedanke gegenwärtig, daß ohne Brunes kühne Entschlossenheit im entscheidenden Augenblicke all mein Bemühen vergeblich gewesen wäre, und von Brune, der in jenen Tagen einer scharfen Untersuchung unterworfen war, durfte ich nicht sprechen, ohne ihn in gefährlicher Weise zu kompromittieren. So fühlte ich mich denn, indem ich meinen „Heldenruhm" über mich ergehen ließ wie einer, der sich's gefallen läßt, mit fremden Federn geschmückt zu werden; und dieses Gefühl war mir in hohem Grade peinlich. Dazu kam noch, daß ich in jeder Gesellschaft, in der ich mich zeigte, ein übers andere mal gefragt wurde: „Wie haben Sie denn diesen kühnen Streich ausgeführt? Erzählen Sie!" Da ich nun nicht erzählte, weil ich nicht die ganze Wahrheit sagen durfte, so wurden neue Geschichten erfunden, die womöglich noch phantastischer waren als die alten. Dies wurde mir nachgerade so drückend, daß ich gar nicht mehr in Gesellschaft gehen mochte, und diejenigen, die zu mir kamen und mich mit Fragen bestürmten, fast unfreundlich abwies. So ist denn meine erste Erfahrung in der Rolle eines interessanten und populären Menschen keineswegs eine sehr lockende gewesen. Ich war in ernstlichem Zweifel, ob nicht die Bürde den Genuß überwog. Diese Erfahrung hat sich in meinem Leben mehr als einmal wiederholt.

Um nun die Erzählung dieser Episode zum Abschluß zu bringen, bleibt noch einiges über die weiteren Schicksale derjenigen nachzutragen, die bei der Befreiung Kinkels hauptsächlich tätig waren. Am Tage nach Kinkels Flucht aus Spandau fiel sogleich der Verdacht der Mitwirkung auf Brune. Er wurde unverzüglich gefangen gesetzt und eine Untersuchung über ihn angeordnet. Anfangs konnte man ihm nichts nachweisen; aber dann — so wurde berichtet — sperrte man mit ihm einen Polizeiagenten ein, den er nicht als solchen erkannte, und dem er unvorsichtigerweise seine Geschichte anvertraute. Er wurde darauf vor Gericht gestellt und zu drei Jahren Gefängnis verurteilt. Nachdem er diese Strafe abgebüßt, zog er mit seiner Familie nach dem heimatlichen Westfalen, wo er mit seinem Gelde, das nicht entdeckt worden war, seiner Familie einen behaglichen Haushalt gründen konnte und unter seinen Landsleuten geachtet lebte. Als ich im Jahre 1888 von Amerika aus Deutschland besuchte und mein Aufenthalt in Berlin einige Aufmerksamkeit auf mich zog, empfing ich einen

Brief, den ein Freund Brunes in seinem Auftrage an mich geschrieben hatte. Es hieß darin, daß Brune zurzeit Pförtner in einem großen Eisenwerk in Westfalen sei, daß es ihm gut gehe, obgleich er anfange, die Beschwerlichkeiten seines hohen Alters zu fühlen, und daß er gern wissen möchte, wie ich mich befände. Ich antwortete sogleich, gab ihm über mich die gewünschte Auskunft und bat um sein Bild. Derselbe Freund schrieb mir wieder, Brune habe sich über meinen Brief sehr gefreut, aber er sei in seinem Alter noch eigensinniger geworden als er es früher gewesen; er habe sich nie wollen photographieren lassen und sei auch jetzt nicht dazu zu bewegen. Ich wünschte lebhaft, Brune noch einmal zu sehen und beabsichtigte ihn zu besuchen. Aber verschiedene Umstände machten die bereits vorbereitete Reise zu meinem großen Leidwesen unmöglich. Im Jahre 1891 empfing ich in Amerika einen Brief von Brunes Tochter, worin sie mir den Tod ihres tapferen Vaters meldete.

Da die Spandauer Teilnehmer an der Befreiung Kinkels sich zu sehr über das Gelingen des Wagestücks freuten, als daß sie diese Freude hätten ganz für sich behalten können, so wurde auch Krüger in die Untersuchung verwickelt und vor Gericht gezogen. Es wurde berichtet, daß er in den Gerichtsverhandlungen meine Einkehr in seinem Gasthofe bereitwillig zugestanden habe mit dem Bemerken, es sei sein Geschäft, anständig aussehende Fremde, die voraussichtlich ihre Rechnung bezahlen könnten, in seinem Hause aufzunehmen. Er könne dabei nicht immer genau untersuchen, wer diese Fremden seien, und was sie beabsichtigten. So sei z. B. sogleich nach der Revolution in Berlin am 18. März 1848 ein sehr stattlich aussehender Herr mit einigen Freunden in seinem Gasthofe abgestiegen. Die Herren seien in großer Aufregung und Eile gewesen, und er habe manches Außergewöhnliche in ihrem Benehmen bemerkt. In großer Hast seien sie wieder abgereist, wie er gehört habe, nach England. Es sei ihm nicht einen Augenblick eingefallen, ihnen die Gastlichkeit seines Hauses als Unbekannten zu verweigern. Erst später habe er erfahren, daß der vornehmste dieser Herren Se. Königliche Hoheit der Prinz von

Preußen gewesen sei. — Diese Erzählung, mit dem stillen Lächeln vorgetragen, das Krüger eigen war, soll das anwesende Publikum in die heiterste Laune versetzt haben, der sich selbst der Gerichtshof nicht ganz entziehen konnte. — Krüger wurde freigesprochen, lebte ruhig in Spandau fort und starb in den siebziger Jahren, von seinen Mitbürgern allgemein geachtet.

Poritz, Leddihn und Hensel gingen ebenfalls frei aus, da man keine Beweise gegen sie aufbringen konnte. Poritz und Hensel starben nicht viele Jahre nach den hier erzählten Ereignissen. Leddihn sah ich im Jahre 1888 in Berlin wieder. Er wohnte schon längere Zeit dort, war ein wohlhabender Bürger geworden und bekleidete die geachtete Stellung eines Stadtverordneten. Drei Jahre später meldeten die Zeitungen seinen Tod.

Ich habe diese Geschichte, deren Gegenstand in jenen Tagen sehr viel von sich reden machte, so niedergeschrieben, wie sie mir in der Erinnerung steht; und da dieses Haupterlebnis meiner Jugend sich natürlich in mein Gedächtnis sehr scharf einprägte, so glaube ich, daß die Erzählung, den wesentlichen Inhalt der angeführten Gespräche nicht ausgenommen, wahrheitsgetreu ist.

Ich habe bereits erwähnt, daß anfangs der sechziger Jahre Moritz Wiggers in der Leipziger Gartenlaube eine ausführliche Erzählung der Befreiung und Flucht Kinkels veröffentlichte. Aber das machte den mehr oder minder phantastischen Legenden, die darüber erzählt wurden, kein Ende. Im Gegenteil, es ist seither fast kein Jahr vergangen, während dessen ich nicht von verschiedenen Gegenden Deutschlands Zeitungsblätter und Briefe empfangen hätte, die darüber wunderlich ausgeschmückte Geschichten enthielten. Und noch immer kommen von Zeit zu Zeit Zuschriften von Unbekannten, die mir berichten, ihre Väter hätten ihnen erzählt, daß sie mich zu jener Zeit irgendwo gesehen oder mir gar bei dem Befreiungsabenteuer beigestanden hätten.

Gegen Ende des vorigen Jahrhunderts, ehe das Zuchthaus in Spandau abgebrochen wurde, erfreuten mich einige Spandauer Bürger mit einem photographischen Bilde, welches das

Gebäude und die anliegende Straße sowie Kinkels Kerkerzelle darstellte. Und mehr als fünfzig Jahre nach dem Ereignis empfing ich einen von mehreren Deutschen, darunter einem Reichstagsmitgliede, gezeichneten Gruß auf einer Ansichtspostkarte mit dem Bilde des Gasthauses „Zum weißen Kreuz“ bei Rostock, auf dem die „Kinkelsecke“ markiert war. So lebt die Sage noch.

Elftes Kapitel.

Die Kinkels beschlossen, sich in England niederzulassen. Nach einigen Tagen höchst glücklichen Zusammenseins mit ihrem Gatten kehrte Frau Johanna von Paris nach Bonn zurück, um so schnell wie möglich die Vorbereitungen für die Übersiedelung der Familie zu treffen. Kinkel beschäftigte sich noch eine Weile mit dem Studium der wichtigsten Architekturen, Gemäldegalerien und sonstigen Kunstsammlungen in Paris und reiste dann nach London ab. Ich zog vor, noch einige Zeit in Paris zu bleiben, teils weil ich hoffte, dort meine geschichtlichen Lieblingsstudien am besten fortsetzen zu können, teils auch, weil damals noch Paris als der Herd liberaler Bewegungen auf dem europäischen Kontinent galt, und ich glaubte, da, wo die Schicksale der Welt geschmiedet würden, auch den geeignetsten Platz für mich als Zeitungskorrespondenten zu finden. So trennten wir uns denn, und damit war die Periode der aufregenden Abenteuer und der darauffolgenden Festtage zu Ende.

Nun galt es, mir wieder eine geordnete Lebensart und Tätigkeit einzurichten, um mich ehrlich durchzuschlagen. Meine journalistischen Verbindungen in Deutschland waren bald wieder angeknüpft, und ich fand, daß ich etwa 180 Franken den Monat mit Korrespondenzen verdienen konnte. Ich nahm mir vor, meine regelmäßigen Ausgaben auf 100 Franken den Monat zu beschränken und somit eine kleine Reserve für außergewöhnliche Erfordernisse übrig zu behalten. Das setzte eine sorgfältige sparsame Haushaltung voraus, aber ich lernte bald, mit wie wenig Geld man in Paris verhältnismäßig anständig wirtschaften konnte. Diese Schule der Ökonomie ist mir immer nützlich geblieben. Noch während die Kinkels in Paris waren, hatte ich das Gasthaus, in dem wir zuerst eingekehrt, verlassen, um das Zusammensein der so lang getrennten Eheleute nicht zu stören, und war zu meinem Freunde Strodtmann gezogen, der sich schon einige Zeit vor uns in Paris eingefunden hatte und eine geräumige Stube in einem Hotel garni des Faubourg Montmartre bewohnte. Aber diese gemeinsame Wirtschaft währte nicht lange. Strodtmann vermochte nicht, in seinen Sachen Ordnung zu halten, und da auch ich in dieser Richtung meine Schwächen hatte, so gab es in unserem Zimmer, das zugleich als Wohn- und Schlafraum diente, oft ein schlimmes Durcheinander. Es ist eine alte Erfahrung, daß ein Mensch, der selbst nicht ordentlich ist, die Unordentlichkeit eines andern zuweilen recht unbequem empfindet. So ging es uns auch. Natürlich schien es mir, daß Strodtmann der größere Sünder sei, und nicht ganz mit Unrecht. Er aß gern gut, studierte die in den Schaufenstern der Delikateßhandlungen ausgestellten Leckerbissen mit großem Eifer und bildete sich ein, feine Speisen selbst bereiten zu können. So machte er denn auf unserem Kaminfeuer allerlei Koch- und Bratversuche, die das Zimmer mit unwillkommenen Düften erfüllten. Auch wollte er sich das Kaffeemachen nicht nehmen lassen, denn er bestand darauf, er verstehe das viel besser als ich oder irgend jemand anders. Dieser Anmaßung würde ich mich schon gern unterworfen haben, aber da er mit der brennenden Spirituslampe seiner Kaffeemaschine zuweilen sehr lebhaft umging, so passierte es ihm wohl, daß er umherliegende Kleider und Papiere in Brand setzte und endlich gar ein großes Loch in das wertvollste Stück meiner Garderobe brannte, — nämlich jenen weiten Paletot mit Kapuze, den ich mir in der Schweiz aus meinem badischen Offiziersmantel hatte anfertigen lassen. Als dies geschehen war, wollte Strodtmann sich über seine eigene Ungeschicklichkeit totlachen, und ich lachte mit. Aber nach dieser Katastrophe kamen wir doch in der freundschaftlichsten Weise dahin überein, daß für zwei so unordentliche Menschen in der einen Stube nicht hinreichend Raum sei. Ich mietete mir also ein Zimmer auf dem Quai St. Michel Nr. 17, und Strodtmann siedelte sich im „lateinischen Quartier" in meiner Nähe an.

Das Haus Quai St. Michel Nr. 17 wurde von einer Witwe, Mme Petit, und ihren Töchtern, zwei nicht mehr ganz jungen unverheirateten Damen, nach Grundsätzen strengen Anstandes geführt. Die Mieter durften weder Hunde, noch menschliche Wesen weiblichen Geschlechts über die Schwelle bringen. Auch sonst wurde ein stilles Verhalten gewünscht. In diesen Dingen unterschied sich dieses Haus vorteilhaft von den meisten Mietwohnungen im lateinischen Viertel. Wer sich bei uns durch besonders korrekte Aufführung auszeichnete, der wurde damit belohnt, daß ihn Mme zuweilen in ihren kleinen Salon zum Tee einlud, wo es in der Gesellschaft der vergilbten Töchter und einiger Freunde der Familie recht langweilig herging. Nachdem man diese Erfahrung einmal gemacht hatte, drückte man sich an solcher Ehrenbezeugung vorbei, so gut man konnte. Mein Zimmer im Hause der Mme Petit war meinen damaligen Begriffen nach recht behaglich. Allerdings lag es nicht nach der Seine hinaus, sondern ich sah von meinen Fenstern in eine enge und nicht ganz reinliche Gasse. Auch mußte ich, um meine Wohnung zu erreichen, mehrere Treppen hinauf- und andere Treppen hinabsteigen, einen dunkeln Gang durchwandern und um verschiedene Ecken biegen. Aber das störte mich nicht. Meine Stube war ziemlich geräumig, hatte einen roten Ziegelboden, stellenweise mit kleinen Stückchen Teppich bedeckt, mehrere brauchbare Stühle, einen runden Tisch, einen Kamin, einen Kleiderschrank und sogar ein Klavier, das freilich alt und schlecht war, aber doch nicht so schlecht, wie man hätte fürchten dürfen. Mein Bett stand in einem Alkoven und konnte vermittelst baumwollener Vorhänge den Blicken des Besuchers entzogen werden. Für diese Wohnung hatte ich monatlich eine Miete von 30 Franken zu bezahlen, eine für meine Verhältnisse hohe Summe; aber ich dachte mir, daß der Charakter des Hauses mir anderweitig werde sparen helfen. Mein erstes Frühstück bestand in einer Tasse Kaffee, die ich mir selbst bereitete, oder in einem Glase Wein mit Wasser und einem Stück Brot, zuweilen mit, zuweilen ohne Butter. Nachdem ich bis Mittag gearbeitet hatte, nahm ich mein zweites Frühstück, das nie über einen halben Franken kosten durfte, in irgend einem Restaurant des lateinischen Viertels, und abends aß ich in einem Lokal in der Rue St. Germain L'Auxerrois nahe beim Louvre, das von einer sozialistischen Vereinigung von Köchen geführt wurde, der Association fraternelle des cuisiniers réunis. Köche, Aufwärter und Gäste redeten sich dort nach dem Muster der ersten französischen Revolution mit dem Titel „Citoyen" an, und der bürgerliche Gleichheitsstolz betätigte sich auch darin, daß der Citoyen Aufwärter von dem Citoyen Gast kein Trinkgeld annahm. Übrigens empfing man bei diesen Citoyens für einen Franken ein allerdings einfaches, aber doch reichliches und schmackhaftes Mahl, bei dem sogar die „Konfiture" zum Nachtisch und ein Glas Wein nicht fehlten. Die Gesellschaft war gemischt, aber um so mehr hatte man Veranlassung, sich während des Essens in den idealen Brüderlichkeitsstaat hinein zu träumen.

Rechnete ich zu diesen Ausgaben das Nötige für Wäsche und dann und wann ein Feuer im Kamin, so belief sich das regelmäßige Budget auf nicht ganz drei Franken täglich, oder 90 bis 93 Franken per Monat. Ich konnte mir sogar einigen Luxus erlauben, den Ankauf einiger Bücher, die ich jetzt noch besitze, zuweilen ein Billet für das Parterre des Odeon oder eines Vorstadttheaters, eine gelegentliche Tasse Kaffee auf dem Boulevard, und dergleichen, ja ich konnte, freilich nur sehr selten, die Rachel im Theater Français sehen, ohne die Summe von 120 Franken den Monat zu übersteigen; und dann blieb mir von meiner Einnahme noch eine kleine Reserve übrig für unvorhergesehene Fälle, wie sie sich in dem Leben eines Flüchtlings wohl ereignen konnten. So hielt ich Haus, machte keine Schulden, war niemandem verpflichtet und befand mich sehr wohl dabei.

Natürlich konnte ich unter diesen Umständen nicht daran denken, viele gesellschaftliche Verbindungen anzuknüpfen. Außer einem gelegentlichen Besuch des Salons der Gräfin d'Agoult, der bekannten Freundin Liszts, blieb mein Umgang beschränkt auf die deutschen Flüchtlinge, einige deutsche Studierende und junge Künstler, die in Paris weitere Ausbildung suchten, und einige französische Studenten, die ich teils bei meinen deutschen Freunden, teils als Hausgenossen im Salon der Mme Petit hatte kennen lernen. Aber in diesem kleinen Kreise fand ich tüchtige und angenehme Menschen. Wir hatten wöchentlich musikalische Abende zusammen, zuweilen in meinem Zimmer, bei denen die jungen Musiker, unter ihnen Reinecke, der spätere Direktor der Leipziger Gewandhauskonzerte, die neueren Komponisten durchgingen und auch wohl ihre eigenen Erzeugnisse vorführten, während ich als enthusiastischer Zuhörer und wohlwollender Kritiker fungierte. Auch tranken wir bei diesen Gelegenheiten einen Punsch, der aus Gründen der Sparsamkeit an Schwäche nichts zu wünschen übrig ließ. In diesem Kreise war mein guter Kamerad Strodtmann ein großer Liebling. Er hatte sich damals tief in die sozialistische Poesie jener Periode gestürzt, in der er ein vielversprechendes Symptom einer neuen geistigen und sittlichen Regeneration der Menschheit sah. Einige französische Gedichte dieser Art übersetzte er mit großem Geschick in wohltönende deutsche Verse, die er uns zu unserem großen Vergnügen zuweilen an unseren geselligen Abenden vorlas. Er war auch ein guter Zuhörer. Obgleich sehr taub, zeigte er warmes Interesse an unseren musikalischen Leistungen und gab mit seiner Donnerstimme dann und wann ein überraschend naives Urteil ab. Wir alle waren ihm herzlich gut wegen seiner hohen Begeisterung, seiner regen Sympathien, der offenbaren Ehrlichkeit seiner Natur und der robusten Freimütigkeit, mit der er seine oft recht exzentrischen Ansichten über Menschen und Verhältnisse aussprach. Zuweilen erregten seine Sonderbarkeiten stürmische Ausbrüche von Gelächter, in das er dann gutmütig einstimmte, indem er am lautesten lachte in kindlichem Erstaunen über die wunderlichen Dinge, die er selbst gesagt oder getan hatte. Er hätte wohl als Original dienen können für manche Karikaturen des „zerstreuten Professors", der einen Lieblingsgegenstand deutscher Witzblätter abgibt.

Nicht selten sah man ihn auf den Straßen des Quartier Latin aus seiner langen deutschen Tabakspfeife rauchend, wie er als Student in Bonn umhergegangen war. In Paris blieben die Leute verwundert stehen, wenn sie diese ungewohnte Erscheinung erblickten, und bald war er im lateinischen Viertel als „l'homme à la longue pipe" bekannt. Eines Tages trat er in mein Zimmer mit einer Haarbürste unter dem Arm, und als ich ihn fragte: „Aber Strodtmann, was trägst du denn da?" sah er sich die Sache zuerst erstaunt an, lachte dann hell auf und sagte mit seiner lauten Stimme: „Das ist ja meine Haarbürste! Ich dachte, es sei ein Buch, aus dem ich dir ein Gedicht vorlesen wollte." Ein andermal, als er mich besuchte, bemerkte ich, daß sein Gesicht den Ausdruck ungewöhnlichen Ernstes trug. „Ich habe nur ein Paar Stiefel", sagte er. „Einer davon ist noch ziemlich gut, aber der andere, siehst du" — und damit deutete er auf seinen rechten Fuß —, „der andere geht ganz aus den Nähten. Hast du nicht einen Stiefel übrig, den du mir leihen kannst?" In der Tat besaß ich zwei Paare, und es traf sich so, daß von dem einen Paar ein Stiefel schadhaft, der andere aber noch in ganz brauchbarem Zustande war. Diesen stellte ich Strodtmann gern zur Verfügung. Als nun Strodtmann den Austausch sofort vornehmen wollte, bemerkten wir, daß die beiden guten Stiefel, der seinige und der meinige, zwei verschiedenen Moden angehörten; der seinige war an den Zehen zugespitzt, der meinige breit abgeschnitten, und beide waren für den linken Fuß gemacht. Diese unglücklichen Umstände störten jedoch Strodtmann durchaus nicht, und obgleich er zuweilen einige Unbequemlichkeit spüren mochte, ging er doch mehrere Tage in den beiden linken Stiefeln, von denen der eine spitz der andere breit war, ruhig umher, bis sein eigenes Fußzeug die nötige Reparatur erfahren hatte.

Ich fühlte das Bedürfnis, mich in der französischen Sprache zu vervollkommnen und sie mit der Feinheit sprechen und schreiben zu lernen, die ihren charakteristischen Reiz ausmacht. Einer meiner Freunde empfahl mir eine Lehrerin, die den pompösen Namen Mmc la Princesse de Beaufort führte. Es hieß, sie gehöre einer alten hochadligen Familie an, und sei durch die Folgen der Revolutionen so verarmt, daß sie als Sprachlehrerin ihr

Brot verdienen müsse. Ob sich dies in Wirklichkeit so verhielt, weiß ich nicht; aber als ich sie aufsuchte, fand ich in einer sehr bescheidenen Wohnung eines Hotel garni eine ältliche Dame von angenehmen Gesichtszügen und ruhigem, feinem Wesen, das leicht glauben ließ, sie habe sich in gebildeten Kreisen bewegt. Sie nahm mich als Schüler an und erklärte sich bereit, mir wöchentlich zwei Unterrichtsstunden zu geben, von denen jede einen Franken kosten sollte. Am nächsten Tage begannen wir. Meine Lehrerin erlaubte mir, die Methode des Unterrichts selbst zu bestimmen, und ich schlug ihr vor, daß, statt nach dem gewöhnlichen System die grammatischen Regeln durchzugehen, ich ihr kleine Briefe oder Aufsätze schreiben sollte über Gegenstände, die mich interessierten, oder die sie mir angeben möchte. Die Lehrerin sollte dann meine Fehler korrigieren und mir für meine unfranzösischen Redeweisen die idiomatischen beibringen. Wir wollten dabei eine Grammatik zur Hand haben, um mir die Regeln nachzuweisen, die ich etwa verletzte. Dies gefiel ihr, und da ich mich schon einigermaßen verständlich zu machen wußte, so gingen wir ohne Verzug ans Werk.

Diese Methode bewährte sich vortrefflich. Meine Briefe oder Aufsätze handelten von Vorkommnissen, die mir eben begegnet waren, oder von Museen oder Gemäldesammlungen, die ich gesehen, oder von Büchern, die ich gelesen, oder von Tagesereignissen und gar von politischen Angelegenheiten, die mich interessierten. Da ich nun nicht bloße Wortformen grammatikalisch aneinander reihte, wie die Schüler der Gymnasien gewöhnlich ihre lateinischen Aufsätze schreiben, sondern meine Beobachtungen, Erfahrungen und Ansichten mit großer Freiheit darlegte und damit meinen Stilübungen einen möglichst interessanten Inhalt zu geben suchte, so begnügte sich meine Lehrerin nicht damit, mir meine sprachlichen Fehler zu korrigieren, sondern es entspannen sich lebhafte Unterhaltungen zwischen uns, in denen sie mich zu weitern Auseinandersetzungen über den Gegenstand meines Aufsatzes anregte. Diese Gespräche, in denen sie neben gründlicher Sprachkenntnis auch einen feinen Geist offenbarte, wurden uns beiden so angenehm, daß uns nicht selten der Ablauf der festgesetzten Stunde entging, und wenn ich dann aufstand, um mich zu verabschieden, sie mich zu bleiben bat, um das besprochene Thema noch etwas weiter zu verfolgen. Da ich nun außerdem viel las und mir dabei nie erlaubte, über Worte oder Redewendungen, die ich nicht verstand, hinwegzuschlüpfen, so waren meine Fortschritte sehr ermutigend, und nach einigen Wochen kam es nicht selten vor, daß meine Lehrerin mir einen Aufsatz mit der Versicherung zurückgab, sie finde darin nichts zu verbessern.

Diese Weise, eine fremde Sprache zu erlernen, erprobte sich als ebenso angenehm wie wirksam. Man kann die Versuche, sich frei auszudrücken und somit die Sprache selbständig zu handhaben, schon mit einem sehr kleinen Wortschatz beginnen. Gewissenhaftes Lesen und verständig geführte Unterhaltung wird dann den Wortschatz rasch vermehren und die Leichtigkeit des Ausdrucks entwickeln. Aber ich kann nicht zu viel Nachdruck auf den Punkt legen, daß der schriftliche Ausdruck eigener Gedanken die wirksamste und die wichtigste Übung zu der Aneignung der fremden Sprache ist. In der bloßen Konversation sind wir geneigt über Schwierigkeiten hinwegzueilen mit vagen oder unpräzisen Redensarten, die im schriftlichen Ausdruck Korrektur verlangen, und zwar Korrektur, die sich im Gedächtnis festsetzt, wenn das geschriebene Wort uns ins Gesicht blickt. Freilich gehört dazu ein Lehrer, der nicht allein dem Schüler grammatische Regeln einzutrichtern, sondern auch in dem Sprachstudium ein anderweitiges geistiges Interesse anzuregen weiß. Dieser Anforderung genügte die Prinzesse de Beaufort in hohem Grade, und die Stunden, die ich bei ihr zubrachte, sind mir immer eine besonders angenehme Erinnerung geblieben. Als ich zehn Jahre später als Gesandter der Vereinigten Staaten nach Spanien ging und mich unterwegs einige Tage in Paris aufhielt, besuchte ich das Hotel garni, das sie bewohnt hatte, um ihr meine Dankbarkeit zu bezeugen. Aber ich hörte dort, sie habe schon vor Jahren ihre Zimmer verlassen, und niemand im Hause konnte mir über sie Auskunft geben.

Eine andere, fast ebenso wirksame Methode fremde Sprachen

ohne Lehrer zu erlernen, werde ich später erwähnen, wenn ich an die Zeit komme, da ich das Englische angriff. Hier will ich nur hinzusetzen, daß mir in der beschriebenen Weise das Französische recht geläufig wurde. Leider habe ich seither durch Mangel an beständiger Übung nicht wenig von der Leichtigkeit und Korrektheit des Ausdrucks eingebüßt. Ich mache mir einen Vorwurf daraus, denn man kann sich ohne Schwierigkeit, auch ohne beständige Gelegenheit zum Gespräch, in dem vollständigen Besitz einer einmal gewonnenen Sprache dadurch erhalten, daß man täglich sich selbst ein paar Seiten aus einem guten Schriftsteller laut vorliest.

Ich fuhr fort, französische Geschichte, besonders die der Revolutionszeit, eifrig zu studieren, und da Frankreich noch immer als der revolutionäre Führer Europas galt und wir von der Entwicklung der Dinge dort die wichtigsten Resultate erwarteten, so nahm ich auch an der französischen Tagespolitik das lebhafteste Interesse und verfolgte den damals vor sich gehenden Kampf zwischen den Republikanern und dem usurpatorischer Gelüste verdächtigen Präsidenten Louis Napoleon Bonaparte mit der größten Spannung. Aber ich mußte mir gestehen, daß manche von den Dingen, die ich, als nüchterner Beobachter, um mich her vor sich gehen sah, meine Vorstellung von der Großartigkeit der Ereignisse der Revolutionsperiode wesentlich abschwächte und meinem Glauben an die künftige welthistorische Mission Frankreichs einen argen Stoß gaben.

Oft besuchte ich die Galerie der Nationalversammlung, wenn Verhandlungen von Wichtigkeit angekündigt waren. Ich hatte die Geschichte der Konstituante von 1789, des gesetzgebenden Körpers und des Konvents der ersten Revolution mit großem Fleiß studiert, wußte einige der bedeutendsten oratorischen Leistungen Mirabeaus fast auswendig, kannte die parlamentarischen Debatten jener Periode ziemlich gründlich und hoffte nun etwas dem Ähnliches zu hören und zu sehen, das mich beim Lesen so mächtig erregt hatte, und das mir wie das Bild eines gewaltigen Heroendramas in der Phantasie lebte. Mit dieser Erwartung besuchte ich die Nationalversammlung. Meine Enttäuschung war groß. Allerdings fehlte es da nicht an hochtönenden Reden und an Szenen stürmischer, ja tumultuarischer Aufregung. Aber alles dies erschien mir vielfach weniger einem ernsten Gedankenkampf bedeutender Männer ähnlich als einer würdelosen Zänkerei eitler Phrasendrescher. Das war wohl ein zu hartes Urteil; aber es geschieht ja häufig, daß eine zu hoch gespannte Erwartung, wenn sie getäuscht wird, uns dann auch das Gute nicht schätzen läßt, das wirklich vorhanden und der Anerkennung wert ist. Was ich nun in der Gegenwart tatsächlich beobachtete, war die französische Art und Weise zu reden und zu handeln. Diese Art entsprach meinem Ideal nicht, aber sie war immerhin dieselbe französische Art, die bei allen ihren schauspielerischen Äußerlichkeiten in der Vergangenheit, besonders in der Revolutionsperiode, sich sehr wirklich und wirksam erwiesen und kolossale Resultate geliefert hatte.

So wurde ich durch das, was ich auf dem politischen Felde wahrnahm, einigermaßen ernüchtert, und diese Ernüchterung wurde nicht wenig verstärkt durch das, was ich im lateinischen Viertel und an verschiedenen Vergnügungsplätzen von der Liederlichkeit des Studentenlebens sah — des gewohnheitsmäßigen Lebens junger Leute, die man doch zur Blüte der französischen Jugend rechnen sollte.

Ich werde nie den Eindruck vergessen, den einer der Maskenbälle im großen Opernhause auf mich und meine deutschen Freunde machte. Jeder hatte Zutritt, der die Einlaßkarte bezahlen und sich mit dem vorgeschriebenen Kostüm, der gewöhnlichen Abendtoilette oder einem Maskenanzuge versehen konnte. Der Ball begann um Mitternacht. Das Publikum bestand aus jungen Leuten aller Stände, unter denen ich mehrere Studenten aus dem lateinischen Viertel wiedererkannte, mit ihren Grisetten oder „petites femmes", und aus anderen Personen, die gekommen waren, nicht um am Tanze teilzunehmen, sondern um diese charakteristische Schaustellung des Pariser Lebens zu sehen. Die Foyers wimmelten von Frauengestalten in Dominos, die sich an die dort umhergehenden Männer ohne Umstände mit vertraulichen Reden heranmachten. Der große Zuschauerraum der Oper und die Bühne waren als Ballsaal hergerichtet. Der Tanz begann in ziemlich anständiger Weise, artete aber bald in den eigentlichen Cancan aus. Polizeibeamte bewegten sich durch den Saal, um die gröbsten Verletzungen der guten Sitte zu verhüten. Anfangs schien dies auch zu gelingen — wenigstens ließen die Tänzer und Tänzerinnen sich nur dann gehen, wenn sie sich von dem Polizeimann unbeobachtet glaubten. Aber wie es spät wurde, die Temperatur des Saales stieg und das Blut der Tanzenden sich erhitzte, wurde das Geschäft der Ordnungswächter immer schwieriger. Schließlich war kein Halten mehr. Die Bestialität ließ sich nicht mehr bändigen. Männer und Frauen, von denen einige in der Wut des Tanzes ihre Kleider von Schulter und Brust abgerissen hatten, gebärdeten sich wie Rasende. Die Szene spottete aller Beschreibung. Als letzter Tanz war auf dem Programm ein Galopp angekündigt, der den Namen „Höllengalopp" trug. Das Orchester spielte eine besonders feurige Weise mit Begleitung von Glocken. In der Tat stellten die in wildem Sinnlichkeitstaumel Umherwirbelnden ein Pandämonium dar, das dem Rachen der Verdammnis spornstreichs entgegen zu tanzen schien. Während dieser Galopp vor sich ging — es war ungefähr vier Uhr morgens —, füllte sich der Hintergrund des Saales mit Soldaten, die sich in Linie aufstellten. Plötzlich übertönte ein rasselnder Trommelwirbel das Orchester und die Linie Infanterie, das Gewehr mit aufgepflanztem Bajonett an der Seite, avancierte langsam, Schritt für Schritt die Tänzer und Zuschauer aus dem Saal hinausdrängend.

Um den Becher bis zur Neige zu leeren, gingen wir nach einem der benachbarten Restaurants auf dem Boulevard, um einen Imbiß zu nehmen. Das wüste Schauspiel, das wir dort fanden, überbot alles bis dahin Gesehene. Die zügellosesten Phantasie könnte kein abstoßenderes Bild hervorbringen.

Ich hatte oft in der Luxembourggalerie vor dem großen Bilde Coutures, „La decadence des Romains" verweilt, das in so beredter Weise den Verfall eines großen Volks und einer großen Zivilisation darstellt; aber was wir hier vor uns sahen, ließ selbst die Erinnerung vergangener Größe nicht aufkommen, die in Coutures Gemälde so eindrucksvoll ist. Hier war nur sittliche Fäulnis in ihrer gemeinsten Form, ihrer abstoßendsten Gestalt, ihrer schamlosesten Schaustellung.

Meine Freunde und ich trösteten uns mit dem Gedanken, daß wir hier das Schlimmste gesehen, ein ausnahmsweises Extrem, und daß dies unmöglich auf das ganze französische Volk schließen lasse; und diesen Gedanken hielten wir um so lieber fest, je mehr unsere Hoffnung auf einen neuen demokratischen Umschwung in Europa von der Rolle abhing, die in der nahen Zukunft die französische Republik spielen würde. Aber ich mußte mir selbst gestehen, daß mir die Atmosphäre von Paris nicht behagte, und mit großem Vergnügen nahm ich eine Einladung der Familie Kinkel an, die mich bat, sie in London zu besuchen und einige Tage in ihrem glücklichen Heim zuzubringen.

Hier will ich einen Vorfall erwähnen, der mich zurzeit in lebhaftes Erstaunen setzte. Strodtmann hatte mich mit einem dänischen Marinemaler namens Melbye bekannt gemacht. Dieser war ein viel älterer Mann als wir, ein Künstler von nicht unbedeutender Geschicklichkeit, und er wußte über seine Kunst sowie über manche andere Dinge angenehm zu sprechen. Besonders interessierte er sich für Clairvoyance und behauptete, eine Hellseherin zu kennen, die Außerordentliches leiste. Er forderte uns mehrmals auf, ihn zu dieser merkwürdigen Dame zu begleiten und uns von ihren wunderbaren Eigenschaften zu überzeugen. Endlich wurde auch ein Abend zu diesem Zwecke bestimmt; aber es traf sich, daß ich gerade zu derselben Zeit, um die Familie Kinkel in England zu besuchen, Paris auf einige Tage verlassen wollte. Als ich meine Sachen packte, war Strodtmann bei mir in meinem Zimmer, und er sprach sein Bedauern darüber aus, daß ich nicht der Clairvoyancevorstellung beiwohnen könnte. Da nun Strodtmann sich auf eine kurze Zeit aus meiner Wohnung entfernte, um später zurückzukehren und mich zum Bahnhof zu begleiten, so kam mir der Gedanke, ich könnte doch vielleicht zur Prüfung der Hellseherin meinen Beitrag liefern. Ich schnitt mir einen kleinen Büschel Haare ab, legte ihn in ein zusammengefaltetes Papier und steckte dies in einen Briefumschlag, den ich versiegelte. Dann riß ich von einem Briefe, den ich an demselben Morgen von dem ungarischen General Klapka, dem berühmten Verteidiger der Festung Komorn, empfangen hatte, einen kleinen, das Datum enthaltenden Streifen ab, legte diesen Streifen ebenfalls in ein zusammengefaltetes Papier und steckte auch dieses in einen Briefumschlag, den ich gleichfalls mit Siegellack verschloß. Nachdem Strodtmann zu mir zurückgekehrt, gab ich ihm die beiden Kuverte, ohne ihn von deren Inhalt zu unterrichten, und bat ihn, diese in die Hände der Hellseherin zu legen mit dem Ersuchen, daß sie eine Beschreibung des Aussehens, des Charakters, der Vergangenheit und des zeitweiligen Aufenthaltes der Personen geben möge, von denen die in den Kuverten verborgenen Gegenstände herrührten. Dann reiste ich ab.

Wenige Tage später empfing ich von Strodtmann einen Brief, worin dieser mir folgendes erzählte: Die Hellseherin nahm eines meiner Kuverte in die Hand und sagte, dieses enthalte Haare von einem jungen Manne, der so und so aussehe. Sie schilderte meine äußere Erscheinung aufs genaueste und setzte hinzu, daß dieser junge Mann durch ein kühnes und glücklich gelungenes Unternehmen weit bekannt geworden sei und viel Beifall gewonnen habe, und daß er sich augenblicklich jenseits eines tiefen Wassers in einer großen Stadt und in einem Kreise heiterer Menschen befinde. Dann gab sie eine Beschreibung meines Charakters, meiner Neigungen und meiner geistigen Eigenschaften, die, wie ich sie so Schwarz auf Weiß vor mir sah, mich aufs höchste überraschte. Nicht allein erkannte ich mich sofort in den Hauptzügen dieser Schilderung, sondern ich fand darin auch einige Angaben, die mir neue Aufschlüsse über mich selbst zu geben schienen. Es geschieht uns ja, wenn wir in die eigene Seele hineinblicken, daß wir in unseren Impulsen, in unserem Fühlen, Denken und Wollen etwas Widerspruchsvolles, Rätselhaftes finden, das eine noch so gewissenhafte Selbstprüfung nicht immer zu lösen vermag. Und nun blitzten mir aus den Aussprüchen der Hellseherin Lichtblicke entgegen, die manche dieser Widersprüche und Rätsel aufklärten. Ich empfing gewissermaßen eine Offenbarung über mein eigenes inneres Selbst — eine psychologische Analyse, die ich als richtig anerkennen mußte, sobald sie mir entgegentrat.

Was die Hellseherin über das andere, Klapkas Handschrift enthaltende Kuvert sagte, war kaum minder auffallend. Sie schilderte den Schreiber der darin befindlichen Buchstaben und Ziffern als einen schönen, bärtigen Mann mit blitzenden Augen, der einst eine mit Bewaffneten gefüllte und von Feinden umlagerte Stadt regiert habe. Die Schilderung seiner Person, seiner Vergangenheit und auch seines Charakters, so weit ich diesen kannte, war durchaus richtig. Aber als die Hellseherin nun hinzusetzte, dieser Mann befinde sich zurzeit nicht in Paris, sondern in einer nicht sehr weit entfernten Stadt, wohin er gereist sei, um eine ihm sehr liebe Person zu sehen, da dachte ich, sie doch auf einem Irrtum ertappt zu haben. Einige Tage später kehrte ich nach Paris zurück und, kaum dort angekommen, begegnete ich dem General Klapka auf der Straße. Ich fragte ihn sogleich, ob er, seit er mir zuletzt geschrieben, beständig in Paris gewesen sei, und war nicht wenig erstaunt, von ihm zu hören, er habe vor kurzem einen Ausflug nach Brüssel gemacht und sich dort nicht ganz eine Woche aufgehalten. Und die liebe Person, die er dort gesehen haben sollte? Ich erfuhr von einem intimen Freunde Klapkas, der General sei nach Brüssel gegangen, um mit einer Dame zusammenzutreffen, von der man sagte, daß sie sich mit ihm verheiraten werde. Die Hellseherin behielt also in jedem Punkte Recht.

Dieser Vorfall war mir in hohem Grade rätselhaft. Je mehr ich mir die Frage überlegte, ob die Hellseherin von dem Inhalt der Kuverte irgendwelche Kenntnis erhalten, oder irgend einen Anhaltspunkt gehabt haben könnte, um ihn zu erraten, um so verneinender fiel die Antwort aus. Strodtmann selbst wußte nicht, was ich in die Kuverte eingesiegelt hatte. Von dem Briefe Klapkas an mich hatte er nicht die geringste Kenntnis. Auch versicherte er mir, er habe die Kuverte, eins nach dem andern, in die Hände der Hellseherin gelegt, genau in demselben Zustande, in dem er sie von mir empfangen hatte, ohne sie auch nur einen Augenblick jemand anders anzuvertrauen, und ohne irgend jemand zu sagen, von wem sie herrührten. Und auf das Wort des durch und durch ehrlichen Freundes konnte ich mich verlassen. Aber selbst wenn er — was mir gänzlich undenkbar war — mit der Hellseherin im Einverständnis gehandelt hätte, oder wenn er, ohne es zu wissen, verraten hätte, von wem die Kuverte gekommen seien, so würde dadurch nicht das Rätsel gelöst worden sein, wie die Hellseherin meinen Charakter, meine Neigungen und meine Geisteseigenschaften viel genauer, treffender und feiner hätte beschreiben können, als dies Strodtmann oder Melbye jemals möglich gewesen wäre. Melbye kannte mich überhaupt nur sehr oberflächlich. In unseren wenigen Unterhaltungen hatte er immer das Wort geführt. Und zu Strodtmanns vortrefflichen Fähigkeiten gehörte ein tiefer Blick in die menschliche Seele keineswegs. Kurz, ich konnte in dem ganzen Vorgange keinen Anhalt finden für den Verdacht, daß wir es hier bloß mit einer geschickten Taschenspielerin zu tun hätten. Die Frage warf ich auf: War hier nicht eine Kraft wirksam, die außerhalb der gewöhnlichen Sinnestätigkeit liegt, und die wir zwar in ihren Äußerungen beobachten und auch vielleicht in Bewegung setzen, aber nicht ihrem Wesen nach definieren können? In späteren Jahren habe ich ähnliche Beobachtungen gemacht, die ich an der richtigen Stelle aufzuzeichnen gedenke.

Ich will nun zu meinem Besuch in London zurückkehren. Kinkel hatte in der Vorstadt St. Johns Wood ein kleines Haus gemietet, und dort wurde ich als Gast begrüßt von dem wiedervereinigten Ehepaar und seinen vier Kindern. Kinkel hatte bereits einen ziemlich einträglichen Wirkungskreis als Lehrer gewonnen, und Frau Kinkel gab Musikstunden. Ich fand die Familie in sehr heiterer Stimmung, und wir verlebten einige glückliche Tage zusammen. Es behagte mir in der Tat so gut dort, daß Kinkel mich ohne Mühe überreden konnte, meinen Aufenthalt in Paris aufzugeben und nach London überzusiedeln, wo ich, wie mir schien, ohne große Schwierigkeit als Privatlehrer meinen Lebensunterhalt gewinnen konnte. Ich kehrte also, wie ich glaubte, nur noch auf ein paar Wochen nach Paris zurück. Aber mein Abschied von der französischen Hauptstadt sollte durch einen unerwarteten und recht unangenehmen Zwischenfall verzögert werden.

Eines Nachmittags begleitete ich die Frau meines Freundes und Mitflüchtlings Reinhold Solger, der später im Dienste der Vereinigten Staaten eine angesehene Stellung einnahm, auf einem Spaziergange. Wir waren in der Nähe des Palais Royal, als mir ein unbekannter Mann in den Weg trat und mich ersuchte, mit ihm einen Schritt auf die Seite zu gehen, da er mir etwas Vertrauliches mitzuteilen habe. Sobald wir von Frau Solger weit genug entfernt waren, daß sie unser Gespräch nicht hören konnte, eröffnete er mir, er sei ein Polizeiagent und habe den Auftrag, mich zu verhaften und sofort zur Polizeipräfektur zu bringen. Er erlaubte mir, zu Frau Solger zurück zu treten, der ich, um sie nicht zu beunruhigen, mit möglichst unbefangener Miene sagte, sie müsse mich entschuldigen, da ich von diesem Herrn zu einem sehr dringenden Geschäft abgerufen worden sei.

Der Agent führte mich zuerst zu einem Polizeikommissar, der mich über meinen Namen, mein Alter, meine Herkunft usw. befragte. Zu meiner großen Verwunderung fand ich, daß die Polizei, die meinen Namen zu kennen schien, nicht wußte, wo ich wohnte. Ich erklärte dem Kommissar, ich habe durchaus keine Ursache, irgend etwas zu verheimlichen und gab ihm nicht allein meine Wohnung an, sondern auch den Platz darin, wo man die Schlüssel zu meiner Kommode und meinem Koffer finden werde. Dafür wünschte ich zu wissen, aus welchem Grunde ich denn verhaftet worden sei. Der Kommissar machte ein geheimnisvolles Gesicht, sprach von höherem Befehl und meinte, ich werde bald genug alles erfahren. Ein anderer Polizeiagent führte mich dann zur Polizeipräfektur. Dort wurde ich, nachdem ich mein Taschenmesser und was ich an Geld bei mir führte, abgeliefert hatte, einem Gefängniswärter übergeben, der mich in eine Zelle brachte und die Tür hinter mir abschloß. Auf die Frage, ob man mir nicht sogleich den Grund meiner Verhaftung mitteilen werde, erhielt ich keine bestimmte Antwort. Meine Zelle war ein kleiner kahler Raum, von einem engen, hoch oben in der Wand befindlichen vergitterten Fenster spärlich beleuchtet. Es standen zwei schmale, nicht besonders reinliche Betten darin, zwei hölzerne Stühle und ein kleiner Tisch. Ich erwartete jeden Augenblick, zu einem Verhör abgerufen zu werden, denn ich dachte, in einer Republik, wie Frankreich damals war, werde man doch niemanden einsperren, ohne ihm sofort den Grund zu sagen, aber vergeblich. Es wurde Abend, und der Schließer teilte mir mit, daß ich ein aus gewissen Gerichten, die er aufzählte, bestehendes Souper haben könne, wenn ich imstande und willens sei, dafür zu bezahlen Sonst würde ich mit der gewöhnlichen Gefangenenkost, die er mir in durchaus nicht lockender Weise beschrieb, vorlieb nehmen müssen. Ich ließ mir ein bescheidenes Mahl geben und dachte dabei mit melancholischer Sehnsucht an meine braven Citoyens in der Rue St. Germain l'Auxerrois.

Spät abends, als ich mich schon zum Schlafen niedergelegt hatte, wurde noch ein zweiter Gefangener in meine Zelle gebracht, dem der Schließer das andere Bett anwies. In dem matten Lichte der Laterne des Schließers sah ich in dem neuen Ankömmling einen noch jungen Mann in ziemlich schäbigen Kleidern, mit glatt rasiertem Gesicht und dunkeln rastlosen Augen. Er begann sofort ein Gespräch mit mir und teilte mir mit, man klage ihn an, er habe gestohlen, und deshalb sei er eingesteckt worden; die Anklage sei durchaus unbegründet, aber da man ihn früher auf ähnlichen Verdacht hin verhaftet habe, so glaube die Obrigkeit nicht an seine Unschuld. Ich hatte also einen gemeinen Dieb zum Gesellschafter und Schlafkameraden. Er schien in mir einen Handwerksgenossen zu vermuten, denn er fragte mich in vertraulichem Ton, auf was ich mich denn habe ertappen lassen. Meine kurze der Wahrheit gemäße Antwort schien ihm offenbar ungenügend wenn nicht gar unfreundlich, denn er sagte kein Wort mehr, warf sich auf sein Bett und lag bald in tiefatmendem Schlaf.

Während der stillen Nacht überdachte ich mir meine Lage. Hatte ich in Paris irgend etwas getan, das mich in irgend einer Weise hätte strafbar machen können? Ich durchforschte alle Winkel meiner Erinnerung und fand nichts. Natürlich konnte die Verfolgung, der ich ausgesetzt war, nur eine politische sein. Aber wie sehr auch meine Gesinnungen der Regierung des Präsidenten Louis Napeleon mißfallen mochten, so hatte ich mich in Frankreich doch an keiner politischen Bewegung beteiligt. In Paris war ich nur ein Beobachtender und Studierender gewesen. Ich hatte keinen Zweifel, daß, während ich auf der Präfektur gefangen saß, die Polizei meine Papiere in meiner Wohnung durchsuchen werde. Aber das konnte mich nicht beunruhigen, denn ich wußte, daß man dort nichts finden werde als historische Notizen, einige literarische Entwürfe und freundschaftliche Briefe harmloser Natur. Was ich an Papieren besaß, die irgendwie hätten verfänglich scheinen können, und auch die Pistolen, die ich bei der Befreiung Kinkels geführt, war ich vorsichtig genug gewesen, einem meiner Freunde in Verwahrung zu geben. Der Gedanke blieb übrig, daß ich auf Betreiben der preußischen Regierung verhaftet worden sei. Aber würde die französische Republik sich dazu herbeilassen, mich an Preußen auszuliefern? Das schien mir nicht möglich, und so beruhigte ich mich über mein Schicksal. Aber es überkam mich ein Gefühl der Erniedrigung darüber, daß man mir die Schmach hatte antun können, mich mit einem gemeinen Dieb zusammenzusperren. Es empörte mein innerstes Gefühl. Und das in einer Republik!

Meine Entrüstung stieg am folgenden Morgen, als man mich noch immer nicht von dem Grunde meiner Verhaftung unterrichtete. Der Dieb wurde früh aus der Zelle abgeholt, und ich blieb allein. Ich ließ mir Schreibzeug bringen und verfaßte in dem besten Französisch, das mir zu Gebote stand, einen Brief an den Präfekten, in dem ich im Namen der Gesetze des Landes verlangte, daß mir kundgetan werde, warum ich meiner Freiheit beraubt worden sei. Der Schließer versprach, den Brief zu besorgen, aber der Tag verging ohne Antwort; und so noch einer und noch einer. Auch von meinen Freunden empfing ich kein Lebenszeichen, und ich scheute mich, an einen von ihnen zu schreiben, weil ich ihn dadurch hätte in Verlegenheit bringen können. In jenen Tagen, obgleich ihrer nur wenige waren, lernte ich etwas von den Stimmungen kennen, die das Gemüt des Gefangenen martern, — ein Gefühl bittern Zornes gegen die brutale Gewalt, die mich gefangen hielt; das Bewußtsein der Ohnmacht ihr gegenüber, das wie ein Hohn auf mich selbst in mir aufstieg; eine fieberhafte Phantasie, die mich mit einem endlosen Wechsel von häßlichen Bildern quälte; eine rastlose Ungeduld, die mich trieb, wie ein wildes Tier in seinem Käfig, stundenlang in meiner Zelle auf und ab zu rennen; dann eine öde Leere in Geist und Gemüt, die endlich in ein dumpfes Brüten ohne bestimmte Gedanken ausartete.

Am Morgen des vierten Tages richtete ich ein zweites Schreiben an den Präfekten, noch ungestümer und pathetischer, als das erste, und wirklich kündigte mir der Schließer bald darauf an, daß ich nach dem Bureau des Präfekten geführt werden solle. In wenigen Minuten fand ich mich denn in einer behaglich eingerichteten Amtsstube einem stattlichen Herrn gegenüber, der mich freundlich zum Niedersitzen aufforderte. Er machte mir dann ein Kompliment über das in Anbetracht meiner deutschen Nationalität merkwürdig gute Französisch meiner Briefe und sprach in höflichen Redensarten sein Bedauern darüber aus, daß man mir durch meine Verhaftung Unbequemlichkeiten verursacht habe. Es liege eigentlich gar keine Anklage gegen mich vor. Nur wünsche die Regierung, daß ich mir einen Aufenthalt außerhalb der Grenzen Frankreichs wählen und zu diesem Ende Paris und das Land baldmöglichst verlassen möge. Vergebens suchte ich den Herrn zu einer Angabe der Gründe zu bewegen, die meine Entfernung aus Frankreich so wünschenswert erscheinen ließen. Mit immer steigender Höflichkeit versicherte er mich seines Bedauerns, daß es höheren Orts so beliebt werde. Endlich suchte ich seine Sorge um mein verletztes Gefühl durch die Bemerkung zu beschwichtigen, daß mich in Wirklichkeit das Belieben der Regierung nicht weiter genieren werde, da ich doch beabsichtigte, nach London überzusiedeln, und daß meine Verhaftung mich nur in meinen Vorbereitungen zur Abreise unterbrochen hätte. Der freundliche Herr war ganz entzückt über diese glückliche Übereinstimmung meiner Absichten mit den Wünschen der Regierung und bat mich schließlich, mich mit meinen Vorbereitungen zur Abreise nur nicht zu beeilen; er werde sich freuen, wenn ich mich von jetzt an unter seinem speziellen Schutz fühlen und mich noch zwei, drei, vier, ja sechs Wochen in Paris amüsieren wollte. Es werde mir dann ein Paß ins Ausland zur Verfügung stehen; aber nach meiner Abreise hoffe er, daß ich ihn nicht durch eine Rückkehr nach Paris ohne spezielle Erlaubnis in Verlegenheit setzen werde. Dann wünschte er mir Lebewohl mit einer an Wärme grenzenden Freundlichkeit, und ich verließ ihn mit dem Eindruck, daß ich hier mit dem höflichsten, angenehmsten Polizeityrannen der Welt Bekanntschaft gemacht habe.

Ich eilte nach meiner Wohnung und fand die Familie Pétit meinetwegen in großer Besorgnis. Madame und die beiden ältlichen Töchter erzählten mir in dreistimmigem Chor, wie vor einigen Tagen zwei Polizeiagenten mein Zimmer durchstöbert und meine Papiere gemustert, dann aber alles in bester Ordnung zurückgelassen hätten; auch hätten die Polizeiagenten sich bei der Familie Pétit über meinen Lebenswandel erkundigt, und ich könne mir wohl vorstellen, ein wie glänzendes Zeugnis die Familie Pétit mir ausgestellt habe; dann aber habe die Familie sich sehr um mein Schicksal beunruhigt und meine Freunde, die mich hätten besuchen wollen, von all diesen Vorgängen unterrichtet und sie gebeten, alle ihnen zugänglichen Einflüsse für mich in Bewegung zu setzen. Ich fand denn auch, daß verschiedene meiner Freunde sich sehr um mich bemüht hatten, und es ist wahrscheinlich, daß dadurch meine Freilassung beschleunigt worden war.

Die Ursache meiner Verhaftung wurde mir erst später klar. Louis Napoleon hatte schon längst die Vorbereitungen zu dem Staatsstreich begonnen, der die republikanische Regierungsform aus dem Wege räumen und ihn selbst in den Besitz monarchischer Gewalt bringen sollte. Während die Republikaner sich selbst über die heraufsteigende Gefahr täuschten, indem sie den Prätendenten als einen hirnlosen Affen seines großen Onkels lächerlich zu machen suchten, setzte dieser alle Mittel in Bewegung, um die Armee und die Massen des Volkes für sich und seine Pläne zu gewinnen. In allen Teilen des Landes wurde die napoleonische Propaganda in den mannigfaltigsten Formen organisiert, und diese Agitation fiel besonders bei der bäuerlichen Bevölkerung auf einen fruchtbaren Boden. Die Legende des Kaiserreichs mit seinen Kriegen und Siegen und seinem tragischen Ende war das Heldengedicht des Landvolkes, in dessen Glanz jede Bauernfamilie sich sonnte und sich groß fühlte, — denn jede von ihnen wußte von einem Vorfahren zu erzählen, der bei Rivoli, bei den Pyramiden, bei Marengo, bei Austerlitz, bei Jena, bei Wagram, bei Borodino, bei Waterloo unter den Augen des Gewaltigen gekämpft. Und in diesem Heldengedicht stand die Kolossalfigur des großen Kaisers, vom Mythus umwoben, wie die eines Halbgotts, unerreicht in seinen Taten, riesenhaft noch in seinem Untergange. Jede Hütte war mit seinem Bilde geschmückt, das, in einem höheren Wesen verkörpert eine große Vergangenheit von Macht und Ruhm andeutete. Und nun trat ein Neffe des großen Kaisers dem Volke gegenüber, der den Namen des Halbgottes trug und mit diesem Namen jenen zauberhaften Glanz der Vergangenheit zu erneuern versprach. Und zahllose Agenten durchschwärmten das Land, zahllose Flugblätter gingen von Haus zu Haus und von Hand zu Hand, um die Botschaft zu verkünden von dem Neffen und Nachfolger des großen Kaisers, der die alte Herrlichkeit wieder heraufzuführen bereit stehe. Selbst die Drehorgel wurde in den Dienst der Agitation gezogen, indem sie Lieder vom Kaiser und seinem Neffen vor den Schenken der Dörfer und Marktflecken mit ihrer Musik begleitete.

Bei den intelligenteren Stadtbevölkerungen wurde freilich der napoleonischen Legende nicht eine so naive Verehrung bewahrt, aber sie war, schon lange ehe der Neffe des Onkels als Prätendent seine Agitation begonnen, auch dort in einer kaum weniger wirksamen Weise gepflegt worden. Berangers Lieder und Thiers

Geschichte des Konsulats und Kaiserreichs hatten den Napoleonkultus lebendig erhalten, und selbst die Regierung Louis Philipps hatte dem Idol ihre Huldigung dargebracht, indem sie sich dazu verstand, Napoleons Überreste mit großem Pomp von St. Helena herüberführen und im Invalidendom beisetzen zu lassen. Das so vorbereitete Feld wurde nun, seitdem Louis Napoleon als Präsident an der Spitze der Exekutivgewalt stand, unablässig beackert. Wie auf dem Lande die Drehorgel, so wurde in der Stadt das Theater zu Hülfe genommen. Ich erinnere mich eines Spektakelstückes, das mit großer Pracht und ergreifender Realität in Paris auf einer der Vorstadtbühnen zur Aufführung kam. Es hieß „La Barrière de Clichy" und stellte den Feldzug von 1814, die Verbannung Napoleons nach der Insel Elba und seine Rückkehr nach Frankreich im Jahre 1815 dar. Napoleon erschien darin in vortrefflicher Maske, zu Fuß und zu Pferde, auf dem historischen Schimmel, und alle Gefechte jenes Feldzuges, in denen er erfolgreich war, spielten sich vor den Augen der Zuschauer ab, — die Franzosen, Infanterie, Kavallerie und Artillerie, in den Uniformen des Kaiserreichs; die Feinde, Preußen und Russen, barbarisch aussehende Kerle, wüst und roh, und vor dem französischen Heldenmut stets davonlaufend. Auch Blücher trat in Person auf, ein polternder Barbar, der sich in den greulichsten Schimpfreden erging und dabei, aus einer kurzen Pfeife rauchend, riesige Dampfwolken ausblies und beständig um sich her spuckte. Die Feinde wurden so regelmäßig geschlagen, daß es dem unbefangenen Zuschauer schwer begreiflich war, warum Napoleon nach all diesen glänzenden Siegen doch unterlag und in die Verbannung ziehen mußte. Er kam nun auch bald unter dem jubelnden Zuruf des Volks zurück. Die Armee ging prompt zu ihm über, und das Stück schloß mit seinem Einzug in Grenoble. Das Publikum spendete rauschenden Beifall und das gewünschte „Vive l'Empereur!" ließ sich nicht allein auf der Bühne, sondern auch nicht selten auf den Galerien, im Parterre und in den Logen hören. So bearbeitete man die Stadtbevölkerung.

Die Armee suchte sich der „Prinzpräsident" zu gewinnen,

indem er bei Paraden und Manövern in Generalsuniform erschien, den Soldaten alle möglichen Begünstigungen zuwandte und die abenteuerlichen Geister unter den Offizieren durch allerlei Bevorzugungen an sich zog.

Im Frühling 1851 begann er nun auch ernstlich, das voraussichtliche Schlachtfeld des geplanten Staatsstreichs für die entscheidende Aktion vorzubereiten. In den Pariser Spießbürgern wurde die Besorgnis geweckt, daß die Hauptstadt von gefährlichen Elementen voll sei, von denen man jeden Augenblick den Versuch eines Umsturzes der ganzen gesellschaftlichen Ordnung zu befürchten habe; die Gesellschaft sei in Gefahr und müsse gerettet werden. Der Präsident sei zu dieser Rettung bereit, aber der parlamentarische Teil der Regierung suche ihm die Hände zu binden. Er tue jedoch, was er könne, und unternehme es vorerst, die Hauptstadt von gemeingefährlichen Elementen zu säubern. Eine der zu diesem Ende ergriffenen Maßregeln bestand in der Entfernung von Fremden, die man im Verdacht haben mochte, daß sie sich an dem Widerstande gegen den beabsichtigten Staatsstreich tätig beteiligen würden. Zu dieser Kategorie wurde auch ich gerechnet.

Ein Polizeiagent, der in einem Pamphlet die drohenden Gefahren beschrieb, um den Bourgeois in den geeigneten Schrecken zu setzen, erwies mir sogar die Ehre, mich als einen besonders verwegenen Umstürzler zu bezeichnen, der sich schon in seinem Vaterlande die unerhörtesten Dinge habe zuschulden kommen lassen. Zur Begründung erzählte er die Befreiung Kinkels, eines ungewöhnlich verabscheuenswerten Staatsverbrechers, mit den fabelhaftesten Ausschmückungen. Diese Umstände waren es, denen ich, trotz meiner bescheidenen und zurückgezogenen Aufführung in Paris, meine Verhaftung und Ausweisung aus Frankreich zu verdanken hatte. So ganz Unrecht hatte man übrigens darin nicht. Es ist keineswegs unwahrscheinlich, daß, wäre ich zur Zeit des Staatsstreiches in Paris gewesen, ich in dem Widerstande gegen die napoleonische Usurpation den Entscheidungskampf um die Freiheit Europas gesehen, eine Muskete ergriffen und auf den Dezemberbarrikaden mitgekämpft haben würde. So kann es sein, daß, wäre es sonst meine Absicht gewesen, in Paris zu bleiben, die polizeiliche Ausweisung mich von der Teilnahme an einem hoffnungslosen Unternehmen und vielleicht einem elenden Ende gerettet hat.

Die letzten Wochen meines Aufenthalts in Paris nach meiner Entlassung aus dem Gefängnis waren einem nochmaligen Besuch der Galerien, Museen und interessantesten Architekturen gewidmet und heiterem Zusammenleben mit meinen Freunden. Einem von diesen, einem jungen Franzosen aus der Provence, der in Paris Medizin studierte, schien der Abschied von mir besonders schwer zu werden. Ich hatte ihn als einen Hausgenossen unter dem Dache der Familie Petit kennen lernen, und ich erwähne ihn besonders, weil er ein Beispiel der Wirkung deutscher Philosophie auf einen französischen Kopf lieferte, das ich nicht für möglich gehalten haben würde, hätte ich die Geschichte nicht selbst erlebt. Bald nachdem wir miteinander bekannt geworden, schloß er sich mit Wärme an mich und mehrere meiner deutschen Freunde an, und da er ein bescheidener, gemütvoller, wißbegieriger und fleißiger Mensch war, so erwiderten wir seine Neigung. Er liebte die Deutschen, wie er sagte, weil sie das Volk der Denker seien. Er hatte einige Erzeugnisse der deutschen Literatur in Übersetzungen kennen lernen und versuchte sich die Sprache anzueignen, hauptsächlich um die Werke deutscher Philosophen zu studieren; aber es wurde ihm schwer. So mußte er sich denn mit französischen Bearbeitungen der deutschen philosophischen Schriften behelfen und suchte oft bei uns Aufklärung über Stellen, die er nicht verstand. Diese Aufklärung konnten wir ihm zuweilen geben, aber manche der dunklen Sätze verstanden wir auch nicht. Plötzlich fiel es uns auf, daß unser junger Provenzale, dessen Lebenswandel sonst immer durchaus solid und geregelt gewesen war, deutsche Bierhäuser, deren es im Paris mehrere gab, zu frequentieren und stark zu trinken anfing. Das ging so weit, daß eines Tages Madame Petit und ihre Töchter mich baten, ihn in seinem Zimmer zu besuchen, da er im der vorhergehenden Nacht schwer betrunken nach Hause gekommen sei und nun ernstlich erkrankt zu sein schien.

Ich folgte dieser Aufforderung sofort und fand meinen Freund in dem Zustande, den man auf deutschen Universitäten einen tiefen Katzenjammer zu nennen pflegt. Der junge Mann gestand mir, daß er sich seines Betragens herzlich schäme; aber er meinte, wenn ich die Ursache davon wüßte, so würde ich nicht so übel von ihm denken. Dann erzählte er mir mit großem Ernste, er habe seit einiger Zeit den deutschen Philosophen Hegel studiert und in seinen Schriften manches gefunden, das ihm quälende Zweifel an seinem eigenen Verstande verursacht habe. So habe er denn versucht, sich zu zerstreuen, und da die Deutschen, von denen er glaubte, daß Hegels Schriften ihre Lieblingslektüre seien, gern Bier tränken, so habe auch er sich bemüht, zur Erleichterung seiner Hegelstudien sich ans Biertrinken zu gewöhnen. Der gute Junge sprach so ernsthaft und aufrichtig, daß ich mir das Lachen verbiß und ihm mit demselben Ernste versicherte, über dem Hegel seien auch schon manche Deutsche verrückt geworden, und das Bier helfe dabei durchaus nicht. Wenn nun der Hegel in deutscher Sprache eine solche Wirkung auf deutsche Köpfe hervorbringe, was könne man von der Wirkung der französischen Aufkochung des Hegel erwarten? Dies schien meinen braven Provenzalen sehr zu erleichtern. Ich ermahnte ihn nun, den Hegel sowohl wie das Biertrinken fahren zu lassen und sich wie der solide, fleißige Mensch, der er früher gewesen, wieder der Medizin zu ergeben. Er versprach zu tun, was ich ihm geraten, tat es auch wirklich und am Tage meines Abschiedes von Paris sagten wir einander Lebewohl mit dem aufrichtigsten Bedauern. Da diese Geschichte dem Leser wie eine Übertreibung klingen mag, so muß ich noch die Versicherung hinzusezen, daß sie buchstäblich wahr ist.

Zwölftes Kapitel.

Gegen Mitte Juni kam ich in London an. Kinkel hatte bereits in einem Hause auf St. Johns Wood Terrace, nahe bei seiner Wohnung, Zimmer für mich gefunden, die ich um ein Billiges mieten konnte, und er wies mir auch Unterrichtsstunden in der deutschen Sprache und in der Musik zu, deren Ertrag für meine bescheidenen Bedürfnisse mehr als hinreichte. Das bekannte Paradoxon, daß man in London mehr für einen Schilling und weniger für ein Pfund hat als anderswo, das heißt, daß man bei bescheidenen Ansprüchen sehr billig und verhältnismäßig gut leben kann, während das Leben in größerem Styl außerordentlich kostspielig ist, — war damals wohlbegründet und ist es unzweifelhaft auch jetzt noch.

Ich würde meine Unterrichtspraxis viel weiter haben ausdehnen können, wenn ich englisch gesprochen hätte. Aber, sonderbar wie mir das selbst später erschienen ist, mein musikalisches Ohr konnte damals meinen Widerwillen gegen den Klang der englischen Sprache noch nicht überwinden. Ihre eigentümliche Musik habe ich erst dann würdigen lernen, als ich die Sprache selbst verstand. In den gesellschaftlichen Kreisen, in denen ich mich bewegte, und von denen ich später berichten will, reichte das Deutsche und das Französische aus. Bei meinen Unterrichtsstunden kam mir die Methode, nach der ich in Paris bei der Princesse de Beaufort Französisch gelernt hatte, sehr zu statten.

Einige meiner Schülerinnen, die sich für deutsche Literatur besonders lebhaft interessierten, ersuchten mich, das Nibelungenlied mit ihnen zu lesen; und, wie das nicht selten geschieht, in der Rolle des Lehrers lernte ich mehr von dem Gegenstande des Unterrichts, als ich vorher gewußt hatte und als ich sonst geahnt haben würde. Ich lehrte und lernte mit wirklicher Begeisterung, denn — ich mag mir hier beiläufig die Bemerkung gestatten — das Nibelungenlied ist meiner Meinung nach, freilich nicht in Eleganz der Darstellung, wohl aber in seinem dramatischen Aufbau das großartigste, gewaltigste Heldengedicht, das irgend eine Literatur aufzuweisen hat.

In meinem gesellschaftlichen Verkehr nahm natürlich die Kinkelsche Familie die erste Stelle ein. Das Haus war sehr klein und äußerst bescheiden eingerichtet. Aber in diesem Hause wohnte das Glück. Kinkel hatte die ganze heitere Elastizität seines Wesens wiedergewonnen. Haar und Bart waren allerdings mit grau gestreift, aber die krankhafte Blässe, die sein Gesicht aus dem Gefängnis mitgebracht, war einer gesunden frischen Farbe gewichen. Mit fröhlichem Mut hatte er die Aufgabe angefaßt, seiner Familie im fremden Lande eine sorgenfreie Existenz zu gründen, und ermutigender Erfolg belohnte seine Anstrengungen. Zu den Privatstunden, die er gab, kamen nun auch Aufforderungen zu Vorlesungen und Beschäftigung an Lehrinstituten. In den ersten Monaten hatte er schon genug erworben, um seiner Frau einen Erardschen Flügel von vorzüglicher Qualität schenken zu können, und Frau Johanna gewann bald in ausgedehntem Kreise eine ausgezeichnete und fruchtbare Reputation als Musiklehrerin. Die vier Kinder schienen gut zu gedeihen. Nichts Anmutigeres und Lehrreicheres konnte es geben, als Frau Johanna mit der Erziehung der zwei Knaben und zwei Mädchen beschäftigt zu sehen. Nicht allein begannen diese das Klavierspiel, sobald sie physisch dazu imstande waren, sondern sie sangen auch mit vollkommener Reinheit und naivem Ausdruck reizende vierstimmige Lieder von der Mutter eigens für die Kinder komponiert.

Die Freude, die ich empfand, wenn ich das neuaufblühende Leben dieser Familie betrachtete, kann ich nicht beschreiben. Ich lernte dabei eine große Wahrheit verstehen und lebhaft empfinden.

Es gibt kein schöneres und vollständigeres Glück in dieser Welt, als das Bewußtsein, zu dem Glücke derer, die man lieb hat, etwas beigetragen zu haben, ohne einen andern Lohn zu verlangen als dieses Bewußtsein.

Die Dankbarkeit Kinkels und seiner Frau war so aufrichtig und unermüdlich, daß sie mich oft in Verlegenheit setzte. Sie suchten beständig nach etwas, das sie mir zuliebe tun könnten. Schon ehe ich nach London übergesiedelt war, hatte es mich Mühe gekostet, sie zur Annahme meiner Ablehnung zu bewegen, als sie den Wunsch ausgesprochen hatten, ich sollte in ihrem Hause leben, und sonst tun, was ich wollte. Nun mußte ich wenigstens in ihren dringenden Vorschlag willigen, daß meine jüngste Schwester Antonie zu ihnen von Deutschland herüberkommen sollte, um in ihrem Hause wie ein Kind der Familie erzogen zu werden. Dies schlug glücklich aus, da Antonie nicht allein guter Gemütsart und lebhaften Geistes, sondern auch mit jenem heitern rheinischen Temperament gesegnet war, das Sonnenschein um sich verbreitet. Dann drang Frau Johanna in mich, mir von ihr weiteren Klavierunterricht geben zu lassen, und mit neuer Lust nahm ich meine musikalischen Studien wieder auf. Meine Lehrerin ließ mich Beethoven, Schubert und Schumann genießen und führte mich durch die Zaubergärten der Chopinschen Musik. Aber noch mehr als das. Sie lehrte mich den Generalbaß und eröffnete mir damit eine Kenntnis, die mir in der Folge zur Quelle köstlichen Genusses geworden ist. Dann stellte sie mir ihren Erardschen Flügel, der in der Familie wie ein Heiligtum verehrt wurde, zur Verfügung zum Üben und Improvisieren, obgleich zu solchen Zwecken ein minderwertiges Instrument im Hause war.

Natürlich führten mich die Kinkels auch in die gesellschaftlichen Kreise ein, die ihnen offen waren. Freilich stand mir dabei meine Unkenntnis der englischen Sprache sehr im Wege. Aber ich hatte doch das Glück, mit einigen englischen Familien, in denen man deutsch oder französisch sprach, in ein Verhältnis zu treten, das man hätte freundschaftlich nennen können. Ich habe da verstehen lernen, wieviel aufrichtige Wärme des Gefühls in dem scheinbar so steifen und förmlichen Engländer versteckt sein kann. Ich fühlte dort bald, daß jedes Wort freundlicher Sympathie, das ich hörte, jede Einladung zu intimem Verkehr — Redensarten, die bei einigen andern Völkern als bloße oberflächliche Höflichkeitsformen gelten — als ehrlich und vollgemeint angenommen werden konnte. Das war echte Gastlichkeit, ohne Prätension und ohne Reserve, in der man eine Atmosphäre vertrauensvoller Sicherheit atmete. Auch bin ich in solchem freundschaftlichen Verkehr nicht selten überrascht worden von dem Gedankenreichtum, dem Schatz von Kenntnissen, der Mannigfaltigkeit der Erfahrungen und den weitreichenden Welt- und Lebensanschauungen, die in vertraulichen Gesprächen sich oft aus anscheinend scheuer Reserve oder schwerfälliger Mitteilungsgabe entpuppte.

Zu jener Zeit war in England die deutsche Sprache sehr in der Mode, wahrscheinlich infolge des Umstandes, daß damals die Popularität des Prinzen Albert, des anerkannt verdienstvollen Patrons der großen Weltausstellung, ihren Höhepunkt erreicht hatte. Nun ließ man es in der Gesellschaft nicht bei dem Deutschsprechen bewenden; es mußte auch deutsch gesungen werden, und die deutschen Volkslieder erfreuten sich einer besonderen Beliebtheit. Doch konnte es kein traurigeres Schauspiel geben als eine errötende Miß, wie sie bei einer evening-party feierlich zum Klavier geführt wurde, „to give us a sweet German folk song", und wie sie dann mit einem Gesicht, das einen Todesfall in der Familie andeutete, und in langsamem Tempo und im Ton tiefster Melancholie sang: „Wenn i komm, wenn i komm, wenn i wiedrum komm" usw.

Oft habe ich in späteren Zeiten bedauert, daß ich damals am politischen Leben Englands nicht mehr Interesse nahm und keine Bekanntschaften in politischen Kreisen suchte. Aber auch ohnedies empfing ich von dem Lande und dem Volke großartige Eindrücke. Wie verschieden war das ruhelose Treiben in den Straßen von London in seinem gewaltigen Ernst und seiner massenhaften Triebkraft von dem heiteren, mehr oder minder künstlerisch eleganten, aber mehr als halb frivolen Strudel, der dem Beobachter in Paris begegnet, und von dem halb militärischen, halb spießbürgerlichen Anstrich, den das damals noch nicht zur Weltstadt gewordene Berlin trug! Wie berechtigt, wie natürlich erschien mir der nationale Brittenstolz, wenn ich in den Hallen von Westminster die Statuen und Büsten, und in der Abtei die Gräber großer Engländer betrachtete, die alle als Denkmäler großer Gedanken und Taten gelten konnten! Wie fest gegründet erschienen mir die freien Institutionen eines Volkes, dem die bürgerliche Freiheit nicht eine bloße Phrase, oder eine vorübergehende Laune, oder ein Spielzeug, sondern Lebensprinzip ist, dessen Betätigung es für seinen täglichen Handel und Wandel notwendig gebraucht, und das in den Gedanken und Aspirationen jedes Bürgers lebt wie etwas, das sich von selbst versteht. Ich sah genug vom Lande und vom Volke, um dies herauszufühlen, obgleich wir Flüchtlinge in London meist wie auf einer Insel im großen Menschenmeer ein abgesondertes Dasein führten.

In London war seit dem Jahre 1848 eine große Zahl von politischen Flüchtlingen aus fast allen Ländern des europäischen Kontinents zusammengeströmt; doch beschränkte sich der Verkehr zwischen den verschiedenen nationalen Gruppen — Deutschen, Franzosen, Italienern, Ungarn, Polen, Russen — mehr oder minder auf die hervorragenderen Persönlichkeiten. Alle hatten jedoch die zuversichtliche Hoffnung auf einen baldigen revolutionären Umschwung auf dem Kontinent gemein. Unter den Deutschen gab es nur wenige, die diese Hoffnung nur in geringem Maße teilten. Von diesen war Lothar Bucher vielleicht der Bedeutendste, ein stiller, in sich gekehrter Mann von großen Fähigkeiten, der sich mit ernsten politischen Studien beschäftigte, und dem ich im späteren Leben noch einmal unter sehr veränderten Verhältnissen begegnen sollte. Wie in der Schweiz, so wurde auch in London die Frage, wem in der kommenden Revolution die Führerschaft zufallen sollte, unter den Flüchtlingen eifrig besprochen. Natürlich gab diese illusionsselige Auffassung der Dinge zu allerlei Eifersüchteleien Veranlassung, wie das zu allen Zeiten unter ähnlich situierten Leuten der Fall gewesen ist, und die Flüchtlingschaft spaltete sich in Parteien, die einander zuweilen mit Bitterkeit bekämpften.

Als Kinkel in London ankam, fiel ihm natürlich unter den Flüchtlingen eine hervorragende Stellung zu, und er wurde sozusagen von selbst das Haupt einer ansehnlichen Gefolgschaft. Er hatte jedoch auch seine Widersacher, die in ihm keinen „praktischen Revolutionär", sondern nur einen Dichter und Gelehrten, einen politischen Träumer sehen wollten, der zum eigentlichen Führer in einem großen Kampfe nicht das Zeug besitze. Manche von diesen gruppierten sich merkwürdigerweise um Arnold Ruge, einen geistvollen Philosophen und Schriftsteller, auf den jedoch der Name eines bloßen Gelehrten und politischen Träumers ebensogut und vielleicht weit besser gepaßt hätte. Dann gab es noch Gruppen von sozialistischen Arbeitern, die sich teils an Karl Marx, teils an August Willich anschlossen; und endlich Neutrale, die sich um diese Parteiungen nicht kümmerten und individuell ihre eigenen Wege gingen.

Kinkel war gewiß nicht ohne Ehrgeiz und auch nicht frei von illusorischen Hoffnungen auf einen baldigen Umschwung im Vaterlande. Es war ihm jedoch vorerst darum zu tun, seiner Familie in London eine anständige Existenz zu schaffen. Dies nahm seine Tätigkeit so sehr in Anspruch, daß er sich dem gewöhnlichen Treiben der großenteils unbeschäftigten Flüchtlinge nicht anschließen konnte. Auch war es ihm nicht möglich, für seine politischen Glaubensgenossen offenes Haus zu halten und ihnen seine Arbeitsstunden herzugeben und so die Wohnung seiner Familie zum Versammlungsplatz eines in der Wiederholung oft gesagter Dinge unerschöpflichen Debattierklubs zu machen.

Es wurde daher Kinkel der Vorwurf gemacht, daß er sich um die Sache der Revolution zu wenig und um seine Familieninteressen zu viel kümmere, und dies sei besonders zu tadeln, da er doch seine Befreiung in hohem Grade der Hülfswilligkeit seiner demokratischen Parteigenossen zu verdanken habe. Wie ungerecht auch dieser Vorwurf war, so nahm ihn Kinkel sich doch sehr zu Herzen. Er war in dieser Stimmung, als ihm ein Plan vorgelegt wurde, dessen erfolgreiche Ausführbarkeit nur die fieberhafte Phantasie des politischen Flüchtlings sich einbilden konnte. Der Plan war, eine „deutsche Nationalanleihe" von ich weiß nicht mehr wie viel Millionen Talern zu erheben, rückzahlbar in einer gewissen Zeit nach der Etablierung der deutschen Republik. Das im Wege der Nationalanleihe zusammengebrachte Geld sollte dann einem Zentralkomitee zur Verfügung gestellt und zu revolutionären Zwecken in Deutschland verwendet werden. Um die Erhebung der Anleihe zu beschleunigen, sollte Kinkel ohne Verzug nach Amerika reisen und durch eine öffentliche Agitation, bei der seine persönliche Popularität und seine eminente Rednergabe besonders wirksam sein würden, die dort ansässigen Deutschen, und auch Amerikaner, wenn es ginge, zu möglichst liberalen Beiträgen veranlassen. Unterdessen sollten einige von seinen Freunden durch persönliche Bemühungen andere hervorragende Flüchtlinge für diesen Plan zu gewinnen und womöglich die ganze Flüchtlingschaft unter einen Hut zu bringen suchen; aber Kinkel sollte sofort nach Amerika abreisen, ohne das Projekt weiteren Konsultationen zu unterwerfen, damit den Flüchtlingen, die sonst daran gezweifelt und gemäkelt haben würden, die Sache als ein Fait accompli dargestellt werden könnte.

Das Resultat, das man sich von den Ausführungen dieses Planes versprach, war folgendes: Die Verfügung über bedeutende Geldmittel würde die Flüchtlingschaft zu einer wirklichen Macht erheben. Die Existenz einer solchen Macht würde dem revolutionären Element in Deutschland frischen Mut verleihen, es durch die Zuziehung neuer Rekruten stärken und seine Kühnheit und Tatkraft anspornen. Natürlich würde nebenbei auch das Komitee, das den großen Revolutionsschatz verwaltete, die Führung der ganzen revolutionären Partei und die anfängliche Organisation der künftigen deutschen Republik in den Händen haben.

Es ist wohl in späteren Jahren Kinkel selbst bei ruhigem Bedenken komisch genug vorgekommen, daß er an den Erfolg eines solchen Planes jemals hatte glauben können. Jedenfalls lieferte dieses Projekt von der Selbsttäuschungsfähigkeit des politischen Flüchtlings ein sprechendes Beispiel. Übrigens sind wohl die gegen Kinkel gerichteten Vorwürfe, daß er sich zu viel der Sorge um seine bürgerliche Existenz widme, und das Gefühl, daß er durch eine große Bemühung für die Sache der Revolution seinen politischen Freunden eine Schuld abzuzahlen habe, für ihn ein Hauptbeweggrund gewesen, ohne langes Zögern auf diesen Plan einzugehen. Wenige Tage nachdem im vertrauten Kreise die Sache beschlossen war, brach Kinkel seine Lehrtätigkeit in London ab — ein großes Opfer, denn er setzte damit die Existenz seiner Familie von neuem aufs Spiel — und schiffte sich nach Amerika ein.

Ich war damals noch jung, unerfahren und sanguinisch genug, den Erfolg eines solchen Unternehmens für möglich zu halten, und ging mit Feuereifer darauf ein. Da man mir diplomatisches Talent zutraute, so wurde mir der Auftrag, in die Schweiz zu reisen, die dort weilenden Häupter der deutschen Flüchtlingschaft für den Plan zu gewinnen und so die Grundlage zu einer allgemeinen Organisation zu legen. Diesen Auftrag übernahm ich mit Vergnügen, machte unterwegs einen Besuch in Paris, von dem ich jedoch den höflichen Polizeipräfekten nicht in Kenntnis setzte, und traf bald bei meinen alten Freunden in Zürich ein. Für diese war ich seit meiner Abreise im vorhergehenden Jahre durch die Reputation, die mir die Befreiung Kinkels gebracht, eine ganz neue Person geworden. Sie trauten mir viel mehr Einsicht zu, als ich besaß, und meine diplomatische Sendung fand daher nur geringe Schwierigkeit zu überwinden, d. h. in der Erwartung, daß die Nationalanleihe, hauptsächlich durch Kinkels Agitation in Amerika, ein bedeutendes Resultat liefern werde, erklärten die Flüchtlinge durchweg ihre Bereitschaft, sich der vorgeschlagenen allgemeinen Organisation anzuschließen.

Der hartnäckigste Zweifler und zugleich der bedeutendste Mann, den ich dort fand, war Löwe von Calbe. Als letzter Präsident des deutschen Nationalparlaments war er im Frühling 1849 von Frankfurt nach Stuttgart gezogen und hatte, Arm in Arm mit dem alten Dichter Uhland, den Zug seiner Kollegen geführt, bis dieser von einer Abteilung württembergischer Kavallerie auseinandergesprengt wurde. Dann suchte Löwe Zuflucht in der Schweiz. Er war Arzt von Beruf, hatte sich aber durch weitgreifende Studien einen Schatz vielseitiger Kenntnisse erworben. Er machte den Eindruck eines ruhigen, methodischen Denkers, dem es auch an dem entschlossenen Mut kühnen Handelns nicht fehlte. Es lag ein gewisses Behagen in seinem Wesen, und wenn der stämmige, wohlbeleibte Mann sich hinsetzte, den Zuhörer mit seinen überaus klugen Augen anblickte, und dann in wohlgebildeten, klaren, mit langsamem Tonfall gesprochenen Sätzen seine Meinung darlegte, so fühlte man sich einer Autorität gegenüber, die oft überzeugte, schon ehe das Argument bis zum letzten Schluß gediehen war. Löwe war in bezug auf die Möglichkeit eines baldigen Umschwungs in Deutschland nicht so sanguinisch wie die meisten von uns, obgleich ihn die Illusionssucht des Flüchtlingslebens nicht ganz unberührt gelassen hatte. Über die Chancen der projektierten „deutschen Nationalanleihe" äußerte er seine Zweifel; aber da er den Plan keineswegs abwies, und es mir sehr darum zu tun war, durch weitere Besprechung der Sache ihn dafür zu gewinnen, begleitete ich ihn auf einer Fußreise durch das Berner Oberland, die er eben mit einigen Besuchern aus Deutschland anzutreten im Begriff stand.

Bis dahin hatte ich die weißen Häupter der Alpen nur aus der Ferne gesehen. Nun kam ich ihnen zum erstenmal nahe und setzte mich sozusagen zu ihren Füßen. Wir gingen von Bern nach Interlaken, dann über Lauterbrunnen nach der Wengern Alp und nach Grindelwald, bestiegen das Faulhorn und wandten uns dann über die Scheideck nach den Seen. An den schönsten Punkten hielten wir uns auf und sahen so das Beste, was das Berner Oberland bietet. Was mir von all dem Herrlichen, Gewaltigen und Wunderbaren den tiefsten Eindruck machte, waren nicht die großartigen Rundsichten, wie von der Spitze des Faulhorns, wo man ganze Alpengruppen und -ketten ins Auge faßt, sondern es war das Bild der einzelnen Bergspitze, die über eine Wolkenlage hinaus in den blauen sonnigen Äther hinaufragte und so als etwas durch die Wolken von der untern Welt abgeschiedenes, für sich selbst dastehendes sichtbar wurde. Es war das Bild des Ewigfesten, Unveränderlichen, Zuverlässigen, im klaren heitern Sonnenlicht thronend über dem Ewigunbeständigen, Wechselnden, Zerfließenden. Besonders eindrucksvoll wurde dieses Bild, wenn sich hinter dem Wolkenschleier das dumpfe geheimnisvolle Donnern der stürzenden Lawinen hören ließ. Da wir von dem schönsten Wetter begünstigt waren, so genoß ich dieses Schauspiel oft, und jedesmal stand ich davor mit einem Gefühl, das ich nicht anders als fromm und andächtig nennen kann.

Ich war so tief ergriffen von all dem Schönen, welches ich um mich her sah, daß ich jeden Bauern beneidete, der in solcher Umgebung sein ganzes Leben zubringen konnte. Aber in dieser Beziehung machte ich eine interessante Erfahrung. Auf der Dorfstraße in Grindelwald sah ich eines Tages einen Mann von intelligentem Gesichtsausdruck, den die umherspielenden Kinder besonders angelegentlich grüßten. Aus seiner äußeren Erscheinung schloß ich, daß er der Schulmeister des Dorfes sein müsse, und ich irrte mich nicht. Ich redete ihn an, indem ich mich über örtliche Verhältnisse erkundigte, und fand ihn sehr mitteilsam. Er erzählte mir, daß es in dem kaum eine deutsche Quadratmeile großen Bergtal von Grindelwald alte Leute gäbe, die nie über die Grenzen des Tals hinausgekommen seien. Die von ihnen gesehene Welt war also vom Schreckhorn, Mönch, Eiger und Faulhorn eingeschlossen. In meinem Enthusiasmus bemerkte ich, daß die beständige Anschauung einer Umgebung von so großartiger Schönheit dem Menschen wohl genügen könne. Der Schulmeister lächelte und sagte, diese großartige Schönheit komme dem Geist der gewöhnlichen Bauern wohl am wenigsten zum Bewußtsein. Er sehe in den Naturerscheinungen, die er beobachte, mehr das, was ihm vorteilhaft oder unvorteilhaft, ermutigend oder beschwerlich oder gar drohend sei. Die Wolkenbildungen, die uns in alle möglichen Stimmungen und Gemütsbewegungen versetzten, bedeuteten ihm je nach ihrer Lage und Gestaltung nur gutes oder schlechtes Wetter. Der dumpfe Donner der Lawinen erinnere ihn nur daran, daß unter gewissen Umständen die Schneestürze viel Unheil anrichten könnten. Er sehe in dem Wüten des Gebirgssturmes nicht etwa ein großartiges Schauspiel, wohl aber Hagelschlag und die Gefahr des Austretens der Bäche, und so weiter. Ich fragte den Schulmeister, ob es denn nicht wahr sei, was wir von dem berühmten schweizer Heimweh hörten, daß, wer in diesen Bergen geboren sei und seine Jugend zugebracht habe, nirgendwo anders glücklich und zufrieden sein könne, sondern wenn anderswo zu leben gezwungen, sich in krankhafter Sehnsucht nach der Bergheimat verzehren müsse. Der Schulmeister lächelte wieder und meinte, solche Fälle von Heimweh seien wohl bei Schweizern vorgekommen, aber wahrscheinlich nicht in größerer Zahl und in schlimmerer Form, als bei Bewohnern anderer Gegenden. Überall gäbe es wohl Leute, die der Heimat und ihren Anschauungen und Gewohnheiten mit großer, fast krankhafter Gemütswärme anhingen. Er wisse von Schweizern in ansehnlicher Zahl, die im Auslande, ja auf den flachen Prärien Amerikas sich niedergelassen hätten und sich dort äußerst behaglich fühlten.

„Wollen Sie mir denn sagen", fragte ich, „daß der Schweizer selbst die Schönheit seines Landes nicht zu würdigen weiß?"

„Nein das gerade nicht", antwortete der Schulmeister. „Die gebildeten Leute wissen ja wohl überall das Schöne seiner Schönheit wegen zu würdigen. Aber der arbeitende Mann, der immer mit der Natur zu kämpfen hat, muß sich erst sagen lassen, daß die Dinge, die ihm so oft beschwerlich und unangenehm werden, nebenbei auch großartig und schön sind. Wenn er einmal auf den Gedanken gebracht worden ist, dann sieht er die Sache mehr und mehr so an. — Und die Schweizer", setzte der Schulmeister mit schlauem Lächeln hinzu, „auch die ungebildeten, wissen jetzt die Schönheit des Landes ziemlich zu schätzen."

Dies klang mir zuerst wie eine recht prosaische Philosophie; aber längeres Nachdenken überzeugte mich, daß der Mann Recht hatte. Die Empfindung der Naturschönheit ist eine anerzogene, angebildete, anzivilisierte Empfindung. Naive Völker haben sie nicht, oder drücken sie wenigstens nicht aus. Die Naturerscheinung — Berg, Tal, Wald, Wüste, Strom, Meer, Sonnenschein, Regen,

Windstille, Sturm usw. — ist ihnen entweder wohltuend, fördernd, oder unangenehm, störend, furchtbar. Es ist eine bezeichnende Tatsache, daß es im Homer bei all dem Reichtum seiner Schilderungen keine Beschreibungen einer landschaftlichen Szene oder eines Naturereignisses vom Standpunkte des Schönen gibt. Dieselbe Erfahrung setzt sich bis in unsere Zeiten fort. In demselben Geiste äußerte sich der Farmer aus einem der Präriestaaten Amerikas, der einmal auf einem Dampfboot den herrlichen Hudson hinauffuhr, und als er einen enthusiastischen Mitreisenden ausrufen hörte: „Wie schön ist doch dieses Land!" ruhig antwortete: „Es mag wohl ein ziemlich gutes Land sein, nur viel zu hügelig."

Meine diplomatische Mission in der Schweiz war bald vollendet. Ich hatte die Zustimmung der meisten hervorragenden Flüchtlinge zu dem Anleiheplan gewonnen und glaubte der Sache der Freiheit einen bedeutenden Dienst geleistet zu haben. Dann kehrte ich nach London zurück. Frau Kinkel bat mich, bis zur Rückkehr ihres Mannes in ihrem Hause zu wohnen, da sie sonst dort keinen männlichen Schutz habe, und natürlich mußte ich ihr willfahren. Aber das Leben dort blieb keineswegs so heiter, wie es während der Anwesenheit Kinkels gewesen war. Da empfand ich erst, ein wie großes Opfer Kinkel durch die Übernahme einer solchen Mission gebracht hatte. Frau Johanna hatte ihren Mann mit Betrübnis und Sorge scheiden sehen. Ihre Wiedervereinigung war noch kein Jahr alt, und als nun plötzlich das glückliche Familienleben von neuem auf viele Monate hinaus zerrissen wurde, und das zu einer Zeit, als die Gründung einer bürgerlichen Existenz in der Fremde die gemeinsame Anstrengung aller Kräfte erforderte, so schien ihr die Bürde, welche die Parteigenossen ihr auferlegten, allzu schwer. Sie ergab sich allerdings in ihr Schicksal, aber nicht ohne Mißmut. Ihre Gesundheit fing an zu leiden; nervöse Störungen stellten sich ein, und es ist wahrscheinlich, daß damals die Anfänge der Herzkrankheit sich bemerklich machten, die sie einige Jahre später in ein frühes Grab brachte. Die Nachrichten, die wir von Kinkel aus Amerika empfingen, waren allerdings, was ihn selbst betraf, befriedigend; aber sie vermochten doch nicht das verdüsterte Gemüt der einsamen Frau zu erheitern, wie sehr diese auch sich an patriotischen Hoffnungen aufrecht zu erhalten versuchte.

Kinkel hatte vieles zu erzählen von der Herzlichkeit, mit der die Deutschen in Amerika ihn begrüßten. Wo er erschien, da strömten die Landsleute zusammen, um dem Zauber seiner Beredtsamkeit zu lauschen. Wie er von Stadt zu Stadt zog, so reihte sich ein festlicher Empfang an den andern. Der Enthusiasmus der Versammlungen ließ nichts zu wünschen übrig. Obgleich Kinkel damals das Englische nur noch mangelhaft sprach, so mußte er sich zuweilen doch in englischen Gelegenheitsreden versuchen, wenn, was nicht selten vorkam, geborene Amerikaner an den ihm gewidmeten Feierlichkeiten teilnahmen. So besuchte er alle bedeutenderen Plätze im Norden und Süden, Osten und Westen der Vereinigten Staaten. Auch dem Präsidenten Fillmore machte er seine Aufwartung und wurde mit großer Freundlichkeit empfangen. Diese Erlebnisse beschrieb er in seinen Briefen mit sprudelndem Humor; all seine Berichte atmeten frische Lebenslust und zeugten von dem lebhaftesten Interesse an dem neuen Lande. Kurz, seine Reise ging in allen Beziehungen nach Wunsch — nur im Punkte der deutschen Nationalanleihe nicht. Es wurden allerdings allenthalben Ausschüsse organisiert und zur Einsammlung von Geld und zur Ausgabe von Anleihescheinen ermächtigt, aber die Beiträge beliefen sich schließlich nur auf wenige tausend Dollars — eine geringfügige Summe, mit der sich nichts anfangen ließ. Kossuth, der wenige Monate später mit viel bedeutenderem Prestige und größerem Pomp zu einem ähnlichen Zweck nach Amerika zog, machte dieselbe Erfahrung. Und es war ein Glück, daß die „Anleihen" mißlangen. Man hätte auch mit größeren Summen nur hoffnungslose Konspirationen organisieren und Menschen in persönliches Unglück führen können, ohne der Sache der Völkerfreiheit zu nützen.

Aber während diese Dinge vor sich gingen, dachten wir Flüchtlinge anders. Es wurden Emissäre nach Deutschland geschickt, um die Lage der Dinge auszukundschaften und die revolutionäre Organisation zu vervollständigen, d. h. Leute aufzusuchen, die in denselben Illusionen lebten wie wir, und diese „zur Vorbereitung gemeinsamen Handelns" miteinander und mit dem Londoner Komitee in Korrespondenz zu setzen. Einige dieser Emissäre, die in Deutschland unter Anklage standen, setzten sich großen Gefahren aus, indem sie von Ort zu Ort reisten, und die meisten davon kamen mit der Kunde zurück, daß die Unzufriedenheit in Deutschland allgemein sei, und daß es bald „losgehen" könne. Daß es in Deutschland viel Unzufriedene gab, war richtig. Aber von „Losschlagen" träumten in Wahrheit nur wenige. Das revolutionäre Feuer war ausgebrannt. Der Flüchtling aber konnte sich zur Annahme dieser Wahrheit so wenig verstehen, daß er eher geneigt war, den, der sie aussprach, als „verdächtig" zu bezeichnen. Es wurde also rüstig weiter „gearbeitet".

Mir wurde eine große Auszeichnung zuteil. Ich erhielt eines Tages einen eigenhändigen Brief von Mazzini mit einer Einladung, ihn zu besuchen. Er gab mir die Adresse eines seiner Vertrauten, der mich zu ihm bringen würde. Seine eigene Adresse hielt Mazzini, wie es hieß, geheim, da er sich der Spionage der monarchischen Regierungen entziehen wollte. Daß der große italienische Patriot mich, den jungen unbedeutenden Menschen, zu sich einlud und sozusagen in sein Vertrauen zog, empfand ich als eine große Ehre. Mazzini galt in revolutionären Kreisen, besonders bei uns jungen Leuten, als das Haupt von zahllosen Geheimbünden, als eine mysteriöse Macht, die sich nicht allein in Italien, sondern in allen europäischen Ländern fühlbar machen konnte. Man erzählte sich wunderbare Geschichten von seinen kühnen Reisen in den Ländern, in denen ein Preis auf seinen Kopf stand, von seinem plötzlichen, fast zauberhaften Erscheinen unter seinen Getreuen hier und dort, und von seinem ebenso zauberhaften Verschwinden, als ob die Erde ihn verschlungen hätte, und von der unübertrefflichen Geschicklichkeit, mit der er sich in den Besitz der Geheimnisse der Regierungen zu setzen wisse, und mit der er seine eigenen Pläne und Handlungen zu verbergen verstehe. So erschien er uns jungen Leuten denn als das verkörperte Genie des revolutionären Strebens, und wir blickten zu seiner geheimnisvollen Größe mit einer Art von ehrfurchtsvoller Scheu auf. Es war mir daher, als ich zu ihm berufen wurde, als ob ich in die Werkstätte des Meisterzauberers treten werde.

Der von Mazzini bezeichnete Freund führte mich nach der Wohnung des großen Führers, die in einer durchaus unfashionablen Straße lag. In der Nähe dieser Wohnung begegneten wir einigen schwarzäugigen, bärtigen jungen Männern, offenbar Italienern, welche die Gegend abzupatrouillieren schienen. Ich fand Mazzini in einem äußerst bescheidenen, kleinen Gemach, das zugleich als Salon und Arbeitsstube diente. In der Mitte des Zimmers stand ein Schreibtisch, der mit anscheinend verworrenen Haufen von Papieren bedeckt war. Kleine Modelle von Kanonen und Mörsern dienten als Briefbeschwerer. Einige Stühle und, wenn ich mich recht erinnere, ein kleines Sofa bildeten den Rest der Ausstattung. Das ganze machte den Eindruck der Ärmlichkeit.

Mazzini saß am Schreibtisch, als ich eintrat, und er erhob sich, um mir die Hand zu reichen. Er erschien mir als ein schlanker Mann von mittlerer Statur, in einen schwarzen Tuchanzug gekleidet. Sein Rock war bis oben zugeknöpft. Den Hals umhüllte eine schwarze seidene Krawatte, aus der kein Hemdkragen hervorsah. Das Gesicht hatte klassischen Schnitt, der untere Teil war mit einem kurzgehaltenen schwarzen, mit grau gemischten Vollbart bedeckt. Die dunklen Augen glühten in rastlosem Feuer. Darüber wölbte sich die Stirn auffallend hoch und breit. Dünnes, glattanliegendes Haar, schwarz, aber ergrauend, bedeckte das Haupt. Der sprechende Mund zeigte eine volle, aber etwas geschwärzte Reihe von Zähnen. Die ganze Erscheinung war die eines unzweifelhaft bedeutenden Mannes. Bald fühlte ich mich auch unter dem Zauber einer Persönlichkeit von seltener Anziehungskraft.

Unsere Unterhaltung wurde in französischer Sprache geführt, die Mazzini mit derselben Leichtigkeit wie seine Muttersprache handhabte, obgleich er von dem allen Italienern eigenen Akzent nicht frei war. Aber er entwickelte im Gespräch unter vier Augen, und dabei heftig Zigarren rauchend, eine Beredsamkeit, wie ich sie in meinem langen Leben nur selten wieder gehört habe — warm, einschmeichelnd, zuweilen ungestüm, schwungvoll, erhaben, und dabei immer durchaus natürlich. Die drei größten Konversationalisten mit denen ich in meinen Tagen in Berührung gekommen bin, waren Mazzini, der amerikanische Schriftsteller Dr. Oliver Wendell Holmes, und Bismarck. Von diesen war Dr. Holmes der geistreichste im Sinne des bel esprit, Bismarck der imposanteste und unterhaltendste zugleich durch Witz, Sarkasmus, Anekdoten und Erzählungen geschichtlichen Interesses mit hinreißender Lebendigkeit vorgetragen und blitzartigen Beleuchtungen von Menschen und Verhältnissen. Aber aus Mazzini sprach eine solche Tiefe und Wärme der Überzeugung, ein solcher Enthusiasmus des Glaubens an die Heiligkeit der von ihm gepredigten Grundsätze und der von ihm verfolgten Zwecke, daß besonders das jugendliche Gemüt dem Zauber dieser Persönlichkeit schwer widerstehen konnte. Als ich ihn sah und sprechen hörte, konnte ich es wohl begreifen, wie er die Schar seiner Getreuen zusammenzuhalten und zu vermehren, zuweilen in die gefährlichsten Unternehmungen zu führen und nach den schwersten Enttäuschungen doch wieder an sich zu fesseln vermochte.

Mazzini hatte unzweifelhaft seiner Angehörigkeit zur katholischen Kirche, wenn auch nicht formell, so doch tatsächlich, schon in früher Jugend entsagt. Aber es lag in ihm und sprach aus ihm ein tiefes religiöses Gefühl, ein Anbetungsbedürfnis, ein instinktives Vertrauen auf eine höhere Macht, an die er sich wenden könne, und die ihm beistehen werde zur Befreiung und Vereinigung seines Volkes. Dies war seine Form des Fatalismus, den man so oft mit großen Ambitionen verbunden findet. Er hatte einen Zug mystischen Prophetentums in sich, das der Tiefe seiner Überzeugungen und Gefühle entsprang und von aller Charlatanerie, aller affektierten Feierlichkeit frei war. Wenigstens machte er auf mich diesen Eindruck. Ich habe nie bei ihm einen Anflug von dem Zynismus in der Beurteilung von Verhältnissen und Menschen bemerkt, in dem sich manche der hervorragenden

Revolutionäre gefielen. Die kleinlichen und gewöhnlich lächerlichen Rangstreitigkeiten unter den Führern der Flüchtlingschaften berührten ihn nicht. Veruneinigungen und Meinungszwiste unter denen, die hätten zusammenstehen und wirken sollen, reizten ihn nicht zu scharfen Ausfällen, sondern erfüllten ihn nur mit aufrichtig schmerzlichem Bedauern. Die Revolution, die er sich als Ziel vorstellte, war nicht eine bloße Erkämpfung gewisser Volksrechte, nicht eine bloße Veränderung in der Staatsform, nicht die bloße Befreiung seines Landes von der Fremdherrschaft, nicht die bloße Vereinigung aller Italiener in einem nationalen Verbande; sie bedeutete ihm vielmehr die Erhebung der befreiten Völker zu höheren sittlichen Lebenszwecken. Es klang ein wahrhafter und edler Ton durch seine Auffassung der Menschen und Dinge, durch die anspruchslose, entsagende Einfachheit seines Wesens und Lebens, durch die unbegrenzte Opferwilligkeit und Selbstverleugnung, die er sich selbst auferlegte und von anderen verlangte. Seit 1839 hatte er, als Verbannter von seinem Vaterlande, einen großen Teil seines Lebens in London zugebracht und war im Laufe der Zeit mit englischen Familien in intime Freundschaftsbeziehungen getreten. Es war wohl der Echtheit seiner Gesinnungen, der edlen Einfachheit seines Wesens und der wahrhaften und selbstlosen Hingebung an seine nationale Sache nicht weniger, als seinen brillanten persönlichen Eigenschaften zu verdanken, daß in einigen dieser Familien sich ein eigentlicher Mazzinikultus ausbildete, der sich nicht selten sehr großer Opfer fähig zeigte.

Die Tradition seines Volkes sowohl wie der Umstand, daß er zur Befreiung seines Vaterlandes eine Fremdherrschaft zu bekämpfen hatte, machten ihn zum professionellen Verschwörer. Schon als Jüngling gehörte er den Karbonari an, und dann folgte auf seine Anregung und unter seiner Leitung eine Konspiration auf die andere, deren Aufstandsversuche alle fehlschlugen. Aber diese Fehlschläge entmutigten ihn nicht, sondern feuerten ihn nur zu immer neuen Anstrengungen an. Er gab mir im Lauf unseres Gesprächs zu verstehen, daß er Vorbereitungen zu einem neuen Unternehmen in Oberitalien im Gange habe; und da er in mir wahrscheinlich ein Mitglied des inneren Zirkels in demjenigen Teile der deutschen Flüchtlingschaft vermutete, der über den Ertrag der „Nationalanleihe" verfügen werde, so wünschte er zu wissen, ob wir mit unsern Mitteln sein Unternehmen zu unterstützen geneigt sein würden. Jedenfalls war ihm darum zu tun, uns für ein solches Zusammenwirken günstig zu stimmen Er hielt mich unzweifelhaft für eine einflußreichere Person als ich war. Ich konnte ihm nur versprechen, die Sache den mit Kinkel verbundenen Führern nach dessen Rückkehr zur Überlegung zu unterbreiten, verhehlte Mazzini aber nicht, daß ich bezweifelte, ob die verantwortlichen Männer sich für berechtigt halten würden, Gelder, die zur Verwendung in Deutschland gesammelt worden, für revolutionäre Zwecke in Italien herzugeben. Diese Bemerkung gab Mazzini Anlaß zu einer mit feuriger Beredsamkeit geführten Auseinandersetzung über die Solidarität der Völker im Kampfe für Freiheit und nationale Existenz. Übrigens wußten wir damals noch nicht, wie wenig der Ertrag der deutschen „Nationalanleihe" zu bedeuten haben werde.

Eine andere Begegnung wurde mir zuteil, die mir kaum minder denkwürdig geblieben ist. Im Oktober 1851 kam Ludwig Kossuth nach England. Nach dem Zusammenbruch der ungarischen Revolution war er über die türkische Grenze geflohen. Sein Verbleiben in der Türkei wurde von Österreich für unstatthaft und von Kossuths Freunden für unsicher gehalten. Freilich verweigerte der Sultan seine Auslieferung. Als aber die Republik der Vereinigten Staaten von Amerika in großmütiger Sympathie mit dem unglücklichen Freiheitskämpfer diesem auf einem amerikanischen Kriegsschiff die Überfahrt nach den Vereinigten Staaten anbot, wurde das Anerbieten ohne Zaudern angenommen. Aber Kossuth hatte keineswegs im Sinne, nach Amerika zu wandern, um dort seinen Wohnsitz aufzuschlagen. Er war weit entfernt davon, seine Sendung für beendigt und die Niederlage seiner Sache für unwiderruflich zu halten. Die sanguinische Hoffnungsseligkeit der Verbannten träumte von der Möglichkeit, den liberalen Teil der alten und gar die neue Welt gegen die Unterdrücker seines Vaterlandes zu den Waffen zu rufen, oder wenigstens zu diplomatischer Einmischung zu bewegen. Und in der Tat, hätte sich dies durch einen bloßen Appell an das Gefühl und die Einbildungskraft erreichen lassen, so würde Kossuth der Mann gewesen sein, es zu vollbringen. Von allen Ereignissen der Jahre 1848 und 49 hatte der heldenmütige Kampf der Ungarn für ihre nationale Unabhängigkeit im Auslande vielleicht das lebhafteste Mitgefühl erweckt. Die tapferen Generäle, die eine Zeitlang von Sieg zu Sieg flogen, um dann nach der russischen Intervention der Übermacht zu erliegen, erschienen wie die Recken einer Heldensage, und über ihnen stand die Figur Kossuths gleich der eines Propheten, dessen Wort in dem Herzen des Volks die Flamme des Patriotismus entzündet hatte und lodernd erhielt. Alles war da, Heldenmut und tragisches Unglück, um das Epos großartig und rührend zu machen, und die ganze Romantik der revolutionären Zeit fand in Kossuths Person die anziehendste Verkörperung. Seine wunderbare Beredsamkeit war während des Kampfes in vollen Tönen über die Grenze Ungarns hinausgeklungen. Nicht wenige seiner schwungvollen Perioden, poetischen Vergleiche und herzergreifenden Ausrufe gingen unter uns jungen Leuten auf der Universität von Mund zu Mund; und sein Bild mit der gedankenschweren Stirn, den träumerischen Augen und dem schönen bartumrahmten Kinn wurde ein Gegenstand bewundernder Verehrung.

Als er nun, seine Reise nach Amerika unterbrechend, in London ankam, schien der Enthusiasmus des englischen Volks keine Grenzen zu kennen. Sein Einzug glich dem eines von siegreichem Feldzug zurückkehrenden Nationalhelden. Das Menschengedränge auf den Straßen war unermeßlich und ein betäubendes Jubelgeschrei grüßte Kossuth, wie er in seiner malerischen ungarischen Tracht im Wagen aufrecht stehend mit dem Säbel an der Seite erschien, von einem ebenso pittoresken Gefolge begleitet. Aber als er endlich zu reden begann und seine volltönende und doch so weiche Stimme ihren Wohllaut über die Köpfe der Menge ausströmte in klassischem Englisch, das durch einen Anflug fremdländischen Akzents einen besonders pikanten Reiz empfing, da spottete der Enthusiasmus der Zuhörer aller Beschreibung.

Kossuth wurde in dem Hause eines Londoner Privatmanns, der an dem Schicksale Ungarns ein besonderes Interesse nahm, gastfreundlich aufgenommen und empfing dort während seines Aufenthaltes in der englischen Hauptstadt seine Bewunderer und Freunde. Eine Art von Hofhaltung umgab ihn. Seine Begleiter, stets in ungarischer Nationaltracht, hielten seine Prätension, noch immer der rechtmäßige Gouverneur von Ungarn zu sein, in zeremoniöser Weise aufrecht. Er gab Audienzen, wie ein Fürst, und wenn er ins Zimmer trat, so wurde er von einem Adjutanten als der „Gouverneur" angekündigt, alle Anwesenden standen von ihren Sitzen auf, und Kossuth begrüßte sie mit einer gewissen ernsten Feierlichkeit. Unter den Flüchtlingen anderer Nationen gab diese undemokratische Förmlichkeit viel Anstoß, aber doch wohl mit Unrecht. Es war Kossuths Absicht, auf die öffentliche Meinung gewisse Wirkungen hervorzubringen, nicht seiner selbst, sondern seines Volkes wegen. Und da es sich darum handelte, der Phantasie der Engländer das Bild Ungarns einzuprägen, und ihnen auch den festen Glauben der Ungarn an die Rechtmäßigkeit ihrer Sache zu versinnlichen, so war es nicht unangemessen, daß Kossuth solche pittoreske Schaustellungen als Mittel zu seinem Zweck benützte.

Auch unsere deutsche Flüchtlingsorganisation schickte eine Deputation ab, um Kossuth unsern Respekt zu bezeugen, und zu dieser Deputation gehörte auch ich. Wir wurden in der üblichen Weise in den Empfangssaal geführt und dort von goldbetreßten, gestiefelten und gespornten Adjutanten begrüßt, hübschen schnurrbärtigen Gesellen mit herrlichen weißen Zähnen. Endlich erschien Kossuth. Es war das erstemal, daß ich ihm nahe kam. Der Sprecher unserer Deputation nannte ihm unsere Namen, und als der meinige genannt wurde, trat Kossuth vor, reichte mir seine Hand und sagte auf deutsch mit einem Anflug des österreichischen Dialekts: „Ich kenne Sie. Sie haben eine edle Tat getan. Ich freue mich, Ihnen die Hand drücken zu können." Ich war so verlegen, daß ich nichts antworten konnte. Ich fühlte, wie mir das Blut in die Wangen schoß. Aber es war doch ein stolzer Moment. Es entspann sich eine kurze Unterhaltung, an welcher ich nur geringen Anteil nahm. Ein Mitglied unserer Deputation sprach von der sozialistischen Tendenz der neueren revolutionären Agitation. Ich erinnere mich der Antwort, die Kossuth gab. Er sagte ungefähr folgendes: „Ich weiß nichts von Sozialismus. Ich habe mich nie damit beschäftigt. Mein Zweck ist, dem ungarischen Volk nationale Unabhängigkeit und freisinnige Staatseinrichtungen zu erkämpfen. Wenn das geschehen ist, so wird meine Aufgabe erfüllt sein." In dieser Beziehung stand er auf gleichem Standpunkt mit Mazzini, der ebenfalls tätige Teilnahme an sozialistischen Bestrebungen von sich abwies.

Bei den öffentlichen Gelegenheiten, die ihm geboten wurden, strengte Kossuth seine ganze Beredsamkeit an, um die Begeisterung für die ungarische Sache unter den Engländern in Flammen zu halten; aber, obgleich ihm seine Zuhörer stets den wärmsten Beifall zollten, so konnten doch seine Bemühungen, England zu einem entschiedenen Auftreten gegen Rußland und Österreich zugunsten Ungarns zu bewegen, einer ernüchternden Kritik nicht entgehen, und besonders mißlangen seine Versuche, in offiziellen Kreisen Fuß zu fassen und sich mit dem Ministerium Palmerston in vertrauliche Berührung zu bringen. In der Tat stand ihm in den Vereinigten Staaten dieselbe Erfahrung bevor: großer Enthusiasmus für seine Person und für die heldenmütigen Kämpfe seines Volks, aber dann nüchternes Erwägen der traditionellen Politik der Vereinigten Staaten und Abweisung des Versuchs, durch Einmischung in die Angelegenheiten der alten Welt in die Räder des Schicksals einzugreifen.

Ehe Kossuth seine agitatorische Tätigkeit in Amerika begann, kehrte Kinkel von dort zurück. Er hatte von der neuen Welt viel Gutes und Schönes zu erzählen, obgleich er sich gestehen mußte, daß der Erfolg seiner Mission ein sehr geringer war. Mit rüstigem Fleiß nahm er seine unterbrochene Lehrtätigkeit wieder auf, und mit ihm war auch der alte Sonnenschein in sein Haus zurückgekehrt.

Dreizehntes Kapitel.

Im Herbst 1851 fand die Flüchtlingschaft, besonders die deutsche, einen gesellschaftlichen Sammelplatz im Salon einer geborenen Aristokratin, der Baronin Brüning, geborenen Prinzessin Lieven aus Deutschrußland. Sie war damals wenig über dreißig Jahre alt; nicht gerade schön, aber von offenem, angenehmem, gewinnendem Gesichtsausdruck, und anmutigem Wesen, feinen Manieren und anregender Unterhaltungsgabe. Wie sie dazu gekommen war, trotz ihrer hochadligen Herkunft und gesellschaftlichen Stellung in die demokratische Strömung zu geraten, weiß ich nicht. Wahrscheinlich hatten die Nachrichten von den Freiheitskämpfen im westlichen Europa, die über die russische Grenze drangen, ihre Einbildungskraft entflammt, und ihre lebhafte Natur war in unvorsichtigen Äußerungen gegen das despotische Regiment des Kaisers Nikolaus ausgebrochen. Kurz, sie hatte es in Rußland nicht mehr aushalten können, oder war gar genötigt gewesen, ihr Vaterland zu verlassen. Eine Zeitlang hatte sie dann in Deutschland und in der Schweiz gelebt und war mit verschiedenen demokratischen Führern bekannt geworden. Auch mit Frau Kinkel hatte sie korrespondiert und einen Beitrag zu dem Fonds geliefert, welcher bei Kinkels Befreiung zur Verwendung kam. Aber auf dem Kontinent glaubte sie sich überall von russischem Einfluß verfolgt, und wirklich machte die Polizei, in Deutschland wenigstens, sich ihr unbequem. So suchte sie denn zuletzt auf englischem Boden Zuflucht, und, um verwandten Geistern nahe zu bleiben, siedelte sie sich mitten in der deutschen Flüchtlingskolonie in der Vorstadt St. Johns Wood an. Von der Familie Kinkel wurde sie mit großer Herzlichkeit aufgenommen und schickte sich an, in dem Kinkelschen Hause in ihrer Weise die gesellschaftlichen Honneurs zu machen. Es stellte sich bald heraus, daß dies nicht gehen wollte. Die reiche, in bequemem Wohlleben erzogene Frau konnte nicht verstehen, daß eine auf angestrengte Tätigkeit für ihren Broterwerb angewiesene Familie ihre Zeit sowohl wie ihre Mittel mit strengster Ökonomie zu Rate halten mußte und sich den Luxus eines, wenn auch noch so angenehmen geselligen Verkehrs nur in beschränktem Maße gestatten durfte. Die pflichttreue Arbeitsamkeit des Kinkelschen Ehepaares war daher mit den wohlmeinenden, aber etwas extravaganten Absichten der Frau von Brüning nicht in Einklang zu bringen, und es trat eine leichte Abkühlung des freundschaftlichen Verhältnisses ein. Da nun Frau von Brüning ein ziemlich geräumiges Haus auf St. Johns Wood Terrace mietete und ihren Salon mit großer Gastfreiheit ihren Freunden öffnete, so fand sich dort fast allabendlich ein ansehnlicher Kreis von Flüchtlingen zusammen.

Die Baronin hatte ihren Mann und ihre Kinder bei sich, und die Geselligkeit bewegte sich auf dem Boden eines angenehmen Familienlebens. Der Baron Brüning schien sich allerdings unter den Freunden, die sich in dem Salon sammelten, nicht ganz heimisch zu fühlen. Er war ein vornehm aussehender, ruhiger Mann von feiner Lebensart, der, wenn er auch mit den politischen Grundsätzen, die um ihn her gepredigt wurden, nicht harmonierte, sich das den Gästen des Hauses gegenüber nur sehr wenig merken ließ. Wenn die in seiner Umgebung ausgesprochenen Ansichten gar zu extrem waren, so spielte wohl zuweilen um seine Lippen ein stilles, ironisches Lächeln; und der zuversichtlichen Prophezeiung, daß nun in ganz kurzem alle Throne auf dem europäischen Kontinent umgestürzt und eine Familie von Republiken an die Stelle gesetzt werden würde, begegnete er wohl mit der ruhigen Frage: „Glauben Sie wirklich, daß es so kommen wird?" Aber immer war er freundlich und gefällig, fehlte im geselligen Kreise nie und hieß jeden willkommen, der seiner Frau willkommen war. Die

Besonnenern unter den Gästen und diejenigen, die auch außerhalb der revolutionären Politik geistige Interessen hatten, erkannten es als eine Pflicht des Anstandes, die Freundlichkeit des Barons mit jeder möglichen Aufmerksamkeit zu erwidern, und sie fanden in ihm einen wohlmeinenden, gut unterrichteten Mann, der viel gelesen und sich über manche Dinge klare Meinungen gebildet hatte. So entstanden zwischen ihm und einigen seiner Gäste, zu denen auch ich gehörte, Beziehungen von einer gewissen Vertraulichkeit; und wenn er über seine häuslichen Verhältnisse sprach, so empfing man den Eindruck, daß er den demokratischen Enthusiasmus seiner Frau mit all seinen Folgen als ein Schicksal ansah, dem man sich eben unterwerfen müsse. Die Ursache der Fügsamkeit des Barons in die Exzentrizitäten seiner Frau wurde von einigen unter uns in dem vermuteten Umstande gesucht, daß das Vermögen der Familie von ihrer Seite gekommen sei; aber es ist eben so wahrscheinlich, daß es die gewöhnliche Hülflosigkeit des schwächern Willens dem stärkern gegenüber war, und daß der Baron sich von seiner Frau von Ort zu Ort und in unerwünschten Gesellschaftskreisen umherwirbeln ließ, weil er eben unter seinen sonst vortrefflichen Eigenschaften nicht Widerstandskraft genug besaß. Übrigens sprachen die Eheleute voneinander mit der größten, durchaus unaffektierten Achtung und Wärme, und der Baron ließ sich mit großer Sorge und umsichtiger Tätigkeit die Erziehung der Kinder angelegen sein.

Die Baronin ging nun ganz in ihrem Verkehr mit der Flüchtlingschaft auf. Sie war keineswegs eine Frau von großen Geistesgaben. Ihr Wissen war oberflächlich, und ihr Denken nicht tief. Sie besaß eben nur die „Bildung der guten Gesellschaft", aber dabei wahre Herzensgüte in der liebenswürdigsten Form. Wie das häufig bei Frauen der Fall ist, deren Ansichten und Meinungen viel mehr aus den Erregungen des Gemüts, als aus klarer Beobachtung der Dinge und dem Räsonnement des Verstandes entstanden sind, so wandte sich ihre Begeisterung und Sympathie mehr den Personen als den Grundsätzen, Bestrebungen und Zielen zu. Man wirft Frauen ihres Schlages gern Gefallsucht vor, und es mag auch wirklich der Baronin geschmeichelt haben, der Mittelpunkt eines Kreises zu sein, in dem sich manche geistreiche Männer befanden. Aber ihre enthusiastische Natur war so echt, ihre Sorge, in ihrem Hause dem Verbannten eine Heimat zu bereiten, so unermüdlich, ihr Mitgefühl mit jedem Leiden und jeder Entbehrung so opferwillig, und ihr Charakter bei aller Freiheit des persönlichen Verkehrs so vollkommen fleckenlos und unantastbar, daß man ihr viel größere Eitelkeiten gern verziehen hätte. Für manchen der Flüchtlinge war sie wirklich die gute Fee. Diesem ließ sie auf ihre Kosten aus Deutschland die lang verlobte Braut kommen. Jenem besorgte sie eine anständige Wohnung und machte einen heimlichen Kontrakt mit dem Hausherrn, nach welchem sie einen Teil der Miete bezahlte. Für einen dritten lief sie umher, um ihm Unterrichtsstunden zu verschaffen. Einem vierten, der ein Künstler war, besorgte sie Aufträge. Einem fünften war sie „barmherzige Schwester" in seiner Krankheit. Mit wachsamer Fürsorge pflegte sie den einen auszuforschen über das, was der andere etwa entbehren möge, und womit sie ihm helfen könne, denn es war ihr immer darum zu tun, daß womöglich die hülfreiche Hand nicht gesehen werde. Ihre opferwillige Freigebigkeit ging so weit, daß sie sich selbst Entbehrungen auferlegte, um mit dem Ersparten andern dienlich zu sein. So hatte sie nur ein Kleid, das nur nach den bescheidensten Begriffen für salonfähig gelten konnte. Es war von violettem Atlas und hatte in früheren Zeiten unzweifelhaft recht stattlich ausgesehen. Aber da sie es beständig trug, so wurden nach und nach sogar Flickstücke darauf sichtbar. Einige Damen in unserem Kreise machten ihr Vorstellungen darüber, und sie antwortete: „Ach ja, es ist wahr. Ich muß wirklich ein neues Kleid haben. Ich war auch schon mehrmals auf dem Wege zu einer Kleidermacherin, aber jedesmal fiel mir etwas Nötigeres ein, und ich bin wieder umgekehrt." Und so mußte das alte Kleid den ganzen Winter hindurch Dienst tun. Es konnte nichts Liebenswürdigeres geben als den Eifer, mit dem sie in ihrem Salon den Niedergeschlagenen aufzurichten und den Traurigen Trost und Mut zu geben suchte, und ich sehe sie noch, wie sie mit ihren leuchtenden blauen Augen unter uns saß und von dem großen Umschwung und der guten Zeit sprach, die nun unfehlbar bald kommen und uns triumphierend in die Heimat zurückführen werde. Und dabei war die Gute von einer Herzkrankheit geplagt, die ihr zuweilen schwere Leidenszustände und die Ahnung eines baldigen Todes brachte. Eines Tages, als ich mit ihr spazieren ging, stand sie plötzlich still und hielt sich an mir fest. Der Atem schien ihr zu stocken. Ich blickte sie erschrocken an. Sie hatte die Augen geschlossen und ein Schmerzensausdruck lag auf ihren Zügen. Endlich schlug sie die Augen wieder auf und sagte: „Haben Sie mein Herz klopfen hören? Ich werde bald sterben. Es kann kein Jahr mehr dauern. Aber sagen Sie es niemand. Es ist mir jetzt nur so herausgefahren." Ich suchte ihr diese Befürchtung auszureden, aber umsonst. „Nein", sagte sie, „ich weiß es. Es tut ja auch nichts. Sprechen wir nun lieber von etwas anderm." Ihr Vorgefühl sollte sich nur zu schnell bewahrheiten.

Der Kreis im Brüningschen Hause zählte einige interessante und tüchtige Menschen, die sich schon früher bewährt hatten oder im spätern Leben sich zu bewähren bestimmt waren. Da war unter andern Löwe, der kurz nachdem ich ihn in der Schweiz gesehen, den Kontinent verlassen und den sicherern Boden Englands aufgesucht hatte. Da war Malvida von Meysenbug. Da war der schlesische Graf Oskar von Reichenbach, ein Mann von großem Wissen und eine durchaus edle Natur. Leider sahen wir ihn nicht oft. Da war Oppenheim, ein Schriftsteller von viel Geist und umfassenden Kenntnissen. Da war Willich, der Arbeiterführer, und Schimmelpfennig, zwei künftige amerikanische Generäle. Da war der gute Strodtmann, der uns nach London gefolgt war.

Zuweilen sahen wir auch Zugvögel von anderer Art. So wurde eines Tages, ich weiß nicht mehr von wem, ein Franzose aus Marseille namens Barthélemy im Brüningschon Salon eingeführt und als eine besondere Merkwürdigkeit bezeichnet. Seine Vergangenheit war in der Tat seltsam genug gewesen. Er hatte schon vor der Revolution von 1848 zu einer geheimen Verschwörungsgesellschaft, der „Marianne" gehört, hatte, durch das Los bestimmt, einen Polizeiagenten getötet und war dafür zu den Galeeren verurteilt worden. Infolge der Revolution von 1848 wurde er in Freiheit gesetzt, kämpfte dann in dem Pariser Sozialistenaufstande im Juni 1848, der blutigen „Junischlacht", auf den Barrikaden, worauf es ihm gelang, nach England zu entkommen. Man sagte ihm nach, daß er verschiedene Menschen getötet habe, teils im Zweikampf, teils ohne diese Förmlichkeit. Nun galt er als „Arbeiter"; seine Hauptbeschäftigung war die des handwerksmäßigen Verschwörers. Sein Bild steht mir noch vor Augen, wie er in den Brüningschen Salon eintrat und am Kamin Platz nahm; ein Mann von etlichen dreißig Jahren, untersetzt von Gestalt, das Gesicht von dunkler Blässe mit schwarzem Schnurr- und Knebelbart, die Augen finster glühend von stechendem Feuer. Er sprach mit tiefer volltönender Stimme, langsam und gemessen mit der dogmatischen Bestimmtheit, die entgegengesetzte Meinungen mit einer Art von mitleidiger Geringschätzung zurückweist. So setzte er uns mit größter Kaltblütigkeit seine Theorie der Revolution auseinander, die einfach darin bestand, daß alle Andersdenkenden ohne viel Federlesens abgeschlachtet werden müßten. Der Mann drückte sich mit großer Klarheit aus wie einer, der über seinen Gegenstand viel und ruhig nachgedacht und auf logischem Wege seine Schlußfolgerungen erreicht hatte. Wir sahen also da einen jener Fanatiker vor uns, wie revolutionäre Kämpfe sie nicht selten hervorbringen; einen Menschen von nicht unbedeutendem Geist, dem das beständige Hinstarren auf einen Punkt jegliches Verständnis der sittlichen Weltordnung verwirrt hat, dem jeder gewöhnliche Begriff des Rechts abhanden gekommen ist, dem jedes Verbrechen als Mittel zu seinem Zweck statthaft, ja als eine tugendhafte Handlung erscheint, der jeden ihm im Wege Stehenden als vogelfrei ansieht, der also jeden totzuschlagen bereit und auch das eigene Leben für seinen nebelhaften Zweck einzusetzen stets willig ist. Solche Fanatiker sind fähig, wie Bestien zu handeln, und zuweilen auch selbst wie Helden zu sterben.

Daß es denjenigen, die Barthélemy im Brüningschen Salon zuhörten, dabei unheimlich zumute wurde, war natürlich genug. Barthélemy wurde auch nach diesem ersten Besuch dort nicht mehr gesehen. Wenige Jahre nachher, im Jahre 1855, nahm er ein charakteristisches Ende. Er wohnte beständig in London, zog sich aber mehr und mehr von seinen Freunden zurück, — man sagte, weil er mit einer Frau lebte, der er leidenschaftlich zugetan sei. Weiter hieß es, er sei mit einem vermögenden Engländer bekannt geworden, den er oft besuchte. Eines Tages sprach er mit jener Frau bei diesem Engländer vor. Er trug einen Reisesack in der Hand, wie einer, der nach einem Bahnhofe gehen will. Plötzlich hörte man einen Knall in dem Hause des Engländers und Barthélemy rannte mit seiner Geliebten, verfolgt von dem Geschrei eines weiblichen Dienstboten, die ihren Herrn in seinem Zimmer tot in seinem Blute gefunden hatte, davon. Ein Polizeidiener, der Barthélemy auf der Straße aufhalten wollte, fiel ebenfalls von Barthélemys Pistole tödlich getroffen zu Boden. Ein zusammengelaufener Volkshaufe versperrte dem Mörder den Weg, entwaffnete ihn und überlieferte ihn den Behörden. Die Frau entkam in der Verwirrung und wurde nie wieder gesehen. Alle Versuche, Barthélemy zu einer Aussage über sein Verhältnis zu dem erschossenen Engländer zu bringen, waren vergeblich. Er hüllte sich in das tiefste Schweigen, und soviel ich weiß, ist diese geheimnisvolle Geschichte nie aufgeklärt worden. Es verbreitete sich nur ein Gerücht, daß Barthélemy habe nach Paris gehen wollen, um den Kaiser Louis Napoleon zu ermorden; daß jener Engländer ihm das dazu nötige Geld versprochen, es aber im entscheidenden Augenblick verweigert habe; daß dann bei der letzten Zusammenkunft Barthélemy ihn erschossen habe, entweder um sich so in den Besitz des Geldes zu setzen, oder im Zorn über die Weigerung. Ein weiteres Gerücht sagte, die „Geliebte" sei eine Spionin der französischen Regierung gewesen, mit dem Auftrage nach London geschickt, Barthélemy zu überwachen und schließlich ans Messer zu liefern. Barthélemy wurde als Mörder prozessiert, zur Todesstrafe verurteilt und gehängt. Er ging dem Tode mit großer Kaltblütigkeit entgegen, rief im Angesicht des Galgens aus: „In wenigen Augenblicken werde ich also das große Geheimnis kennen!" und starb mit ruhiger Würde.

Die Geschichte ist von meiner guten Freundin Fräulein Malvida von Meysenbug in ihrem höchst anziehenden Buche, den „Memoiren einer Idealistin", mit vieler Wärme erzählt worden. Der Leser wird auch dort ein Beispiel finden von dem Eindruck, den eine Persönlichkeit wie Barthélemy, was immer auch das kühle Urteil des Verstandes und der Gerechtigkeit sein mag, auf das Gemüt einer geistvollen Frau zu machen imstande ist. Die Hinrichtung Barthélemys empörte ihr Gefühl und rührte sie zu Tränen. Aber nichts könnte gewisser sein als daß, hätte damals eine Begnadigung ihn auf freien Fuß gesetzt, jener wahnsinnige Fanatismus, der ihn von einem Morde wie von einem Frühstück sprechen ließ, ihn zu neuen Bluttaten geführt und schließlich doch dem Henker in die Hände geliefert haben würde.

Mit Malvida von Meysenbug wurde ich auch im Brüningschen Hause auf angenehme Weise näher bekannt. Sie war eine Tochter des kurfürstlich hessischen Ministers Herrn von Meysenbug, der, wohl mit Unrecht, für einen starren Absolutisten und Aristokraten gehalten wurde. Nach langen inneren Kämpfen, in welchen eine tiefe Herzensneigung für einen geistvollen jungen Demokraten, den Bruder meines Universitätsfreundes Friedrich Althaus, keine geringe Rolle spielte, bekannte sie sich offen zu der politisch freisinnigen Richtung, fand ein längeres Zusammenleben mit ihrer Familie unhaltbar, ging im Jahre 1849 oder 50 nach Hamburg, um bei der Gründung einer von freisinnigen Frauen geplanten weiblichen Hochschule mitzuwirken, kam durch ihre Bekanntschaft und Korrespondenz mit demokratischen Führern in polizeiliche Ungelegenheiten und landete endlich hauptsächlich von Kinkels angezogen, in London in unserm Kreise. Ihren Entwicklungsgang und ihre Schicksale hat sie in den „Memoiren einer Idealistin" mit charakteristischer Offenheit und in sehr interessanter Weise beschrieben.

Als wir in London zusammentrafen muß sie etwas über dreißig Jahre alt gewesen sein. Aber sie sah viel älter aus, als sie wirklich war. Im Äußerlichen hatte die Natur sie gar nicht begünstigt. Aber ihre Freunde gewöhnten sich bald daran, das Äußerliche bei ihr zu vergessen. Sie hatte viel gelesen und von dem Gelesenen manches in sich verarbeitet. Mit eifrigem Interesse verfolgte sie die Ereignisse der Zeit auf dem politischen Felde sowie die merkwürdigen Erscheinungen auf dem literarischen, artistischen und wissenschaftlichen. Ein fast ungestümer und wahrhaft beredsamer Enthusiasmus beseelte sie für alles, was ihr schön, gut und edel erschien. Sie fühlte den Trieb, wo es irgend möglich war, tätig mit einzugreifen, und ihren Bestrebungen ging sie nach mit einem Eifer, einem Ernst, der sie zuweilen zu einer strengen Richterin machte über alles, was ihr als leichtfertige Behandlung wichtiger Dinge, oder als Frivolität vorkam. Und dabei war ihr Wesen so ehrlich, einfach und anspruchslos, ihre Herzensgüte so unerschöpflich, ihre Sympathie so warm und opferwillig, ihre Freundschaft so echt und treu, daß jeder, der sie näher kennen lernte, ihr gern den Zug von schwärmerischer Überschwänglichkeit nachsah, der sich zuweilen in ihren Ansichten und Begeisterungen kundgab, und der in der Tat der Erregbarkeit ihres Gemüts, der Güte ihres Herzens zuzuschreiben war. Ihre ganze Umgebung achtete sie auf das höchste, und nicht wenige davon wurden ihre warmen Freunde.

Der Ton, der im Brüningschen Salon vorherrschte, gefiel ihr nicht immer. Wenn sie mit einem Mitgliede des Kreises ein tiefgehendes Gespräch über bedeutende Dinge führte, so wurde es gar zu oft von der leichtfertigen Fröhlichkeit der anderen übertönt. Die Baronin selbst konnte ihr wenig folgen in der ernsten Behandlung, die Malvida allen Fragen zuteil werden ließ. Aber ihre persönlichen Sympathien hielten sie doch fest, und sie wurde an den gesellschaftlichen Abenden oft und immer sehr gern gesehen.

Die Bücher, die Malvida von Meysenbug nach der Zeit, von der ich spreche, geschrieben, sind alle von ihren edlen Welt- und Lebensanschauungen inspiriert, und eines davon die „Memoiren einer Idealistin", hat die seltene Auszeichnung erfahren, nach langen Jahren des Verschwindens vom literarischen Markt ohne besondere äußere Veranlassung eine Wiedergeburt zu erleben. Malvida erreichte ein hohes Alter, dessen letzte Jahrzehnte sie in Rom zubrachte, in beständigem gesellschaftlichem oder brieflichem Verkehr mit einem zahlreichen Kreise von Freunden, worunter Männer und Frauen von großer Distinktion, die ihrer bedeutenden und sympathischen Persönlichkeit die höchste Achtung und liebevolle Anhänglichkeit bewahrten. Unsere in London geschlossene Freundschaft blieb warm bis zu ihrem Tode.

Nun trat ein Ereignis ein, welches die Stimmung der Flüchtlingschaft furchtbar verdüsterte und auch meinem Schicksal eine entsprechende Wendung gab. Die Berichte, die wir von unseren Freunden in Paris empfangen hatten, liefen darauf hinaus, daß Louis Napoleon, der Präsident der französischen Republick, der allgemeinen Verachtung verfallen sei; daß er mit seiner offenbaren Ambition, das Kaisertum in Frankreich wieder herzustellen und sich auf den Thron zu schwingen, eine äußerst lächerliche Figur spiele, und daß jeder gewaltsame Versuch in dieser Richtung unfehlbar seinen Sturz und die Einsetzung einer stark republikanischen Regierung zur Folge haben müsse. Der Ton der republikanischen Oppositionsblätter in Paris ließ diese Ansicht von der Lage der Dinge als nicht unbegründet erscheinen.

Plötzlich, am 2. Dezember 1851, kam die Nachricht, daß Louis Napoleon tatsächlich den vorausgeahnten Staatsstreich ins Werk gesetzt habe. Er hatte sich der Armee versichert, die Halle der Nationalversammlung mit Truppen besetzt, die Führer der Opposition und den General Changarnier, der von der Nationalversammlung mit ihrem Schutze betraut war, und mehrere andere Generäle verhaften lassen, ein Dekret veröffentlicht, durch welches er das von der Nationalversammlung beschränkte allgemeine Stimmrecht wieder herstellte, und eine Proklamation an das Volk erlassen, in der er die parlamentarischen Parteien der Selbstsucht anklagte und die Wiedereinführung des zehnjährigen Konsulats verlangte. Schlag auf Schlag kamen aufregende Depeschen. Mitglieder der Nationalversammlung in ansehnlicher Zahl fanden sich zusammen und versuchten Widerstand zu organisieren, wurden aber von der bewaffneten Macht auseinandergetrieben. Endlich hieß es auch, das Volk beginne „in die Straßen herniederzusteigen" und Barrikaden zu bauen. Nun sollte die entscheidende Schlacht geschlagen werden.

Der Gemütszustand, in den durch diese Berichte die Flüchtlingschaft versetzt wurde, läßt sich nicht beschreiben. Wir Deutschen liefen nach den Versammlungslokalen der französischen Klubs, weil wir dort die schnellste und zuverlässigste Kunde, vielleicht auch aus Quellen, die dem allgemeinen Publikum verschlossen wären, zu erhaschen hofften. Dort fanden wir eine an Fieberwahnsinn grenzende Erregung. Man schrie, man gestikulierte, man beschimpfte Louis Napoleon, man verwünschte seine Helfershelfer, man weinte, man umarmte sich. Alle waren eines Volkssieges gewiß. Die glorreichsten Bulletins über den Fortgang des Straßenkampfs gingen von Mund zu Mund. Einige davon wurden von wildblickenden Revolutionären, die auf Tische gesprungen waren, proklamiert und mit frenetischem Beifallsgeschrei begrüßt. So ging es eine Nacht hindurch, einen Tag, und wieder eine Nacht. Zu schlafen war unmöglich. Man nahm sich kaum zum Essen Zeit. Auf die Siegesberichte folgten andere, die ungünstiger klangen. Man konnte und wollte sie nicht glauben. Es waren die Depeschen des Usurpators und seiner Sklaven. Sie logen; sie konnten nicht anders als lügen. Aber immer düsterer klang die Botschaft. Die Barrikaden, die das Volk in der Nacht auf den 3. Dezember errichtet hatte, waren von der Armee ohne Mühe genommen worden. Am 4. hatte sich auf den Straßen St. Denis und St. Martin ein ernsterer Kampf entsponnen, aber auch da waren die Truppen Meister geblieben. Dann stürzte sich die Soldateska in die Häuser und mordete ohne Unterschied und Mitleid. Schließlich die Ruhe des Kirchhofs in Paris. Der Volksaufstand war unbedeutend und ohnmächtig gewesen. Der Usurpator, den man noch vor kurzem als einen schwachsinnigen Abenteurer, einen lächerlichen Affen dargestellt, hatte Paris unterjocht. Die Departements rührten sich nicht. Es war kein Zweifel mehr. Mit der Republik war's zu Ende, und also auch mit der neuen Revolution, die sich auf den von Frankreich kommenden Anstoß über den ganzen Kontinent verbreiten sollte.

Wir schlichen still nach Hause, von den Schreckensnachrichten betäubt, geistig und körperlich erschöpft. Nachdem ich mich durch einen langen Schlaf von der furchtbaren Aufregung erholt, suchte ich mir über die veränderte Lage der Dinge klar zu werden. Es war ein nebliger Tag, und ich ging hinaus, da es mir unbehaglich war, still in den vier Wänden zu sitzen. In meine Gedanken vertieft, wanderte ich fort ohne eigentlichen Zielpunkt und fand mich endlich im Hydepark, wo ich mich trotz der kühlen Witterung auf eine Bank setzte. Von welcher Seite ich auch die neuesten Ereignisse und ihre natürlichen Folgen betrachten mochte, eines schien mir gewiß: alle revolutionären Bestrebungen, die sich an die Erhebung von 1848 knüpften, waren nun hoffnungslos; eine Periode entschiedener und allgemeiner Reaktion stand uns bevor, und was es auch von weitern Entwicklungen im freiheitlichen Sinne in der Zukunft geben mochte, das mußte einen neuen Ausgangspunkt haben.

Meine eigene Lage wurde mir ebenso klar. Mich der illusorischen Hoffnung einer baldigen Rückkehr ins Vaterland noch weiter hinzugeben, wäre kindisch gewesen. Weiter zu konspirieren und dadurch noch mehr Unheil auf andre zu bringen, schien mir ein frevelhaftes Spiel. Das Flüchtlingsleben hatte ich als öde und entnervend erkannt. Ich fühlte einen ungestümen Drang in mir, nicht nur mir eine geregelte Lebenstätigkeit zu schaffen, sondern für das Wohl der Menschheit etwas Wirkliches, wahrhaft Wertvolles zu leisten. Aber wo? Das Vaterland war mir verschlossen. England war mir eine Fremde und würde es immer bleiben. Wohin dann? „Nach Amerika!" sagte ich zu mir selbst. „Die Ideale, von denen ich geträumt und für die ich gekämpft, fände ich dort, wenn auch nicht voll verwirklicht, doch hoffnungsvoll nach ganzer Verwirklichung strebend. In diesem Streben werde ich tätig mithelfen können. Es ist eine neue Welt, eine freie Welt, eine Welt großer Ideen und Zwecke. In dieser Welt gibt's wohl für mich eine neue Heimat. „Ubi libertas, ibi patria." Auf der

Stelle faßte ich den Entschluß. Nur noch so lange wollte ich in England bleiben, bis ich mir durch meine Unterrichtsstunden meine Barschaft ein wenig vermehrt haben würde, und dann nach Amerika!

Ich hatte schon eine gute Weile auf jener Bank im Hydepark, in diese Gedanken vertieft gesessen, als ich bemerkte, daß auch am andern Ende der Bank ein Mensch saß, der ebenso gedankenvoll vor sich auf den Boden zu stieren schien. Er war ein kleiner Mann, und als ich genauer hinblickte, glaubte ich ihn zu erkennen. Es war Louis Blanc, der französische Sozialistenführer, ehemaliges Mitglied der provisorischen Regierung von Frankreich. Ich war vor kurzem in einer Gesellschaft mit ihm bekannt geworden, und er hatte sich auf sehr liebenswürdige und geistvolle Weise mit mir unterhalten. Da ich mit meiner Überlegung fertig war, so stand ich auf, um zu gehen, ohne ihn stören zu wollen. Aber er richtete den Kopf empor, sah mich mit übernächtigten Augen aus einem verstörten Gesicht an und sagte: „Ah, c'est vous, mon jeune ami! C'est fini, n'est ce pas? C'est fini!" Wir drückten einander die Hände, er ließ seinen Kopf wieder sinken, und ich ging meines Weges nach Hause, um meinen Eltern den auf der Bank im Hydepark gefaßten Entschluß sofort brieflich mitzuteilen! Mehrere meiner Mitverbannten suchten ihn mir auszureden, indem sie noch allerlei wunderbare Dinge prophezeiten, die sich auf dem Kontinent sehr bald zutragen würden, und in die wir Flüchtlinge eingreifen müßten, aber ich hatte das Wesenlose dieser Phantasien zu gut erkannt und ließ mich nicht wankend machen.

Und nun geschah etwas, das über meine anscheinend trübe und gedrückte Lage einen heitern und warmen Sonnenschein ergoß und meinem Leben einen ungeahnten Inhalt verlieh.

Ein paar Wochen vor dem Staatsreich Louis Napoleons hatte ich ein Geschäft bei einem Mitverbannten auszurichten und machte diesem in seiner Wohnung in Hempstead einen Besuch. Ich erinnere mich noch sehr lebhaft, wie ich den Weg, der stellenweise zwischen Hecken und Baumreihen lief — jetzt wohl eine ununterbrochene Häusermasse —, in der Abenddämmerung zu Fuß zurücklegte, nicht ahnend, daß ich eine viel wichtigere Begegnung vor mir hatte, als die mit irgend einem politischen Gesinnungsgenossen. Mein Geschäft war bald abgemacht, und ich erhob mich schon, um zu gehen, als er in ein anstoßendes Zimmer hineinrief: „Margarete, komm doch einmal herein. Hier ist ein Herr, den Du kennen lernen solltest." — „Es ist meine Schwägerin", setzte er zu mir gewendet hinzu. „Sie ist von Hamburg hierher zu Besuch gekommen."

Ein Mädchen von etwa 18 Jahren trat herein, von stattlichem Wuchs mit schwarzem Lockenkopf, kindlich schönen Zügen und großen dunklen wahrhaftigen Augen.

Wir wurden in der Tat miteinander sehr gut bekannt — freilich nicht an jenem Tage — aber bald nachher; und am 6. Juli 1852 wurden wir in der Pfarrkirche von Marylebone in London fürs Leben vereinigt. Ich habe ausführlich aufgeschrieben, wie das alles sich zutrug. Aber dieser Teil meiner Geschichte gehört natürlich nur meinen Kindern und dem intimsten Freundeskreise.

Mitte August waren wir zur Abreise fertig. Kurz vor dem Tage des Abschiedes lud mich Mazzini noch einmal zu sich ein.

Als ich zum letztenmal bei ihm in seinem Zimmer saß, machte er noch einen Versuch, mich in Europa zurückzuhalten. Er vertraute mir das Geheimnis einer revolutionären Unternehmung an, die er im Werke habe, und die, wie er mir sagte, große Resultate versprechend zur Ausführung gekommen sein müsse, ehe ich Amerika erreicht haben würde. Es handelte sich um eine Schilderhebung in der Lombardei. Mit seiner glühenden Beredsamkeit schilderte er mir, wie die italienischen Freiheitskämpfer die Österreicher in die Alpen zurückdrängen und wie dann ähnliche Bewegungen in andern Ländern des Kontinents sich an diesen siegreichen Aufstand anschließen würden. Dann seien es just solche junge Männer, wie ich, die zur Stelle sein müßten, um das so begonnene Werk fortführen zu helfen. „Wenn Sie gehen", sagte er, „wie werden Sie dann wünschen, nicht gegangen zu sein! Sie werden das nächste Schiff nehmen, um nach Europa zurück zu eilen. Sparen Sie doch die unnötige Spazierfahrt!" Ich mußte ihm gestehen, daß meine Hoffnungen nicht so sanguinisch seien wie die seinigen; daß ich in der Lage der Dinge auf dem Kontinent keine Aussicht auf baldige Veränderung finden könne, die mich zu einer ersprießlichen Tätigkeit in mein Vaterland zurückführen werde; daß wenn in entfernter Zukunft solche Veränderungen kämen, sie sich anders gestalten würden, als wir sie uns jetzt vorstellen möchten, und dann würde es andere Leute geben, um sie durchzuführen. So schieden wir voneinander, und ich habe ihn nicht wieder gesehen.

Einige Zeit nach meiner Ankunft in Amerika hörte ich denn auch von dem Ausbruch der von Mazzini angekündigten revolutionären Unternehmung. Sie bestand in einem Insurrektionsversuch in Mailand, den die Österreicher ohne große Mühe unterdrückten, und führte nur zur Einkerkerung einer ansehnlichen Zahl italienischer Patrioten. Und Mazzinis Sache, die Einigung Italiens unter einer freien Regierung, erschien hoffnungsloser als je.

Kossuth kehrte von Amerika zurück als ein schmerzlich enttäuschter Mann. Er war von dem amerikanischen Volk mit grenzenloser Begeisterung begrüßt worden. Zahllose Menschenmassen hatten seiner bezaubernden Beredsamkeit gelauscht, und ihn mit Zeichen der Bewunderung und der Sympathie überhäuft. Der Präsident der Vereinigten Staaten hatte ihm verehrungsvoll die Hand gedrückt, und der Kongreß hatte ihn mit außerordentlichen Ehrenbezeugungen empfangen. Da gab es pomphafte öffentliche Aufzüge und Paraden und Festessen ohne Ende. Aber die Regierung der Vereinigten Staaten, in Übereinstimmung mit der öffentlichen Meinung des Landes, hielt fest an der altherkömmlichen Politik der Nichteinmischung in europäische Angelegenheiten. Kossuths Appell um „substantielle Hülfe" für sein unterdrücktes Vaterland war vergeblich. Als er nach England zurückkam, fand er, daß auch da der Volksenthusiasmus, der ihn vor nur wenigen Monaten umbraust hatte, ausgebrannt war. Er versuchte noch einmal, durch öffentliche Vorträge in verschiedenen Städten Englands das Interesse an Ungarns Schicksal wachzuhalten, und man hörte ihm mit hochachtungsvoller und sympathischer Aufmerksamkeit zu, wie man eben einem großen Redner lauscht, über was er auch immer sprechen mag. Wenn er auf den Straßen erschien, sammelte sich die Menge nicht mehr mit donnernden Hochrufen um ihn. Leute, die ihn erkannten, nahmen wohl den Hut ab und flüsterten einander zu: „Da geht Kossuth, der große ungarische Patriot.“ Die Sache der Unabhängigkeit seines Landes, seine Sache, schien tot und begraben zu sein.

Mazzini und Kossuth — wie sonderbar hat das Schicksal mit diesen beiden Männern gespielt! Mazzini hatte sein ganzes Leben hindurch konspiriert, gekämpft und gelitten für die Vereinigung seines Landes unter einer freien Nationalregierung. Wenige Jahre nach der Zeitperiode, von der ich spreche, kam diese nationale Einigung, zuerst teilweise befördert von dem Manne, den Mazzini am bittersten haßte, dem französischen Kaiser Louis Napoleon; und dann weiter geführt durch den wunderbaren Feldzug Garibaldis, den Mazzini selbst ursprünglich geplant haben soll, und dessen Geschichte klingt wie die eines romantischen Abenteuers zur Zeit der Kreuzzüge. Aber die nationale Einigung vollzog sich unter der Ägide der Dynastie von Savoyen; und der Republikaner Mazzini starb endlich unter einem falschen Namen in einem Versteck auf italienischem Boden wie ein Verbannter in seinem eigenen Lande, das seither dem Toten Denkmäler setzt.

Kossuth hatte mit seiner glühenden Beredsamkeit jahrelang agitiert und dann einen brillanten, aber unglücklichen Krieg geleitet für die nationale Unabhängigkeit Ungarns. Als ein geschlagener Mann ging er ins Exil. Im Laufe der Zeit wurde ein hoher Grad von politischer Autonomie, von Selbstregierung, ein Zustand, der das ungarische Volk zurzeit zu befriedigen schien, auf friedlichem Wege erreicht. Aber er wurde erreicht mit einem Habsburg auf dem Thron, und Kossuth, der sein Haupt nicht vor einem Habsburg neigen wollte, wies unbeugsam jede Einladung ab, die ihn in sein, ihn noch immer als Nationalhelden verehrendes

Vaterland zurückrief; und so starb er in freiwilliger Verbannung in Turin, ein einsamer Greis.

Ein großes Maß dessen, für das diese beiden Männer gekämpft hatten, ging also endlich in Erfüllung; aber es war in einer Gestalt, in der sie es nicht als ihr eigenes Werk erkannten.

Die deutschen Revolutionäre von 1848 verfielen einem ähnlichen Schicksal. Sie kämpften für ein einiges Deutschland und freie Regierungsinstitutionen und wurden geschlagen, hauptsächlich durch preußische Waffen. Dann kamen Jahre stupider Reaktion und nationaler Erniedrigung, in denen die Ziele der Revolution von 1848 hoffnungslos untergegangen schienen. Dann, unerwartet, eine neue Ära: Friedrich Wilhelm IV., der mehr als irgend ein anderer Mann seiner Zeit den mystischen Glauben an die göttliche Erleuchtung der Könige gehegt hatte, — Friedrich Wilhelm IV. wurde irrsinnig, und die Zügel der Regierung entfielen seiner Hand. Der Prinz von Preußen, derselbe Prinz von Preußen, den die Revolutionsmänner von 1848 als den bittersten und unversöhnlichsten Feind ihrer Sache angesehen, folgte ihm, zuerst als Regent, dann als König, und vom Schicksal bestimmt, der erste Kaiser des neuen deutschen Reiches zu werden. Er rief Bismarck als Premierminister an seine Seite, denselben Bismarck, der der lauteste Wortführer des Absolutismus und der feurigste Widersacher der Revolution gewesen war. Und dann wurde die deutsche Einheit mit einem Nationalparlament gewonnen, nicht durch eine revolutionäre Volkserhebung, sondern durch monarchische Aktion und eine kriegerische Politik, die anfangs von einem großen Teil des Volkes mißbilligt, schließlich aber von einem mächtig auflodernden Nationalgefühl getragen und zum Siege geführt wurde. Es hat seitdem als eine wohlberechtigte Frage gegolten, ob dieses Auflodern des Nationalgefühls möglich geworden wäre ohne den Vorgang des großen Erweckungsjahres 1848. „Das große Erweckungsjahr" — dies ist der Name, den es in der Geschichte des deutschen Volkes tragen sollte.

So ist denn, wenn auch nicht alles, doch ein großer und wichtiger Teil von dem, wofür die Revolutionäre von 1848 gekämpft, in Erfüllung gegangen, — freilich viel später und weniger friedlich und weniger vollständig, als sie gewünscht, und durch Personen und Gewalten, die ihnen ursprünglich feindlich gewesen; aber weitere Entwicklungen versprechend, die den Idealen von 1848 viel näher kommen werden, als die jetzigen politischen Institutionen es tun.

Im Sommer 1852 jedoch lag die Zukunft Europas in düsteren Wolken vor uns. In Frankreich schien Louis Napoleon fest und sicher auf dem Nacken eines unterwürfigen Volkes zu sitzen. Die britische Regierung unter Lord Palmerston schüttelte ihm freundschaftlich die Hand. Auf dem ganzen europäischen Kontinent feierte die Reaktion gegen die liberalen Bestrebungen der letzten vier Jahre Orgien des Triumphes. Wie lange diese Reaktion unwiderstehlich sein würde, konnte niemand wissen. Daß einige ihrer Vorkämpfer in Deutschland selbst die Führer des nationalen Geistes werden könnten, würde selbst der hoffnungsseligste Sanguiniker nicht vorauszusagen gewagt haben.

Meine junge Frau und ich schifften uns im August in Portsmouth ein und landeten an einem sonnigen Septembermorgen im Hafen von New York. Mit dem heiteren Mut jugendlicher Herzen begrüßten wir die neue Welt.

Biographische Werke / Briefwechsel

Verlag Walter de Gruyter & Co., Berlin W 10 und Leipzig

Carl Schurz. Ein deutscher Kämpfer. Von Dr. Otto Dannehl, Amtsgerichtsrat. Mit 3 Tafeln. Oktav. VIII, 404 Seiten. 1929. 8.50, geb. 10.—

In dieser, zum 100. Geburtstag von Carl Schurz erschienenen großangelegten Biographie, gibt der Verfasser auf Grund ganz neuen, bisher noch nicht verwerteten Materials eine erschöpfende Darstellung der Bonner Studentenjahre des späteren deutschamerikanischen Staatsmannes. Er schildert Schurz als Vertreter der Burschenschaft Frankonia, als Führer der deutschen Studentenschaft, als Politiker und Redakteur der „Bonner Zeitung" in den Jahren 1848—1852 und als Militär in der Reichsverfassungskampagne 1849. Den Schluß des Bandes bildet ein Überblick über Schurz' Laufbahn in Amerika.

Carl Schurz, Lebenserinnerungen. I. Band: Bis zum Jahre 1852. Mit einem Bildnis: Schurz und Kinkel. II. Band: Von 1852 bis 1870. Mit einem Bildnis von Schurz (im Alter) und einem Namensregister für beide Bände. III. Band: Briefe und Lebensabriß. Je 10.—, geb. je 12.—

Ein biographisches Werk von seltenem Reiz, sind diese Lebenserinnerungen das Dokument eines der edelsten Söhne des deutschen Vaterlandes, der wie kein anderer dazu beigetragen hat, den deutschen Namen in Amerika zu Ehren zu bringen.

Abraham Lincoln. Von Carl Schurz. Aus dem Englischen übersetzt von Mary Nolte. Mit einem Bildnis. 1.—, geb. 2.—

Dem ersten Amerikaner hat der erste Deutschamerikaner einen neuen Kranz gewunden. Carl Schurz' Lincolnbuch ist der großherzige Tribut, den ein großer Mann einem größeren zollt.

Die Briefe Barthold Georg Niebuhrs. Herausgegeben von Dr. Dietrich Gerhard und Professor William Norvin. Oktav.

Bd. I: 1776—1809. CXXXIV, 542 Seiten. Mit 8 Bildtafeln. 1926. 18.—, geb. 20.—

Bd. II: 1809—1816. XII, 691 Seiten. 30.—, geb. 32.50

Bd. III: In Vorbereitung.

Diese Ausgabe ist die erste Gesamtpublikation der bisher zum Teil gänzlich unbekannten oder nur überarbeitet oder verstreut veröffentlichten Briefe. Entsprechend der Doppelstellung Niebuhrs als Wissenschaftler und Politiker führen sie in alle geistigen und politischen Strömungen der Epoche ein, mit denen er in leidenschaftlicher Teilnahme sich auseinandersetzte. Sie bieten zugleich das Bild einer menschlich immer gleich anziehenden und überragenden Persönlichkeit.

Die Briefe Kaiser Wilhelms I. Herausgegeben vom Kaiser-Wilhelm-Institut für deutsche Geschichte. Band 11 in Vorbereitung.

Die zunächst erscheinenden Bände werden die Briefe des Kaisers an seine Schwester, an Augusta und an Politiker enthalten.

Stephan Ludwig Roth. Gesammelte Schriften und Briefe. Aus dem Nachlaß herausgegeben von Otto Folberth. (Klingsor-Verlag, Kronstadt. Auslieferung für Deutschland: Walter de Gruyter & Co., Berlin W 10 und Leipzig.) Oktav.

I. Band: Die Wanderschaft. Dokumente aus den Jahren 1815—1819, hauptsächlich aus Thüringen und Iferten. Mit einem Bildnis Stephan Roths, einer Handschriftenprobe und einer Verwandtschaftstafel. 333 Seiten. 1927. Geb. 10.—

II. Band: Die Heimkehr. Das Jahr 1820. Mit zwei Bildbeilagen. 335 Seiten. 1928. Geb. 10.—

Weitere Bände in Vorbereitung.

Stephan Ludwig Roth ist eine der wichtigsten Gestalten des siebenbürgischen Deutschtums. Als Pestalozzi-Jünger, als Vorkämpfer fürs Deutschtum — er wurde von den Ungarn erschossen —, als Mittelpunkt des geistigen und volklichen Lebens der Siebenbürger ist er uns Reichsdeutschen eine persönlich liebe wie wissenschaftlich wichtige Person, deren Schriften ein ungemein wichtiger Beitrag zur Geschichte und zum Wesen des Auslandsdeutschtums sind.

Gestalten und Gestalter. Lebensgeschichtliche Bilder. Von Friedrich Naumann. Herausgegeben von Th. Heuß. VIII, 186 Seiten. 1919. 2.50, geb. 3.50

Der Band enthält eine Sammlung von Charakterbildern von Männern, die Naumann innerlich nahestanden und entscheidenden Einfluß auf ihn ausübten, wie Schiller, Herder, Rousseau, Napoleon u. a.

Gottlieb Planck, deutscher Jurist und Politiker. Von F. Frensdorff. Mit vier Bildbeilagen. Groß-Oktav. 452 Seiten. 1914. 10.—, geb. 11.50

Einem Manne, der am Werden und Ausbau des Reiches vielfachen Anteil hatte, ist hier ein würdiges Denkmal gesetzt.

Wilhelm von Siemens. Ein Lebensbild. Gedenkblätter zum 75jährigen Bestehen des Hauses Siemens & Halske. Von August Rotth. Mit 5 Tafeln in Lichtdruck. Oktav. 224 Seiten. 1922. 2.60, geb. 4.—

Der Name Siemens ist allen Deutschen so vertraut, daß dieses Buch von selbst über die Geschichte einer Firma und eines bedeutenden Mannes hinauswächst und in die Reihe derjenigen Biographien tritt, die stets gern gelesenes Allgemeingu ıdes Volkes geworden sind.

Bismarck und die Friedensunterhändler 1871. Die deutsch-französischen Friedensverhandlungen zu Brüssel und Frankfurt März-Dezember 1871. Bearbeitet von Dr. phil. Hans Goldschmidt, Archivar im Reichsarchiv, Potsdam. Oktav. XVI, 286 Seiten. 1929. 12.—, geb. 13.50

Aus den mitgeteilten Schriftstücken gewinnt man ein geradezu klassisches Bild der diplomatischen Geschicklichkeit Bismarcks und vermag sich ein Urteil zu bilden über die Rolle, die Bismarcks Untergebener und Nebenbuhler Graf Arnim gespielt hat.

Ernst Moritz Arndt. Ein Lebensbild in Briefen. Nach ungedruckten und gedruckten Originalen herausgegeben von Heinrich Meisner und Robert Geerds. Oktav. 561 Seiten. 1898. 5.—

Charakteristisch ist jede Zeile und eine Freude zu lesen jeder Brief. Für die politische und die Kulturgeschichte Deutschlands von 1787 bis 1860, für die Geschichte des deutschen Briefes ist dieser Schatz unentbehrlich, die Hauptsache aber bleibt doch das „Lebensbild", der prächtige Alte selbst, dessen Alter noch glühte wie greisender Wein.

Leben Schleiermachers. Von Wilhelm Dilthey. I. Band. Zweite Auflage, herausgegeben von Hermann Mulert. Oktav. XXXII, 879 Seiten. 1922. 17.—, geb. 19.—

Die Arbeit unserer Tage steht so stark unter dem Zeichen Schleiermachers, daß uns die Persönlichkeit des großen Philosophen heute als ein Vorbild reinen und hohen Willens erscheint, dem nachzueifern wir eifrig bestrebt sein sollten.

Die Neuausgabe des Werkes wird daher mit Freude begrüßt werden.

Novalis der Romantiker. Von Ernst Heilborn. Oktav. 228 Seiten. 1901. 3.—, geb. 4.—

In der Biographie wird interessant gezeigt, wie es in der Literatur des neunzehnten Jahrhunderts und bis in unsere Tage hinein immer wieder Novalis verwandte Erscheinungen gegeben hat, so daß man ihn fast „modern" nennen könnte.

Heinrich von Kleist als Mensch und Dichter. Von S. Rahmer. Mit zwei Porträts und einer Textabbildung. Oktav. IX, 453 Seiten. 1909. 6.—, geb. 7.—

Rahmer hat durch die reiche Fülle der Einzeluntersuchungen und die von ihm zur Erörterung gestellten Fragen die Kenntnis von Kleists Leben und der Schicksale seiner Werke bedeutend gefördert.

Walther von der Vogelweide. Von Rudolf Wustmann. Inhalt: Handschriften, Heimat und Name. — Lehrjahre. — Wanderjahre. — Meisterjahre. — Altersdichtung. — Nachfolge, Forschung und Wesen. Mit drei Tafeln. Oktav. 102 Seiten. 1913. 2.—, geb. 2.90

Wustmann bringt ein klares, abgeschlossenes Charakterbild des Minnesängers an Hand seiner Lieder. Dabei erfahren wir auch einiges über Walthers Musik. Das von warmer Begeisterung getragene Buch ist eine Freude für jeden.

Johann Fischart. Ein Literaturbild aus der Zeit der Gegenreformation. Dargestellt von Adolf Hauffen. 2 Bände. Band I: Oktav. X, 290 Seiten. 1921. Band II: Oktav. 429 Seiten. 1922. Zusammen 10.—, geb. 12.—

Das Leben des bedeutendsten und vielseitigsten Schriftstellers am Ausgang des 16. Jahrhunderts entsteht hier dem Leser und gibt ihm ein lebendiges Spiegelbild jener geistig reichbewegten Epoche.

William Shakespeare in seinem Werden und Wesen. Von Rudolf Genée. Mit einem Titelbild: Shakespeare von Adolf Menzel. Oktav. XII, 472 Seiten. 1905. 6.—, geb. 7.50

Die tiefgreifenden, vielfach aus selbständigen Quellenstudien geschöpften Kenntnisse, der psychologische Feinsinn, die Darstellungskunst und die wohltuende Begeisterungsfähigkeit des Autors vereinen sich, um diesem Lebens- und Schaffensbild eines Großen originalen Wert, Wärme und Farbe zu verleihen.

Shakspere. Fünf Vorlesungen aus dem Nachlaß von Bernhard ten Brink. Mit dem Medaillonbildnis des Verfassers in Lichtdruck. 3. Auflage. Oktav. VI, 148 Seiten. 1907. Geb. 2.—

Es ist ein hoher und herrlicher Geist, der aus diesen Vorträgen spricht. Flammende Begeisterung, philosophische Bildung und strenge Wissenschaftlichkeit, feinstes Verständnis und Nachfühlen des Dichters, das sind die Vorzüge, die sich hier miteinander vereinen.

H. C. Andersens Leben ohne Dichtung. Kulturgeschichtlich illustriert. Von Karl Larsen. Mit zahlreichen Abbildungen im Text. Quart. 175 Seiten. 1926. In Halbleinen 8.—

Das Leben Andersens findet hier eine Darstellung, die sich nicht auf die Aneinanderreihung von einzelnen Entwicklungsstufen beschränkt, sondern den Dichter in seinen wechselvollen Beziehungen zu den bedeutenden Männern seiner Epoche zeigt, und neben seiner Person das Gesicht des damaligen Europa zeichnet.

H. H. Meier, der Gründer des Norddeutschen Lloyd. Lebensbild eines Bremer Kaufmanns 1809 bis 1898. Von Friedrich Hardegen. Fortgeführt und abgeschlossen von Käthi Smidt. Mit fünf Tafeln. Oktav. VIII, 262 Seiten. 1920. 6.—, geb. 7.—

Ein Stück deutschen Aufstiegs im Spiegel des Lebens und Schaffens eines der stärksten Pioniere deutscher Weltgeltung, eines königlichen Kaufmanns in des Wortes ganzer Bedeutung.

Kolibri 360 GmbH
Ferdinand-Jühlke-Straße 7
99095 Erfurt, Deutschland
produktsicherheit@kolibri360.de